Regionale Geographien | Regional Geographies

Reihe herausgegeben von

Olaf Kühne, Forschungsbereich Geographie, Universität Tübingen, Tübingen, Deutschland

Florian Weber, Universität des Saarlandes, Saarbrücken, Saarland, Deutschland

Regionale Geographien/Regional Geographies

In den Raumwissenschaften hat in den letzten Jahrzehnten eine zunehmende Differenzierung und Spezialisierung stattgefunden. Viele der solchermaßen gewonnenen raumbezogenen Wissensbestände weisen große Potenziale hinsichtlich der Untersuchung von Wechselwirkungen auf unterschiedlichen räumlichen Maßstabsebenen auf. Denn eine solche Integration ist Aufgabe „Regionaler Geographien", die lange Zeit wenig theoretisch gerahmt, deskriptiv bzw. eher im Sinne einer Darstellung von Ergebnissen der Spezialdisziplinen betrieben wurde. Die Reihe „Regionale Geographien/Regional Geographies" hat sich zur Aufgabe gestellt, innovativen Beiträgen zu regionalgeographischer Forschung zu einer größeren Präsenz im Fachdiskurs und darüber hinaus zu verhelfen. Dabei werden sowohl Arbeiten zur theoretischen Begründung regionalgeographischer Forschungen und zu theoriegeleiteten Untersuchungen von Regionen als auch Arbeiten, die sich mit innovativen Darstellungsweisen regionalgeographischer Forschungsergebnisse befassen, präsentiert. Willkommen sind Monographien, Sammelbände, Habilitationsschriften sowie besonders gelungene Dissertationen. Publikationssprachen sind Deutsch und Englisch.

Herausgegeben im Auftrag der „Deutschen Akademie für Landeskunde" von:
Prof. Dr. Dr. Olaf Kühne (Eberhard Karls Universität Tübingen) & Jun.-Prof. Dr. Florian Weber (Universität des Saarlandes)
Pro Jahr sollen 1–3 Bände in der Reihe erscheinen.

The spatial sciences have in recent decades undergone increasing specialization and differentiation. Many of the insights gained in this process possess considerable potential for the investigation of interactions on different spatial scales, generating the type of integrative perspective proper to regional geographies. However, this approach has long been pursued descriptively, in terms of the results of specialist subdisciplines, rather than within a theoretical framework of its own. The Regional Geographies / Regionale Geographien Series aims to raise the profile of innovative regional geographic research both within and beyond the specialist academic field. It will provide a platform not only for overarching discussions and specific applications of theory to regional geographic issues but also for methodologically innovative presentations of individual research results. The editors welcome monographs and collections, as well as postdoc and notable doctoral theses. Languages for publication are German and English.

Edited under the aegis of the Deutsche Akademie für Landeskunde (German Academy of Regional Studies) by:
Prof. Dr. Dr. Olaf Kühne (University of Tübingen) & Junior Prof. Dr. Florian Weber (Saarland University)
The series aims to publish 1–3 volumes a year.

Olaf Kühne

Redeskriptionen horizontaler Geographien

Ein neopragmatistischer Ansatz räumlicher Kontingenzen, Komplexitäten und Relationen

Springer

Olaf Kühne
Fachbereich Geographie
Eberhard Karls Universität Tübingen
Tübingen, Baden-Württemberg,
Deutschland

Deutsche Übersetzung der 1. englischen Originalauflage erschienen bei Springer Cham, 2024

ISSN 2731-9792 ISSN 2731-9806 (electronic)
Regionale Geographien | Regional Geographies
ISBN 978-3-031-66779-4 ISBN 978-3-031-66780-0 (eBook)
https://doi.org/10.1007/978-3-031-66780-0

Die Deutsche Nationalbibliothek verzeichnet diese Publikation in der Deutschen Nationalbibliografie; detaillierte bibliografische Daten sind im Internet über https://portal.dnb.de abrufbar.

Planung/Lektorat: Evelien Bakker
Springer ist ein Imprint der eingetragenen Gesellschaft Springer Nature Switzerland AG und ist ein Teil von Springer Nature.
Die Anschrift der Gesellschaft ist: Gewerbestrasse 11, 6330 Cham, Switzerland

Vorwort

Dieses Buch stellt eine (vorläufige) Synthese der meiner Befassungen dar, die Philosophie des Neopragmatismus für die ‚horizontalgeographische' Forschung verfügbar zu machen. Ein Prozess, den ich gemeinsam mit meiner Arbeitsgruppe vollzogen habe, der aber auch von Kolleginnen und Kollegen außerhalb dieser aufgegriffen und weitergeführt wurde (dazu an späterer Stelle mehr). Der Weg zum Neopragmatismus war nicht geradlinig und auch nicht kontinuierlich. Der Ausgangspunkt liegt letztlich in meiner Dissertation in Soziologie (veröffentlicht 2006), in der ich mich mit der sozialen Konstruktion von Landschaft befasste und im Folgenden eine insbesondere auf Berger, Schütz und Luckmann basierende sozialwissenschaftliche Landschaftstheorie entwickelte. Diese geriet an die Ränder ihrer Interpretationskraft als ich mich zu Beginn der 2010er Jahre zum einen zunehmend mit ‚Region' zu beschäftigen begann und zum anderen die materiellen Bezüge von ‚Landschaft' in meinen Forschungen eine stärkere Relevanz erlangten. Diese waren mit dem Sozialkonstruktivismus für mich nicht zufriedenstellen integrierbar. Insofern begann ich – nach für mich vergeblichen – Versuchen der Dehnung eines sozialkonstruktivistischen Theorierahmens, mit der Suche nach einem tauglicheren theoretischen Konzept. Erste Überlegungen zum Neopragmatismus folgten in der Mitte der 2010er Jahre. Erst Ende des zweiten Jahrzehnts des 21. Jahrhunderts hatte ich meine Überlegungen so weit vorangetrieben, dass ich erste konzeptionelle Aufsätze dazu veröffentlichen konnte. Es folgte mit Corinna Jenal zu Baton Rouge eine erste empirische Operationalisierung. Die Ergebnisse boten Anlass dazu, einen nützlichen Zugang zum Umgang mit der Komplexität raumzeitlicher Relationen, hier ‚horizontalen Geographien', gefunden zu haben.

Weitere Untersuchungen folgten. Eine Intensivierung – nach den ersten explorativen Studien – erhielt die Entwicklung des Ansatzes mit der Genehmigung des Projekts ‚Geographies of Unsustainability – A Neopragmatic Regional Geography of Louisiana' durch die Deutsche Forschungsgemeinschaft. Diese Förderung ermöglichte nicht allein die empirische Erprobung des Ansatzes, sondern – daran rückgebunden – auch die weitere (meta-)theoretische Reflexion, die in diesem Buch dokumentiert wird.

Mein Dank gilt zunächst allen Mitgliedern meiner Arbeitsgruppe, die aktiv an der Entwicklung des neopragmatistischen Ansatzes für die ‚horizontalen Geographien' beteiligt waren, zunächst Lara Koegst, mit der ich die Untersuchungen in Louisiana in dem DFG-Projekt durchgeführt habe, dann Karsten Berr, der mir immer wieder als freundlicher Kritiker und Partner zur Entwicklung und Erprobung theoretischer Ansätze zur Seite steht, wie auch Corinna Jenal, mit der ich ersten empirischen Gehversuche des Ansatzes unternommen habe. Mein Dank gilt auch Timo Sedelmeier, der sich dem Konzept angenommen hat, um seine Tauglichkeit auch außerhalb der ‚horizontalen Geographien' zu erproben, hier im Kontext von Foodscapes. Ebenfalls danke ich Julia-Deborah Fischer, mit der ich die ironischen Möglichkeiten des Ansatzes in der Entwicklung von ‚Pillepallescapes' ausgelotet habe. Auch Marie-Luise Zimmer und Sven Endreß haben die Entwicklung des Ansatzes betrieben, weswegen ich auch ihnen danke. Ferner danke ich allen wissenschaftlichen Hilfskräften meiner Arbeitsgruppe, die sich um Citavi-Einträge, die Erstellung bzw. Umarbeitung von Karten und Grafiken gekümmert haben, ebenso um das Korrekturlesen des Textes (stellvertretend: Anna-Maria Weber, Hannes Brüggemann, Nina Sprißler, Juliane Paul, Lisa Holderied, Naomi Anton und Kira Blepp).

Mein Dank gilt auch jenen Kolleginnen und Kollegen außerhalb meiner Arbeitsgruppe, mit denen ich neopragmatistische Zugänge zu Räumen erprobt habe, wie Florian Weber (Saarbrücken), Tobias Chilla (Erlangen), Laura Leonardi (Florenz), Petra Lohmann (Siegen), Kai Schuster (Darmstadt) und Dennis Edler (Bochum). Ein besonderer Dank gilt den Kollegen an der Louisiana State University in Baton Rouge für ihre Gastfreundschaft und wertvolle Impulse, insbesondere Craig Colten, Kent Mathewson und Michael Leitner. Ebenfalls bedanke ich mich bei allen Kolleginnen und Kollegen, die sich als Gesprächspartner und mit Impulsen, an bestimmten Stellen weiter zu denken, in den Entwicklungsprozess eingebracht haben: Ansgar Thiel (Tübingen), Liliana Dumitrache (Bukarest), Cesare Manetti und Barbara Staniscia (beide Rom), Mirella Loda und Matteo Puttilli (beide Florenz), Angel Menendez Rexach (Madrid), Andreas Dix (Bamberg) sowie vielen Kolleginnen und Kollegen, die ihre Gedanken zu dem, was entwickelt wurde, geäußert haben. Dies betrifft insbesondere die Kolleginnen und

Kollegen der Akademie für Geographische Regionalforschung (vormals Deutsche Akademie für Landeskunde).

Der größte Dank gilt indes meiner Gattin, Sibylle Berger, die meine Forschungen stets unterstützt, mich als kompetente und uneingeschränkt konstruktive Gesprächspartnerin begleitet und mit großem Nachsehen auf meine zahlreichen Abwesenheiten blickt.

Die wissenschaftlichen Grundlagen für dieses Buch wurden von der Deutschen Forschungsgemeinschaft (DFG) unter dem Projekttitel „Geographies of Unsustainability – A Neopragmatic Regional Geography of Louisiana" gefördert. Ich danke der DFG für diese Unterstützung.

Olaf Kühne

Klappentext

Räumlichen Synthesen (Landeskunden, Regionalen Geographien) haben in den vergangenen Jahrzehnten eine sehr ambivalente Entwicklung genommen: Auf der einen Seite ist die Nachfrage in Öffentlichkeit, aber auch in der Wissenschaft, hoch, auf der anderen Seite wurden ihr – im Vergleich zu geographischen Spezialdisziplinen – theoretische Leerstellen attestiert. Das vorliegende Buch liefert nun ein Konzept einer theoretischen Neubestimmung ‚horizontaler Geographien'. Diese bezeichnen die räumlichen Synthesen, wie sie in unterschiedlichen Disziplinen vorgenommen werden, ob als Länderkunden, Area Studies, new regional geography und vielen mehr. Grundlage der Redeskription ist der philosophische Neopragmatismus, der zwar in den Raumwissenschaften gelegentlich aufgegriffen wurde, aber nie zu einem theoriegeleiteten empirischen Forschungsprogramm ausdifferenziert wurde. Diese Entwicklung eines Forschungsprogramms leitet das vorliegende Buch. Der philosophische Neopragmatismus, insbesondere in der Konzeption von Richard Rorty, fokussiert insbesondere auf Kontingenz von Gesellschaft, Selbst und Sprache, wodurch auch räumliche Synthesen nicht als ‚Abbilder der Realität' verstanden werden können, sondern als kontingente Vorschläge für eine Neubeschreibung von Räumen. Infolge der Komplexität räumlicher Prozesse erfordert deren horizontalgeographische Untersuchung eine Triangulation von Theorien, Methoden, Forschendenperspektiven, Daten und der Einbindungen von Personen ohne expertenhafte Sonderwissensbestände sowie der Darstellungsmethoden. Um die Kontingenz der räumlichen Synthesen zu verdeutlichen, wird bei der Vorstellung der Ergebnisse – hier insbesondere grafischer und kartographischer Art – auf die Haltung der Ironie zurückgegriffen. Hinsichtlich der sechs Triangulationsebenen fungiert der Neopragmatismus als meta-theoretischer Orientierungsrahmen. Vor dem Hintergrund der Komplexität räumlicher Entwicklungen einerseits und zur Operationalisierung des Rortyschen Prinzips der privaten Selbsterschaffung und der öffentlichen Solidarität wird auf das Lebenschancenkonzept von Ralf Dahrendorf zurückgegriffen. Insbesondere in der in diesem Buch vorgenommenen Differenzierung dieses Konzeptes kann es einerseits für einen verstehenden Zugang der (auch räumlichen) Ausprägung von Optionen und Ligaturen dienen, andererseits bietet es einen normativen Rahmen zur Bewertung sozialräumlicher Entwicklungen. Der Verweis auf bis dato durchgeführte und in diesem Buch ausgewertete neopragmatische Untersuchungen zu räumlichen Synthesen zeigen die Potenziale des hier erstmals konzeptionell detailliert ausgearbeiteten Ansatzes.

Inhaltsverzeichnis

Einleitung

1

Einer der klassischen Teile der Geographie steckt seit Jahrzehnten in einer Krise. Das, was ich als ‚horizontale Geographien' beschreibe, also die Sammelbezeichnung von Konzepten, die sich mit der synthetischen Befassung mit Räumen und Landschaften beschäftigen (etwa regionale Geographien, area studies, ‚Landeskunde' etc.), bedarf einer Redeskription. Diese Redeskription wird nicht zuletzt aus einer vergleichsweise geringen Anschlussfähigkeit an theoretische Diskussionen der letzten Jahre innerhalb der raumbezogenen Wissenschaften deutlich, die raumbezogene Forschung aus dem Betreiben wenig gerichteter Empirie bzw. der Abarbeitung an essentialistischen ‚Residuen' (Pareto 1916) befreit hatte. Versuche, ‚horizontale Geographien' theoretisch konstruktivistisch zu rahmen, hatten den Verlust des Forschungsfeldes der ‚Materialitäten' zu Folge. Zugleich besteht ein gesellschaftlicher Bedarf nach räumlichen Synthesen, was nicht zuletzt eine große Zahl an Schriftreihen und Publikationen zeigt, die sich mit der synthetischen Befassung mit konkreten Räumen auf unterschiedlicher Maßstabsebene befassten (was nicht zuletzt die bei Springer erscheinende ‚World Regional Geography Book Series' zeigt).

Das vorliegende Buch, die deutsche Fassung des englischsprachigen Buches ‚Redescribing Horizontal Geographies: A Neopragmatist Approach to Spatial Contingency, Complexity, and Relationships' hat zum Ziel, eine Redeskription zu leisten, die einerseits mit der Anbindung an theoretische Diskussionen der Befassung mit ‚horizontalen Geographien' eine Richtung zu geben vermag, andererseits die Möglichkeit eröffnet, auch Materialitäten in einem konzeptionellen Rahmen zu berücksichtigen. Als meta-theoretische Grundlage wird dabei auf den Neopragmatismus zurückgegriffen. Der Neopragmatismus reiht sich in eine Phalanx antiessentialistischer und antimetaphysischer Theorietraditionen ein, wie etwa dem Poststrukturalismus, dem Existentialismus, der Hermeneutik, dem Holismus

O. Kühne, *Redeskriptionen horizontaler Geographien*, Regionale Geographien | Regional Geographies, https://doi.org/10.1007/978-3-031-66780-0_1

der Postmoderne, dem Wittgensteinianismus und anderen (Rorty 2018 [1994]). Zu den zentralen Devisen dieser Perspektiven auf Welt und Selbst gehören – so Rorty (2018[1994]) – ‚alles ist eine soziale Konstruktion' und ‚alles Bewusstsein ist eine sprachliche Angelegenheit', wobei ersteres ein ‚typisch europäisches Schlagwort', zweiteres mit Wilfrid Sellars auf einen amerikanischen Denker zurückginge. Aus dieser Perspektive heraus wird nicht (in essentialistischer Tradition) gefragt, was das Wesen der Dinge sei, sondern wie sie dem Menschen nützlich sein können, was somit auch für materielle Objekte gilt. Wissenschaft im Besonderen und Gesellschaft im Allgemeinen formiert sich in Vokabularen, also gemeinsamen Plattformen sozialer Rechtfertigungspraxis (Rorty 1997), die wiederum veränderlich sind und – wie noch ausführlicher darzulegen ist – auch in neue Vokabulare übergehen können. Insofern lässt sich dieses Buch einer Redeskription als Vorschlag eines neuen Vokabulars zum Umgang mit ‚horizontalen Geographien' verstehen, das wiederum auf bis zu diesem Zeitpunkt gebräuchliche Vokabulare zurückgreift (wie sich Vokabulare künftig entwickeln, ist offen). Die hier vorgenommene Redeskription des Umgangs mit ‚horizontalen Geographien' folgt dabei dem hermeneutischen Vorgehen, wie es im Neopragmatismus konzeptionell verankert ist: Nur weniges (etwa der Essentialismus) wird endgültig verworfen, sondern immer wieder auf Nützlichkeit geprüft und gegebenenfalls in einer Redeskription aktualisiert. Dass ein solches Vorgehen keine Gewissheiten liefern kann und nicht auf die ‚Entdeckung der einen und ausschließlichen Wahrheit' ausgerichtet ist, wird schon an dieser Stelle deutlich (wer dies erwartet, möge sich prüfen, ob sie oder er bereit ist, sich mit einer völlig anderen Sicht der Dinge zu befassen, wenn nein, möge sie oder er das Buch jetzt beiseitelegen, es wird nur Verdruss bescheren). Eine Befassung mit ‚horizontalen Geographien' aus neopragmatistischer Perspektive verdeutlicht die Kontingenz von Welt und fügt mit ihren Redeskriptionen den kontingenten Beschreibungen von Welt eine weitere hinzu, das Bewusstsein von Kontingenz findet dabei in einer ironischen Haltung ihren Ausdruck (Rorty 1997). Insofern lässt sich diese Arbeit dem ‚ironistischen Theoretisieren' zuordnen, also einer theoretischen Praxis, „die ihre eigene Kontingenz betont" (Rorty 2001, S. 27).

Kontingenz findet sich auch in Bezug auf Räume: ‚Räume', mit denen sich die Raumwissenschaften befassen, ob als mit materiellen Objekten gefüllte Container oder als Produkt der Relationen von materiellen Objekten bzw. als soziale und individuelle Konstruktionen verstanden, zeichnen sich durch Komplexität und Kompliziertheit, aber auch Kontingenz aus. Während ‚Komplexität' auf die variablen Relationen unterschiedlicher Elemente eines Systems, bezogen sind, ist ‚Kompliziertheit' ein Begriff zur Erfassung der Verschiedenartigkeit der Elemente eines Systems. Während also Kompliziertheit primär auf die Struktur eines

Systems bezogen ist, ist Komplexität auf die Funktionen ausgerichtet. Mit dem Verständnis von Kompliziertheit eines Systems, ist man dazu in der Lage, sich mit relativer Sicherheit gemäß den (komplizierten) Regeln des Systems zu verhalten. Im Umgang mit Komplexität gibt sich eine solche Sicherheit nicht, schließlich können sich die Funktionen (und sogar Zustände des Systems) ändern, Vorhersagen hierzu sind stets kontingent. ‚Kontingenz' bezeichnet „etwas, was weder notwendig noch unmöglich ist; was also so, wie es ist (war, sein wird), sein kann, aber auch anders möglich ist. Der Begriff bezeichnet mithin Gegebenes (zu Erfahrendes, Erwartetes, Gedachtes, Phantasiertes) im Hinblick auf mögliches Anderssein; er bezeichnet Gegenstände im Horizont möglicher Abwandlungen" (Luhmann 1984, S. 152).[1] Entsprechend beziehen sich kontingente Aussagen auf Sachverhalte, die so, wie sie ausgesagt werden, *möglich* oder *zufällig* sind und daher auch anders sein könnten (Kühne und Berr 2021; Papadimitriou 2010, 2020, 2021; Rorty 1997; Simon 1978).

Der Neopragmatismus lässt sich als eine wenig vereinheitlichte philosophische Tradition verstehen, die sich insbesondere um amerikanische Philosophen entwickelte, insbesondere Richard Rorty und Hilary Putnam (etwa: Hildebrand 2019; Pihlström 2013). Auch andere Philosophen, etwa Richard Shusterman oder Robert Brandom, in Europa Jürgen Habermas, lassen sich dem Neopragmatismus zuordnen. Insofern gibt es nicht den einen (Neo)Pragmatismus, sondern es handelt sich eher um eine Familie der (Neo)Pragmatismen (Bernstein 2010). Dabei lassen sich aktuell zwei Grundströmungen neopragmatistischen Denkens ausmachen – die von der Ablehnung des cartesianischen Repräsentationalismus geeint werden: Jene, die gemäßigt, eine Rekonstruktion der Erkenntnistheorie vorantreiben (etwa Hilary Putnam, Karl-Otto Apel, Jürgen Habermas und Robert Brandom) und jene, die sich von dieser völlig verabschieden wollen (allen voran Richard Rorty; Levine 2023; Müller 2023). Der hier zu entwickelnde Vorschlag einer neopragmatistischen Befassung mit ‚horizontalen Geographien' bezieht sich dabei insbesondere auf Richard Rorty, nicht allein, weil neopragmatistisches Denken stark mit seinem Namen assoziiert wird (Pihlström 2013), sondern hat auch Gründe, die eine Anschlussfähigkeit an raumbezogene Forschung erleichtern:

1. Rorty bietet eine direkte Anbindung an den Sozialkonstruktivismus, der auch den Ausgangspunkt anti-essentialistischer und post-positivistischer Überlegungen zu Region und Landschaft darstellt.

[1] Zur besseren Lesbarkeit des Textes wurden alle fremdsprachigen Zitate übersetzt und alle offensichtlichen und sich nicht auf den Sinn auswirkenden Fehler (Rechtschreibung) und veralteten Schreibweisen in den Zitaten korrigiert.

2. Rorty bindet seine Philosophie in wesentlichen Teilen nicht allein an die Sprachphilosophie des späten Wittgenstein und den Pragmatismus John Deweys, sondern auch an die Phänomenologie Heideggers (Kremer 2023). Mit diesem phänomenologischen Zugang wird er anschlussfähig an die Tradition phänomenologischer Landschaftsforschung.
3. Er arbeitet die zentrale Bedeutung von Sprache heraus, wobei das Verständnis von Sprache in dieser Arbeit weit gefasst wird (so werden auch kartographische Signaturen als Sprache verstanden).
4. Er bietet Anschluss an den europäischen Poststrukturalismusdiskurs und verbindet ihn mit der amerikanischen Tradition des Pragmatismus.
5. Rortys Philosophie ist nicht auf Exklusion, sondern auf Inklusion (etwa von Theorien und Perspektiven) ausgerichtet.
6. Er ist in seiner „ironisch-entspannten Haltung ein *integrativer Philosoph*, der in pluralistischer Weise die Einsichten ganz verschiedener Richtungen würdigt" (Hacke 2021, S. 94; Hervorhebung im Original), woran sich auch weitere Grundhaltungen anschließen lassen.
7. Rorty bietet mit seinem Entwurf des Pragmatismus einen meta-theoretischen Rahmen, aus dem ein Forschungsprogramm für eine synthetische Befassung mit Räumen abgeleitet werden kann.
8. Damit liefert er einen recht umfassenden Entwurf einer Meta-Theorie, die sich durch Nutzung weiterer Theoriebausteine anderer Philosophen, aber auch Sozialwissenschaftler operationalisieren lässt (in dem hier dargelegten Konzept, insbesondere Karl Popper und Ralf Dahrendorf).

Unter den Werken Richard Rortys, auf die in dieser Arbeit Bezug genommen wird, weist ‚Pragmatismus als Antiautoritarismus' (Rorty 2023) eine herausgehobene Bedeutung auf, so präsentiert es „die abschließende, reife Form und Sichtweise seines bahnbrechenden Pragmatismus" (Brandom 2023, S. 7). Viele bis dato kaum miteinander in Beziehung gesetzte Ansätze Rortys werden hier miteinander verbunden und zu einem ‚Forschungsprogramm' (Lakatos 1974) zusammengeführt,[2] wenngleich Rorty auch hier keinen ‚einheitlichen Entwurf' des Neopragmatismus vorlegt, sondern seinem Vorgehen treu bleibt, sein Verständnis eines Neopragmatismus in Auseinandersetzung mit anderen Philosophen evolutionär zu entwickeln und in unterschiedlichen Kontexten, etwa der

[2] Hinsichtlich dieser finalen Synthese des Werkes beziehe ich mich bewusst auf die deutschsprachige Version, nicht die zwei Jahre zuvor auf Englisch erschienene, da in der deutschsprachigen Fassung für die hier vorliegende Arbeit zentrale Teile, etwa zum Panrelationismus, in der deutschen Ausgabe erstveröffentlicht wurden.

politischen Philosophie, zu erproben (Müller 2014). Auch hat Rorty seinen Neopragmatismus so entworfen, dass er wenig definitorische Eindeutigkeit enthält, was jenen den Nachvollzug von Rortys Gedanken erschwert, die in Eindeutigkeit geschult sind (Reese-Schäfer 2016), aber andererseits auch seine Anschlussfähigkeit für unterschiedliche Positionen erhöht. Gerade seine politische Philosophie lässt sich als konservativ, als liberal, als evolutionär-links lesen – und auch kritisieren (Held et al. 2021; Jörke und Schwuchow 2021). Diese Offenheit der eigenen Ausführungen, aber auch die Praxis Rortys, die „Autorität anderer Denker" (Müller 2014, S. 167) mittels „Reformulierung ihrer Gedanken" (Müller 2014, S. 167) für eigene Zwecke zu beleihen, lädt wiederum zur Reformulierung der Gedanken Rortys für eigene Zwecke – hier der Formulierung einer neopragmatistischen horizontalen Geographie – ein. Sie lädt aber auch dazu ein, die Gedanken Rortys (auf bis dato unübliche Weise) mit jenen anderer Denker zu kombinieren, die zumindest gewisse Verwandtschaft mit Rortys Verständnis von Welt haben (hier insbesondere Ralf Dahrendorf und Karl Popper). Ergänzt wird der neopragmatistische Ansatz in der Interpretation von Rorty insbesondere durch Aspekte, die sich bei Putnam finden. Dies betrifft insbesondere den Aspekt der Rückführung der Vokabulare der Experten auf die Alltagssprache, wie auch den Gedanken der Pluralität individueller Welten (Putnam 1990, 1997).

In der Geographie hat der philosophische Pragmatismus einen gewissen Niederschlag gefunden und auch die neopragmatistische Philosophie wurde rezipiert und auf das eigene Fach bezogen (siehe etwa: Barnes 2000, 2008, 2023; Cutchin 2008; Hepple 2008; Jones 2008; Lake 2023; Peet 1998; Sayer 2010; Steiner 2009a, 2014). Die Ansätze blieben jedoch weitgehend abstrakt bzw. es wurde ein allgemeiner Rahmen zum Betreiben (wissenschaftlicher) Geographie entwickelt (eine Ausnahme bildet hierbei: Steiner 2009b). Die Abstraktheit der Ausführungen zum (Neo)Pragmatismus – und auch des hier vorgelegten Buches – mag etwas irritieren, ist dieser doch eine Philosophie, die ihren Zweck nicht in der Theorie sah und sieht, sondern in der tatsächlichen Ausführung (Saarinen 2011). Vor diesem Hintergrund ist es Ziel dieses Buches, ein Forschungsprogramm, in Sinne einer Ansammlung aufeinander bezogener Theorien (Lakatos 1974), für eine ‚neopragmatistische horizontale Geographie' zu entwickeln, die philosophische Grundüberlegungen nutzt, um so für das praktische ‚Machen regionaler Geographien' (hier eine Anlehnung an Werlen 1997) Hinweise zu liefern, und sie aber auch an aktuelle theoretische Diskurse anschlussfähig zu machen. Um es auf den Punkt zu bringen: Der Anspruch dieser Arbeit besteht darin, horizontalgeographische Forschung aus der ihr zugeschriebenen ‚Schmuddelecke' unreflektierter und damit instrumentalisierbarer Theorielosigkeit herauszuholen, für sie theoriegeleitete Forschung fruchtbar zu machen, ohne dass sie damit ihre praktische Relevanz verliert, mehr noch aus der meta-theoretischen Reflexion heraus, ihr eine größere praktische Relevanz zu verleihen. Um dieses Ziel zu erreichen, wird einerseits auf zahlreiche eigene Vorarbeiten zurückgegriffen, die teilweise mit unterschiedlichen Kollegen entwickelt wurden, andererseits auch auf die Arbeiten von Kollegen, die bis dato entwickelte Elemente des Ansatzes aufgreifen. Diese unterschiedlichen Arbeiten wiederum sind durch eine Verbindung von theoretischer Reflexion und praktischer Forschung – mit jeweils unterschiedlichen Schwerpunkten und thematischen wie räumlichen Fokussierungen – geprägt, mit denen sich mein Team, weitere Kolleginnen und Kollegen sowie ich mich befasst haben:

1. Die Entwicklung eines ‚neopragmatistischen' Ansatzes zur Befassung mit ‚horizontalen' Geographien (Chilla et al. 2015; Edler et al. 2023; Kühne 2018c, 2023; Kühne und Jenal 2021).
2. Die Ausarbeitung eines analytischen Rahmens zur Integration von materieller Welt, individuellem Bewusstsein und sozialen Konstruktionen von Welt (im Anschluss an die drei Welten-Theorie Karl Poppers; Koegst 2022; Kühne 2018b, 2020; Kühne et al. 2021; Kühne und Berr 2021; Kühne, Berr, und Jenal 2023; Kühne und Jenal 2020d).
3. Die Befassung mit dem ‚Lebenschancen'-Konzept von Ralf Dahrendorf (1979; Dahrendorf 1992) als normativer Rahmen für die Bewertung sozialräumlicher Prozesse (Jenal et al. 2021; Kühne 2017, 2018a, 2019; Kühne et al. 2019; Kühne und Leonardi 2020; Leonardi 1993, 2014; Weber et al. 2018).
4. Die Erprobung der unter 1 bis 3 genannten Ansätze in einem lokalen Kontext mit umfangreicher empirischer Operationalisierung, hier Baton Rouge (Kühne, Jenal, und Koegst 2020; Kühne und Jenal 2020b, 2020c; Weber et al. 2023) wie regionalem-thematisch spezifizierten Kontext, hier in Louisiana, zum Landverlust (Kühne 2021; Kühne und Koegst 2023a, 2023b) oder Oilscapes (Kühne et al. 2024). Die Erprobung dieser Ansätze erfolgte auch auf nationaler Ebene mit weitgehender Beschränkung auf die Literaturauswertung bzw. die Auswertung bereits erhobener Daten, hier in Bezug auf Deutschland (Kühne und Weber 2022).
5. Die Entwicklung innovativer Darstellungsformen zur Präsentation der Ergebnisse regionalgeographischer Forschungen (Edler et al. 2019; Kühne 2022; Kühne und Jenal 2020a; Kühne, Jenal, und Sedelmeier 2022; Kühne und Koegst 2022, 2023c).
6. Es wird aber auch auf Forschungen von Kollegen zurückgegriffen, die sich der Anwendung oder Reflexion des neopragmatistischen Ansatzes horizontaler

Geographien befassen (etwa: Gebhardt 2024, im Erscheinen; Stemmer et al. 2023; Zepp 2020).

Der Inhalt dieser Aufzählung ist in Teilen rechtfertigungsbedürftig: Infolge einer wissenschaftlichen Sozialisation mit soziologischen und philosophischen Klassikern aus dem europäischen, insbesondere deutschsprachigen Kontext (Korf et al. 2022; Kühne, Leonardi, und Berr 2023) erfolgt zur Operationalisierung des Neopragmatismus für eine regional- bzw. landschaftsgeographische Forschung ein Rückgriff auf Wissenschaftler aus dem deutschen Sprachraum, hier Ralf Dahrendorf und Karl Popper. Beide, wie die Neopragmatisten auch, entschiedene Verteidiger einer offenen Gesellschaft und Wissenschaft, die Essentialismen ebenso ablehnen wie Vorstellungen einer utopischen Endgesellschaft. Sie unterscheiden sich aber durchaus darin, dass sie die sprachphilosophische Wende nicht vollzogen haben, ihre Theorien indes so offen gestaltet sind, dass sie für neopragmatistisches Gedankengut anschlussfähig sind. Der hier unterbreitete Vorschlag einer ‚Redeskription' (Rorty 1980) horizontaler Geographien greift also zwar zentral auf die amerikanische Tradition des Pragmatismus und insbesondere des Neopragmatismus zurück, doch ist der Autor dieses Buches im Europäischen Denken sozialisiert. Einem Denken also, das stärker im Grundsätzlichen als im Tauglichen fußt, aber auch seit dem späten Wittgenstein Sprache in den Fokus der Überlegungen in Philosophie, aber auch Wissenschaftsforschung und Sozialwissenschaften rückt (siehe dazu: Joas 1993). Nicht zuletzt, weil Richard Rorty (2002; Rorty 2023) versucht, die Grenze zwischen amerikanischen und europäischen Perspektiven zu überwinden, den Fokus auf Sprache mit pragmatistischen Überlegungen zu verkoppeln, Synthesen herzustellen, bietet sein Denken einen bis dato kaum genutzte Potenziale für die Raumwissenschaften.

Der vorliegende Band hat zum Ziel, einen Vorschlag für ein neopragmatistisches Forschungsprogramm für die Erforschung von räumlicher Komplexität zu entwickeln. Er dient nicht der detaillierten Einführung in die jeweiligen zugrunde liegenden Theorien. Zur Befassung zu Genese und Kritik hierzu sei einerseits auf die zitierte Originalliteratur verwiesen, andererseits auch auf (vergleichende) Sekundärliteratur und einschlägige Lehrwerke hingewiesen, insbesondere zu den drei Autoren, die diese Arbeit prägen: Richard Rorty, mit seiner Konzeption des Neopragmatismus (etwa: Bernstein 2010; Calder 2003; Gascoigne 2013; Gustafsson und Brandom 2001; Horster 1991; Malachowski 2014; Menand 2001; Mounce 2002; Müller 2014, 2021; Reese-Schäfer 2016; Robert und Wills 2020), Karl Popper mit seiner Drei Welten Theorie und der Konzeption der Offenen Gesellschaft (etwa: Alt 1995; Boyer 2017[1994]; Franco 2019; Niemann 2019;

Zimmer und Morgenstern 2015), wie auch Ralf Dahrendorf mit dessen soziologischer Operationalisierung der Offenen Gesellschaft zum Verständnis von Lebenschancen und deren Verhältnis zu Konflikten (Kühne 2017; Kühne und Leonardi 2020).

Nicht allein Philosophie, Politischer Theorie, Sozial-, Religionswissenschaften sowie Sprach- und Literaturwissenschaften haben sich mit dem Neopragmatismus im Allgemeinen und Richard Rorty im Besonderen befasst (Held et al. 2021; Robert und Wills 2020; Selk et al. 2021). Die humangeographischen Befassungen mit (neo-)pragmatistischen Grundüberlegungen (insbesondere: Allen 2008; Barnes 2008; Cutchin 2008; Jones 2008; Peet 1998; Sayer 2010; Steiner 2009a, 2014) beziehen sich aber neben den – oben bereits angesprochenen – allgemeinen Schlussfolgerungen, insbesondere die Wirtschaftsgeographie und die Kartographie. Eine systematische Entwicklung eines ‚horizontalgeographischen' Forschungsprogrammes erfolgte aber erst seit dem späten zweiten Jahrzehnt des 21. Jahrhunderts (etwa bei: Chilla et al. 2015; Kühne 2018c; Kühne und Jenal 2020c; Kühne, Parush et al. 2022). Mittlerweile hat das Forschungsprogramm ‚neopragmatistischer horizontaler Geographien' einen Stand erreicht, der eine systematische Synthese von philosophischen Grundlagen, Forschungsstrategien, der Kritik bisheriger Anwendungen sowie Potenzialen und Herausforderungen nahelegt. Diese Synthese soll in diesem, hier vorliegenden Band, nun erfolgen.

Ergänzt wird der konzeptionelle Rahmen des hier dargestellten Forschungsprogramms einerseits durch die Theorie der Drei Landschaften (Kühne 2018b, 2020; Kühne und Leonardi 2022), die aus der Drei-Welten-Theorie Karl Poppers (Popper 1973; Popper 1996; Popper und Eccles 1977) abgeleitet ist, andererseits aus der normativen Grundlage der ‚Offenen Gesellschaft', die von Karl Popper (2011[1947]) philosophisch begründet und sozialwissenschaftlich von Ralf Dahrendorf weiter ausdifferenziert wurde (Dahrendorf 1979, 1992). Die Verwendung der Theorie der drei Landschaften hat sich als quasi-ontologischer Rahmen in zahlreichen oben angeführten Untersuchungen bewährt, da mit ihr Unterschiede und Gemeinsamkeiten von ‚Welt', ‚Raum' und ‚Landschaft' ebenso herausgearbeitet werden können, wie auch ein Rahmen gesetzt werden kann, der es ermöglicht, die Erklärungsmöglichkeiten einzelner Theorien zwischen materieller, individueller und kultureller Welt (also Welt 1, 2 und 3) zu spezifizieren. Damit gelingt es, eine Voraussetzung für die Operationalisierung der neopragmatistischen Philosophie für die Raumwissenschaften, hier insbesondere ‚horizontale Geographien' zu schaffen.

Die Überlegungen Rortys, Poppers und Dahrendorfs zu Wissenschaft sind konstitutiv eingebettet in einen gesellschaftstheoretischen Rahmen. Insofern kann dieser in einer Arbeit zur konzeptionellen Entwicklung eines neopragmatistischen horizontalgeographischen Forschungsprogramms nicht ignoriert werden, sollen nicht Verkürzungen und Entkontextualisierungen in Kauf genommen werden. Eine reine Konzentration auf die Stoßrichtung der Wissenschaft des Neopragmatismus, ohne sich mit offener Gesellschaft zu befassen, würde dem konstitutiven Rahmen der offenen Gesellschaft für wissenschaftliche Aktivitäten (und darüber hinaus) nicht gerecht werden. So kommt in dem Verständnis von Richard Rorty (2018[1994], S. 26 f.) der Offenen Gesellschaft – in Abgrenzung zur Wissenschaft – die alles überragende zentrale Bedeutung für die Gesellschaft zu, wenn er feststellt: „Von Peirces, Deweys und Poppers Loblied auf die Wissenschaft bleibt [...] keine spezifische erkenntnisbezogenen Strategie übrig, sondern nichts weiter als ein Lob auf bestimmte moralische Tugenden, nämlich die einer offenen Gesellschaft".

Die ‚Offene Gesellschaft' Karl Poppers (die Dahrendorf soziologisch ausdifferenziert) wie auch die Vorstellungen Richard Rortys weisen große gemeinsame Schnittmengen auf und werden in dieser Arbeit eingehend berücksichtigt. Wobei – bei aller Gemeinsamkeit der Stoßrichtung – auch Begründungs- und Reichweitenunterschiede auftreten: So greift Popper in seiner Analyse zu den ‚geschlossenen Gesellschaften' zugrunde liegenden Logiken über Rortys Verständnis hinsichtlich der Entstehung unterschiedlicher Weltanschauungen hinaus, wie Rorty mit seiner Sprachphilosophie über Poppers in der ‚klassischen' Philosophie fußenden Ansatz hinausgeht. Insofern erscheint die Kombination dieser Ansätze sinnvoll. Die sozialwissenschaftliche Operationalisierung von Poppers Ansatz durch Ralf Dahrendorf spricht ebenso für diese Kombination, da einerseits Befähigung von Menschen zu selbstverantwortlichem und reflektiertem Handeln ein Kernaspekt von Rortys Philosophie darstellt (Rorty 2023), aber eine Ausbuchstabierung der Möglichkeiten und Grenzen unterlassen wird, wie sie eben Ralf Dahrendorf mit seiner Theorie der Lebenschancen als Ergebnis der Wechselwirkung von Optionen und Ligaturen vornimmt (Dahrendorf 1979). Karl Popper (1992) sieht die zentrale Aufgabe der Soziologie (in dem hier vertretenen Verständnis insgesamt der Sozialwissenschaften, denen die Humangeographie zuzurechnen ist) darin, unintendierte Folgen menschlichen Handelns zu untersuchen. Dies wiederum führt zu einer Verschiebung des Forschungsinteresses von Strukturen (die ‚traditionelle' regionale Geographie war stark auf materielle Strukturen, wie Haus- und Flurformen ausgerichtet) hin zu Prozessen, wobei Strukturen ihre Bedeutung als Manifestationen von Prozessen erhalten (vgl. etwa: Dix 2024; Duttmann et al. 2020; Ellmers 2020; Kühne, Berr, und Jenal 2020; Schenk und Steinkrüger 2020).

Bevor ich zu einigen begrifflichen Fragen und der Darstellung des Aufbaus des Buches komme, möchte ich knapp umreißen, wie sich mein Weg zur in diesem Buch ausgearbeiteten Konzeption ‚neopragmatischen horizontalen Geographien' gestaltete, um einerseits zentrale Überlegungen nachvollziehbar zu machen, andererseits auch bestimmte thematische und theoretische Schwerpunkte offenzulegen. Die in diesem Buch vorgetragenen Überlegungen zu einer neopragmatischen Redeskription geographischer Forschungen, die sich mit kontingenten und komplexen Gegenständen befasst, stellen den (vorläufigen) Abschluss einer persönlichen wissenschaftlichen, zweieinhalb Jahrzehnte dauernden Entwicklung dar. Diese nahm in der sozialkonstruktivistischen Landschaftsforschung – in Rückgriff auf Peter Berger und Thomas Luckmann (1966) – ihren Ausgang. Wobei im Laufe der Jahre dieser Zugang zu Landschaft immer weiter ausdifferenziert wurde, aber auch Relationen deutlich wurden, zu deren Untersuchung andere theoretische Zugänge nützlicher erscheinen (etwa Zugänge, die auf der Kapital- und Habitustheorie von Pierre Bourdieu gründen; Bourdieu 1984, 1989, 1998). Spätestens seit Mitte der 10er Jahre wurde für mich deutlich, dass zu einem umfassenderen Verständnis von Landschaft, insbesondere in Bezug auf ihre materiellen Bezüge, ein rein sozialkonstruktivistischer Zugriff limitiert ist. Ähnliches gilt für den thematischen Schwerpunkt ‚Landschaft'. Dieser lässt sich mit seiner Konstitution an ästhetischen, später auch ökologischen, wie auch moralischen Stereotypen zwar als ‚Paradebeispiel' für die soziale Konstruktion raumbezogener Synthesen verstehen, doch finden sich auch andere synthetische Bezüge, wie Region, Stadt – oder Raum selbst, zu denen andere theoretische Zugänge als sozialkonstruktivistische verbreitet sind. Nach ‚Flirts' mit der Akteurs-Netzwerk-Theorie, der Assemblage-Theorie sowie (einer vorübergehenden) intensivierten Befassung mit poststruktualistischen Zugängen, hat sich mir der Neopragmatismus als eine Alternative erschlossen, in die sich meine sozialkonstruktivistischen Vorüberlegungen einfügen ließen, die zum zweiten einen starken transdisziplinären Bezug zulassen, die zum dritten konstitutiv auf Pluralität und Toleranz setzt (und somit antiautoritaristisch ausgerichtet ist) und die zum vierten mit ihrer Ausrichtung auf Nützlichkeit zukunftsgerichtet ist (die Befassung mit diesen und weiteren Aspekten des Neopragmatismus durchziehen dieses Buch). Auch wenn eine theoretische und thematische Weitung vollzogen wird, bleiben doch die Theorie des Sozialkonstruktivismus und das Thema der Landschaft (quasi als Kondensationspunkt ‚horizontaler Geographien') zentrale Bezugsgrößen der Ausführungen in diesem Buch. (Dies zur Erklärung, nicht zur Entschuldigung, es bleibt schließlich jedem freigestellt, eine alternative Konzeption neopragmatistischer horizontaler Geographien zu entwickeln.)

Wie bereits zu Beginn der Einleitung zu diesem Buch deutlich wurde, ist mit neopragmatistischer Forschung ein hermeneutisches Vorgehen verbunden. Dieses findet sich auch in diesem Buch wieder: Es folgt keiner linearen Argumentation, sondern es werden immer wieder Aspekte, die an früheren Stellen dargelegt wurden, aufgegriffen, neu kontextualisiert, reformuliert und weiterentwickelt – was sich nicht zuletzt in zahlreichen Verweisen zwischen den Kapiteln äußert. Andererseits werden bestimmte Aspekte, die zu Beginn angesprochen werden, erst an späterer Stelle ausgeführt. Ein solches Vorgehen ist nicht zuletzt der Komplexität dessen geschuldet, was hier verbunden werden soll, die Befassung mit einem komplexen Forschungsgegenstand, ‚horizontalen Geographien', einer komplexen Meta-Theorie, mit dem Neopragmatismus, und nicht zuletzt komplexen Triangulationen, nicht zuletzt von Theorien (aber auch Methoden, Daten, Forschendenperspektiven…). Dabei wird sich um eine Sprache bemüht, die sich um Zugänglichkeit bemüht. Insofern sei hier schon einmal der terminologische Hinweis gegeben, dass beide (auch bei den zentralen Autoren des Neopragmatismus zu findende) adjektivische Bezeichnungen des Neopragmatismus, neopragmatistisch wie neopragmatisch zu finden sind (was sich etwa auch bei Rorty findet). Auch werden die Begriffe Vokabular, Sprachspiel und Diskurs (wie bei Rorty) weitgehend Synonym verwendet, wenn nicht, wird die abweichende Verwendung aus dem Kontext deutlich (etwa in der Verwendung des Begriffs in der Diskurstheorie). Insofern distanziere ich mich an dieser Stelle schon einmal von distinktiver Wortklauberei und elitärem Gehabe – die Kritik daran wird uns durch Teile des Buches begleiten.

Gegliedert ist dieses Buch in zehn Kapitel, wobei Sie mit der Lektüre dieser Einleitung das erste Kapitel bereits absolviert haben werden. Im Anschluss daran widmet sich Kap. 2 dem Thema ‚Horizontale Geographien – eine Gegenstandbestimmung', in dem aus der Darstellung der historischen Entwicklung der unterschiedlichen Befassung mit ‚horizontalen Geographien' verdeutlicht wird, weswegen diese einer Redeskription bedürfen. Kap. 3 ‚Der quasiontologische Rahmen: von der Theorie der drei Welten zur Theorie der drei Landschaften' befasst sich mit der Entwicklung eines analytischen Kategoriensystems, das nicht allein einen Überblick über die Mehrschichtigkeit von ‚Raum' und ‚Landschaft' und der Relationen dazwischen bieten soll, sondern auch ein Werkzeug darstellt, Theorien und Methoden so den unterschiedlichen Schichten (oder auch Ebenen und ihren Relationen) zuzuordnen, dass ihre Verwendung verspricht, von Nutzen zu sein. In Kap. 4 ‚Aktuelle c-modale Zugänge im Kontext ‚horizontaler Geographien'' wird nicht allein in der Überschrift auf die in Kap. 3 entwickelte Terminologie zurückgegriffen (c-modal bezeichnet so etwas wie ‚Praxis der Nutzung expertenhafter Sonderwissensbestände'), es werden vielmehr aktuell verwendete Konzepte und Theorien ‚horizontalgeographischer' Forschung dargelegt (insbesondere der Landschaftsforschung). Diese werden hinsichtlich der Potenziale und Grenzen der Integration in einen neopragmatistischen meta-theoretischen Rahmen immer wieder aufgegriffen. In Kap. 5 ‚Der Neopragmatismus als Meta-Theorie – philosophische Grundlagen' erfolgt eine Einführung in den Neopragmatismus – pragmatisch ausgerichtet auf die Relevanz für die Konzeption einer neopragmatischen Raumforschung. Diese wird in Kap. 6 ‚Grundzüge eines neopragmatistischen Forschungsprogramms' weiter konzeptionell vorbereitet. Wie in dieser Einleitung bereits verdeutlicht wurde, bleibt die Konzeption des Neopragmatismus – positiv formuliert – offen für Operationalisierungen. Eine solche wird in Kap. 7 ‚Lebenschancen in einer offenen Gesellschaft als eine Operationalisierung der normativen Gehalte des Neopragmatismus' vollzogen. Hierbei wird zunächst auf das Verständnis Karl Poppers einer Offenen Gesellschaft zurückgegriffen, das wiederum mithilfe des Lebenschancen-Konzeptes seines Schülers Ralf Dahrendorf operationalisiert wird. Doch auch dessen Konzept von Lebenschancen, die sich aus Optionen und Ligaturen ergeben, bleibt in dieser Gliederung ambivalent. Sodass sowohl Optionen wie Ligaturen einer begrifflichen Differenzierung unterzogen werden. Diese Überlegungen integrierend, erfolgt in Kap. 8 die ‚Konzeption eines Programms zur neopragmatistischen Raumforschung'. Dieses Kapitel bildet den Kern des Buches, da aus den bis dato gemachten Ausführungen (unter Hinzuziehung der Schlüsse aus ‚horizontalgeographischen' Untersuchungen, die bereits durchgeführt wurden) ein Forschungsprogramm entwickelt wird, das sich mit der Umsetzung der bis dato gemachten Überlegungen befasst, von der Triangulation von Theorien, Methoden, Forschendenperspektiven und weiterem, über die Bedeutung von Konflikten für die Entwicklung von Räumen und der Befassung damit, wie auch Möglichkeiten der Verdeutlichung von Kontingenz, etwa in Form der Konzeption und Präsentation ‚inverser Landschaften'. In Kap. 9 ‚Das neopragmatistische Forschungsprogramm zu ‚horizontalen Geographien' in der Anwendung – Beispiele zu Louisiana (Vereinigte Staaten)' werden bislang durchgeführte Untersuchungen vorgestellt, um einerseits den praktischen Forschungsablauf exemplarisch vorzustellen, aber auch das Potenzial des neopragmatischen Ansatzes zu verdeutlichen, das die Befassung mit ‚horizontalen Geographien' sich nicht allein auf darstellende Zusammenschauen beschränken muss, sondern auch in der Theorie- und Methodenentwicklung innovativ sein soll. Kap. 10 ‚Fazit und Ausblick' liefert eine fokussierte Synthese der gemachten Ausführungen, verdeutlicht, für welche Forscherpersönlichkeiten sich der neopragmatische Ansatz eignet und verdeutlicht die noch zu findenden Desiderate im Kontext neopragmatischer Raumforschung (und darüber hinaus).

Literatur

Allen, J. (2008). Pragmatism and power, or the power to make a difference in a radically contingent world. *Geoforum, 39,* (*4,* 1613–1624). https://doi.org/10.1016/j.geoforum.2007.06.004
Alt, J. A. (1995). *Karl R. Popper* (2nd ed.). Frankfurt: Campus-Verlag.
Barnes, T. J. (2000). Pragmatism. In R. J. Johnston, D. Gregory, G. Pratt, & M. Watts (Eds.), *The Dictionary of Human Geography* (4th ed., S. 632–634). Oxford: Wiley-Blackwell.
Barnes, T. J. (2008). American pragmatism: Towards a geographical introduction. *Geoforum, 39,* (*4,* 1542–1554). https://doi.org/10.1016/j.geoforum.2007.02.013
Barnes, T. J. (2023). Towards a pragmatist economic geography. *Environment and Planning A*. https://doi.org/10.1177/0308518X231203087
Berger, P. L., & Luckmann, T. (1966). *The Social Construction of Reality. A Treatise in the Sociology of Knowledge*. New York: Anchor Books.
Bernstein, R. J. (2010). *The Pragmatic Turn*. Cambridge: Polity Press.
Bourdieu, P. (1984). *Distinction. A Social Critique of the Judgement of Taste*. Cambridge MA: Harvard University Press.
Bourdieu, P. (1989). Social space and symbolic power. *Sociological theory, 7,* (*1,* 14–25).
Bourdieu, P. (1998). *Der Einzige und sein Eigenheim*. Hamburg: VSA.
Boyer, A. (2017 [1994]). *Introduction à la lecture de Karl Popper*. Paris: Éditions Rue d'Ulm.
Brandom, R. B. (2023). Vollendung der Aufklärung. Vorwort. In R. Rorty (Ed.), *Pragmatismus als Antiautoritarismus* (1st ed., S. 7–41). Berlin: Suhrkamp.
Calder, G. (2003). *Rorty. And Redesciption*. London: Weidenfeld and Nicolson.
Chilla, T., Kühne, O., Weber, F., & Weber, F. (2015). „Neopragmatische" Argumente zur Vereinbarkeit von konzeptioneller Diskussion und Praxis der Regionalentwicklung. In O. Kühne, & F. Weber (Eds.), *Bausteine der Regionalentwicklung* (S. 13–24). Wiesbaden: Springer VS.
Cutchin, M. P. (2008). John Dewey's metaphysical ground-map and its implications for geographical inquiry. *Geoforum, 39,* (*4,* 1555–1569). https://doi.org/10.1016/j.geoforum.2007.01.014
Dahrendorf, R. (1979). *Lebenschancen. Anläufe zur sozialen und politischen Theorie* (Suhrkamp-Taschenbuch, vol. 559). Frankfurt (Main): Suhrkamp.
Dahrendorf, R. (1992). *Der moderne soziale Konflikt. Essay zur Politik der Freiheit*. Stuttgart: Deutsche Verlags-Anstalt DVA.
Dix, A. (2024). Historizität von Landschaft – Landschaftsgeschichte – Kulturlandschaftsgeschichte. In O. Kühne, F. Weber, K. Berr, & C. Jenal (Eds.), *Handbuch Landschaft* (2nd ed.; S. 65–75). Wiesbaden: Springer VS.
Duttmann, R., Kühne, O., & Weber, F. (2020). Landschaft als Prozess – eine Einführung. In R. Duttmann, O. Kühne, & F. Weber (Eds.), *Landschaft als Prozess* (S. 3–13). Wiesbaden: Springer VS.
Edler, D., Keil, J., Wiedenlübbert, T., Sossna, M., Kühne, O., & Dickmann, F. (2019). Immersive VR Experience of Redeveloped Post-industrial Sites: The Example of "Zeche Holland" in Bochum-Wattenscheid. *KN – Journal of Cartography and Geographic Information, 38,* (*3,* 1–18). https://doi.org/10.1007/s42489-019-00030-2

Edler, D., Kühne, O., Keil, J., Korte, A., Weißmann, M., Galla, C., et al. (2023). Geodatenkultur der Diversität: eine neopragmatische Skizzierung. *KN- Journal of Cartography and Geographic Information*, (1–17). https://doi.org/10.1007/s42489-023-00146-6

Ellmers, L. (2020). Politische Entwicklungen als Treiber von Landschaftsprozessen. In R. Duttmann, O. Kühne, & F. Weber (Eds.), *Landschaft als Prozess* (S. 557–572). Wiesbaden: Springer VS.

Franco, G. (Ed.). (2019). *Handbuch Karl Popper* (Living reference work). Wiesbaden: Springer Reference Geisteswissenschaften.

Gascoigne, N. (2013). *Richard Rorty. Liberalism, irony and the ends of philosophy* (Key contemporary thinkers). Cambridge: Polity Press.

Gebhardt, H. (2024, im Erscheinen). Landeskunde und Landschaft – eine kritische Betrachtung. In O. Kühne, F. Weber, K. Berr, & C. Jenal (Eds.), *Handbuch Landschaft* (2nd ed., in diesem Handbuch). Wiesbaden: Springer VS.

Gustafsson, M., & Brandom, R. B. (2001). Rorty and His Critics. *The Philosophical Review, 110,* (*4,* 645). https://doi.org/10.2307/3182614

Hacke, J. (2021). Liberale Demokratie und Solidarität. Richard Rortys Hoffnung für den Westen. In V. Selk, C. Held, & T. Schwuchow (Eds.), *Soziale Hoffnung, liberale Ironie. Zur Aktualität von Richard Rortys politischem Denken* (Staatsverständnisse, vol. 145, 1st ed., S. 73–102). Baden-Baden: Nomos Verlagsgesellschaft mbH & Co. KG.

Held, C., Schwuchow, T., & Selk, V. (2021). Rezeptionslinien und Anknüpfungspunkte. Rortys Pragmatismus im politischen Kontext. In V. Selk, C. Held, & T. Schwuchow (Eds.), *Soziale Hoffnung, liberale Ironie. Zur Aktualität von Richard Rortys politischem Denken* (Staatsverständnisse, vol. 145, 1st ed., S. 9–24). Baden-Baden: Nomos Verlagsgesellschaft mbH & Co. KG.

Hepple, L. W. (2008). Geography and the pragmatic tradition: The threefold engagement. *Geoforum, 39,* (*4,* 1530–1541). https://doi.org/10.1016/j.geoforum.2008.06.002

Hildebrand, D. L. (2019). Dewey, Rorty, and Brandom: The Challenges of Linguistic Neopragmatism. In S. Fesmire (Ed.), *The Oxford handbook of Dewey* (Oxford handbooks, S. 99–130). Oxford: Oxford University Press.

Horster, D. (1991). *Richard Rorty zur Einführung* (Zur Einführung, vol. 68, 1. Aufl.). Hamburg: Junius Verl.

Jenal, C., Endreß, S., Kühne, O., & Zylka, C. (2021). Technological Transformation Processes and Resistance – On the Conflict Potential of 5G Using the Example of 5G Network Expansion in Germany. *Sustainability, 13,* (*24,* 1–21). https://doi.org/10.3390/su1324 13550

Joas, H. (1993). *Pragmatism and social theory*. Chicago: University of Chicago Pr.

Jones, O. (2008). Stepping from the wreckage: Geography, pragmatism and anti-representational theory. *Geoforum, 39,* (*4,* 1600–1612). https://doi.org/10.1016/j.geo forum.2007.10.003

Jörke, D., & Schwuchow, T. (2021). Die "neue Linke" als Außenzirkel der Macht. Rortys Herrschaftskritik und sein Weg aus der Theoriefalle. In V. Selk, C. Held, & T. Schwuchow (Eds.), *Soziale Hoffnung, liberale Ironie. Zur Aktualität von Richard Rortys politischem Denken* (Staatsverständnisse, vol. 145, 1st ed., S. 193–210). Baden-Baden: Nomos Verlagsgesellschaft mbH & Co. KG.

Koegst, L. (2022). Über drei Welten, Räume und Landschaften. Digital geführte Exkursionen an Hochschulen aus der Perspektive der drei Welten Theorie im Allgemeinen und der

Theorie der drei Landschaften im Speziellen. *Berichte Geographie und Landeskunde, 69,* (*3,* 1–21). https://doi.org/10.25162/bgl-2022-0012

Korf, B., Rothfuß, E., & Sahr, W.-D. (2022). Tauchgänge zur German Theory. *Geographica Helvetica, 77,* (*1,* 85–96). https://doi.org/10.5194/gh-77-85-2022

Kremer, A. (2023). Phenomenology (Heidegger, Gadamer, Sartre). In M. Müller (Ed.), *Handbuch Richard Rorty* (1st ed., S. 491–507). Wiesbaden: Springer Fachmedien Wiesbaden GmbH.

Kühne, O. (2017). *Zur Aktualität von Ralf Dahrendorf. Einführung in sein Werk* (Aktuelle und klassische Sozial- und KulturwissenschaftlerInnen). Wiesbaden: Springer VS.

Kühne, O. (2018a). ‚Neue Landschaftskonflikte' – Überlegungen zu den physischen Manifestationen der Energiewende auf der Grundlage der Konflikttheorie Ralf Dahrendorfs. In O. Kühne, & F. Weber (Eds.), *Bausteine der Energiewende* (S. 163–186). Wiesbaden: Springer VS.

Kühne, O. (2018b). Die Landschaften 1, 2 und 3 und ihr Wandel. Perspektiven für die Landschaftsforschung in der Geographie – 50 Jahre nach Kiel. *Berichte. Geographie und Landeskunde, 92,* (*3–4,* 217–231).

Kühne, O. (2018c). Reboot „Regionale Geographie" – Ansätze einer neopragmatischen Rekonfiguration „horizontaler Geographien". *Berichte. Geographie und Landeskunde, 92,* (*2,* 101–121).

Kühne, O. (2019). Dahrendorf as champion of a liberal society – border crossings between political practice and sociopolitical theory. *Società Mutamento Politica, 10,* (*19,* 37–50).

Kühne, O. (2020). Landscape Conflicts. A Theoretical Approach Based on the Three Worlds Theory of Karl Popper and the Conflict Theory of Ralf Dahrendorf, Illustrated by the Example of the Energy System Transformation in Germany. *Sustainability: Science, Practice and Policy, 12,* (*17,* 1–20). https://doi.org/10.3390/su12176772

Kühne, O. (2021). Louisiana – mediengeographische Beiträge zu einer neopragmatischen Regionalen Geographie. Eine Einführung. In O. Kühne, T. Sedelmeier, & C. Jenal (Eds.), *Louisiana – mediengeographische Beiträge zu einer neopragmatischen Regionalen Geographie* (S. 1–11). Wiesbaden: Springer.

Kühne, O. (2022). ‚Neopragmatische' thematische Kartographie – Grundzüge ihrer Theorie, Begründung und Anwendung. In O. Kühne, C. Jenal, & T. Sedelmeier (Eds.), *Cultural Atlas of TÜbingenness. Kleine Karten aus dem großen TÜbiversum* (S. 11–21). Wiesbaden: Springer Fachmedien Wiesbaden GmbH; Springer VS.

Kühne, O. (2023). Foodscapes – a Neopragmatic Redescription. *Berichte. Geographie und Landeskunde, 96,* (*1,* 5–25). https://doi.org/10.25162/bgl-2022-0016

Kühne, O., & Berr, K. (2021). *Wissenschaft, Raum, Gesellschaft. Eine Einführung zur sozialen Erzeugung von Wissen.* Wiesbaden: Springer VS.

Kühne, O., & Jenal, C. (2020a). Baton Rouge (Louisiana): On the Importance of Thematic Cartography for 'Neopragmatic Horizontal Geography'. *KN – Journal of Cartography and Geographic Information, 71,* (*1,* 23–31). https://doi.org/10.1007/s42489-020-00054-z

Kühne, O., & Jenal, C. (2020b). Stadtlandhybride Prozesse in Baton Rouge: von der klassischen Downtown zur postmodernen Downtownsimulation. In R. Duttmann, O. Kühne, & F. Weber (Eds.), *Landschaft als Prozess* (431–454). Wiesbaden: Springer VS.

Kühne, O., & Jenal, C. (2020c). *The Multivillage-Metropolis Baton Rouge. A Neopragmatic Landscape Biographical Approach on Spatial Pastiches, Hybridization, and Differentiation.* Wiesbaden: Springer VS.

Kühne, O., & Jenal, C. (2020d). The Threefold ´Landscape Dynamics – Basic Considerations, Conflicts and Potentials of Virtual Landscape Research. In D. Edler, C. Jenal, & O. Kühne (Eds.), *Modern Approaches to the Visualization of Landscapes* (S. 389–402). Wiesbaden: Springer VS.

Kühne, O., & Jenal, C. (2021). Baton Rouge – A Neopragmatic Regional Geographic Approach. *Urban Science, 5,* (*1,* 1–17). https://doi.org/10.3390/urbansci5010017

Kühne, O., & Koegst, L. (2022). Cartographic Representations of Coastal Land Loss in Louisiana. An Investigation Based on Deviant Cartographies. *KN – Journal of Cartography and Geographic Information, 2022,* (*4,* 1–12). https://doi.org/10.1007/s42489-022-00120-8

Kühne, O., & Koegst, L. (2023a). *Land Loss in Louisiana. A Neopragmatic Redescription.* Wiesbaden: Springer VS.

Kühne, O., & Koegst, L. (2023b). Neopragmatic Reflections on Coastal Land Loss and Climate Change in Louisiana in Light of Popper's Theory of Three Worlds. *Land, 12,* (*2,* 1–17). https://doi.org/10.3390/land12020348

Kühne, O., & Koegst, L. (2023c). The Multisensory Construction of Landscape – The Computer Adventure Game "Louisiana: The Secret of the Swamps". In L. Koegst, O. Kühne, & D. Edler (Eds.), *Multisensory Landscapes. Theories, Research fields, Methods – an Introduction* (129–145). Wiesbaden: Springer Fachmedien.

Kühne, O., & Leonardi, L. (2020). *Ralf Dahrendorf. Between Social Theory and Political Practice.* London: Palgrave Macmillan.

Kühne, O., & Leonardi, L. (2022). Approcci teorici allo studio delle nuove forme di conflitto: i conflitti paesaggistici a partire dalla teoria dei tre mondi di Karl Popper e dalla teoria del conflitto di Ralf Dahrendorf. In F. Antonelli, R. Iannone, M. Pendenza, & G. Ricotta (Eds.), *Riassemblare la società. Crisi, solidarietà e conflitti sociali: prospettive di teoria sociologica sul mondo contemporaneo* (S. 425–440). Perugia: Morlacchi Editore.

Kühne, O., & Weber, F. (2022). *Germany. Geographies of Complexity* (World Regional Geography Book Series). Cham: Springer International Publishing.

Kühne, O., Weber, F., & Berr, K. (2019). The productive potential and limits of landscape conflicts in light of Ralf Dahrendorf's conflict theory. *Società Mutamento Politica, 10,* (*19,* 77–90). https://oajournals.fupress.net/index.php/smp/article/view/10597. Accessed: 22 June 2020.

Kühne, O., Berr, K., & Jenal, C. (2020). Die Gewinnung mineralischer Rohstoffe als konfliktärer Landschaftsprozess. In R. Duttmann, O. Kühne, & F. Weber (Eds.), *Landschaft als Prozess* (585–601). Wiesbaden: Springer VS.

Kühne, O., Jenal, C., & Koegst, L. (2020). Postmoderne Siedlungsentwicklungen in Baton Rouge, Louisiana: Stadtlandhybridität und Raumpastiches zwischen Begrenzungen und Entgrenzungen. In F. Weber, C. Wille, B. Caesar, & J. Hollstegge (Eds.), *Geographien der Grenzen. Räume – Ordnungen – Verflechtungen* (391–411). Wiesbaden: Springer VS.

Kühne, O., Berr, K., Schuster, K., & Jenal, C. (2021). *Freiheit und Landschaft. Auf der Suche nach Lebenschancen mit Ralf Dahrendorf*. Wiesbaden: Springer.

Kühne, O., Parush, D., Shmueli, D., & Jenal, C. (2022). Conflicted Energy Transition – Conception of a Theoretical Framework for Its Investigation. *Land, 11,* (*1,* 116). https://doi.org/10.3390/land11010116

Kühne, O., Jenal, C., & Sedelmeier, T. (2022). Zur Einführung: Warum ein Atlas zu Tübingen? Was lässt sich unter ‚neopragmatischer Kartographie' verstehen? Was erwartet mich? In O. Kühne, C. Jenal, & T. Sedelmeier (Eds.), *Cultural Atlas of TÜbingenness. Kleine Karten aus dem großen TÜbiversum* (S. 3–10). Wiesbaden: Springer Fachmedien Wiesbaden GmbH; Springer VS.

Kühne, O., Berr, K., & Jenal, C. (2023). *The Closed Society and Its Ligatures – A Critique Using the Example of 'Landscape'*. Wiesbaden: Springer Fachmedien Wiesbaden GmbH; Springer.

Kühne, O., Leonardi, L., & Berr, K. (2023). The open society and its life chances – from Karl Popper via Ralf Dahrendorf to a human geography of options and ligatures. *Geographica Helvetica, 78,* (*3*, 341–354). https://doi.org/10.5194/gh-78-341-2023

Kühne, O., Koegst, L., & Berr, K. (2024). *Oilscapes of Louisiana – Neopragmatic Reflections on the Ambivalent Aesthetics of Landscape Constructions.* Wiesbaden: Springer Fachmedien.

Lakatos, I. (1974). Falsifikation und die Methodologie wissenschaftlicher Forschungsprogramme. In I. Lakatos, & A. Musgrave (Eds.), *Kritik und Erkenntnisfortschritt* (Abhandlungen des Internationalen Kolloquiums über die Philosophie der Wissenschaft, vol. 4, S. 89–189). Braunschweig: Vieweg.

Lake, R. W. (2023). From Professional Geography to Public Geography, from Representational Certainty to Not Knowing the Answer. *The Professional Geographer,* (1–9). https://doi.org/10.1080/00330124.2023.2242465

Leonardi, L. (1993). Intervista a Ralf Dahrendorf. *Rassegna Italiana di Sociologia,* (*1*, 7–20).

Leonardi, L. (2014). *Introduzione a Dahrendorf* (Maestri del Novecento, vol. 20). Roma: Editori Laterza.

Levine, S. (2023). Neopragmatism (Putnam and Habermas). In M. Müller (Ed.), *Handbuch Richard Rorty* (1st ed., S. 363–378). Wiesbaden: Springer Fachmedien Wiesbaden GmbH.

Luhmann, N. (1984). *Soziale Systeme. Grundriß einer allgemeinen Theorie.* Frankfurt (Main): Suhrkamp.

Malachowski, A. R. (2014). *Richard Rorty* (Philosophy now). Abingdon, Oxon: Routledge.

Menand, L. (2001). *The Metaphysical Club. A story of ideas in America* (1.th ed.). New York, NY: Farrar Straus and Giroux.

Mounce, H. O. (2002). *The two pragmatisms. From Peirce to Rorty.* London: Routledge.

Müller, M. (2014). *Private Romantik, öffentlicher Pragmatismus? Richard Rortys transformative Neubeschreibung des Liberalismus* (Edition Moderne Postmoderne, 1st ed.). Bielefeld: transcript Verlag.

Müller, M. (2021). *Rorty lesen.* Wiesbaden: Springer VS.

Müller, M. (2023). Einführung in das Handbuch Richard Rorty. In M. Müller (Ed.), *Handbuch Richard Rorty* (1st ed., S. 9–41). Wiesbaden: Springer Fachmedien Wiesbaden GmbH.

Niemann, H.-J. (2019). Karl Poppers Spätwerk und seine ‚Welt 3'. In G. Franco (Ed.), *Handbuch Karl Popper* (S. 1–18). Wiesbaden: Springer Reference Geisteswissenschaften.

Papadimitriou, F. (2010). Conceptual Modelling of Landscape Complexity. *Landscape Research, 35,* (*5*, 563–570). https://doi.org/10.1080/01426397.2010.504913

Papadimitriou, F. (2020). Modelling and Visualization of Landscape Complexity with Braid Topology. In D. Edler, C. Jenal, & O. Kühne (Eds.), *Modern Approaches to the Visualization of Landscapes* (S. 79–101). Wiesbaden: Springer VS.

Papadimitriou, F. (2021). *Spatial Complexity. Theory, mathematical methods and applications*. Cham: Springer Nature.

Pareto, V. (1916). *Trattato di sociologia generale* (vol. 2). Milano: G. Barbèra.

Peet, R. (1998). *Modern Geographic Thought*. Oxford: Blackwell Publishers.

Pihlström, S. (2013). Neopragmatism. In A. L. C. Runehov (Ed.), *Encyclopedia of sciences and religions* (SpringerLink Bücher, S. 1455–1465). Dordrecht: Springer.

Popper, K. R. (1992). *Die offene Gesellschaft und ihre Feinde. Falsche Propheten – Hegel Marx und die Folgen* (vol. 2, 7th ed., 2 vols.). Tübingen: J. C. B. Mohr (Original work published 1945).

Popper, K. R. (1996). *Alles Leben ist Problemlösen. Über Erkenntnis, Geschichte und Politik*. München: Piper.

Popper, K. R. (2011[1947]). *The Open Society and Its Enemies*. Abingdon: Routledge.

Popper, K. R., & Eccles, J. C. (1977). *Das Ich und sein Gehirn*. München: Piper.

Popper, K. R. (1973). *Objektive Erkenntnis. Ein evolutionärer Entwurf*. Hamburg: Hoffmann und Campe.

Putnam, H. (1990). *Die Bedeutung von "Bedeutung"* (Klostermann-Texte : Philosophie, 2., durchges. Aufl.). Frankfurt am Main: Klostermann.

Putnam, H. (1997). *Für eine Erneuerung der Philosophie* (Universal-Bibliothek, vol. 9660). Stuttgart: Reclam.

Reese-Schäfer, W. (2016). *Richard Rorty zur Einführung*. Hamburg: Junius Verlag.

Robert, L. W., & Wills, J. (Eds.). (2020). *The power of pragmatism. Knowledge production and social inquiry*. Manchester: Manchester University Press.

Rorty, R. (1980). *Philosophy and the mirror of nature* (1. paperback print). Princeton, N. J.: Princeton University Press.

Rorty, R. (1997). *Contingency, irony, and solidarity* (Reprint). Cambridge: Cambridge University Press.

Rorty, R. (2001). *Philosophie & die Zukunft. Essays* (Fischer Forum Wissenschaft Philosophie, vol. 14762, Orig.-Ausgabe, 2. Aufl.). Frankfurt am Main: Fischer-Taschenbuch-Verl.

Rorty, R. (2002). *The linguistic turn. Essays in philosophical method ; with two retrospective essays* [Nachdr.]. Chicago: Univ. of Chicago Press (Original work published 1968).

Rorty, R. (2018)[1994]). *Hoffnung statt Erkenntnis. Eine Einführung in die pragmatische Philosophie* (3.th ed.). Wien: Passagen-Verlag.

Rorty, R. (2023). *Pragmatismus als Antiautoritarismus* (Erste Auflage, deutsche Erstausgabe). Berlin: Suhrkamp.

Saarinen, E. (2011). Freundlichkeit gegenüber Babys und andere radikale Ideen in Rortys antizynischer Philosophie. In A. Gröschner, M. Sandbothe, & R. Rorty (Eds.), *Pragmatismus als Kulturpolitik. Beiträge zum Werk Richard Rortys* (Suhrkamp Taschenbuch Wissenschaft, vol. 1981, 1st ed., S. 170–197). Berlin: Suhrkamp.

Sayer, A. (2010). *Method in Social Science. A Realist Approach*. London, New York: Routledge.

Schenk, W., & Steinkrüger, J.-E. (2020). Kulturlandschaft als kultureller Prozess, illustriert am Orden der Zisterzienser und an den frühen Trägern der Rheinromantik. In R. Duttmann, O. Kühne, & F. Weber (Eds.), *Landschaft als Prozess* (S. 119–134). Wiesbaden: Springer VS.

Selk, V., Held, C., & Schwuchow, T. (Eds.). (2021). *Soziale Hoffnung, liberale Ironie. Zur Aktualität von Richard Rortys politischem Denken* (Staatsverständnisse, vol. 145, 1. Auflage). Baden-Baden: Nomos Verlagsgesellschaft mbH & Co. KG.

Simon, H. A. (1978). Die Architektur der Komplexität. In K. Türk (Ed.), *Handlungssysteme* (S. 94–120). Wiesbaden: VS Verlag für Sozialwissenschaften.

Steiner, C. (2009a). Materie oder Geist? Überlegungen zur Überwindung dualistischer Erkenntniskonzepte aus der Perspektive einer Pragmatischen Geographie. *Berichte zur deutschen Landeskunde, 83,* (2, 129–142).

Steiner, C. (2009b). *Tourismuskrisen und organisationales Lernen.* (Zugl.: Mainz, Univ., Diss., 2008, Transcript). Bielefeld.

Steiner, C. (2014). *Pragmatismus – Umwelt – Raum. Potenziale des Pragmatismus für eine transdisziplinäre Geographie der Mitwelt* (Erdkundliches Wissen, vol. 155). Stuttgart: Franz Steiner Verlag.

Stemmer, B., Bernstein, F., Behre, E., & Kaußen, L. (2023). Naherholung als Teil der grünen Infrastruktur – ein neopragmatischer Ansatz. In O. Kühne, T. Freytag, T. Sedelmeier, & C. Jenal (Eds.), *Landschaft und Tourismus* (RaumFragen, 253-275). Wiesbaden: Springer.

Weber, F., Kühne, O., Jenal, C., Aschenbrand, E., & Artuković, A. (2018). *Sand im Getriebe. Aushandlungsprozesse um die Gewinnung mineralischer Rohstoffe aus konflikttheoretischer Perspektive nach Ralf Dahrendorf*. Wiesbaden: Springer VS.

Weber, A.-M., Kühne, O., Koegst, L., Fischer, J. D., & Jenal, C. (2023). Die internetmassenmediale touristische Konstruktion von Baton Rouge – ein neopragmatischer Zugriff. In O. Kühne, T. Freytag, T. Sedelmeier, & C. Jenal (Eds.), *Landschaft und Tourismus* (RaumFragen, 485-513). Wiesbaden: Springer.

Werlen, B. (1997). *Gesellschaft, Handlung und Raum. Grundlagen handlungstheoretischer Sozialgeographie* (Erdkundliches Wissen, vol. 89). Stuttgart: Steiner.

Zepp, H. (2020). Das Neue Emschertal. Transformation von Freiräumen und Veränderung von Ökosystemleistungen während der letzten 200 Jahre. In R. Duttmann, O. Kühne, & F. Weber (Eds.), *Landschaft als Prozess* (S. 327–360). Wiesbaden: Springer VS.

Zimmer, R., & Morgenstern, M. (2015). *Karl R. Popper. Eine Einführung in Leben und Werk* (2., durchgesehene und ergänzte Auflage). Tübingen: Mohr Siebeck.

2 Horizontale Geographien – eine Gegenstandbestimmung

Das Verhältnis der wissenschaftlichen Geographie zur Synthese von komplex wie kompliziert regional angeordneter Elemente ist durch ein Spannungsverhältnis geprägt, wobei dies in der deutschsprachigen Geographie deutlich stärker ausgeprägt ist als in der internationalen (Eisel 1980; Hard 1973; Wardenga 1996, 2019). Jene, die sich mit Themen wie ‚Landschaft' oder ‚Regionaler Geographie' befassten, gerieten unter den fachinternen Druck, angesichts einer zunehmenden theoretischen Reflexion entweder als einem ‚schlichten Realismus' verfallen oder einfach nur ‚gestrig' verrufen zu sein, oder aber ihrerseits eine theoretische Begründung bzw. Rahmung für ihre Arbeit zu suchen. Auch diese vorliegende Arbeit ist das Ergebnis dieses ‚Reflexionszwanges'.

Menschen im Besonderen und Gesellschaften im Allgemeinen sind häufig bestrebt, Kontingenz und Komplexität zu reduzieren, etwa durch Transformation in Kompliziertheit (ein Beispiel mag das Geflecht an Gewohnheitsrecht, Aushandlung und ‚Recht des Stärkeren' in kodifiziertes Recht gelten). Auch mit dieser Untersuchung wird nicht allein ein Vorschlag des strukturierenden Umgangs mit Kompliziertheit, Komplexität und Kontingenz unterbreitet (Kühne et al. 2020). Diese Strukturierung erfolgt dabei nicht in dem Sinne des Gestus des ‚Enttarnens einer hinter den Dingen liegenden Wahrheit', sondern stellt eine analytische Konstruktion dar, die den Umgang mit Kontingenz, Komplexität und Kompliziertheit erleichtert (deutlich wird dies in der Nutzung der aus der Drei-Welten-Theorie Karl Poppers abgeleiteten Theorie der drei Landschaften in Kap. 3), verbunden mit dem Ziel, einen kontingenten Vorschlag zum Umgang mit ‚horizontalen Geographien' zu machen, also Kontingenz zu steigern. Dies geschieht auf unterschiedlichen Ebenen, einer theoretischen, indem ein strukturierter Vorschlag unterbreitet wird, wie unterschiedliche Theorien und

O. Kühne, *Redeskriptionen horizontaler Geographien*, Regionale Geographien | Regional Geographies, https://doi.org/10.1007/978-3-031-66780-0_2

Methoden, derer sich ‚regionale Geographie' bedienen kann, in empirisch operationalisierbarer Weise miteinander kontextualisiert werden können (wobei in diesem Buch Empirie nur in Kap. 9 anhand der Referenz auf neopragmatistisch begründete empirische Studien angesprochen wird, schließlich hat dieses Buch ein konzeptionelles Ziel).[1]

In diesem Kapitel wird auf theoretische Ansätze der Regional- und Landschaftsforschung verwiesen, die ausführlicher in Kap. 4 im Kontext zur Theorie der Drei Landschaften bzw. Drei Räumen ausführlicher erläutert werden. Insofern kann bei Unklarheiten der Begriffsverwendung dieser Abschnitt konsultiert werden.

2.1 Grundüberlegungen zu ‚horizontalen' und ‚vertikalen Geographien' als Ausgangspunkt für die Entwicklung eines ‚neopragmatistischen Ansatzes'

Die synthetische Darstellung raumbezogener Phänomene hat seit ihren Anfängen (die noch vor dem Aufstieg der Geographie als Wissenschaft liegen), in Abhängigkeit von zeitlicher Verwendung, räumlicher Verortung, räumlicher Skalierung und wissenschaftstheoretischer Grundausrichtung unterschiedliche Bezeichnungen erfahren, wie etwa ‚Landschaftsgeographie', ‚Landschaftskunde', ‚Landeskunde', ‚Regionalkunde', ‚Regionale Geographie', ‚Problemorientierte Landeskunde', ‚Neue regionale Geographie' sowie ‚Neue Landschaftsgeographie', aber auch wie ‚area studies', ‚new area studies', ‚comparative area studies' oder ‚regional studies' und ‚transregional studies' (Glasze et al. 2014; Wardenga 1996, 2006, 2013). Im Anschluss an Kühne (2018b) lässt sich hierfür die Sammelbezeichnung ‚horizontale Geographien' verwenden. Gemeinsam ist diesen ‚regionalen Geographien' die Synthese bestimmter Strukturen und Funktionen, wie sie in bestimmten Ausschnitten der Erdoberfläche konzentriert sind. Der

[1] Auch empirische Zugriffe lassen sich als Instrumente zum Umgang mit Kontingenz und Komplexität verstehen, denn die Vielzahl von Entwicklungen, physischen Manifestationen, Wechselwirkungen, Deutungen, Bewertungen etc. wird – auf Grundlage der theoretischen und methodologischen Überlegungen – eine empirisch gegründete Abstraktion durchgeführt, die vor dem gewählten Theoriehorizont eine synthetische Betrachtung der räumlichen Entwicklungen und sie beeinflussenden und teilweise begründenden Strukturen darstellt. Eine unter vielen möglichen, denn Umgang mit Kontingenz bedeutet nicht Kontingenzeliminierung (weiter hierzu Heugel und Chilla (2020); Luhmann (1984); Rorty (1989)).

eingeführte Terminus der ‚regionalen Geographie' erscheint hier aus folgenden Gründen nicht hinreichend (Kühne 2018b):

1. Wird mit ihm eine subdisziplinäre Fassung der allgemeinen Geographie verbunden.
2. Fokussiert er stark eine bestimmte Art der Synthese räumlicher Elemente (vornehmlich auf Grundlage positivistischer Weltsicht, die die Forderung erhebt, wissenschaftliches Wissen auf eindeutig beweisbare Erkenntnisse zu beschränken).
3. Richtet er einen starken Fokus auf mesoskalige Zusammenhänge.
4. Ist er mit einer bestimmten Phase synthetischer geographischer Forschung verbunden.

Der Sammelbegriff der ‚horizontalen Geographien' umfasst jedoch sämtliche Maßstabsebenen räumlicher synthetischer Untersuchung, unabhängig von der fachlichen Zuordnung, worauf später eingegangen wird.

Diesen ‚horizontalen Geographien' werden die ‚vertikalen Geographien' gegenübergestellt, deren Fokus primär ein thematischer ist, der wiederum eine Lokalisierung erfährt. Die Logik der Betrachtung ist – idealtypisch im Sinne von Max Weber (1972[1922]) gedacht – dabei umgekehrt: ‚Horizontale Geographien' betrachten einen begründet mehr oder minder von anderen Raumkonstrukten geschiedenen Teil der Erdoberfläche und synthetisieren die Ergebnisse, wie sie aus der Logik ‚vertikaler' Geographien erwachsen, während in ‚vertikale Geographien' der Fokus auf soziale, ökonomische, politische etc. Prozesse gelegt wird, deren räumliche Auswirkungen dann untersucht werden. ‚Räumlichkeit' (mit ihren verschiedenen Bedeutungen) ist in den ‚vertikalen Geographien' also zunächst gegenüber den untersuchten gesellschaftlichen oder natürlichen Prozessen eher sekundär, während ihr in den ‚horizontalen Geographien' eine primäre Bedeutung zugeschrieben wird. Beide Formen sind als idealtypische Pole eines Kontinuums zu verstehen, in der Praxis geographischer Forschung finden sich auch hybride Formen ‚horizontalen' und ‚vertikalen' Denkens (so fließen auch gemeinhin in stärker ‚vertikalgeographisch' orientierte Arbeiten, etwa zum Thema soziale Segregation in einer Agglomeration, ‚horizontalgeographische' Ausführungen zu deren raumzeitlicher Entwicklung, Siedlungsstruktur, wirtschaftsräumlicher Entwicklung etc. ein, während auch stärker ‚horizontalgeographisch' orientierte Arbeiten, durchaus auch ‚vertikalgeographische' Schwerpunkte haben, etwa in Bezug auf mediengeographische Raumkonstruktionen).

Hinsichtlich der theoretischen Rahmung unterscheiden sich ‚vertikale' und ‚horizontale' Geographien jedoch deutlich: Während ‚vertikale Geographien' in der Regel einen einzigen theoretischen Zugang finden können, der entweder aus dem Forschungsgegenstand erwächst oder an den Forschungsgegenstand herangetragen wird, stehen die ‚horizontale Geographien' vor der Herausforderung, dass keine einzelne Theorie in der Lage ist, die Komplexität räumlicher Strukturen und Prozesse auf den unterschiedlichen thematischen Ebenen angemessen zu integrieren. Dieser Herausforderung lässt sich auf drei Wegen begegnen, indem, erstens, auf eine theoretische Rahmung gänzlich verzichtet wird und der Fokus auf die Beschreibung von Räumen gelegt wird, zweitens, indem induktiv Ad-hoc-Theorien unterhalb der mittleren Reichweite (Merton 1957[1949]) gebildet und nur unzureichend empirisch untermauert werden, oder aber, drittens, indem ein meta-theoretischer Rahmen gespannt wird, der die unterschiedlichen theoretischen Perspektiven ‚vertikaler Geographien' begründet integriert und hinsichtlich ihrer ‚Reichweiten' relationiert. Dieser dritte Weg, der ‚neopragmatistische Ansatz', wird in Kap. 4 entwickelt. Um die Notwendigkeit einer ‚Redeskription' (Rorty 1980), um an dieser Stelle schon einmal den Terminus von Richard Rorty einzuführen, der sich als eine grundlegende Rekonfiguration bis dato praktizierte wissenschaftliche Denkstile verstehen lässt, zu verdeutlichen, wird im Folgenden ein Überblick der historischen Entwicklung ‚horizontaler Geographien' gegeben, in deren Kontext sich der hier vorgestellte Ansatz stellt.

2.2 Historische Entwicklung ‚horizontaler Geographien' und aktuelle Herausforderungen[2]

Wie im vorangegangenen Abschnitt angesprochen, blickt die Befassung mit Räumen in Form von zusammenfassenden Beschreibungen und Interpretationen auf eine lange Geschichte zurück, so fanden sich bereits in der griechischen Antike Versuche, nicht allein Räume zu beschreiben, sondern auch natürliche Faktoren auf Kulturen zu beziehen, etwa aus klimatischen Bedingungen Prägungen von Völkern abzuleiten (Schultz 1980, 2005). Der Versuch, räumliche Synthesen aus unterschiedlichen Faktoren zu ziehen, wurde im 19. Jahrhundert wieder aktualisiert: Waren die Topographien des 18. Jahrhunderts noch weitgehend deskriptiv,

[2] Bei diesem Abschnitt handelt es sich um eine auf die Entwicklung unseres Verständnisses hin vollzogene Synthese an anderer Stelle publizierter Befassungen mit der Geschichte der deutschsprachigen und angelsächsischen Geographie, insbesondere der nordamerikanischen; hier insbesondere: Berr und Kühne (2020); Kühne (2018b), (2019a); Kühne und Berr (2021); Kühne und Weber (2022).

wurde im 19. Jahrhundert die ‚Länderkunde' entwickelt, die im Wesentlichen auf drei Herangehensweisen basierte (Born 1980; Schlottmann und Wintzer 2019; Wardenga 2001a):

1. Beschreibung von Teilen der Erdoberfläche, die bislang ununtersucht oder wenig erforscht waren (etwa bei Alexander von Humboldt).
2. Systematische Auswertung vorhandener Literatur (wie etwa bei Carl Ritter).
3. Kartographische Aufnahme der Erdoberfläche (wie bei August Petermann).

Bis in die Gegenwart prägt diese Dreiheit aus Beschreibungen von Räumen durch eigene Inaugenscheinnahme, Literaturarbeit und kartographischer Abstraktion zahlreiche Arbeiten zu ‚horizontalen Geographien'. Dem Trend, der insbesondere aus den Naturwissenschaften erwachsenen Systematisierung folgte, auch die sich zur akademischen Disziplin entwickelnde Geographie: Ein Beispiel hierfür ist die Anleitung für die Aufnahme von Ländern durch Ferdinand von Richthofen mit seinem „Führer für Forschungsreisende" (Richthofen 1886). Hier wurde etwa mittels standardisierter Beobachtungsfragen die Datenerhebung einer Normierung unterzogen. Alfred Hettner baute diesen Ansatz unter Zuhilfenahme von reflektierten methodologischen Überlegungen zu einer Anleitung zum länderkundlichen Arbeiten aus, das als ‚länderkundliches Schema' oder ‚Hettnersches Schema' bekannt wurde (vgl. Hettner 1927; Kühne und Berr 2021; Schlottmann und Wintzer 2019). Dieser Ansatz war – wie Peter Weichhart (in: Schurr und Weichhart 2020, S. 54) herausstellt – keineswegs eine „‚Kochbuchanweisung' für das Schreiben von Länderkunden, sondern eine ausgewachsene inhaltliche Theorie. Die gleichsam ‚logische' oder ‚naturentsprechende' Aufeinanderfolge der Kapitel einer Länderkunde würde nämlich den kausalen Verursachungszusammenhängen von der physischen Struktur hin zu den kulturellen Gegebenheiten entsprechen". Diese systematische länderkundliche Art Geographie zu betreiben, wurde nicht zuletzt von der Schulgeographie, die seinerzeit einen großen Einfluss auf die Entwicklung des Faches hatte, beeinflusst, schließlich bestand deren didaktisches Prinzip darin, auf Grundlage von Faktenwissen Schülern die Grundzüge der Erde als Lebens- und Gestaltungsraum des Menschen nahezubringen (Schlottmann und Wintzer 2019).

Denn neben der Dreiheit von Beobachtung, Literaturauswertung und kartographischer Aufnahme kannte die ‚klassische Geographie' eine weitere Dreiheit, die aus ‚Länderkunde', ‚Landeskunde' und ‚Landschaftskunde'. Die ‚Länderkunde' befasste sich mit fremden Ländern, die ‚Landeskunde' mit dem eigenen Land, wobei der methodische Zugriff der gleiche war. Die ‚Landschaftskunde' wiederum befasste sich mit der Erforschung (sub)regionaler Einheiten, die ‚aus sich selbst heraus' abgegrenzt wurden, also ,Wesen' der Landschaften erfassen sollten. Der klassische geographische Landschaftsbegriff entsprang dabei zwei Denktraditionen (Hard 1977, S. 15): „(1.) die aus ,naiver' Weltsicht und ,landschaftlichem Auge' kombinierte ,physiognomische' Tradition des vielseitig interessierten Reisenden und (2.) die ,regionalistische' Tradition des ,Denkens in Erdräumen' und Erdraumgliederungen". Die Untersuchung der ,Länder' und ,Landschaften' fiel zwar methodisch durchaus unterschiedlich aus (so war die Abgrenzungsproblematik bei der Länder- und Landeskunde kaum vorhanden), doch war das Verständnis von „Welt als naturräumlich und kulturräumlich gekammert" (Glasze 2015, S. 23) den drei Zugriffen auf Raum gemein. Dem Verständnis einer solchen Kammerung lag – wie Hard (2002, S. 175) ausführte – die Annahme zugrunde, dass „Menschen,die Landschaft gestalten', aber zugleich auch von ihr,geformt' werden (wie die alten geographischen Formeln hießen)". Forschungen in dieser Tradition hatte zum Ziel, ein durch diese wechselseitige Prägung entstandenes ,Wesen' von Landschaften und Ländern zu erfassen (siehe ausführlicher: Eisel 1982; Hard 2002; Körner und Eisel 2003; Piechocki 2010).

Internationale Verbreitung fand das stark auf materielle Objekte als Ausdruck des ,Wesens' orientierte Verständnis von Landschaft durch Carl O. Sauer (1889–1975), einem prägenden Mitbegründer der ,Berkeley School'. Er verstand ,Kulturlandschaft' als ,Superorganismus', der konstitutiv durch eine ,Kulturgruppe' gestaltet wird, wie er in seiner klassischen Definition zum Ausdruck bringt (Sauer 1925, S. 46): „Die Kulturlandschaft wird von einer Kulturgruppe aus einer Naturlandschaft gestaltet. Die Kultur ist der Akteur, der Naturraum ist das Medium, die Kulturlandschaft ist das Ergebnis". Mit dieser kulturzentrierten Sicht setzte er sich von dem zuvor dominierenden Geodeterminismus ab und ein Fokuswechsel stark auf die Untersuchung kultureller Einschreibungen in ,die Landschaft', deren regionale Begrenzung (im Vergleich zu anderen Landschaften), mit Fokus auf spezifische kulturelle Phänomene (etwa Bräuche; Mathewson 2009; Wagner und Mikesell 1962). Wobei Sauer und seine Nachfolger einem Verständnis ihrer Rolle als Experten entwickelten, die sich stark an der Maxime der geringen Involviertheit von Wissenschaftlern orientierten: An „expert,[is] someone one who stands apart from the phenomena in question, the better to objectively scrutinise it" (Wylie 2007, S. 41). Hier wird eine wissenschaftstheoretische Zweigleisigkeit deutlich: Zum Zweck der Erfassung ,des Wesens' von Landschaften und Ländern wurde (auch) auf empirische Methoden zurückgegriffen, die einer positivistischen wissenschaftstheoretischen Tradition entspringen, die der essentialistischen Suche nach einem ,Wesen' zwar prinzipiell widerspricht, aber dieser Widerspruch nicht weiter thematisiert und einfach hingenommen wurde (siehe ausführlicher Kap. 4).

Nach dem Zweiten Weltkrieg verschob sich der Schwerpunkt der landes-, länder- und landschaftskundlichen Forschung (im Folgenden ist auch gerne zusammenfassend von den ‚drei Kunden' die Rede) zwar zugunsten eines empirischen Zugangs zum Feld, wenngleich die Suche nach dem ‚Wesen' eines Ausschnittes der Erdoberfläche noch immer präsent blieb (ein prägnantes Beispiel findet sich zum Thema Baton Rouge bei Brill 1963). Die synthetische Form der geographischen Forschung, der ‚horizontalen Geographien, dominierte weiterhin die ‚Bindestrichgeographien' (z. B. die Stadt-, Wirtschafts-, Klimageographie), also die ‚vertikalen Geographien'. Die „aus der Zwischenkriegszeit herrührende fachphilosophische Auffassung, Länderkunden seien der Kern der geographischen Wissenschaft" (Wardenga 2001a, S. 20), setzte sich fort. Länderkunde wurde fürderhin als ‚Krönung der Geographie' (wie etwa Bobek 1957 und Schmithüsen 1959) und ‚essentieller Kern des Faches Geographie' (Guelke 1977) inszeniert. Dabei setzte neben der methodischen Aufweitung ein weiterer Trend ein, der der ‚ansprechenden Darstellung'. Eine wissenschaftstheoretische oder methodologische Untermauerung der Geographie, insbesondere der ‚horizontalen Geographien', als eine Reaktion auf die fortschreitende gesellschaftliche Modernisierung, die aufkommende Globalisierung unterblieb indes (Wardenga 2020). Die Weltsicht dieser ‚traditionellen Geographie war weiterhin von der Vorstellung von einem „wohlgeordnete[n] Mosaik von räumlich segmentierten natürlichen und gesellschaftlichen Einheiten" (Blotevogel 1996, S. 13) geprägt. Eine Vorstellung, die „sowohl die immer wichtiger werdenden räumlichen Verflechtungszusammenhänge wie auch die Konflikthaftigkeit von Raumbildungen strukturell" (Blotevogel 1996, S. 13) ausklammerte. Die Kritik an diesem Paradigma war vielfältig: Sie bezog sich etwa auf das holistisch-organistische Landschafts- und Kulturverständnis unter Ausklammerung des Individuums (z. B. Duncan 1980), den ‚Objektfetischismus' (Duncan 1990), die mangelnde empirische Belegbarkeit, die Ideologisierbarkeit wie auch eine mangelnde gesellschaftliche Relevanz und insgesamt einen „allzu schlichten Realismus" (Kaufmann 2005, S. 102). Die daraus gezogenen Lehren unterschieden sich jedoch im angelsächsischen und (west)deutschen Diskurs fundamental: Im angelsächsischen Raum formierte sich die ‚new cultural geography' (Cosgrove 1984, 1989; Cosgrove und Jackson 1987; Duncan 1990), die sich zwar auch mit historischen Zusammenhängen befasst, wenngleich theoretisch gerahmt, und soziale Aspekte betrachtet wie auch urbane Räume in die Untersuchungen einbezog. Sie richtet dabei ihr Interesse „in the contingent nature of culture, in dominant ideologies and in forms of resistance to them" (Cosgrove und Jackson 1987, S. 95). Entstanden war dieses Forschungsprogramm durch die Integration, indem auf unterschiedliche Perspektiven zurückgegriffen wurde (Gilbert

1988; ergänzend dazu: Thrift 1991), nämlich marxistische und humanistische Ansätze und Praxistheorien, die auf das Thema ‚Region' angewandt wurden (Entrikin 1996; vgl. Gebhardt et al. 2004; Paasi 2002). Die ‚new regional geography' bewirkte auch eine Veränderung der maßstäblichen Rahmung ‚horizontaler Geographien', sie wurden nicht mehr lokal, regional, national oder gar kontinental beschränkt, vielmehr rückten Verflechtungen zwischen den verschiedenen Maßstabsebenen in den Fokus der Betrachtungen (Paasi 2009). Dies hatte zur Folge, dass Regionen nicht mehr als abgegrenzte ‚Kammern' verstanden wurden, sie wurden vielmehr als dynamisch untereinander wie auch mit lokalen und überregionalen Gebilden verflochtene räumliche Konstrukte konzeptionalisiert. Diese konstruktivistische Wende brachte eine weitreichende Verschiebung des Fokus ‚horizontaler Geographien' mit sich (Paasi 1991): Wie werden Regionen diskursiv erzeugt und verfestigt? Warum glauben Menschen an die Existenz von Regionen? Welche Bedeutung haben diese Konstrukte für die Identifikation von Menschen? Welchen Mechanismen folgt die Konstruktion von Grenzen? Wie werden sie institutionell abgesichert? Inwiefern wandeln sich Bedeutungen regionaler Konstrukte? Verbunden ist dieses neue Paradigma mit der Ablehnung des essentialistischen Kerns der ‚traditionellen Kulturgeographie' und eine Zuwendung zu konstruktivistischen Sichtweisen, wie sie etwa aus der klassischen Definition von Landschaft durch Cosgrove (1984) deutlich wird, nämlich Landschaft nicht nur als die *Welt,* die wir sehen, zu verstehen, sondern auch eine *Art,* die Welt zu sehen (ausführlicher bei: Kühne 2019a).

Völlig anders gestaltete sich die Entwicklung in der deutschsprachigen Geographie (zumindest im Westen). Die Kritik an dem Paradigma der traditionellen Geographie kulminierte – insbesondere getragen von der Studierendenschaft, aber auch von Lehrerverbänden (Wardenga 2020) – auf dem Kieler Geographentag 1969. In dessen Anschluss wurde die traditionelle holistische Geographie, begleitet von einigen heftigen und von persönlichen Angriffen geprägten Rückzugsscharmützeln (ausführlicher: siehe Aschauer 2001; Gebhardt 2016; Oßenbrügge 2014; Wardenga 1996, 2001a), durch ein positivistisch-empiristisches Paradigma zunächst nahezu komplett ersetzt (siehe ausführlicher Kap. 4). Orientiert an angloamerikanischen Vorbildern basierte dieses auf Raummodellen (Bartels 1968; Kitchin 2014; für den angelsächsischen Sprachraum: Harvey 1969). Doch wurde bereits in der Kritik am ‚traditionellen Paradigma' eine sich erst später entfaltende Perspektive angelegt: denn neben Bartels mit seinem raumwissenschaftlichen Ansatz prägte Gerhard Hard (Hard 1970a, 1970b) die Kritik, indem er, „den späteren ‚linguistic turn' vorwegnehmend" (Gebhardt 2019, S. 291), begriffskritisch argumentierte (siehe dazu: Kühne und Berr 2021) und zu dem Schluss kam, dass der Begriff der ‚Landschaft' aufgrund seiner Unschärfe nicht für eine wissenschaftliche Befassung mit räumlichen Phänomenen tauge. Damit war der Abschied von einem ‚holistischen' Verständnis des ‚Geographie-Machens' vollzogen und die Physische Geographie und die Humangeographie entfernten sich voneinander (vgl. Werlen 2003), wobei die Physische Geographie den in der Humangeographie geächteten Begriff der ‚Landschaft' – in einem positivistischen Verständnis – beibehielt. Mit der raumwissenschaftlichen Wende verdrängten ‚vertikale Geographien' die ‚horizontalen Geographien'. Doch wurden auch in den 1970er und 1980er Jahren ‚horizontale Geographien' geschrieben, nun unter der Bezeichnung ‚regionale Geographien', wobei die Integration physisch- und humangeographischer Inhalte zugunsten einer Addition von ‚Fakten' (vielfach mit Reminiszenzen an das Hettnersche Schema) abnahm (Wardenga 2001a). Neben diesen ‚raumbezogenen syntheseabstinenten Faktensammlungen' entwickelte sich im Laufe der 1980er Jahre die ‚problemorientierte regionale Geographie'. Sie näherte sich der Logik der ‚vertikalen Geographien' in der Form an, dass sie thematisch Raumausschnitte in thematischer Eingrenzung betrachtete (ein Beispiel: Stewig 1979). Mit der thematischen und analytischen Selbstbeschränkung ging auch eine methodische Abstinenz einher, entsprechend konstatierten Aschauer (2001, 2002) und Wardenga (2001a) um die Jahrtausendwende, landeskundliche Arbeit sei auf die Darstellung wissenschaftlicher Ergebnisse beschränkt, nicht jedoch mit einer eigenständigen Forschungsperspektive verbunden. Zu dieser Zeit maximaler Selbstbeschränkung begannen jedoch auch in der deutschsprachigen ‚horizontalen Geographie' erste konstruktivistische Überlegungen Fuß zu fassen, so wurde etwa die Konstruiertheit von Regionen (wie bei Schultz 1997) reflektiert und auch die Verwobenheit ‚horizontalgeographischen' Wissens in außerwissenschaftliche Deutungs- und Bewertungsmuster, wie auch die Kontingenz von Indikatoren und wissenschaftlichen Perspektiven wurde und wird thematisiert (Gebhardt 2019). In den letzten eineinhalb Jahrzehnten erhielt die Befassung mit ‚horizontalen Geographien' insbesondere aus der Landschaftsforschung Impulse: Landschaft wird zunehmend nicht mehr mit einem ‚Wesen' ausgestattet oder als objektiv gegebener Gegenstand betrachtet, vielmehr gewinnen unterschiedliche konstruktivistische (sozialkonstruktivistische, diskurstheoretische, radikalkonstruktivistische) Perspektiven an Bedeutung und es erfolgt eine Öffnung gegenüber more-than-representational Theorien (Gailing und Leibenath 2015; Koegst 2020; Kühne 2018a, 2018b; Kühne et al. 2019; Kühne 2019b; Lorimer 2005[3], siehe ausführlicher Kap. 4).

---

[3] Ausführlichere Darstellungen der Entwicklung der deutschsprachigen Geographie, insbesondere in Auseinandersetzung mit der regionalen Geographie finden sich bei: Eisel (1980);

Mit diesen Entwicklungen wird die wissenschaftliche Praxis der Befassung mit ‚horizontalen Geographien' im deutschen Sprachraum anschlussfähig an den internationalen Diskurs der ‚new regional geography'. Mit diesem Fokuswechsel waren auch Nebenfolgen verbunden (Kühne 2018b):

1. Der ursprüngliche ‚Gegenstand' der ‚horizontalen Geographien', eben ein bestimmter Ausschnitt der Erdoberfläche, reduziert sich auf eine (teil)gesellschaftliche Konstruktionen (etwa: Claval 2007).
2. ‚Horizontale Geographien' begannen sich zu dichotomisieren: Erstens, in eine konstruktivistisch-reflexive Ebene und, zweitens, in eine ‚landeskundliche Praxis'. Die zweite blieb relativ unabhängig von den theoretisch-konzeptionellen Überlegungen als traditionelle ‚horizontale Geographie' mit ihren essentialistischen Residuen bestehen.
3. Daraus entwickelte sich auch eine Terminologie, die zwar wenige Schnittmengen aufwies, aber jeweils Anspruch auf den „legitimen Standpunkt" (Bourdieu 1992, S. 71) erhob und jeweils um ‚diskursive Hegemonialität' (Laclau und Mouffe 1985) rang.

Bereits in den 1990er Jahren entspann sich eine Kritik an rein konstruktivistischen Zugängen zu ‚Region' als zu einseitig. Insbesondere Materialitäten würden dabei nicht hinreichend berücksichtigt (Holmén 1995; Murphy 1991).

Nach zwei Wenden, der positivistischen und der konstruktivistischen, und vor der Herausforderung der Ausrichtung an mehr-als-repräsentationalen Theorien ist von der vormaligen ‚Krone der Geographie' (insbesondere in der deutschsprachigen Geographie) unter dem Versuch der Vermeidung von Illusionen Folgendes geblieben (Kühne 2018b, 2019a):

- Ein problemzentriertes Nebenprodukt geographischer Forschung (quasi als Hybride ‚vertikaler' und ‚horizontaler Geographie'),
- eine raumbezogene syntheseabstinente Faktensammlung,
- eine theoretisch wenig reflektierte Praxis der Landes- und Landschaftsbeschreibung mit teilweise persistierenden Essentialismen,
- eine Darstellungs- und Vermittlungsform verschiedener ‚vertikaler Geographien' ohne Anspruch auf eigene Methodenentwicklung, oder aber
- ein Reflexionsmodus zur sozialen Konstruktion von Regionen und von deren Verhandlung.

Gebhardt (2016), (2019); Hard (1973); Schlottmann und Wintzer (2019); Schultz (1980), (2002); Wardenga (1989), (2001b).

2.3 Rückgriffe, Abwandlungen und Zurückweisungen zu den Paradigmen ‚horizontaler Geographien' als Grundlage für die Entwicklung eines ‚neopragmatistischen Ansatzes'

Vor dem Hintergrund dieser Entwicklungen und des aktuellen Standes ‚horizontaler Geographien' wird in Rückgriff, Abwandlung und Zurückweisung der unterschiedlichen Paradigmen im folgenden Abschnitt ein Verständnis eines neopragmatistischen Ansatzes vorgestellt. Die Rückgriffe, Abwandlungen und Zurückweisungen werden dabei folgendermaßen konturiert:

Hinsichtlich der ‚traditionellen horizontalen Geographien' (Landes-, Länder- und Landschaftskunde, den drei ‚Kunden') wird der essentialistische Kern als nach aktuellem Stand wissenschaftstheoretischer Überlegungen nicht haltbar zurückgewiesen. Darüber hinaus wird die Ausgrenzung des Individuums zurückgewiesen. Im Gegenteil: Aus der hier vertretenen Perspektive heraus, weist es eine konstitutive Bedeutung in der sozialen Konstruktion und materiellen Einschreibung auf. Ebenso erscheint eine streng schematische Aufnahme von Raumausschnitten nicht sinnvoll, da eine solche den individuellen Entwicklungen und multiskalaren Verflechtungen nicht gerecht wird. Aufgegriffen werden indes die Ansprüche, erstens, räumliche Synthesen zu erbringen (wenngleich anders theoretisch gerahmt, wie später deutlich werden wird) und, zweitens, eigene Methoden und Methodenkombinationen zu entwickeln, drittens, den ‚vertikalen Geographien' zwar nicht übergeordnet (wie dies die ‚traditionelle Geographie' formulierte), aber gleichberechtigt zu sein.

In diesem Kontext wird dem begriffskritischen Ansatz Gerhard Hards gefolgt, indem ‚Landschaft' nicht als Terminus verwendet wird, sondern, aus konstruktivistischer Perspektive, zum Gegenstand der Untersuchung wird, wie also der Begriff in unterschiedlichen (fachlichen und außerfachlichen) Kontexten verwendet wird, welche Funktionen er aufweist, welche Implikationen sich daraus ergeben, wie er sozialisiert wird und wie das Individuum Einflüsse auf physische Räume wie auch die soziale Konstruktion von Landschaft gewinnt. Damit wird an die konstruktivistische Sichtweise der ‚new cultural geography' angeschlossen, deren humanistische Gehalte mit dem Fokus auf das Individuum ebenfalls aufgegriffen werden, wenngleich die marxistische Perspektive mit ihren (häufig impliziten) Teleologien abgelehnt wird. Stattdessen erfolgt die Anbindung an normative Grundlagen, die an die Prinzipien einer ‚offenen Gesellschaft' in der Tradition Karl Poppers und Ralf Dahrendorfs, aber auch den Vorstellungen liberaler Demokratie von Richard Rorty anschließen (Habermas 2011a, 2011b; Raeber 2013; Rorty 1997, 2018[1994], siehe hierzu ausführlicher die Abschn. 5.8 und

7.1). Der Reflexion über die Verflochtenheit der Maßstabsebenen, wie sie die ‚new regional geography‘ vollzogen hat, folgen wir, da eine reduktionistische Betrachtung einer ‚räumlichen‘ Kammer der Komplexität einer ‚glokalisierten Welt‘ (Robertson 1995) in keiner Weise gerecht wird.

Den vorliegenden Überlegungen liegt auch eine Sympathie gegenüber den Ansätzen der ‚raumbezogenen syntheseabstinenten Faktensammlungen‘ und der ‚problemorientierten regionalen Geographie‘ wie auch der Ansatz, ‚horizontale Geographie‘ als Darstellungsform zu begreifen, zugrunde. Die Sympathie gilt insbesondere ihrer Funktion, ‚horizontales Geographie‘-Machen über die Zeit von dessen Marginalisierung zu hinweg zu retten. Nichtsdestotrotz lassen sie sich als selbstauferlegte ‚Schrumpfformen horizontaler Geographien‘ verstehen. Sie stellen eine Basis für eine selbstbewusste theoretische und methodische Neuformulierung ‚horizontaler Geographie‘ dar. Infolge des Bedeutungsgewinns der digitalen Welt, auch für die ‚horizontalen Geographien‘, etwa bei der Erzeugung und Verbreitung von raumbezogenen Informationen und Stereotypen, im Sinne ‚konventional verwurzelter Meinungen‘ (Putnam 1990), ergibt sich ein bislang kaum gehobenes Potenzial. Somit wird – der hier verfolgten Einschätzung nach – aus dem Tripol der Vor-Ort-Forschung, Literaturarbeit und kartographischer Abstraktion der traditionellen Länder-, Landes- und Landschaftskunde ein ‚Quintpol‘ (Kühne 2018b), thematisch erweitert, um die Berücksichtigung der virtuellen Welt und um theoretische Reflexionen. Diese Reflexionen setzen – Gerhard Hard (1990, S. 13) folgend – „einen Distanzgewinn eines Systems gegenüber sich selber“ voraus, die kritische Selbst-Beobachtung des Machens ‚horizontaler Geographien‘.

Auch wenn der Ansatz ‚horizontale Geographie‘ nicht allein als Darstellungsform ‚vertikaler Geographien‘ verstanden wird, so sind innovative Darstellungen von Forschungen – insbesondere angesichts neuer technischer Möglichkeiten hilfreich, um die Ergebnisse von raumbezogenen Forschungen nachvollziehbar zu machen. Dies gilt nicht allein für kartographische Darstellungen, sondern auch für andere Visualisierungen oder die Integration von Filmmaterial (siehe hierzu unter anderem: Edler et al. 2018; Edler et al. 2019; Edler et al. 2020; Kühne und Jenal 2020).

Das Formulieren zeitgemäßer ‚horizontaler Geographien‘ erfordert auch die Überwindung einer anderen reduktionistischen Sichtweise: jener der dichotomen Subjekt-Objekt-Trennung. Dies ist verbunden mit der Hinwendung der Untersuchung von Hybriden. Insofern ist die Integration von more-than-representational-Denken zentral, was nicht zuletzt ein grundlegender Gedanke neopragmatistischen Denkens ist.

Literatur

Aschauer, W. (2001). *Landeskunde als adressatenorientierte Form der Darstellung. Ein Plädoyer mit Teilen einer Landeskunde des Landesteils Schleswig* (Forschungen zur deutschen Landeskunde, vol. 249). Flensburg: Deutsche Akademie für Landeskunde.

Aschauer, W. (2002). Zwischen Theorie und Praxis. Anmerkungen zur Konzeption von Landeskunde. *Berichte zur deutschen Landeskunde, 76,* (*4,* 253–271).

Bartels, D. (1968). *Zur wissenschaftstheoretischen Grundlegung einer Geographie des Menschen* (Erdkundliches Wissen, vol. 19). Wiesbaden: Franz Steiner Verlag.

Berr, K., & Kühne, O. (2020). *„Und das ungeheure Bild der Landschaft …". The Genesis of Landscape Understanding in the German-speaking Regions.* Wiesbaden: Springer VS.

Blotevogel, H. H. (1996). Aufgaben und Probleme der Regionalen Geographie heute. Überlegungen zur Theorie der Landes- und Länderkunde anläßlich des Gründungskonzepts des Instituts für Länderkunde, Leipzig. *Berichte zur deutschen Landeskunde, 70,* (*1,* 11–40).

Bobek, H. (1957). Gedanken über das logische System der Geographie. *Mitteilungen der Geographischen Gesellschaft Wien, 99,* (*2,* 122–157).

Born, M. (1980). *Geographische Landeskunde des Saarlandes.* Saarbrücken: Saarbrücker Druckerei und Verlag (Aus dem Nachlass herausgegeben von Renate Born und Helmut Frühauf).

Bourdieu, P. (1992). *Homo academicus* (Suhrkamp-Taschenbuch Wissenschaft, vol. 1002). Frankfurt am Main: Suhrkamp (französische Originalausgabe 1984).

Brill, D. (1963). *Baton Rouge, LA. Aufstieg, Funktionen und Gestalt einer jungen Großstadt des neuen Industriegebietes am unteren Mississippi* (Schriften des Geographischen Instituts der Universität Kiel, vol. 21,2). Kiel: Selbstverlag des Geographischen Instituts der Universität Kiel.

Claval, P. (2007). Regional Geography: Past and Present. (A Review of Ideas/Concepts, Approaches and Goals). *Geographia Polonica, 80,* (*1,* 25–42).

Cosgrove, D. (1984). *Social Formation and Symbolic Landscape.* London: University of Wisconsin Press.

Cosgrove, D. (1989). A terrain of metaphor: cultural geography 1988–89. *Progress in Human Geography, 13,* (*4,* 566–575). https://doi.org/10.1177/030913258901300406

Cosgrove, D., & Jackson, P. (1987). New directions in cultural geography. *Area, 19,* (*2,* 95–101).

Duncan, J. S. (1980). The superorganic in American cultural geography. *Annals of the Association of American Geographers, 70,* (*2,* 181–198).

Duncan, J. S. (1990). *The city as text: the politics of landscape interpretation in the Kandyan Kingdom.* Cambridge: Cambridge University Press.

Edler, D., Kühne, O., Jenal, C., Vetter, M., & Dickmann, F. (2018). Potenziale der Raumvisualisierung in Virtual Reality (VR) für die sozialkonstruktivistische Landschaftsforschung. *KN – Journal of Cartography and Geographic Information, 68,* (*5,* 245–254). https://doi.org/10.1007/BF03545421

Edler, D., Kühne, O., Keil, J., & Dickmann, F. (2019). Audiovisual Cartography: Established and New Multimedia Approaches to Represent Soundscapes. *KN – Journal of Cartography and Geographic Information, 69,* (5–17). https://doi.org/10.1007/s42489-019-000 04-4

Edler, D., Kühne, O., & Jenal, C. (2020). Modern Approaches to the Visualization of Landscapes – An Introduction. In D. Edler, C. Jenal, & O. Kühne (Eds.), *Modern Approaches to the Visualization of Landscapes* (S. 3–15). Wiesbaden: Springer VS.

Eisel, U. (1980). *Die Entwicklung der Anthropogeographie von einer „Raumwissenschaft" zur Gesellschaftswissenschaft.* Kassel: Gesamthochschul-Bibliothek.

Eisel, U. (1982). Die schöne Landschaft als kritische Utopie oder als konservatives Relikt. Über die Kristallisation gegnerischer politischer Philosophien im Symbol „Landschaft". *Soziale Welt – Zeitschrift für Sozialwissenschaftliche Forschung, 33,* (2, 157–168).

Entrikin, J. N. (1996). Place and region 2. *Progress in Human Geography, 20,* (2, 215–221). https://doi.org/10.1177/030913259602000206

Gailing, L., & Leibenath, M. (2015). The Social Construction of Landscapes: Two Theoretical Lenses and Their Empirical Applications. *Landscape Research, 40,* (2, 123–138). https://doi.org/10.1080/01426397.2013.775233

Gebhardt, H. (2016). Entwicklungspfade und Perspektiven der Humangeographie im deutschsprachigen Raum – einige Leitlinien. In J. Aistleitner, M. Coy, & J. Stötter (Eds.), *Die Welt verstehen – eine geographische Herausforderung. Eine Festschrift der Geographie Innsbruck für Axel Borsdorf* (Innsbrucker geographische Studien, vol. 40, S. 43–59). Innsbruck: Geographie Innsbruck Selbstverlag.

Gebhardt, H. (2019). Landeskunde und Landschaft – eine kritische Betrachtung. In O. Kühne, F. Weber, K. Berr, & C. Jenal (Eds.), *Handbuch Landschaft* (S. 289–298). Wiesbaden: Springer VS.

Gebhardt, H., Reuber, P., & Wolkersdorfer, G. (2004). Konzepte und Konstruktionsweisen regionaler Geographien im Wandel der Zeit. *Berichte zur deutschen Landeskunde, 78,* (*3,* 293–312).

Gilbert, A. (1988). The new regional geography in English and French-speaking countries. *Progress in Human Geography, 12,* (2, 208–228). https://doi.org/10.1177/030913258801200203

Glasze, G. (2015). Identitäten und Räume als politisch: Die Perspektive der Diskurs- und Hegemonietheorie. *Europa Regional, 21 (2013),* (*1–2,* 23–34).

Glasze, G., Füller, H., Husseini de Araújo, S., & Michel, B. (2014). Regionalforschung in der Geographie und interdisziplinäre area studies nach dem cultural turn : eine Einführung. *Geographische Zeitschrift, 102,* (*1,* 1–6). https://doi.org/10.25162/gz-2014-0001

Guelke, L. (1977). Regional Geography. *The Professional Geographer, 29,* (*1,* 1–7). https://doi.org/10.1111/j.0033-0124.1977.00001.x

Habermas, J. (2011a). "… And to define America, her athletic democracy". Im Andenken an Richrad Rorty. In A. Gröschner, M. Sandbothe, & R. Rorty (Eds.), *Pragmatismus als Kulturpolitik. Beiträge zum Werk Richard Rortys* (Suhrkamp Taschenbuch Wissenschaft, vol. 1981, 1st ed., S. 25–38). Berlin: Suhrkamp.

Habermas, J. (2011b). *Zur Verfassung Europas. Ein Essay* (Edition Suhrkamp : Sonderdruck, Orig.-Ausg., 1. Aufl.). Berlin: Suhrkamp.

Hard, G. (1970a). *Die „Landschaft" der Sprache und die „Landschaft" der Geographen. Semantische und forschungslogische Studien.* Bonn: Ferdinand Dümmlers Verlag.

Hard, G. (1970b). „Was ist eine Landschaft?". Über Etymologie als Denkform in der geographischen Literatur. In D. Bartels (Ed.), *Wirtschafts- und Sozialgeographie* (Neue wissenschaftliche Bibliothek, vol. 35, S. 66–84). Köln: Kiepenheuer & Witsch.

Hard, G. (1973). *Die Geographie. Eine wissenschaftstheoretische Einführung* (Sammlung Göschen). Berlin: de Gruyter.

Hard, G. (1977). Zu den Landschaftsbegriffen der Geographie. In A. Hartlieb von Wallthor, & H. Quirin (Eds.), *„Landschaft" als interdisziplinäres Forschungsproblem. Vorträge und Diskussionen des Kolloquiums am 7./8. November 1975 in Münster* (S. 13–24). Münster: Aschendorff.

Hard, G. (1990). „Was ist Geographie?". Re-Analyse einer Frage und ihrer möglichen Antworten. *Geographische Zeitschrift, 78,* (*1*, 1–14).

Hard, G. (2002). Zu Begriff und Geschichte von „Natur" und „Landschaft" in der Geographie des 19. und 20. Jahrhunderts [1983 erstveröffentlicht]. In G. Hard (Ed.), *Landschaft und Raum. Aufsätze zur Theorie der Geographie* (Osnabrücker Studien zur Geographie, vol. 22, S. 171–210). Osnabrück: Universitätsverlag Rasch.

Harvey, D. (1969). *Explanation in Geography.* London: Arnold.

Hettner, A. (1927). *Die Geographie. Ihre Geschichte, ihr Wesen und ihre Methoden.* Breslau: Hirt.

Heugel, A., & Chilla, T. (2020). Zur Rolle von Strukturen und Kontingenz – das Beispiel des grenzüberschreitenden Pendelns im Alpenraum. In F. Weber, C. Wille, B. Caesar, & J. Hollstegge (Eds.), *Geographien der Grenzen. Räume – Ordnungen – Verflechtungen* (im Erscheinen). Wiesbaden: Springer VS.

Holmén, H. (1995). What's new and What's Regional in the 'New Regional Geography'? Geografiska Annaler: Series B, Human Geography 77 (1), 47–63. https://doi.org/10.1080/04353684.1995.11879680

Kaufmann, S. (2005). *Soziologie der Landschaft.* Wiesbaden: VS Verlag für Sozialwissenschaften.

Kitchin, R. (2014). Positivist Geography. In S. C. Aitken, & G. Valentine (Eds.), *Approaches to Human Geography. Philosophies, Theories, People and Practices* (2nd ed., S. 23–34). Los Angeles: SAGE Publications.

Koegst, L. (2020). Kann Landschaft zerstört werden? Ein Vergleich sozialkonstruktivistischer und essentialistischer Sichtweise. In R. Duttmann, O. Kühne, & F. Weber (Eds.), *Landschaft als Prozess* (S. 573–584). Wiesbaden: Springer VS.

Körner, S., & Eisel, U. (2003). Naturschutz als kulturelle Aufgabe – theoretische Rekonstruktion und Anregungen für eine inhaltliche Erweiterung. In S. Körner, A. Nagel, & U. Eisel (Eds.), *Naturschutzbegründungen* (S. 5–49). Bonn-Bad Godesberg: Selbstverlag.

Kühne, O. (2018a). *Landschaftstheorie und Landschaftspraxis. Eine Einführung aus sozialkonstruktivistischer Perspektive* (2., aktualisierte und überarbeitete Auflage). Wiesbaden: Springer VS.

Kühne, O. (2018b). Reboot „Regionale Geographie" – Ansätze einer neopragmatischen Rekonfiguration „horizontaler Geographien". *Berichte. Geographie und Landeskunde, 92,* (*2*, 101–121).

Kühne, O. (2019a). *Landscape Theories. A Brief Introduction.* Wiesbaden: Springer VS.

Kühne, O. (2019b). Zwischen Macht und Essenz, Konstrukt und Objekt? Wie Landschaftstheorien Deutungskonkurrenzen von Natur zeigen. *Stadt+Grün, 68,* (*12*, 24–27).

Kühne, O., & Berr, K. (2021). *Wissenschaft, Raum, Gesellschaft. Eine Einführung zur sozialen Erzeugung von Wissen.* Wiesbaden: Springer VS.

Kühne, O., & Jenal, C. (2020). Baton Rouge (Louisiana): On the Importance of Thematic Cartography for ‚Neopragmatic Horizontal Geography'. *KN – Journal of Cartography and Geographic Information, 71,* (*1,* 23–31). https://doi.org/10.1007/s42489-020-00054-z

Kühne, O., & Weber, F. (2022). *Germany. Geographies of Complexity* (World Regional Geography Book Series). Cham: Springer International Publishing.

Kühne, O., Weber, F., Berr, K., & Jenal, C. (Eds.). (2019). *Handbuch Landschaft.* Wiesbaden: Springer VS.

Kühne, O., Jenal, C., & Edler, D. (2020). Functions of Landscape in Games – A Theoretical Approach with Case Examples. *Arts, 9,* (*4*). https://doi.org/10.3390/arts9040123

Laclau, E., & Mouffe, C. (1985). *Hegemony and Socialist Strategy. Towards a Radical Democratic Politics.* London: Verso.

Lorimer, H. (2005). Cultural geography: the busyness of being ‚more-than-representational'. *Progress in Human Geography, 29,* (*1,* 83–94). https://doi.org/10.1191/0309132505ph531pr

Luhmann, N. (1984). *Soziale Systeme. Grundriß einer allgemeinen Theorie.* Frankfurt (Main): Suhrkamp.

Mathewson, K. (2009). Carl Sauer and his critics. In W. M. Denevan, & K. Mathewson (Eds.), *Carl Sauer on Culture and Landscape. Readings and Commentaries* (S. 9–28). Baton Rouge: Louisiana State University Press.

Merton, R. K. (1957[1949]). *Social Theory and Social Structure* (Revised and enlarged Edition). Glencoe: Free Press.

Murphy, A. B. (1991). Regions as social constructs: the gap between theory and practice. *Progress in Human Geography* 15 (1), 23–35. https://doi.org/10.1177/030913259101500102

Oßenbrügge, J. (2014). Zur Theoriediskussion in der Geographie und geographischen Stadtforschung. In J. Oßenbrügge, & A. Vogelpohl (Eds.), *Theorien in der Raum- und Stadtforschung. Einführungen* (S. 24–33). Münster: Westfälisches Dampfboot.

Paasi, A. (1991). Deconstructing Regions: Notes on the Scales of Spatial Life. *Environment and Planning A: Economy and Space, 23,* (*2,* 239–256). https://doi.org/10.1068/a230239

Paasi, A. (2002). Place and region: regional worlds and words. *Progress in Human Geography, 26,* (*6,* 802–811). https://doi.org/10.1191/0309132502ph404pr

Paasi, A. (2009). Regional Geography I. In R. Kitchin, & N. Thrift (Eds.), *International Encyclopedia of Human Geography.* Volume 9 (S. 214–227). Amsterdam: Elsevier.

Piechocki, R. (2010). *Landschaft – Heimat – Wildnis. Schutz der Natur – aber welcher und warum?* München: Beck.

Putnam, H. (1990). *Die Bedeutung von "Bedeutung"* (Klostermann-Texte : Philosophie, 2., durchges. Aufl.). Frankfurt am Main: Klostermann.

Raeber, M. (2013). The Art of Democracy – Art as a Tool for Developing Democratic Citizenship and Stimulating Public Debate: A Rortyan-Deweyan Account. *Humanities, 2,* (*2,* 176–192). https://doi.org/10.3390/h2020176

Richthofen, F. v. (1886). *Führer für Forschungsreisende. Anleitung zu Beobachtungen über Gegenstände der physischen Geographie und Geologie.* Berlin: Oppenheim.

Robertson, R. (1995). Glocalization: Time-Space and Homogeneity-Heterogeneity. In M. Featherstone, S. Lash, & R. Robertson (Eds.), *Global Modernities* (S. 25–44). London: SAGE Publications.

Rorty, R. (1980). *Philosophy and the mirror of nature* (1. paperback print). Princeton, N. J.: Princeton University Press.

Rorty, R. (1989). *Kontingenz, Ironie und Solidarität.* Frankfurt (Main): Suhrkamp.

Rorty, R. (1997). *Contingency, irony, and solidarity* (Reprint). Cambridge: Cambridge University Press.

Rorty, R. (2018[1994]). *Hoffnung statt Erkenntnis. Eine Einführung in die pragmatische Philosophie* (3.th ed.). Wien: Passagen-Verlag.

Sauer, C. O. (1925). *The Morphology of Landscape* (Universitiy of California Publications in Geography). Berkeley: University of California Press.

Schlottmann, A., & Wintzer, J. (2019). *Weltbildwechsel. Ideengeschichten geographischen Denkens und Handelns.* Stuttgart: UTB.

Schmithüsen, J. (1959). Das System der geographischen Wissenschaft. *Berichte zur deutschen Landeskunde, 23,* (1–14).

Schultz, H.-D. (1980). *Die deutschsprachige Geographie 1800–1970. Ein Beitrag zur Geschichte ihrer Methodologie.* Berlin: Geographisches Institut der Freien Universität.

Schultz, H.-D. (1997). Räume sind nicht, Räume werden gemacht. Zur Genese "Mitteleuropas" in der deutschen Geographie. *Europa Regional, 5,* (*1,* 2–14).

Schultz, H.-D. (2002). Raumkonstrukte der klassischen deutschsprachigen Geographie des 19./20. Jahrhunderts im Kontext ihrer Zeit. Ein Überblick. *Geschichte und Gesellschaft. Zeitschrift für Historische Sozialwissenschaft, 28,* (*3,* 343–377).

Schultz, H.-D. (2005). Zwischen fordernder Natur und freiem Willen: Das Politische an der „klassischen" deutschen Geographie. *Erdkunde, 59,* (*1,* 1–21).

Schurr, C., & Weichhart, P. (2020). From Margin to Center? Theoretische Aufbrüche in der Geographie seit Kiel 1969. *Geographica Helvetica, 75,* (2, 53–67).

Stewig, R. (Ed.). (1979). *Probleme der Länderkunde* (Wege der Forschung, vol. 391). Darmstadt: WBG.

Thrift, N. (1991). For a new regional geography 2. *Progress in Human Geography, 15,* (*4,* 456–466). https://doi.org/10.1177/030913259101500407

Wagner, P. L., & Mikesell, M. W. (Eds.). (1962). *Readings in Cultural Geography.* Chicago: University of Chicago Press.

Wardenga, U. (1989). Wieder einmal: „Geographie heute?". Zur disziplinhistorischen Charakteristik einiger Verlaufsmomente in der Geographiegeschichte. In P. Sedlacek (Ed.), *Programm und Praxis qualitativer Sozialgeographie* (Wahrnehmungsgeographische Studien, vol. 6, S. 21–27). Oldenburg: BIS-Verlag.

Wardenga, U. (1996). Von der Landeskunde zur „Landeskunde". In G. Heinritz, G. Sandner, & R. Wießner (Eds.), *Der Weg der deutschen Geographie. Rückblick und Ausblick* (50. Deutscher Geographentag, vol. 4, S. 132–141). Stuttgart: Franz Steiner Verlag.

Wardenga, U. (2001a). Theorie und Praxis der länderkundlichen Forschung und Darstellung in Deutschland. In F.-D. Grimm, & U. Wardenga (Eds.), *Zur Entwicklung des länderkundlichen Ansatzes* (Beiträge zur Regionalen Geographie, vol. 53, S. 9–35). Leipzig: Selbstverlag.

Wardenga, U. (2001b). Zur Konstruktion von ‚Raum' und ‚Politik' in der Geographie des 20. Jahrhunderts. In P. Reuber, & G. Wolkersdorfer (Eds.), *Politische Geographie. Handlungsorientierte Ansätze und Critical Geopolitics* (Heidelberger geographische Arbeiten, vol. 112, S. 17–32). Heidelberg: Selbstverlag des Geographischen Instituts der Universität Heidelberg.

Wardenga, U. (2006). German Geographical Thought and the Development of *Länderkunde. Inforgeo, 18,* (127–147).

Wardenga, U. (2013). Writing the history of geography: what we have learnt – and where to go next. *Geographica Helvetica, 68,* (27–35). https://doi.org/10.5194/gh-68-27-2013

Wardenga, U. (2019). Vergangene Zukünfte – oder: Die Verhandlung neuer Möglichkeitsräume in der Geographie. *Geographische Zeitschrift,* (*online first*, 1–19). https://doi.org/10.25162/gz-2019-0009

Wardenga, U. (2020). Vergangene Zukünfte – oder: Die Verhandlung neuer Möglichkeitsräume in der Geographie. Futures Past – or: The Negotiation of New Spaces of Possibility in Geography. *Geographische Zeitschrift, 108,* (*1*, 4–22). https://doi.org/10.25162/gz-2019-0009

Weber, M. (1972 [1922]). *Wirtschaft und Gesellschaft. Grundriss der verstehenden Soziologie* (5., revidierte Auflage). Tübingen: J.C.B. Mohr (Paul Siebeck).

Werlen, B. (2003). Kulturgeographie und kulturtheoretische Wende. In H. Gebhardt, P. Reuber, & G. Wolkersdorfer (Eds.), *Kulturgeographie. Aktuelle Ansätze und Entwicklungen* (Spektrum Lehrbuch, S. 251–268). Heidelberg: Spektrum Akademischer Verlag.

Wylie, J. (2007). *Landscape.* Abingdon: Routledge.

3 Der quasiontologische Rahmen: von der Theorie der drei Welten zur Theorie der drei Landschaften

Wie verschiedentlich verdeutlicht, weisen ‚horizontale Geographien' einen hohen Grad an Kompliziertheit, Komplexität und Kontingenz auf – gleiches gilt für ihre Erforschung, soll es nicht – wie etwa in essentialistischer Tradition – zu dem Versuch der Vernichtung von Kontingenz, einer übertriebenen Reduzierung von Komplexität und bestenfalls zum Versuch der Transformation zu Kompliziertheit kommen. Mithilfe der Theorie der drei Welten von Karl Popper wird im Folgenden ein quasi-ontologisches Konstrukt vorgeschlagen, mit dessen Hilfe Räume und Landschaften nicht unterkomplex etwa nur als Materie oder Konstrukte erscheinen, sondern die Vielfalt der Begriffsinhalte strukturiert wird. Gleiches gilt für die Möglichkeit, theoretische und methodische Zugänge auf einer solchen Basis zu strukturieren.

Die Theorie der drei Welten von Karl Popper (Niemann 2019; ; Popper 1973, 1979, 1984, 2002, 2019[1987]; Popper und Eccles 1977) hat verschiedentlich Eingang in die Raum- und Landschaftsforschung gefunden (u. a.: Hard 2002; Koegst 2022; Kühne 2018a, 2020; Kühne und Berr 2021; Kühne und Jenal 2020b; Schafranek et al. 2006; Weichhart 1999; Werlen 1986, 1997; Zierhofer 1999), besetzte allerdings gegenüber der Dominanz poststrukturalistischer Ansätze in der Humangeographie eher Nischenpositionen (Kühne 2023). Die Theorie ist dazu geeignet, die unterschiedlichen Ebenen von ‚Raum' zu verdeutlichen, wie auch die Relationen zwischen diesen Ebenen zu erforschen. Im Vergleich zu anderen Raumkonzepten (etwa bei Weichhart 1999, 2018 oder auch bei Hard 2003), liefert die Theorie der drei Welten einen abstrahierten Zugriff auf räumliche Vorstellungen und Konzepte, ohne dass deren Inhalte konkret bekannt sein müssen (wie etwa bei Weichharts $Raum_3$ als Konstruktion immaterieller Relationen und Beziehungen). Der im Folgenden verwendete Zugriff auf Räume ist also als ein Analyseinstrument zum Verständnis von Raumvorstellungen zu verstehen, er stellt

O. Kühne, *Redeskriptionen horizontaler Geographien*, Regionale Geographien | Regional Geographies, https://doi.org/10.1007/978-3-031-66780-0_3

keine Kategorisierung von Raumvorstellungen (wie sie bei Weichhart oder Hard und Bartels) dar (Kühne und Berr 2021). Das Kategoriensystem von drei Welten, drei Räumen und drei Landschaften wird als quasi-ontologisch verstanden, da die unterschiedlichen Ebenen und Bezugnahmen nicht als ‚objektiv gegeben' verstanden werden. Dem sprachtheoretischen Rahmen des Neopragmatismus in der Lesart von Richard Rorty entsprechend werden sie als konstruiert verstanden (dazu ausführlicher in den Kap. 5, 6 und 8). So können ontologische Fragen einerseits als überholt gelten (Rorty 1980), andererseits legt der pragmatistische Bezug eines Forschungsprogrammes nahe, das sich um die Synthese von Forschung zu materiellen Grundlagen, individuellen Bezügen und sozialen Konstruktionen bemüht, davon auszugehen, mit diesen so verfahren, also ob sie existierten, so lange diese Annahme taugliche Ergebnisse verspricht, ohne eine grundsätzliche Diskussion über den jeweiligen ontologischen Status führen zu müssen (ausführlicher: Kühne 2023). Oder, um es ein wenig pointierter auszudrücken: Solange es zu tauglichen Ergebnissen führt, anzunehmen, es gäbe eine Welt, gibt es keinen Grund darüber nachzudenken, es gäbe sie nicht.

Im Folgenden wird zunächst in die Grundzüge der Theorie der Drei Welten eingeführt und die Kritik daran behandelt. Im Anschluss daran erfolgt deren Operationalisierung für die Raumwissenschaften, bevor im letzten Abschnitt die daraus abgeleitete Theorie der drei Landschaften vorgestellt wird, die die quasi-ontologische Grundlage für die weitere Entwicklung eines Ansatzes der neopragmatistischen Befassung mit ‚horizontalen Geographien' bietet.

3.1 Die Theorie der Drei Welten von Karl Popper

In seiner Theorie der drei Welten fasst Karl Popper unter ‚Welt 1' lebendige und nicht-lebendige Körper. Die ‚Welt 2' besteht aus individuellen Bewusstseinsinhalten, also Gedanken und Gefühlen, wie „vielleicht auch der unterbewussten Erfahrungen" (Popper 2018 [1984], S. 82). ‚Welt 3' umfasst „alle geplanten oder gewollten *Produkte* der menschlichen Geistestätigkeit" (Popper 2019 [1987], S. 17; Hervorhebung im Original). Dabei handelt es sich etwa um mathematische Sätze, aber auch weitgehend geteilte Verständnisse von Raum, Landschaft, Theorie, also natürlich auch die Drei-Welten-Theorie und deren Ableitung zur Theorie der drei Räume. Popper versteht unter ‚Wirklichkeit' die drei miteinander in Beziehung stehenden Welten, wobei sich ‚Dinge' aber durchaus mehreren Welten zuordnen lassen: Ein Gebäude ist sowohl als materielles Objekt Teil der ‚Welt 1' als auch der ‚Welt 3', da es als Träger kultureller und sozialer Bedeutungen fungiert, seine Errichtung nicht ohne in der ‚Welt 2' aufbewahrten Kenntnisse über Konstruktion und Errichtung eines Hauses möglich gewesen wäre. Insbesondere die Konzeption von Welt 2 stellt dabei eine Abstraktion dar: Schließlich leben wir nicht in *einer* Welt 2, sondern jede oder jeder lebt in *seiner* oder *ihrer* Welt 2, wobei es sich bei den Welten 2 um Welten handelt, die wir für uns in Auseinandersetzung mit anderen Welten 2, Welt 3 und Welt 1 hervorgebracht haben (Goodman 1978).

Popper versteht seine Theorie als eine Alternative zu drei weitverbreiteten reduktionistischen Verständnissen der Welt (Popper 2019 [1987]): Er widerspricht, erstens, dem materialistischen Weltbild, das – in seiner Terminologie – nur die ‚Welt 1' als ‚real' anerkennt, zweitens, dem immaterialistischen Weltbild, das allein die ‚Welt 2' für ‚real' real hält, und drittens, dem dualistischen Weltbild, das den ‚Welten 1 und 2' Realitätscharakter zuspricht. Es lässt sich ergänzen, dass er auch konstruktivistischen Verständnissen von Welt widerspricht, die allein die ‚Welt 3' als ‚real' anerkennen. Seine drei Welten-Theorie stellt eine Erweiterung des dualistischen Weltbildes dar, indem er die Welten 1 und 2 um die Welt 3 ergänzte, „also die Welt, die die Anthropologen ‚Kultur' nennen" (Popper 2019 [1987], S. 18).

Wie bereits am Beispiel des Gebäudes deutlich wurde, bedeutet die Drei-Welten-Theorie keine strikte Trennung der drei Welten, vielmehr bestehen Objekte, die mehreren Welten angehören, also als Hybride zu kennzeichnen sind. Hier wird deutlich, dass der Ansatz prinzipiell den More-than-representational-Theorien zuzuordnen ist, da er Hybride aus den unterschiedlichen Welten anerkennt, er bietet aber auch Ansatzpunkte für eine repräsentationale Interpretation der Welt, da etwa Objekte der Welt 1 zwar ein Hybrid aus Welt 1 und 3 sein können, aber auch in Welt 2 repräsentiert werden können. Am Beispiel des Gebäudes, das – wie festgestellt wurde – als ein Hybrid der Welten 1 und 3 zu verstehen ist, das aber durch Individuum beobachtet und individuell mit Bedeutung attribuiert werden kann, wird deutlich: Die drei Welten können nicht allein miteinander Hybride bilden, sondern sich auch durch Wechselwirkungen miteinander verbinden, was den Ansatz wiederum für die theoretische Rahmung von Räumen in ihren Bezügen von Gesellschaft, Individuum und Materialitäten besonders geeignet macht (Kühne 2018a; Weichhart 1999). Die Welt 2 ist sowohl mit der Welt 1 und der Welt 3 auf jeweils doppelte Weise verbunden. Die Welt 3 wirkt auf die Welt 2 mittels Sozialisation ein: Das Individuum wird in die gesellschaftlichen Wissensbestände, Deutungs- und Bewertungsmuster. Es ist seinerseits durch Innovation in die Lage versetzt, neue Kenntnisse, Deutungs- und Bewertungsmuster gesellschaftlich zu verankern (Abb. 3.1; hier wird ein Anschluss zum pragmatistischen Ansatz von Hans Joas deutlich, der die Kreativität des Individuums in Bezug auf die soziale Welt betont; Joas 1996). Die

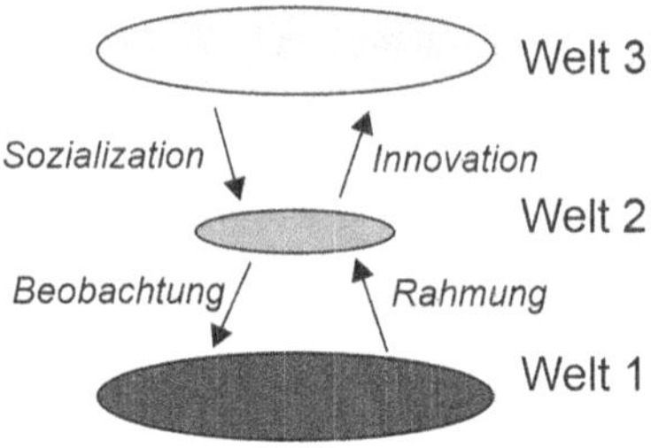

Abb. 3.1 Die drei Welten-Theorie Karl Poppers. (Eigene Darstellung nach: Kühne 2020)

Welt 1 wird durch Welt 2 beobachtet, Welt 1 hat aber auch eine strukturierende Bedeutung für individuelle Aktivitäten, denn das individuelle Bewusstsein ist in seiner Leiblichkeit gebunden: „Menschen sind Lebewesen und besitzen einen Körper. Durch unsere Körperlichkeit sind wir Elemente oder Gegenstände der physisch-materiellen Welt und eingebunden in die hier herrschenden physikalischen, chemischen und biologischen Gesetzmäßigkeiten" (Weichhart 2019, S. 56). Dadurch ist der Mensch, will er in der Welt 1 wirksam werden, als Person Anteil an allen drei Welten hat: Mit seinem Körper ist er Teil der Welt 1, sein Bewusstsein stellt eine Welt 2 dar, dieses enthält wiederum Teile von Welt 3. Wie aus Abb. 3.1 deutlich wird, weist Popper der Welt 2 eine zentrale Position in seiner Drei-Welten-Theorie zu, über sie verlaufen konstitutiv alle Bezüge zwischen Welt 1 und 3 (ausführlicher: Kühne 2020 und weiter unten zu Raum). Die Trennung der drei Welten, daraus abgeleitet der drei Räume und der drei Landschaften ist eine pragmatistische, keine ontologische, sie soll also zum Verständnis von Welt/Raum/Landschaft beitragen, ohne den Anspruch zu erheben, die Gegenstände unserer Untersuchung seien allein so und nicht anders beschaffen.

3.2 Kritik an der Drei-Welten-Theorie Karl Poppers

Bevor wir uns mit der Frage der Operationalisierung von Poppers Drei-Welten-Theorie für die horizontalgeographische Forschung widmen werden, werfen wir einen Blick auf die Kritik an der Drei-Welten-Theorie. Die Kritik macht sich insbesondere an zwei Aspekten der Theorie fest: der These von der Selbstständigkeit oder Autonomie der ‚Welt 3' und der Brückenfunktion von ‚Welt 2' zwischen den Welten 1 und 3. Zur ersten Kritik: Das Argument gegen die Selbstständigkeit der ‚Welt 3' lautet: „Nichts ist unselbständiger und verletzbarer, weniger autonom als die ‚Welt' der Kultur" (Bunge 1984, S. 215), so müssten die Inhalte der ‚Welt 3' entweder in ‚Welt 1' materialisiert sein (so in Form von Büchern, oder dem angesprochenen Beispiel des Gebäudes) oder sie müssten als Teil der ‚Welt 2' gedacht sein. Zur zweiten Kritik: Die Brückenfunktion von ‚Welt 2' zwischen den Welten 1 und 3, führt zum sogenannten ‚Leib-Seele-Problem' oder ‚Gehirn-Geist-Problem'. Dieses bezieht sich auf die Frage, wie Psychisches (‚Seele', ‚res cogitans', ‚Welt 2') auf Physisches (‚Körper', ‚res extensa', ‚Welt 1') einwirkt, bzw. wie Sinneseindrücke in Gedankeninhalte bzw. Emotionen überführt werden. Diese Frage hält Popper wiederum möglicherweise für nicht beantwortbar (Popper und Eccles 1977). Beide Kritiken beziehen sich auf die philosophische Begründung der Drei-Welten-Theorie. Unser Anliegen ist allerdings – unabhängig davon, ob irgendwann einmal das ‚Leib-Seele-Problem' oder die eigene Existenz der ‚Welt 3' geklärt ist – ein analytisches. Im Sinne eines neopragmatistischen Vorgehens geht es nicht darum, einen endgültigen Nachweis einer universellen Gültigkeit der Drei-Welten-Theorie zu führen (was angesichts der prinzipiellen Falsifizierbarkeit und sozialen Kontextualisierung von Theorien auch nicht möglich wäre; grundlegend hierzu: Knorr-Cetina 2002; Kuhn 1976; Lakatos 1974; Popper 2002; Rorty 1989; ausführlicher: Kühne und Berr 2021), sondern um die Eignung der Theorie, den analytischen Zugriff auf den als ‚Louisiana' bezeichneten Ausschnitt der Erdoberfläche mit ihren funktionalen und strukturellen Bezügen nach außen und Binnendifferenzierungen nach innen zu untersuchen (Kap. 9). Das Kriterium der Bewertung ist hier nicht ‚Wahrheit', sondern ‚Brauchbarkeit' (Kap. 5).

Nach der Befassung mit der Kritik an der Popperschen Drei-Welten-Theorie und der daran anschließenden Verdeutlichung unserer neopragmatistischen wissenschaftstheoretischen Position, erfolgt die Übertragung der Drei-Welten-Theorie auf räumliche Kontexte: ‚Raum 2' umfasst entsprechend die individuellen Vorstellungen, Empfindungen, Gefühlen, Normvorstellungen, Erfahrungen etc. von und zu Raum 1 und 3. Raum 1 wird von belebter und unbelebter Materie in räumlicher Anordnung. ‚Raum 3' ist auf die sich auf die sozialen Konstruktionen von Raum und die sozialen Konventionen in Bezug auf Deutungs- und Bewertungsmuster von Raum bezogen (Abb. 3.2). Es ließe sich argumentieren, dass Materie immer räumlich angeordnet sei, insofern Welt 1 und Raum 1 deckungsgleich seien. Dieser Ansatz ist jedoch stark von dem vertretenen Raumverständnis abhängig. Deckungsgleichheit wäre bei dem Verständnis des Containerraumes gegeben, alternative Ansätze (insbesondere konstruktivistische) gehen aber davon aus, dass Räume durch Zusammenschau von Objekten zu Räumen entstehen. Infolge des neopragmatistischen Ansatzes, der in Teilfragen einen positivistischen Ansatz (etwa in Bezug auf naturwissenschaftliche Fragen) in anderen einen konstruktivistischen Ansatz (insbesondere in Bezug auf Räume 2 und 3,

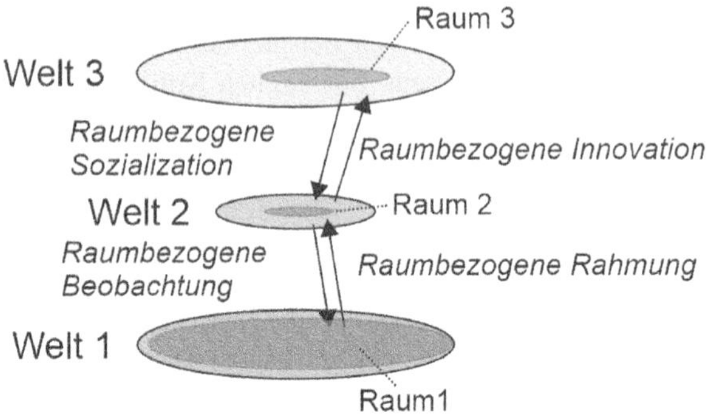

Abb. 3.2 Die Ableitung der drei Räume aus den drei Welten Poppers. Räume stellten auf den unterschiedlichen Ebenen jeweils eine Teilmenge der jeweiligen Welten dar. (Eigene Darstellung)

mit ihren Bezügen), ließe sich beides rechtfertigen. Da dem neopragmatistischen Ansatz eine meta-theoretische Funktion zugewiesen wird, der eine Möglichkeit der wissenschaftlichen Konstruktion von Wissen über ‚Region', ‚Landschaft' oder allgemein ‚Raum' verstanden wird, wird hier die Auffassung vertreten, dass Raum 1 eine (wenngleich große) Teilmenge von Welt 1 darstellt (so auch in Abb. 3.2 visualisiert).

3.3 Die räumliche Ableitung aus der Drei-Welten-Theorie

Zwar wird dies aus den allgemeinen Ausführungen zu dem Verhältnis der drei Welten untereinander wie auch aus Abb. 3.2 deutlich, doch wird an dieser Stelle explizit auf die große Bedeutung von ‚Raum 2' in dem hier vertretenen Raumkonzept deutlich. ‚Raum 3' wirkt dabei auf ‚Raum 2', indem Vorstellungen, Deutungen und Bewertungen, die in Raum 3 vorhanden sind, im Prozess der Sozialisation internalisiert werden und eine Grundlage für die Deutung und Bewertung von Raum 1 werden, schließlich basieren unsere individuellen Vorstellungen, Deutungen und Bewertungen zu ‚Raum' nur teilweise auf eigenen unmittelbaren Erfahrungen von ‚Raum 1' (siehe dazu unter vielen: Greider und Garkovich 1994; Kühne 2019a; Nissen 1998). Somit ist ‚Raum 3' nur unter Vermittlung von ‚Raum 2' in der Lage, auf ‚Raum 1' zu wirken: Bei der Errichtung eines Gebäudes greift das Individuum auf Erlerntes zurück (als Produkt der Sozialisation von Gehalten von Raum 3 zu Raum) und manifestiert diese unter Einbeziehung der eigenen Auseinandersetzung mit Raum 1, nach eigenem Reflexionsprozess, in Raum 1. Hier wird deutlich: der Vermittlung ‚Raum 2' im Verhältnis von ‚Raum 1' und ‚Raum 3' bedarf es der ‚Welt 2', erstens, weil nur das Individuum auf einen Körper zurückgreifen kann (der wiederum auch Teil der ‚Welt 1' ist), um auf Raum 1 einzuwirken. Zweitens, bedarf es (dies wird auch aus der Kritik an der Theorie Poppers deutlich) der Aktualisierung der Gehalte von Raum 3 in Raum 2. Die konstitutive Bedeutung von ‚Raum 2' zeigt sich auch in umgekehrter Richtung, der Übersetzung der materiellen Welt in die Welt der geistigen Gehalte, hier in räumlicher Zusammenschau: Raum 1 kann durch Raum 3 nicht erfasst werden, sondern muss infolge der körperlichen Verfasstheit der Person durch diese beobachtet werden. Diese Beobachtungen wiederum können an die Welt 3 weitergetragen werden.

Kurz gefasst: Die Bedeutung von ‚Raum 2' ist für die Konstitution von ‚Raum' im Allgemeinen konstitutiv, ohne ‚Raum 2' keine Verbindung von ‚Raum 1' zu ‚Raum 3'. Die Funktion von ‚Raum 2' kann jedoch unterschiedlich sein: Er kann quasi als Transmissionsscheibe der gesellschaftlichen Vorstellungs-, Deutungs- und Bewertungsmuster von ‚Raum 3', auf ‚Raum 1' wirken. In umgekehrter Richtung transmittiert er die Beobachtungen von ‚Raum 1' in ‚Raum 3' (freilich auf der Grundlage der internalisierten und nun aktualisierten Vorstellungen von ‚Raum 3'). Jedoch – und hier kommen komplexere Fälle ins Spiel – ist der reflektierende Mensch in der Lage, alternative Deutungen, Bewertungen und Vorstellungen zu formulieren, möglicherweise gelingt es ihm auch, diese in ‚Raum 3' zu verankern, sie also zu verändern (siehe hierzu allgemein: Dahrendorf 1979, 2007). Er kann in seiner Auseinandersetzung mit gesellschaftlichen Verständnissen, Deutungen und Wertungen individuelle Präferenzen, Deutungen und Wertungen von ‚Raum 1' entwickeln. Innovationen durch ‚Raum 2' können durch andere als ‚unpassend' zurückgewiesen werden, die soziale Anerkennung verweigert werden. Dies öffnet das Feld für die Untersuchung von Prozessen der gesellschaftlichen Transformation von Macht in Bezug auf ‚Raum', nicht allein in Bezug auf Verfügbarkeiten über Ausschnitte von ‚Raum 1' (einmal einen Containerraum angenommen), sondern auch der Durchsetzung von gesellschaftlichen Deutungs- und Bewertungsmustern gegenüber individuellen Präferenzen und Bedürfnissen.

3.4 Landschaften in den drei Welten und in Konturierung von den drei Räumen – die Theorie der drei Landschaften

Die räumliche Synthese horizontaler Geographien bezieht sich häufig auf Landschaft. Landschaft lässt sich – wie gleich zu zeigen sein wird – nicht allein als Teilmenge von ‚Raum' verstehen (es sei denn, es wird eine dezidierte räumliche Perspektive zugrunde gelegt). Vielmehr ist der Begriff der Landschaft – mit seiner mehr als ein Jahrtausend alten Geschichte – mit einem ‚großen semantischen Hof' (Hard 1969) ausgestattet, der Territoriales mit Ästhetischem, Gegenständlichem und Normativem kombiniert. Die Landschaftsverständnisse sind – selbst im Kontext europäischer Sprachen – durchaus differenziert und betonen dort die unterschiedlichen Komponenten in unterschiedlich intensiver Weise (ausführlicher mit der Entwicklung und Differenziertheit von Landschaftsbegriffen: Antrop 2019; Berr und Kühne 2020; Berr und Schenk 2019; D'Angelo 2021; Drexler 2010, 2013; Kühne 2018c, 2019b; Müller 1977; Schenk 2013, 2017; Wylie 2007).

Ausgehend von den Spezifika des Landschaftsbegriffs erscheint es sinnvoll, Landschaft als eigene Ableitung aus der drei Welten Theorie Poppers zu fassen (ausführlicher bereits in: Berr 2023; Koegst 2022; Kühne 2018a, 2021, 2023; Kühne und Jenal 2020a; Kühne und Koegst 2023b). Landschaft 3 umfasst entsprechend gesellschaftlich geteilte landschaftsbezogenene Deutungs-, Bewertungs- und Kategorisierungsmuster. Diese werden der individuellen Landschaft 2 (in Teilen) sozialisiert, wobei aus Landschaft 2 in Landschaft 3 innovative Deutungen, Kategorisierungen und Bewertungen gelangen können. An dieser Stelle wird der sozialkonstruktivistische und über Popper hinausgehende Grundzug der Theorie der drei Landschaften deutlich. Der individuelle Bestand an gesellschaftlichen Deutungs-, Kategorisierungs- und Wertungsmustern versetzt nun Landschaft 2 in die Lage, in Raum 1 eine Landschaft 1 hineinzusynthetisieren, auf der anderen Seite strukturiert Landschaft 1 auch Landschaft 2, schließlich bestimmen Anordnungen von Objekten des Raumes 1 auch die Konstruktion einer Landschaft 1, die dann nicht nur Deutungen und Bewertungen bestimmt, sondern auch die leibliche Bezogenheit in Landschaft 1 (etwa des Meidens eines Betretens bestimmter Teile von Landschaft 1 infolge von Gefahr, wie Sumpf, oder von Verboten, etwa bei privaten Grundstücken).

Mindestens drei Unterschiede zwischen Raum und Landschaft lassen sich feststellen: Erstens, stellt Landschaft (auf allen Ebenen) zwar auch eine Teilmenge von Raum dar, sie greift aber auch, zweitens, darüber hinaus. Zunächst zur

Teilmenge: Die Konstruktion von Landschaft 1 basiert nicht etwa alle materiell-räumlichen Elemente von Raum 1. So werden einzelne Grashalme und Blumen zunächst zu ‚Wiese' synthetisiert, bevor sie in einem weiteren Syntheseschritt in ‚Landschaft' integriert werden. Über das Räumliche greift der Begriff der Landschaft dann hinaus, wenn ein relationaler Zusammenhang jenseits des Räumlichen dargestellt werden soll. Beispiele sind hier Bildungslandschaft, Religionslandschaft oder Politische Landschaft. Ein dritter, und wohl der weitreichendste, Unterschied besteht in den unterschiedlichen konstitutiven Ebenen von Raum und Landschaft: Landschaft ist als komplexer Begriff konstitutiv an die Ebene 3 gebunden. Ohne Anleitung zur Synthese kann der Mensch (als Träger von Landschaft 2) keine Landschaft 1 konstruieren, oder mit den Worten von Lucius Burckhardt: „Der Naive kann die Landschaft nicht sehen, denn er hat ihre Sprache nicht gelernt" (Burckhardt 2006, S. 20). Allgemeiner gesprochen: Die individuelle Welt 2 ist konstitutiv an die durch andere Welten 2 vermittelte Welt 3 gebunden, ohne eine solche Anleitung bliebe die Interpretation von Welt 1 rudimentär und bestenfalls an einfache Begriffe gebunden (kalt, heiß, nass etc.). Anders eben die Konstruktion von Landschaft 2 und Landschaft 3, die auf einer Reihe von Vorinterpretationen basiert, die schließlich nur noch nachvollzogen werden müssen (allgemeiner dazu: Berger und Luckmann 1966; Schütz 1960 [1932]). Dagegen ist die Erfahrung von Raum konstitutiv an Ebene 1 gebunden, schließlich ist jede unmittelbare Erfahrung der Welt 1 mit der Erfahrung von räumlichen Anordnungen verbunden (wofür nicht zuletzt die basale Erfahrung der Schwerkraft sorgt).

Wissen über die Welt ist sozial und sprachlich differenziert. Dies betrifft auch jenes von und über Landschaft. Dabei umfasst die sprachliche Differenzierung nicht allein die unterschiedliche Ausprägung des Begriffs ‚Landschaft' in verschiedenen Sprachen, sondern verschränkt sich durchaus mit dem Sozialen, nämlich der Fähigkeit, über Landschaft in bestimmter (in den jeweiligen sozialen Kontexten erwünschter) Weise zu kommunizieren. Die soziale wie sprachliche Differenzierung der Konstruktion von Landschaft findet in drei grundsätzlich unterschiedlichen Modi seinen Niederschlag (womit auch hier wird die sozialkonstruktivistische Basis der Theorie deutlich wird):

- Im a-Modus erfolgt die Landschaftskonstruktion der ‚heimatlichen Normallandschaft'. Diese wird in der Kindheit und Jugend durch Erfahrungen von Raum 1 als Landschaft 1 vollzogen. Angeleitet wird diese durch ‚signifikante Andere' (Mead 1934), insbesondere Mitgliedern der Familie. Sie ist einerseits stark emotional geprägt und andererseits mit der Norm der Stabilität aufgeladen, insbesondere in Hinblick auf die Landschaft 1, wodurch Veränderungen der Raum-1-Grundlagen von Landschaft 1 in der Regel angelehnt werden.

- Im b-Modus hingegen erfolgt die Konstruktion von Landschaft auf Grundlage eines Commonsense-Verständnis. Die Gehalte von Landschaft 3b werden die durch Schule, Internet, Bücher, Fernsehen etc. an die so entstehende Landschaft 2b vermittelt. Neben ästhetischen, umfasst der b-Modus auch zunehmend ökologische Deutungs-, Kategorisierungs- und Bewertungsmuster. Normativ ist die b-modale Landschaftskonstruktion es an die Entsprechung verbreiteter Stereotype gebunden (etwa ‚der schönen Landschaft' oder der ‚biodiversen Landschaft'). Die Verfügbarkeit von Stereotypen bedeutet nicht eine notwendige Minimalkompetenz zur Teilnahme an Kommunikation (Putnam 1990) gebildet aus einer Sammlung sprachlicher Gewohnheiten, die zu einem bestimmten Zeitpunkt in einem bestimmten sozialen Kontext (etwa einer Gesellschaft) Gültigkeit haben (Rorty 1997).
- Im c-Modus erfolgt die Konstruktion in Rückgriff auf ‚expertenhafte Sonderwissensbestände'. Diese werden insbesondere in einem einschlägigen Fachstudium (der Geographie, Biologie, Landschaftsplanung oder -architektur etc.) erworben. Gerade die normativen Vorstellungen in Bezug auf Landschaft (zumeist 1, denn es wird verbreitet ein positivistisches Verständnis von Landschaft vertreten; siehe Abschn. 4.2 differieren (fachspezifisch) deutlich. Aber auch grundlegende Verständnisse von Landschaft werden häufig überfachlich nicht geteilt (etwa zwischen der Agrarökonomie und dem Naturschutz). Diese unterschiedlichen Deutungen, Kategorisierungen und Wertungen in Bezug auf Landschaft erhalten dadurch eine besondere Konfliktträchtigkeit, da im c-Modus eine starke defizitorientierte Konstruktion von Landschaft 1 praktiziert wird. Grundlage dieser defizitorientierten Beobachtung von Raum 1 als Landschaft 1 ist wiederum das jeweils eigene fachliche – und universalisierte – Deutungs-, Kategorisierungs- und Wertungsmuster in Bezug auf Landschaft, das entsprechend in Konkurrenz zu anderen (c-, aber auch a- und b-modalen) Landschaftskonstruktionsmustern trifft. Dies lässt sich als eine fachspezifische Offizialisierung verstehen, wenn „‚egoistische', private, individuelle Beweggründe und Interessen [...] in uneigennützige, kollektive, öffentlich vertretbare, kurzum legitime Beweggründe und Interessen zu verwandeln" (Bourdieu 1979 [frz. Original 1972], S. 90; ausführlicher bei: Kühne 2013, 2018b; Leibenath 2014; Stemmer et al. 2019; Stemmer et al. 2020; Wojtkiewicz 2015; Wojtkiewicz und Heiland 2012). Kurzum: (Auch) Expertenwissen ist sozial konstruiert: „Es ist eine Frage kontingenter Konventionen,

wer ein Experte ist und was der Experte sagt“ (Allen 2011, S. 165). Insofern besteht auch der Wunsch eine formale Professionalisierung (insbesondere in Form eines an Universitäten gelehrten Faches) anzustreben, was eine Streben bedeutet nach „independence, more recognition, a higher place, a cleaner distinction between those in the profession and those outside, and a larger measure auf autonomy in chosing colleagues and successors“ (Hughes 1994, S. 43). Der Unterschied zwischen Experten und Nicht-Experten ist letztlich relational, also dadurch gegeben, ob ein Experte von anderen Experten (zum Teil auch Nicht-Experten) als Experte anerkannt ist (Allen 2011).

In Abhängigkeit von den unterschiedlichen Modi, aber auch individuellen Landschaftserfahrungen, können entsprechend unterschiedliche Landschaften 1 in denselben Raum 1 hineinsynthetisiert werden. Der Prozess der Differenzierung landschaftlicher Konstrukte beschränkt sich nicht allein auf den c-Modus, sondern vollzieht sich auch im b-Modus, etwa durch die Internationalisierung der Gesellschaft, insbesondere aber durch selektive Übernahmen c-modaler Deutungs-, Kategorisierungs- und Wertungsmuster, aber auch der Entwicklung ‚alternativer‘ landschafts- (allgemeiner: raum-)bezogener Konstruktionsmuster (besonders deutlich: Hohl- oder Flachweltvorstellungen). Das Ergebnis ist, dass zwar das gleiche Wort ‚Landschaft‘ genutzt wird, dieses aber immer mehr unterschiedliche begriffliche Fassungen erhält (aktuell dazu: Dittel et al. 2023; Kühne et al. 2023; Kühne et al. 2024; Kühne und Koegst 2023a, 2023b).

3.5 Eine abschließende Einordnung

In Bezug auf die soziale Welt und insbesondere in Bildungsprozesse stellt Bereiter (1994, S. 22) vor einem sozialkonstruktivistischen Hintergrund (und in Bezug auf Rorty) fest: „Popper's three worlds provide a useful schema for clarifying various issues having to do with knowledge, including the issue of relations between schooling and the scholarly disciplines“. Wird die Drei Welten Theorie nicht ontologisch gedeutet (gleiches gilt für die Theorie der drei Landschaften bzw. Räume), sondern quasi-ontologisch, wie auch in diesem Buch, ist sie für konstruktivistische Zugänge anschlussfähig. Ein solcher Zugriff kann ein nützliches Werkzeug im Verständnis komplexer landschaftlicher und räumlicher Relationen sein, ohne vorauszusetzen, dass das gesagte der ‚Wahrheit‘ entspricht, es ist vielmehr Ausdruck des Umfangs mit komplexen Relationen. Dies betrifft nicht allein die als Raum oder Landschaft gedeutete Welt, sondern auch wissenschaftliche

Zugriffe auf Welt (Raum, Landschaft und dergleichen), wie im Folgenden genauer auszuführen sein wird.

Literatur

Allen, B. (2011). Die Kulturpolitik nichtmenschlicher Dinge. In A. Gröschner, M. Sandbothe, & R. Rorty (Eds.), *Pragmatismus als Kulturpolitik. Beiträge zum Werk Richard Rortys* (Suhrkamp Taschenbuch Wissenschaft, vol. 1981, 1st ed., S. 144–169). Berlin: Suhrkamp.

Antrop, M. (2019). A brief history of landscape research. In P. Howard, I. Thompson, E. Waterton, & M. Atha (Eds.), *The Routledge Companion to Landscape Studies* (2nd ed., S. 1–16). London: Routledge.

Bereiter, C. (1994). Constructivism, Socioculturalism, and Popper's World 3. *Educational Researcher, 23,* (7, 21). https://doi.org/10.2307/1176935

Berger, P. L., & Luckmann, T. (1966). *The Social Construction of Reality. A Treatise in the Sociology of Knowledge.* New York: Anchor Books.

Berr, K. (2023). Multisensuality Versus Visual Primacy of Landscape Perception. In L. Koegst, O. Kühne, & D. Edler (Eds.), *Multisensory Landscapes. Theories, Research fields, Methods – an Introduction* (49–71). Wiesbaden: Springer Fachmedien.

Berr, K., & Kühne, O. (2020). *„Und das ungeheure Bild der Landschaft …". The Genesis of Landscape Understanding in the German-speaking Regions.* Wiesbaden: Springer VS.

Berr, K., & Schenk, W. (2019). Begriffsgeschichte. In O. Kühne, F. Weber, K. Berr, & C. Jenal (Eds.), *Handbuch Landschaft* (S. 23–38). Wiesbaden: Springer VS.

Bourdieu, P. (1979 [frz. Original 1972]. *Entwurf einer Theorie der Praxis auf der ethnologischen Grundlage der kabylischen Gesellschaft.* Frankfurt (Main): Suhrkamp.

Bunge, M. (1984). *Das Leib-Seele-Problem. Ein psychobiologischer Versuch* (Die Einheit der Gesellschaftswissenschaften, vol. 37). Tübingen: J.C.B. Mohr (Paul Siebeck).

Burckhardt, L. (2006). Landschaftsentwicklung und Gesellschaftsstruktur (1977). In M. Ritter, & M. Schmitz (Eds.), *Warum ist Landschaft schön? Die Spaziergangswissenschaft* (S. 19–32). Kassel: Martin Schmitz Verlag.

Dahrendorf, R. (1979). *Lebenschancen. Anläufe zur sozialen und politischen Theorie* (Suhrkamp-Taschenbuch, vol. 559). Frankfurt (Main): Suhrkamp.

Dahrendorf, R. (2007). *Auf der Suche nach einer neuen Ordnung. Vorlesungen zur Politik der Freiheit im 21. Jahrhundert* (Krupp-Vorlesungen zu Politik und Geschichte am Kulturwissenschaftlichen Institut im Wissenschaftszentrum Nordrhein-Westfalen, vol. 3, 4. Auflage). München: C.H. Beck.

D'Angelo, P. (2021). *Il paesaggio. Teorie, storie, luoghi.* Bari: GLF editori Laterza.

Dittel, J., Weber, F., Berr, K., & Kühne, O. (2023). Mobilfunk ja – aber Masten und Antennen bitte nicht hier! Diskursive Aushandlungsprozesse um die Standortwahl von Sendeanlagen in Deutschland. *Raumforschung und Raumordnung | Spatial Research and Planning.* https://doi.org/10.14512/rur.565

Drexler, D. (2010). *Landschaften und Landschaftswahrnehmung: Untersuchung des kulturhistorischen Bedeutungswandels von Landschaft anhand eines Vergleichs von England, Frankreich, Deutschland und Ungarn.* (Technische Universität München). München.

Drexler, D. (2013). Landscape, Paysage, Landschaft, Táj. The Cultural Background of Landscape Perceptions in England, France, Germany, and Hungary. *Journal of Ecological Anthropology, 16,* (*1,* 85–96). https://doi.org/10.5038/2162-4593.16.1.7

Goodman, N. (1978). *Ways of worldmaking* (Hackett, vol. 51). Indianapolis, Ind.: Hackett.

Greider, T., & Garkovich, L. (1994). Landscapes: The Social Construction of Nature and the Environment. *Rural Sociology, 59,* (*1,* 1–24). https://doi.org/10.1111/j.1549-0831.1994.tb00519.x

Hard, G. (1969). Das Wort Landschaft und sein semantischer Hof. Zu Methode und Ergebnis eines linguistischen Tests. *Wirkendes Wort, 19,* (3–14).

Hard, G. (2002). Über Räume reden. Zum Gebrauch des Wortes "Raum" in sozialwissenschaftlichem Zusammenhang. In G. Hard (Ed.), *Landschaft und Raum. Aufsätze zur Theorie der Geographie* (Osnabrücker Studien zur Geographie, vol. 22, S. 235–252). Osnabrück: Universitätsverlag Rasch.

Hard, G. (2003). Studium in einer diffusen Disziplin. In G. Hard (Ed.), *Dimensionen geographischen Denkens. Aufsätze zur Theorie der Geographie* (Osnabrücker Studien zur Geographie, vol. 23, S. 173–230). Göttingen: V & R Unipress.

Hughes, E. C. (1994). *On work, race, and the sociological imagination* (The Heritage of sociology). Chicago: Univ. of Chicago Press.

Joas, H. (1996). *Die Kreativität des Handelns* (Suhrkamp-Taschenbuch Wissenschaft, vol. 1248, 1. Aufl.). Frankfurt am Main: Suhrkamp.

Knorr-Cetina, K. (2002). *Die Fabrikation von Erkenntnis. Zur Anthropologie von Wissenschaft.* Frankfurt (Main): Suhrkamp.

Koegst, L. (2022). Über drei Welten, Räume und Landschaften. Digital geführte Exkursionen an Hochschulen aus der Perspektive der drei Welten Theorie im Allgemeinen und der Theorie der drei Landschaften im Speziellen. *Berichte Geographie und Landeskunde, 69,* (*3,* 1–21). https://doi.org/10.25162/bgl-2022-0012

Kuhn, T. S. (1976). *Die Struktur wissenschaftlicher Revolutionen* (Suhrkamp-Taschenbuch Wissenschaft, vol. 25, Zweite revidierte und um das Postskriptum von 1969 ergänzte Auflage). Frankfurt am Main: Suhrkamp.

Kühne, O. (2013). Macht und Landschaft: Annäherungen an die Konstruktion von Experten und Laien. In M. Leibenath, S. Heiland, H. Kilper, & S. Tzschaschel (Eds.), *Wie werden Landschaften gemacht? Sozialwissenschaftliche Perspektiven auf die Konstituierung von Kulturlandschaften* (S. 237–271). Bielefeld: transcript.

Kühne, O. (2018a). Die Landschaften 1, 2 und 3 und ihr Wandel. Perspektiven für die Landschaftsforschung in der Geographie – 50 Jahre nach Kiel. *Berichte. Geographie und Landeskunde, 92,* (*3–4,* 217–231).

Kühne, O. (2018b). *Landscape and Power in Geographical Space as a Social-Aesthetic Construct.* Dordrecht: Springer International Publishing.

Kühne, O. (2018c). *Landschaftstheorie und Landschaftspraxis. Eine Einführung aus sozialkonstruktivistischer Perspektive* (2., aktualisierte und überarbeitete Auflage). Wiesbaden: Springer VS.

Kühne, O. (2019a). Die Sozialisation von Landschaft. In O. Kühne, F. Weber, K. Berr, & C. Jenal (Eds.), *Handbuch Landschaft* (S. 301–312). Wiesbaden: Springer VS.

Kühne, O. (2019b). *Landscape Theories. A Brief Introduction.* Wiesbaden: Springer VS.

Kühne, O. (2020). Landscape Conflicts. A Theoretical Approach Based on the Three Worlds Theory of Karl Popper and the Conflict Theory of Ralf Dahrendorf, Illustrated by the

Example of the Energy System Transformation in Germany. *Sustainability: Science, Practice and Policy, 12,* (*17*, 1–20). https://doi.org/10.3390/su12176772

Kühne, O. (2021). Der Dreifache Landschaftswandel als Herausforderung für Wissenschaft, Planung und Politik. In W. Strubelt, F. Dosch, & G. Meinel (Eds.), *Die Gestalt des Raumes. Landschaften Deutschlands als Abbilder der Gesellschaft* (S. 92–94). Berlin: Wasmuth und Zohlen Verlag.

Kühne, O. (2023). Foodscapes – a Neopragmatic Redescription. *Berichte. Geographie und Landeskunde, 96,* (*1*, 5–25). https://doi.org/10.25162/bgl-2022-0016

Kühne, O., & Berr, K. (2021). *Wissenschaft, Raum, Gesellschaft. Eine Einführung zur sozialen Erzeugung von Wissen.* Wiesbaden: Springer VS.

Kühne, O., & Jenal, C. (2020a). *The Multivillage-Metropolis Baton Rouge. A Neopragmatic Landscape Biographical Approach on Spatial Pastiches, Hybridization, and Differentiation.* Wiesbaden: Springer VS.

Kühne, O., & Jenal, C. (2020b). The Threefold ´Landscape Dynamics – Basic Considerations, Conflicts and Potentials of Virtual Landscape Research. In D. Edler, C. Jenal, & O. Kühne (Eds.), *Modern Approaches to the Visualization of Landscapes* (S. 389–402). Wiesbaden: Springer VS.

Kühne, O., & Koegst, L. (2023a). *Land Loss in Louisiana. A Neopragmatic Redescription.* Wiesbaden: Springer VS.

Kühne, O., & Koegst, L. (2023b). Neopragmatic Reflections on Coastal Land Loss and Climate Change in Louisiana in Light of Popper's Theory of Three Worlds. *Land, 12,* (2, 1–17). https://doi.org/10.3390/land12020348

Kühne, O., Berr, K., Weber, F., & Dittel, J. (2023). From Multisensory to Ex-Sensory – From Landscapes of Displeasure to Landscapes of Fear. In L. Koegst, O. Kühne, & D. Edler (Eds.), *Multisensory Landscapes. Theories, Research fields, Methods – an Introduction* (147–169). Wiesbaden: Springer Fachmedien.

Kühne, O., Koegst, L., & Berr, K. (2024). *Oilscapes of Louisiana – Neopragmatic Reflections on the Ambivalent Aesthetics of Landscape Constructions.* Wiesbaden: Springer Fachmedien.

Lakatos, I. (1974). Die Geschichte der Wissenschaften und ihre rationalen Rekonstruktionen. In I. Lakatos, & A. Musgrave (Eds.), *Kritik und Erkenntnisfortschritt* (Abhandlungen des Internationalen Kolloquiums über die Philosophie der Wissenschaft, vol. 4, S. 271–312). Braunschweig: Vieweg.

Leibenath, M. (2014). Landschaftsbewertung im Spannungsfeld von Expertenwissen, Politik und Macht. *UVP-report, 28,* (2, 44–49). https://www2.ioer.de/recherche/pdf/2014_leibenath_uvp-report.pdf. Accessed: 26 January 2017.

Mead, G. H. (1934). *Mind, Self, and Society: From the Standpoint of a Social Behaviorist.* Chicago: University of Chicago Press.

Müller, G. (1977). Zur Geschichte des Wortes Landschaft. In A. Hartlieb von Wallthor, & H. Quirin (Eds.), *„Landschaft" als interdisziplinäres Forschungsproblem. Vorträge und Diskussionen des Kolloquiums am 7./8. November 1975 in Münster* (S. 3–13). Münster: Aschendorff.

Niemann, H.-J. (2019). Karl Poppers Spätwerk und seine ‚Welt 3'. In G. Franco (Ed.), *Handbuch Karl Popper* (S. 1–18). Wiesbaden: Springer Reference Geisteswissenschaften.

Nissen, U. (1998). *Kindheit, Geschlecht und Raum. Sozialisationstheoretische Zusammenhänge geschlechtsspezifischer Raumaneignung.* Weinheim: Beltz Juventa-Verlag.

Popper, K. R. (1979). Three Worlds. Tanner Lecture, Michigan, April 7, 1978. *Michigan Quarterly Review, 18, (1,* 141–167). https://tannerlectures.utah.edu/_documents/a-to-z/p/popper80.pdf. Accessed: 12 May 2020.

Popper, K. R. (1984). *Auf der Suche nach einer besseren Welt. Vorträge und Aufsätze aus dreißig Jahren.* München: Piper.

Popper, K. R. (2002). *The Logic Of Scientific Discovery.* Abingdon: Routledge.

Popper, K. R. (2018 [1984]). *Alle Menschen sind Philosophen.* München: Piper (Herausgegeben von Heidi Bohnet und Klaus Stadler).

Popper, K. R. (2019 [1987]). *Auf der Suche nach einer besseren Welt. Vorträge und Aufsätze aus dreißig Jahren.* München: Piper.

Popper, K. R., & Eccles, J. C. (1977). *Das Ich und sein Gehirn.* München: Piper.

Popper, K. R. (1973). *Objektive Erkenntnis. Ein evolutionärer Entwurf.* Hamburg: Hoffmann und Campe.

Putnam, H. (1990). *Die Bedeutung von "Bedeutung"* (Klostermann-Texte : Philosophie, 2., durchges. Aufl.). Frankfurt am Main: Klostermann.

Rorty, R. (1980). *Philosophy and the mirror of nature* (1. paperback print). Princeton, N. J.: Princeton University Press.

Rorty, R. (1989). *Kontingenz, Ironie und Solidarität.* Frankfurt (Main): Suhrkamp.

Rorty, R. (1997). *Contingency, irony, and solidarity* (Reprint). Cambridge: Cambridge University Press.

Schafranek, M., Huber, F., & Werndl, C. (2006). Die evolutionäre Grundlage Poppers Drei-Welten-Lehre. Eine unberücksichtigte Perspektive in der human-ökologischen Theoriendiskussion der Geographie. *Geographische Zeitschrift, 94, (3,* 129–142). https://www.jstor.org/stable/27819084?casa_token=bsa1rjnquh0aaaaa:cxgw0_vhrumejewsom8umrj2ggy-dqnvwreiydbkv5wuysf1unw3nmdl5iglrhqu7-1vj-buazkebayfee7vygxiqsgx5n7oiyuxwezlo1ss6latbp0. Accessed: 24 July 2023.

Schenk, W. (2013). Landschaft als zweifache sekundäre Bildung – historische Aspekte im aktuellen Gebrauch von Landschaft im deutschsprachigen Raum, namentlich in der Geographie. In D. Bruns, & O. Kühne (Eds.), *Landschaften: Theorie, Praxis und internationale Bezüge. Impulse zum Landschaftsbegriff mit seinen ästhetischen, ökonomischen, sozialen und philosophischen Bezügen mit dem Ziel, die Verbindung von Theorie und Planungspraxis zu stärken* (S. 23–36). Schwerin: Oceano Verlag.

Schenk, W. (2017). Landschaft. In L. Kühnhardt, & T. Mayer (Eds.), *Bonner Enzyklopädie der Globalität. Band 1 und Band 2* (S. 671–684). Wiesbaden: Springer VS.

Schütz, A. (1960 [1932]. *Der sinnhafte Aufbau der sozialen Welt. Eine Einleitung in die Verstehende Soziologie* (2. Auflage). Wien: Julius Springer (Original work published 1932).

Stemmer, B., Philipper, S., Moczek, N., & Röttger, J. (2019). Die Sicht von Landschaftsexperten und Laien auf ausgewählte Kulturlandschaften in Deutschland – Entwicklung eines Antizipativ-Iterativen Geo-Indikatoren-Landschaftspräferenzmodells (AIGILaP). In K. Berr, & C. Jenal (Eds.), *Landschaftskonflikte* (S. 507–534). Wiesbaden: Springer VS.

Stemmer, B., Bernstein, F., Kaußen, L., & Moczek, N. (2020). Expertenurteil und öffentliche Mitwirkung in der Landschaftsplanung und -forschung. In R. Duttmann, O. Kühne, & F. Weber (Eds.), *Landschaft als Prozess* (S. 199–222). Wiesbaden: Springer VS.

Weichhart, P. (1999). Die Räume zwischen den Welten und die Welt der Räume. In P. Meusburger (Ed.), *Handlungszentrierte Sozialgeographie. Benno Werlens Entwurf in kritischer Diskussion* (Erdkundliches Wissen, vol. 130, S. 67–94). Stuttgart: Steiner.

Weichhart, P. (2018). *Entwicklungslinien der Sozialgeographie. Von Hans Bobek bis Benno Werlen* (Sozialgeographie kompakt, Band 1, 2., vollständig überarbeitete und erweiterte Auflage). Stuttgart: Franz Steiner Verlag.

Weichhart, P. (2019). Heimat, raumbezogene Identität und Descartes' Irrtum. In M. Hülz, O. Kühne, & F. Weber (Eds.), *Heimat. Ein vielfältiges Konstrukt* (S. 53–66). Wiesbaden: Springer VS.

Werlen, B. (1986). Thesen zur handlungstheoretischen Neuorientierung sozialgeographischer Forschung. *Geographica Helvetica, 41,* (2, 67–76). https://doi.org/10.5194/gh-41-67-1986

Werlen, B. (1997). *Gesellschaft, Handlung und Raum. Grundlagen handlungstheoretischer Sozialgeographie* (Erdkundliches Wissen, vol. 89). Stuttgart: Steiner.

Wojtkiewicz, W. (2015). *Sinn – Bild – Landschaft. Landschaftsverständnisse in der Landschaftsplanung: eine Untersuchung von Idealvorstellungen und Bedeutungszuweisungen.* Berlin: Technische Universität Berlin.

Wojtkiewicz, W., & Heiland, S. (2012). Landschaftsverständnisse in der Landschaftsplanung. Eine semantische Analyse der Verwendung des Wortes „Landschaft" in kommunalen Landschaftsplänen. *Raumforschung und Raumordnung – Spatial Research and Planning, 70,* (2, 133–145). https://doi.org/10.1007/s13147-011-0138-7

Wylie, J. (2007). *Landscape.* Abingdon: Routledge.

Zierhofer, W. (1999). Geographie der Hybriden. *Erdkunde, 53,* (*1,* 1–13).

4 Aktuelle c-modale Zugänge im Kontext ‚horizontaler Geographien'

Der c-modale Zugang zu Welt (auf allen Ebenen) ist in besonderer Weise durch das Streben nach der Produktion neuen Wissens gekennzeichnet, Wissen, das nicht allein empirisch gewonnen wird, sondern sich auch durch die Ordnung von Wissen vollzieht (unter vielen: Kuhn 1970; Luhmann 1990; Popper 1989). Entsprechend wurden seit Beginn der Erforschung von Räumen und Landschaften zahlreiche theoretische Ansätze entwickelt. Diese werden im Folgenden insoweit in Grundzügen vorgestellt, dass ein Verständnis der weiteren Ausführungen zur Entwicklung einer ‚neopragmatischen horizontalen Geographie' erleichtert wird (ausführlichere Überblicke finden sich bei: Bourassa 1991; D'Angelo 2021; Howard et al. 2013; Kühne 2019a, 2021; Winchester et al. 2003; Wylie 2007).

4.1 Essentialismus – die Suche nach dem Wesen (insbesondere von Landschaft)

Der Essentialismus (von latateinisch *‚essentia'* = ‚Wesen') geht auf Platon zurück und unterstellt, dass „Dinge über notwendige Eigenschaften verfügen, die ihr Wesen ausmachen" (Chilla et al. 2015, S. 15). Die essentialistische Perspektive fand (und findet in Teilen) insbesondere in der Landschaftsforschung eine weite Verbreitung. Aus ihr werden,Landschaften' als,Ganzheiten' gefasst, die durch wechselseitige Prägung von Natur und Kultur ein ‚Wesen' entwickelt haben. Dieses ‚Wesen' prägt sich in dem aus, was sensorisch erfassbar ist. Aufgabe einer essentialistischen Landschaftsforschung liegt also darin, dieses ‚Wesen' mittels c-modalem Wissen, aus dem sensorisch Erkennbaren heraus, zu ergründen (einen Überblick liefert das Sammelwerk bei: Paffen 1973). Gemäß dieser Auffassung enthält Landschaft 1 entsprechend ‚essentielle' und ‚akzidentielle' Bestandteile.

O. Kühne, *Redeskriptionen horizontaler Geographien*, Regionale Geographien | Regional Geographies, https://doi.org/10.1007/978-3-031-66780-0_4

Als ‚essentiell' gilt das ‚historisch Gewachsene' (etwa historische Flurformen, Bauernhausformen etc.), als ‚akzidentiell' gilt das, was sich zufällig in der Landschaft 1 befindet und ist hier nicht spezifisch anzutreffen ist (wie Neophyten, Bungalows, Shopping Malls). Der essentialistische Wissenschaftsauffassung im Allgemeinen – und damit auch der essentialistischen Landschaftsforschung im Besonderen – ist die Überzeugung eigen, „dass es das Ziel der Wissenschaft sei, Wesenheiten zu enthüllen und mit Hilfe von Definitionen zu beschreiben" (Popper 2003[1945], S. 40). In landschaftlicher Perspektive wird Raum 1 dann als ein Mosaik distinkter und jeweils durch ein ‚Wesen' gekennzeichneter Kammern imaginiert (häufig Landschaft genannt). Diese Kammern sind der steten Gefahr der Überformung durch akzidentielle Einflüsse ausgesetzt (Glasze 2015). Entsprechend werden Erhaltungsnormen für essentielle Materialitäten abgeleitet, da diese „über einen unverrückbaren Eigenwert und eine eigene Identität" (Gailing und Leibenath 2012, S. 97) verfügten. Die essentialistische Perspektive auf Raum und Landschaft lässt sich schwer den drei Ebenen zuordnen, da für sie insbesondere Landschaft 1, aber auch Landschaft 3, das ‚Wesen der Landschaft' bestenfalls zum Ausdruck bringen, Landschaft 2 hat bestenfalls in c-modaler Ausprägung eine Bedeutung, in Form der ‚das Wesen der Landschaft ergründenden Forscherpersönlichkeit'.

4.2 Positivismus – Raum als empirisch fassbarer Gegenstand (und ein spezifisches Verständnis von Landschaft)

Eine solche Zuordnung auf die drei Ebenen ist bei der positivistischen Landschaftsforschung hingegen möglich. Die positivistische Raum- und Landschaftsforschung fokussiert sich auf Landschaft 1 (etwa bei: Leser 1991; Sanderson 2000). Das positivistische Verständnis ist insbesondere auf Raum 1 bezogen: Dieser wird als ein materieller Gegenstand verstanden, der durch Messen, Wiegen und Zählen empirisch zugänglich gemacht werden kann und durch Zergliederung in unterschiedliche Ebenen (in Layer von Geographischen Informationssystemen, GIS), etwa in denen Klima, Vegetation, Siedlungen etc. erfasst werden kann. Das positivistische Verständnis ist eher an der Vorstellung von Raum als jenem von Landschaft orientiert. ‚Landschaft' findet dann Verwendung, wenn ‚Raum' in unterschiedliche Einheiten gegliedert wird, die sich jeweils durch bestimmte Konstellationen von materiellen Objekten bestimmen ließen (Weber und Kühne 2024). Unabhängig davon, ob sich positivistische Forschung auf Raum 1 oder

Landschaft 1 bezieht, wird der Gegenstand als „reale Wirklichkeit" (Schultze 1973, S. 203) verstanden. Das Verständnis ist dabei das eines mit unterschiedlichen Elementen ‚angefüllten', Raumcontainers. Diese Elemente verhielten sich in bestimmter – quantitativ eindeutig bestimmbarer Weise – zueinander. Nach Vermessung und Erfassung (mittels GIS) lassen sich diese Raumabstraktionen einer computergestützten Modellierung zugänglich machen (siehe Tilley 1997). Die Ausrichtung positivistischer Beforschung von Räumen (1) fokussiert sich auf die Erfassung, Analyse und Modellierung, jedoch weniger auf die Formulierung von Normen (wie sie sich aus der essentialistischen Forschung ergeben). Das Problem eines positivistischen Weltverständnisses besteht nicht zuletzt darin, ‚Ausschlussprinzipien' zu formulieren. Ausgeschlossen wird etwa alles, was sich einer metaphorischen Sprache bedient. Da aber auch der Positivismus letztlich in einer natürlichen Sprache fußt, muss er hinsichtlich seiner Ausschlussprinzipien gegenüber sich selbst inkonsistent bleiben. Der Positivismus hat ein derart enges Verständnis des Vernünftigen entwickelt (insbesondere mit dem logischen Empirismus), dass eine positivistische Begriffsbildung unvernünftig wird (Putnam 1982). Was der Positivismus ebenfalls übersieht, ist die Geschichtlichkeit von Sprache, so hat sie etwas vormals Beobachtbares beschrieben, das heute nicht mehr beobachtet wird (‚Hexe', ‚Druide'). Umgekehrt kennt Sprache heute Begriffe, die vormals nicht existierten (von Geschwindigkeit bis Internet; Noske 1997).

4.3 Sozialkonstruktivismus – Raum und Landschaft als (vorläufige) Ergebnisse soziale Deutungsprozesse (und: Sozialkonstruktivismus als Ausgangspunkt weitergehender Überlegungen zu neopragmatischen horizontalen Geographien)

Dieses Problem des Bewusstseins mangelnder Geschichtlichkeit haben konstruktivistischen Ansätze nicht. So ist für sie Landschaft 3, nicht positivistischen Landschaftsverständnis Raum 1, konstitutiv. Dabei unterscheiden sich konstruktivistische Ansätze im Detail durch unterschiedliche Schwerpunktsetzungen. Gemeinsam ist das Verständnis, Landschaft entstehe in sozialen Prozessen und werde dann in materielle Räume projiziert (Landschaft 1 ist also die Projektion von Landschaft 3, wie dies bereits in Abschn. 3.4 ausgeführt wurde). Da die sozialkonstruktivistische Forschung zu Räumen und Landschaften ein bis heute wirkmächtiges Forschungsprogramm darstellt, das auch in anderen Forschungsprogrammen herangezogen wird und auch mehr-als-repräsentationalen Ansätze dieses weiterentwickeln, erfolgt im Folgenden – im Vergleich zu anderen theoretischen Ansätzen – ausführlichere Befassung.

Eine, wenn nicht die zentrale Bedeutung für die Entwicklung des Sozialkonstruktivismus hat das wissenssoziologische Werk ‚The social Construction of Reality' von Peter Berger und Thomas Luckmann verbunden (1966). Bedeutsame Beiträge zur Entwicklung des Sozialkonstruktivismus leisteten aber auch George Herbert Mead (1934) und Herbert Blumer (1969), womit die Verbindung des Sozialkonstruktivismus und des Pragmatismus in der ‚Chicago School' bereits deutlich wird (siehe ausführlich Abschn. 8.2). Der Sozialkonstruktivismus wurzelt in der Verstehenden Soziologie von Max Weber (1976 [1922]) wie auch in der phänomenologischen Philosophie, insbesondere Edmund Husserls (Husserl 1913, 2008). Eine Verbindung dieser beiden Stränge insbesondere Alfred Schütz (1960 [1932]) vollzogen, in seiner Befassung mit dem sinnhaften Aufbau der sozialen Welt. Darin greift er auf das Verständnis Max Webers zur Ausrichtung des individuellen Handelns „am vergangenen, gegenwärtigen oder für künftig erwarteten Verhalten anderer" (Weber 1976 [1922], S. 11) als konstitutives Element sozialen Handelns zurück. Dieses Element ist in den subjektiven Sinn eingeschrieben, „den die in der Sozialwelt Handelnden mit ihren Handlungen verbinden" (Schütz 1960 [1932], S. 3). Dies hat weitreichende Konsequenzen für die Konstruktion des Selbsts, denn „der Einzelne erfährt sich – nicht direkt, sondern nur indirekt – aus der besonderen Sicht anderer Mitglieder der gleichen gesellschaftlichen Gruppe oder aus der verallgemeinerten Sicht der gesellschaftlichen Gruppe als Ganzer, zur der er gehört" (Schütz und Luckmann 2003 [1975], S. 447). Der größte „Teil des Wissensvorrates des normalen Erwachsenen [ist] nicht unmittelbar erworben, sondern ‚erlernt'" (Schütz und Luckmann 2003 [1975], S. 332). Damit wird einerseits die Abhängigkeit der Welt 2 von der Welt 3 deutlich, andererseits auch Fokusverschiebung des Sozialkonstruktivismus gegenüber einem phänomenologischen Zugang zu Welt (1 und 3). Die Konstruktion der Inhalte von Welt 2 ist somit das Resultat „eines sehr komplizierten Interpretationsprozesses, in welchem gegenwärtige Wahrnehmungen mit früheren Wahrnehmungen" (Schütz 1971 [1962], S. 123 f.) verbunden und vor dem Hintergrund bereits erworbenen Wissens gedeutet werden. Entsprechend gibt es „nirgends so etwas wie reine und einfache Tatsachen" (Schütz 1971 [1962], S. 5). Dieses erworbene Wissen basiert nur zu einem kleinen Teil auf eigenen Erfahrungen, sondern wird gesellschaftlich aus den Beständen der Welt 3 vermittelt. Eigene Erfahrungen werden so durch das sozialisierte Wissen interpretierbar.

Die Lebenswelt (unabhängig davon, ob als vorwissenschaftlich oder als alltagsweltlich verstanden) gilt dabei als „Inbegriff einer Wirklichkeit, die erlebt, erfahren und erlitten wird" (Schütz und Luckmann 2003 [1975], S. 447; vgl. auch Hahn 2017). Handhabbar wird diese Lebenswelt durch Typisierungen, die wiederum zumeist sozial vermittelt sind. Diese Typisierungen wiederum sind keine „in sich abgeschlossene[n] isolierte[n] Deutungsschemata, sondern vielmehr miteinander verbunden und aufeinander abgestuft" (Schütz und Luckmann 2003 [1975], S. 125). In anderen Worten: Welt 3 stellt nicht allein Wissen bereit, sondern auch Anleitungen zur Kategorisierung und Typisierung. Diese Anleitungen wiederum können Beobachtungen von Welt lenken und bis zur Verhinderung dominieren.

Soziales Handeln ist aus ‚Dinge' gerichtet und durch ‚Dinge' strukturiert. Was bedeutet, „dass Menschen ‚Dingen' gegenüber auf der Grundlage der Bedeutungen handeln, die diese Dinge für sie besitzen" (Blumer 1973, S. 81). Als ‚Ding' wird hier „alles gefasst, was der Mensch in seiner Welt wahrzunehmen vermag – physische Gegenstände, wie Bäume oder Stühle; andere Menschen, wie Freunde oder Feinde; Institutionen, wie eine Schule oder eine Regierung; Leitideale wie individuelle Unabhängigkeit oder Ehrlichkeit; Handlungen anderer Personen, wie ihre Befehle oder Wünsche; und solche Situationen, wie sie dem Individuum in seinem täglichen Leben begegnen" (Blumer 1973, S. 81). Bedeutung von ‚Dingen' entsteht „aus der sozialen Interaktion, die man mit seinen Mitmenschen eingeht" (Blumer 1973, S. 81). Diese Bedeutung ist nicht stabil, sondern reversibel, so werden „diese Bedeutungen in einem interpretativen Prozess, den die Person in ihrer Auseinandersetzung mit den ihr begegnenden Dingen benutzt, gehandhabt und abgeändert" (Blumer 1973, S. 81).

Entsprechend dieser Überlegungen ist Landschaft kein objektiv gegebener Gegenstand, sondern Ergebnis eines (im deutschen Sprachraum seit dem Mittelalter) andauernden Konstruktionsprozesses (ausführlich bei: Aschenbrand 2017; Burckhardt 2006; Fontaine 2017; Greider und Garkovich 1994; Koegst 2021; Kühne 2019c, 2021; Stemmer 2016). Es erfolgt eine individuelle ‚Projektion' (durch Landschaft 2) von erlernten Mustern der Deutung, Typisierung und Wertung (Landschaft 3) in materielle Räume (Raum 1) hinein, wodurch Landschaft 2 entsteht. Analog vollzieht sich dies mit anderen Anleitungen zur Synthese, wie ‚Region' oder ‚Stadt'. An dieser Stelle wird deutlich, dass nicht allein der Begriff der Landschaft (Landschaft 3) in seiner historischen Entwicklung einem Wandel unterworfen ist, sondern auch die individuelle Konstruktion (Landschaft 2). Entsprechend wird individuell bei der Erzeugung von Landschaft 2 auf kulturell gebundene, sozial vermittelte und zeitgebundene Typisierungen der Landschaft 3 zurückgegriffen, schließlich sehen wir „im Allgemeinen nur das, was wir zu sehen gelernt haben, und wir sehen es so, wie der Zeitstil es fordert" (Lehmann 1973, S. 48). Was als ‚Landschaft' im Allgemeinen, ‚schöne', ‚ökologisch wertvolle' oder ‚interessante Landschaft' im Besonderen verstanden wird, kontingent ist. Das Verständnis ist abhängig von sozialen und kulturellen Konventionen der Landschaft 3, wird aber auch modifiziert durch individuelle Erfahrungen und – in Relation zwischen diesen – auch individuell entwickelten Präferenzen, die etwa aus a-modalen Zugängen stammen.

Wie im Vorangegangenen deutlich wurde, ist die sozialkonstruktivistische Landschaftstheorie insbesondere mit Fragen von Art und Inhalt der Vermittlung von Landschaft 3 an das Individuum (Landschaft 2) befasst, wie auch Fragen, wie es gelingt, dass Landschaft 2 innovativ auf Landschaft 3 einwirken kann. Randlich wird die Frage behandelt, wie materielle Räume (1) symbolisch aufgeladen werden können und so zu Landschaft 1 werden. Schwerpunkt dieser Perspektive auf Landschaft ist, wie sozial differenziert Wissen, Deutung und Bewertung von Landschaft entsteht und verbreitet wird (Cosgrove 1984; Crossey et al. 2022; Greider und Garkovich 1994; Kühne 2008a).

Mit zunehmender Bedeutung konstruktiver Perspektiven auf Landschaft hat sich (mehr implizit als durch theoretische Auseinandersetzung) eine Perspektive entwickelt, die noch nicht völlig vom positivistischen Paradigma von Landschaft abrückt, aber dennoch bemüht ist, konstruktivistische Vorstellungen zu berücksichtigen. Diese lässt sich als ‚gemäßigt (sozial)konstruktivistisch' (Kühne 2021) bezeichnen und hat insbesondere in der Landschaftsplanung Verbreitung gefunden. Diese Position befasst sich mit Landschaft 3, ohne ihr indes eine konstitutive Bedeutung zuzusprechen. Diese hat wiederum (in positivistischer Tradition) Landschaft 1 inne. Landschaft 1 gilt hier nach wie vor als ‚unhintergehbare Realität', an der die ‚Wahrnehmungen' (Landschaft 2 und 3) geprüft werden können (etwa bei Keller und Backhaus 2021; Vicenzotti 2011, aber auch die Europäische Landschaftskonvention folgt dieser Perspektive Council of Europe 2000; siehe dazu: Bruns et al. 2022).

4.4 Diskurstheorie und Radikalkonstruktivismus – konstruktivistische Deutungen von Raum und Landschaft mit jeweils spezifischen Schwerpunkten

Die radikalkonstruktivistische Perspektive geht auf die Soziologie von Niklas Luhmann (Luhmann 1984; 1986) zurück. Sie befasst sich mit den Konstruktionslogiken von Raum bzw. Landschaft. Raum wird dabei „zunächst als Medium der Wahrnehmung, sowie zunehmend als Medium der Kommunikation verstanden" (Egner 2010, S. 99) verstanden. Die Fähigkeit, eine Vorstellung von ‚Raum' zu entwickeln, ist von beobachtbaren Unterschieden abhängig: „Der Raum *ist* jene Umgebung einer Unterscheidung, die ich nur anfangen kann, als Umgebung zu beobachten, weil ich eine Unterscheidung getroffen habe, die eine Umgebung voraussetzt. Der Raum ist die Möglichkeit, ihn dank der Operation der Unterscheidung in verschiedene Teile zu unterscheiden, etwa Innenseite und Außenseite" (Baecker 2015, S. 41; Hervorhebung im Original). Jeder Konstruktion geht dabei eine Beobachtung voraus, die wiederum durch die Welt 3 vorstrukturiert ist, wie am Beispiel Landschaft deutlich wird: „*Landscape is observed landscape* insofar as the organism's perception of specific stimuli enables the consciousness to process and remember information (cognition) and subsequently to indicate it linguistically and culturally" (Lämmchen 2023, S. 74; Hervorhebung im Original). Die Vorstrukturierung der Beobachtung von Welt wiederum basiert auf unterschiedlichen Systemlogiken. In systemtheoretischer Tradition sieht auch Luhmann die Gesellschaft in unterschiedliche gesellschaftliche Teilsysteme differenziert, die spezifische und nicht redundante Funktionen für die Gesellschaft erfüllen (Luhmann 1984, 1986; zur Einführung: (Kneer und Nassehi 1997)). So hat das gesellschaftliche Teilsystem der Wirtschaft die Aufgabe, die Güter und Dienstleistungen zu produzieren, die Politik, gesellschaftliche Entwicklung auszurichten, das Rechtssystem, für die Einhaltung des rechtlichen Rahmens zu sorgen, Wissenschaft, nützliches Wissen zu generieren etc. Die Konstruktion von Landschaft erfolgt nicht allein nach den spezifischen Logiken der einzelnen Systeme, sondern die einzelnen Systeme werden nur dann in ‚Resonanz versetzt', wenn sie sich gezwungen sehen, sich mit dem Kommunikationsgegenstand Landschaft zu befassen. So wird ‚Landschaft' für das ökonomische System dann relevant, wenn damit Geld zu verdienen (etwa durch Tourismus oder Landwirtschaft) oder zu verlieren ist (etwa durch den Verlust wirtschaftlicher Nutzbarkeit durch Umweltschäden). Die Logik des System der Politik ist darauf ausgerichtet, Macht zu generieren (oder zumindest nicht zu verlieren). Landschaft bei diesem theoretischen Zugriff primär auf der Ebene der Landschaft 3 konzipiert. Das politische System wird dann in Resonanz versetzt, wenn mittels Landschaft Macht gewonnen werden kann (etwa Wählerstimmen durch eine ökologisch ausgerichtete Politik gewonnen werden können) oder Verluste drohen (wenn sich etwa weite Teile der Wahlbevölkerung gegen die Errichtung von Windkraftanlagen aussprechen). Das Rechtssystem befasst sich mit Landschaft, wenn gegen den die Landschaft betreffenden Rechtsrahmen (etwa der Landschaftsplanung) verstoßen wird, Wissenschaft dann, wenn neue Kenntnisse über Landschaft produziert (und einschlägig veröffentlicht) werden können (Kühne 2014; Kühne und Duttmann

2019; Lämmchen 2023; van Assche 2010). Aus diesen knappen Ausführungen wird dreierlei deutlich: Erstens, die Konstruktion von ‚Etwas', hier Landschaft im Besonderen und Raum im Allgemeinen, ist durch Sprache vorstrukturiert (dies wird im Kontext der Ausführungen zum Neopragmatismus als Sprachphilosophie weiter ausgeführt; insbesondere in Abschn. 5.4). Zweitens, ‚Landschaft' (oder Raum) wird nur dann – gemäß der jeweiligen Systemlogik – konstruiert, wenn die jeweiligen Systeme – von außen – dazu in Resonanz versetzt werden. Drittens, Landschaft (gleiches gilt für Raum) wird primär auf der Ebene 3 konstruiert, die Ebene 1 bildet bestenfalls ein Folie für Kommunikation und die Ebene 2 wird völlig ausgeblendet.

Dieser Fokus auf Welt 3 findet sich auch bei der Diskurstheorie. Wobei die Diskurstheorie insbesondere die Prozesse der Aushandlung, wie auch deren Inklusions- und Exklusionsprozesse fokussiert. Was als ‚Raum' oder ‚Landschaft' verstanden wird, ist also das reversible Ergebnis von gesellschaftlichen Aushandlungsprozessen, eine endgültige Fixierung von Bedeutung (hier Raum, Region, Landschaft, Stadt etc.) ist entsprechend unmöglich (Weber 2015, 2019b). Aus einer solchen Unmöglichkeit „einer endgültigen Bedeutungsfixierung folgt, dass auch Identitäten, gesellschaftliche Beziehungen und ‚Räume' letztendlich immer kontingent sind. Entscheidungen, die getroffen werden, könnten also durchaus auch anders ausfallen" (Weber 2015, S. 101; hier wird ein zentraler Aspekt des Neopragmatismus deutlich, die Kontingenz; siehe insbesondere Abschn. 5.3, 5.4 und 5.5). Da die Veränderbarkeit von Bedeutungen im Alltag jedoch nicht reflektiert wird, werden Bedeutungen und Bewertungen üblicherweise als gegeben und ‚normal' verstanden, wodurch eine temporäre Fixierung von Differenzbeziehungen entsteht. Als Differenzbeziehungen werden sprachliche Zeichen verstanden, „die sich grundsätzlich alle voneinander unterscheiden, aber durch Aneinanderreihung in Beziehung gesetzt werden" (Weber 2015, S. 104). Eine solche temporäre Fixierung von Differenzbeziehungen bezeichnen Laclau und Mouffe (1985, S. 112) als Diskurs. Durch diesen Vorgang werden alternative Diskurse und Bedeutungen ausgeschlossen bzw. unterdrückt. Das Verständnis von ‚Landschaft' als einem stereotyp-ökologischen mesoskaligen Raum 1 bedeutet eine diskursive Schließung, so bilden alternative Verständnisse, etwa von Landschaft als ästhetisches Konstrukt, das ausgeschlossene ‚Außen' des Diskurses. Es erfolgt eine Abgrenzung von dem, was das Innen des Diskurses' *nicht* ist. Je selbstverständlicher oder‚natürlicher' die Verknüpfungen des Diskursinneren erscheinen, umso machtvoller wird der Diskurs, es entsteht ein ‚hegemonialer Diskurs'. Da aber auch ein ‚hegemonialer Diskurs' einem Veränderungsdruck ausgesetzt ist, da eine endgültige Fixierung – hier eines bestimmten Landschaftsverständnisses – unmöglich ist. Entsprechend ist der ‚hegemoniale Diskurs' darum bemüht, seine

Hegemonialität gegenüber alternativen Diskursen aufrechtzuerhalten. Dies vollzieht sich in Bezug auf Diskurse über Landschaft, etwa als ‚historisch gewachsen' vs. ‚modern' (siehe z. B. Leibenath und Otto 2013; Weber 2019a).

4.5 More-than-representational theories – verschiedene Ansätze zur Auflösung des Subjekt-Objekt-Dichotomie

In den vergangenen Jahren werden die Potenziale von Theorien für die Raum- und Landschaftsforschung deutlicher, die als ‚Mehr-als-repräsentational' (Lorimer 2005; Waterton 2013) bezeichnet werden[1]. Dabei handelt es sich zum einen um eine Renaissance der Phänomenologie, zum anderen die Akteurs-Netzwerk-Theorie, die Assemblage-Theorie, aber auch den Neopragmatismus. Greifen die drei zuletzt genannten sozialkonstruktivistisches Denken auf, ist die Phänomenologie – co-evolutionär mit dem Sozialkonstruktivismus verbunden. Alle genannten Theorien zielen in unterschiedlicher Weise darauf, Materialitäten in den jeweiligen theoretischen Rahmen zu integrieren, den Subjekt-Objekt-Dualismus zu überwinden (Bauriedl et al. 2000; Kühne 2019b; Macpherson 2010; Müller 2015; Strüver 2011; Thrift 2008) und die Traditionslinien positivistischer wie auch konstruktivistischer Raum- und Landschaftsverständnisse zu prägen (wobei diese Trennung im Sozialkonstruktivismus mit seinen phänomenologischen Wurzeln deutlich weniger deutlich ausfällt als bei anderen konstruktivistischen Ansätzen).

Unter Phänomenologie wird allgemein das Studium und die Beschreibung von Phänomenen verstanden. Phänomene wiederum sind dabei alle Einheiten, Dinge und Ereignisse, die sich in der Welt präsentieren (Moran 2000; Tilley 1997, 2005) und sich dem Subjekt darbieten: „Phenomenology involves the understanding and descripton of things as they are experienced by a subject" (Tilley 1997, S. 12). Im Vergleich zum künstlerischen Beschreiben, erfolgt eine phänomenologische Beschreibung auf Grundlage expliziter Begriffe, deren Verständnis klargestellt wird (vgl. Moran 2000; Sokolowski 2000). Aus phänomenologischer Perspektive löst sich die Trennung zwischen Subjekt und Objekt relational auf, durch die Befassung mit ‚Objekten' werden diese durch menschliche zu Wendung als

[1] Ich folge an dieser Stelle der Bezeichnung ‚more-than-representational' und nicht Bezeichnungen, wie etwa ‚anti-representational' oder ‚non-representational', wie bei Haselager et al. (2003) Thrift (2008), jede Theorie aus einer natürlichen Sprache erwächst, die stark repräsentationalistisch aufgebaut ist, insofern ein Bemühen um eine erweiterte Perspektive möglich ist, aber die Erzeugung einer neuen Sprache nicht (auch diese würde auf den Grundlagen der repräsentationalen Sprache beruhen und eben nur eine Redeskription darstellen).

Artefakte Teil des Subjektiven, andererseits schreibt sich Erfahrung auch körperlich ein (Chemero 2003; Gibson 1979; Moran 2000; Rebay-Salisbury 2013). Die phänomenologische Landschaftsforschung befasst sich mit dem leibliche Erleben materiell-räumlicher Arrangements, die als ‚Landschaft' verstanden werden können (grundlegend: Schmitz 1980). Landschaft lässt sich also als ein durch individuelles und kollektives, alltägliches Handeln gelebter Raum verstehen, wodurch Menschen „existential insider" (Bourassa 1991, S. 3) von Landschaft werden. Die Erfahrung von Raum als Landschaft wird dadurch vollzogen, dass in ihr gelebt wird, sie genutzt wird, dass Menschen sich in ihr bewegen (Grömer et al. 2012; Rebay-Salisbury 2013). Dies bedeutet auch, wie Berleant (1997, S. 11) verdeutlicht: „Landscapes, too, bear the mark of their inhabitants". Der Fokus auf das individuelle Erleben macht phänomenologische Landschaftsforscher zu Erzählern ihrer Raumerfahrungen (Tuan 1989). Dies phänomenologische Landschaftsforschung ist entsprechend stark auf Landschaft 2 ausgerichtet, die in Relation zu Landschaft 1 gesetzt wird und darum bemüht ist, landschaftliche Stereotype (des b- aber auch des c-Modus) der Landschaft 3 weitgehend auszublenden (Kühne 2024, im Erscheinen).

Die Akteurs-Netzwerk-Theorie (ANT) stellt soziale, technische und natürliche Einheiten und Faktoren als prinzipiell gleichberechtigte Knoten von Vernetzungsprozessen unterschiedlicher zeitlicher Dauer nebeneinander (Allen 2011; Hilbig 2024, im Erscheinen; Latour 1996, 1997; Latour und Roßler 2007 [2005]). Netzwerkartige Strukturen und Prozesse werden durch die „Akteurs-Netzwerk-Theorie nicht als Explanans, sondern als Explananda behandelt" (Schulz-Schaeffer 2000, S. 188). Infolge der Verhaftetheit klassischer wissenschaftlicher (wie auch alltagsweltlicher) Sprache in repräsentationellen Denkstrukturen, hat die ANT eine eigene Terminologie entwickelt (Gertenbach 2015; Latour und Woolgar 2013 [1979]). ‚Welt' wird mit der ANT in Form interdependenter Netzwerke verstanden: Aus den Relationen der zu ‚Aktanten' gewordenen belebten und unbelebten Elementen entstehen so Raum/Ort/Landschaft. Entsprechend wird Landschaft in der ANT anti-dialektisch und von skalaren Beschränkungen befreit gedacht, das Netzwerk von Aktanten entzieht sich einem Denken in festen Maßstäben. Infolge der sich stets wandelnden Relationen der zu ‚Aktanten' gewordenen belebten und unbelebten Elemente sind Raum/Ort/Landschaft stets reversibel und instabil. Dieses netzwerkzentrierte Verständnis von Welt entzieht sich einem kategorisierenden Zugriff der Theorie der drei Welten bzw. drei Landschaften, da die Knoten der Netzwerke nicht final zuzuordnen und in der Regel hybrid sind.

Die Assemblage-Theorie verfolgt hingegen eine Grundperspektive, „wie Materielles (Biologisches, Physisches, Technisches etc.) und Symbolisches im Sozialen miteinander verwoben sind" (Mattissek und Wiertz 2014, S. 159), wobei eine konstruktivistische Grundhaltung den Ausgangspunkt bildet. Zurück geht die Assemblage-Theorie französischen Autoren Gilles Deleuze und Félix Guattari. In ihrem Buch „A Thousand Plateaus" (Deleuze und Guattari 1987) wird assoziativ das Konzept des ‚Agencements' entwickelt, das als ‚Assemblage' ins Englische übersetzt wurde, die wiederum als „It is a multiplicity which is made up of many heterogeneous terms and which establishes liaisons, relations between them" (Deleuze und Parnet 2006, S. 69). Die Assemblage-Theorie lässt sich als Ansatz verstehen, „der soziale Ensembles auf Basis der Prozesse, die sie generieren, anspricht. Sie konzeptionalisiert Prozesse der Kreation und Transformation von sozialen Ensembles, die als Assemblages bezeichnet werden, und unterbreitet eine Herangehensweise zur Analyse generativer Prozesse" (van Wezemael und Loepfe 2009, S. 108). Nicht die essentialistische Frage, was ein materielles Objekt ‚im Kern' oder ‚dem Wesen nach' sei oder wie Raum 1 in seiner Differenziertheit empirisch erfassbar ist, wird verhandelt, sondern vielmehr wie Materielles (sozial) wirken kann, wie es sozial mit Bedeutung aufgeladen wird (van Wezemael und Loepfe 2009). Die der Assemblage-Theorie inhärente Offenheit und Mehrdeutigkeit lässt sich als Ansatzpunkt begreifen, um über explorative Vorgehensweisen neue Konzeptualisierungen von Raum im Allgemeinen und Landschaft im Besonderen zu erreichen (Winsky 2024, im Erscheinen). Hier ist eine – wie im folgenden Kap. 5 deutlich werden wird – ähnliche Stoßrichtung wie im Neopragmatismus erkennbar, der indes mit seinem meta-theoretischen Ansatz noch weiter greift. Wie die Diskurstheorie und die ANT, weist die Assemblage-Theorie auch Potenziale für die kritische Raum- und Landschaftsforschung auf. Dies gilt insbesondere dann, wenn etwa die Bedeutung von Materie für Machtprozesse untersucht wird (Färber 2014), was im Folgenden thematisiert wird.

4.6 Kritische Zugänge zu Landschaft und Raum – der Fokus auf Machtbeziehungen

Kritische Raumforschung im Allgemeinen und Landschaftsforschung im Besonderen führt in der Regel direkt oder indirekt auf Karl Marx zurück. Im Fokus der Kritik steht die ungleiche Verteilung von Macht, insbesondere infolge ökonomischer Abhängigkeitsstrukturen. Diese schlügen sich in einer ‚kapitalistischen Raumverwertungslogik' (Schein 1997) nieder, Rechte auf Raum (1 und 3) im Allgemeinen, Landschaft (1 und 3) oder Stadt (1 oder 3) im Besonderen würden unterdrückt (grundlegend für diese Sichtweise: Harvey 2008; Lefebvre 1972). Die kritische Raumforschung ist sehr heterogen und reicht von einem klassischen historisch-materialistisch marxistischen Verständnis (einschließlich der nicht vollzogenen Aufgabe einer teleologischen Gesellschaftsentwicklung) über neomarxistische Positionen (die diese teleologische Vorstellung aufgegeben haben) bis hin zu poststrukturalistischen Ausrichtungen (die insbesondere gesellschaftliche ‚Normalität' dekonstruieren), wobei das Ziel der ‚Überwindung des Kapitalismus' in mehr oder minder deutlicher Form weit verbreitet ist (siehe unter vielen: Belina et al. 2018; Blomley 2007; Harvey 2001). Ein umfassendes Verständnis von ‚kritisch' legt Bauriedl (2009, S. 220) nahe, sie versteht eine Raumtheorie dann als kritisch, wenn „die gesellschaftlichen Normierungen durch die Verwendung des Begriffs ‚Raum' und Essentialisierungen bei der Analyse von Raumdimensionen reflektiert"[2] werden.

Eine zentrale Denkfigur kritischer Raum- und insbesondere Landschaftsforschung ist die Vorstellung der ‚Duplizität der Landschaft' (Daniels 1989): Diese basiert darauf, Landschaft sei einerseits eine machtbestimmte Vorstellung (Landschaft 3), anderseits sei Landschaft ein machtbestimmter physischer Raum (Landschaft 1). Ein zentraler Aspekt der Befassung der Kritischen Theorie mit dem Verhältnis von Kultur und Natur (wobei hier eine – für die Philosophie allgemein dominierende – Rückführung von Landschaft auf Natur, etwa als ‚geschaute Natur' deutlich wird; ausführlich in: Kühne, Berr, und Lohmann 2023) stellt die von Horkheimer und Adorno (1969) aufgestellte These dar, „dass die Geschichte der Befreiung des Menschen von übermächtigen Gewalten nicht zu einem vernünftigen Zustand der Welt geführt hat. Indem die Menschen ihre Emanzipation ins Werk gesetzt haben, eine Unternehmung, die wesentlich darin bestand, sich zum Herren und Eigentümer der Natur zu machen, haben sie sich einer allein technisch-instrumentellen Rationalität ausgeliefert" (Lehmann 2009, S. 1). Mit der Ausbildung der instrumentellen Rationalität gehe eine doppelte Unterwerfung der Natur einher: der Unterwerfung der äußeren Natur, etwa durch Industrialisierung und Technisierung, wie auch der Unterwerfung der inneren Natur des Menschen, die sich in einer Beschränkung der Freiheitsmöglichkeiten des Einzelnen niederschlägt (Horkheimer 1977 [1937]). Die denkende Distanzierung des Menschen, „um sie [die Natur] vor sich hinzustellen, wie sie zu beherrschen ist" (Horkheimer und Adorno 1969, S. 36), führe zu einer „Verleumdung der Natur im Menschen" (Horkheimer und Adorno 1969, S. 61). Diese wiederum gipfele – so Horkheimer und Adorno (1969, S. 37) – in der „Herrschaft des Menschen über sich selbst". In anderen Worten: Raum 1 wird gemäß der instrumentellen Vernunft (etwa in Form industrieller Land- und Forstwirtschaft) so zugerichtet,

[2] Dieses Verständnis zugrunde gelegt, ließen sich weite Teile konstruktivistischer Zugänge zu Raum und Landschaft als ‚kritisch' bezeichnen.

wie auch der Mensch seine Triebe unterdrücke und so – im Interesse der Erfüllung einer gesellschaftlichen Funktion – eine eigene Natur verleugne (mit der Folge von Krankheiten). Im kritischen Denken finden sich indes auch Residuen (Pareto 1916) essentialistischer Denkfiguren, etwa eines teleologischen Utopismus oder des Topos der Entfremdung von einer ‚wahren Natur' (Popper 1992a, 1992b; siehe dazu ausführlicher Abschn. 7.1).

Kritische Landschaftsforschung lässt sich auch mithilfe der Soziologie von Pierre Bourdieu (1987 [1979]) betreiben. Auch hier geht es um die gesellschaftliche Verteilung von (symbolischer) Macht: Bourdieu und Passeron (1973, S. 12) verstehen symbolische Macht (oder symbolische Gewalt) als „jede Macht, der es gelingt, Bedeutungen durchzusetzen und sie als legitim durchzusetzen, indem sie die Kräfteverhältnisse verschleiert, die ihrer Kraft zugrundeliegen". In Bezug auf Raum im Allgemeinen und Landschaft im Besonderen geht es darum, zu untersuchen, wie die Manifestierung unterschiedlicher Interessen im Raum 1 durch ‚normalisierte' Vorstellungen von Raum 3 nicht mehr kritisch hinterfragt werden. In Bezug auf Landschaft wird etwa die Frage bedeutsam, wie landschaftsästhetische Standards (Landschaft 3) von Teilen der Gesellschaft erzeugt werden (insbesondere im c-Modus) und wie diese gesellschaftliche Verbreitung finden (Übergang zum b-Modus). Damit stellt sich nicht zuletzt die Frage, wie diese landschaftsästhetischen Vorstellungen auch sozialen Distinktion herangezogen werden und wie sich diese wiederum im als Landschaft 1 gedeuteten Raum 1 materialisieren (Kühne 2008b). Wobei sich diese Frage nicht allein auf ästhetische Fragen von Landschaft beziehen lässt, sondern durch aus auch auf ökologische (Kühne, Berr, und Jenal 2023). An dieser Stelle wird auch der Einfluss des auf Bourdieu zurückgehenden Gedankengutes zur Verbreitung von Landschaftsvorstellungen zwischen c- und b-Modus, wie in Abschn. 3.4 entwickelt, deutlich.

Den unterschiedlichen kritischen Ansätzen die Vorstellung einer starken Abhängigkeit von Welt 2 von Welt 1 und insbesondere Welt 3 eigen. Die Möglichkeiten der Welt 2 auf Welt 3 oder die Möglichkeit Welt 1 zu gestalten, wird in der (aktuellen) Gesellschaft als minimal verstanden. Dies betrifft insbesondere den a- und b-modalen Zugang zu Welt, c-modal sind Innovationen durchaus gewünscht, doch sind die Zugänge zum Erwerb kulturellen Kapitals, um ‚legitim' im c-Modus – etwa innovative Vorstellungen von Landschaft verankern zu können – recht hoch (hier der Rückgriff auf Bourdieu 1984, 2005 [1983]).

4.7 Multiperspektivität statt Universaltheorie – Überleitung zu einem neopragmatistischem Verständnis ‚horizontaler Geographien'

Aus diesen knappen Ausführungen wird (ohne Anspruch auf Vollständigkeit) zum einen die Vielfalt aktueller Perspektiven der Raum- und Landschaftsforschung unverkennbar, zum anderen wird deutlich, wie die dargelegten Ansätze jeweils mit unterschiedlichen Schwerpunkten auf Raum bzw. Landschaft 1, 2 und 3 bezogen sind, aber auch in unterschiedlicher Weise die Relationen zwischen den einzelnen Ebenen fokussieren. Die unterschiedlichen Theorien sind also bei unterschiedlichen Themenstellungen tauglich, Untersuchungen in einen abstrakteren Kontext einzuordnen bzw. Fragestellungen zu fokussieren. Bei anderen Fragestellungen sind sie weniger tauglich. Leistet eine positivistisch geleitete Forschung durchaus gute Dienste, wenn es um die Untersuchung des Wasserhaushaltes von Raum 1 geht, bei der Frage der Machtgebundenheit landschaftsästhetischer Vorstellungen erscheint eine kritische Perspektive oder eine sozialkonstruktivistische als vielversprechender. Positivistisch eingestellte Wissenschaftler können die Grenze ihrer Perspektive entweder akzeptieren und die Möglichkeit alternativer Zugänge tolerieren oder (wie gezeigt) nicht-positivistische Ansätze als metaphysisch zurückweisen. Umgekehrt ist es unter kritischen Wissenschaftlern verbreitete Praxis, den Positivismus als nicht machtreflektiert grundlegend abzulehnen.

Aus den Ausführungen in diesem Kapitel wurde aber auch ein weiterer Aspekt deutlich: Es gibt keine Universaltheorie, weder zu Raum noch zu Landschaft. Es stellt sich die Frage, ob eine solche Universaltheorie überhaupt anzustreben ist, müsste sie doch angesichts der drei Ebenen, der dazwischen liegenden Relationen, aber auch der unterschiedlichen a-, b- und c-modalen Konstruktionsmuster (in Bezug auf Deutung, Wertung und Kategorisierung) einen Grad an Abstraktheit aufweisen, der kaum in der Lage sein dürfte, konkrete Forschungen anzuleiten. Eine essentialistische Landschaftstheorie, die diesen Universalanspruch formulieren könnte, erscheint indes aus (im folgenden Kapitel noch auszuführenden) Gründen der Unmöglichkeit sicherer Erkenntnis keine Alternative. Eine andere Alternative zur Erzeugung einer einheitlichen Theorie bestünde darin alles, was die präferierte Theorie nicht zu umreißen vermag, als irrelevant diskursiv auszuschließen – ein Vorgehen, das zwar einerseits das eigene Distinktionsbedürfnis befriedigt, aber andererseits kaum der Komplexität, Kompliziertheit und Kontingenz des Themas der ‚horizontalen Geographien' gerecht wird.

Eine Alternative, jenseits des Exklusivitätsanspruchs einzelner Theorien und jenseits des Strebens nach einer Universaltheorie, für die Befassung mit komplexen Themen, wie sie die unterschiedlichen Synthesen ‚horizontaler Geographien' darstellen, eine meta-theoretische Position, die eine (gerechtfertigte) Verwendung unterschiedlicher theoretischer Perspektiven (daraus abgeleitet auch Methoden, Daten, Forscherperspektiven, modalen Zugriffen und Darstellungsformen). Hier greift der ‚neopragmatische Ansatz' (zum philosophischen Neopragmatismus etwa: Müller 2021; Rorty 1982, 1997) der Forschung ‚horizontaler Geographien' (Kühne 2018; Kühne und Jenal 2021), wie diese im Folgenden entwickelt wird.

Literatur

Allen, C. D. (2011). On Actor-Network Theory and landscape. *Area, 43,* (*3*, 274–280). https://doi.org/10.1111/j.1475-4762.2011.01026.x

Aschenbrand, E. (2017). *Die Landschaft des Tourismus. Wie Landschaft von Reiseveranstaltern inszeniert und von Touristen konsumiert wird.* Wiesbaden: Springer VS.

Baecker, D. (2015). Raum, formtheoretisch betrachtet. In P. Goeke, R. Lippuner, & J. Wirths (Eds.), *Konstruktion und Kontrolle. Zur Raumordnung sozialer Systeme* (S. 37–47). Wiesbaden: Springer VS.

Bauriedl, S. (2009). Impulse der geographischen Raumtheorie für eine raum- und maßstabskritische Diskursforschung. In G. Glasze & A. Mattissek (Hrsg.), *Handbuch Diskurs und Raum: Theorien und Methoden für die Humangeographie sowie die sozial- und kulturwissenschaftliche Raumforschung* (S. 219–230). Bielefeld: transcript.

Bauriedl, S., Fleischmann, K., Strüver, A., & Wucherpfennig, C. (2000). Verkörperte Räume – "verräumte" Körper. Zu einem feministisch-poststrukturalistischen Verständnis der Wechselwirkungen von Körper und Raum. *Geographica Helvetica, 55,* (2, 130–137). https://doi.org/10.5194/gh-55-130-2000

Belina, B., Naumann, M., & Strüver, A. (Eds.). (2018). *Handbuch Kritische Stadtgeographie* (3. korrigierte und erweiterte Auflage). Münster: Westfälisches Dampfboot.

Berger, P. L., & Luckmann, T. (1966). *The Social Construction of Reality. A Treatise in the Sociology of Knowledge.* New York: Anchor Books.

Berleant, A. (1997). *Living in the Landscape. Toward an Aesthetics of Environment.* Lawrence: University Press of Kansas.

Blomley, N. (2007). Critical geography. Anger and hope. *Progress in Human Geography, 31,* (*1*, 53–65). https://doi.org/10.1177/0309132507073535

Blumer, H. (1969). *Symbolic Interactionism.* London: University of California Press.

Blumer, H. (1973). Der methodologische Standort des symbolischen Interaktionismus. In Arbeitsgruppe Bielefelder Soziologen (Ed.), *Alltagswissen, Interaktion und gesellschaftliche Wirklichkeit. Band 1* (S. 80–146). Reinbek bei Hamburg: Rowohlt.

Bourassa, S. C. (1991). *The Aesthetics of Landscape.* London: Belhaven Press.

Bourdieu, P. (1984). *Distinction. A Social Critique of the Judgement of Taste.* Cambridge MA: Harvard University Press.

Bourdieu, P. (1987 [1979]). *Die feinen Unterschiede. Kritik der gesellschaftlichen Urteilskraft*. Frankfurt (Main).

Bourdieu, P. (2005 [1983]). Ökonomisches Kapital – Kulturelles Kapital – Soziales Kapital. In P. Bourdieu (Ed.), *Die verborgenen Mechanismen der Macht* (S. 49–80). Hamburg: VSA.

Bourdieu, P., & Passeron, J.-C. (1973). *Grundlagen einer Theorie der symbolischen Gewalt*. Frankfurt (Main): Suhrkamp.

Bruns, D., Kühne, O., Leconte, L., & Jenal, C. (2022). *Landschaftshandeln. Grundzüge, Potenziale und Zukunft der Europäischen Landschaftskonvention* (RaumFragen – Stadt – Region – Landschaft, 1. Aufl.). Wiesbaden: Springer Fachmedien Wiesbaden GmbH.

Burckhardt, L. (2006). *Warum ist Landschaft schön? Die Spaziergangswissenschaft*. Kassel: Martin Schmitz Verlag.

Chemero, A. (2003). An Outline of a Theory of Affordances. *Ecological Psychology, 15,* (*2,* 181–195). https://doi.org/10.1207/S15326969ECO1502_5

Chilla, T., Kühne, O., Weber, F., & Weber, F. (2015). „Neopragmatische" Argumente zur Vereinbarkeit von konzeptioneller Diskussion und Praxis der Regionalentwicklung. In O. Kühne, & F. Weber (Eds.), *Bausteine der Regionalentwicklung* (S. 13–24). Wiesbaden: Springer VS.

Cosgrove, D. (1984). *Social Formation and Symbolic Landscape*. London: University of Wisconsin Press.

Council of Europe. (2000). European Landscape Convention. European Treaty Series: 176. Accessed: 17 January 2017.

Crossey, N., Dittel, J., Kazig, R., Thiollière, P., & Weber, F. (2022). Landschaft in situ. Der Beitrag von Atmosphären zum Verständnis der Konstruktion von Landschaft. *Raumforschung und Raumordnung | Spatial Research and Planning*. https://doi.org/10.14512/rur.183

D'Angelo, P. (2021). *Il paesaggio. Teorie, storie, luoghi*. Bari: GLF editori Laterza.

Daniels, S. (1989). Marxism, Culture, and the Duplicity of Landscape. In R. Peet, & N. Thrift (Eds.), *New models in geography Vol. 2. The political-economy perspective* (S. 196–220). London: Unwin Hyman.

Deleuze, G., & Guattari, F. (1987). *A thousand plateaus. Capitalism and schizophrenia*. Minneapolis: University of Minnesota Press.

Deleuze, G., & Parnet, C. (2006). *Dialogues II* (Continuum Impacts, [New ed.]. London: continuum.

Egner, H. (2010). *Theoretische Geographie*. Darmstadt: WBG.

Färber, A. (2014). Potenziale freisetzen: Akteur-Netzwerk-Theorie und Assemblageforschung in der interdisziplinären kritischen Stadtforschung. *sub\urban – zeitschrift für kritische stadtforschung, 2,* (*1,* 95–103).

Fontaine, D. (2017). *Simulierte Landschaften in der Postmoderne. Reflexionen und Befunde zu Disneyland, Wolfersheim und GTA V*. Wiesbaden: Springer VS.

Gailing, L., & Leibenath, M. (2012). Von der Schwierigkeit, „Landschaft" oder „Kulturlandschaft" allgemeingültig zu definieren. *Raumforschung und Raumordnung – Spatial Research and Planning, 70,* (*2,* 95–106). https://doi.org/10.1007/s13147-011-0129-8

Gertenbach, L. (2015). *Entgrenzungen der Soziologie. Bruno Latour und der Konstruktivismus* (1. Aufl.). Weilerswist: Velbrück (Teilw. zugl.: Jena, Univ., Diss., 2012).

Gibson, J. J. (1979). *The ecological approach to visual perception*. Boston: Houghton Mifflin.

Glasze, G. (2015). Identitäten und Räume als politisch: Die Perspektive der Diskurs- und Hegemonietheorie. *Europa Regional, 21 (2013), (1–2,* 23–34).

Greider, T., & Garkovich, L. (1994). Landscapes: The Social Construction of Nature and the Environment. *Rural Sociology, 59, (1,* 1–24). https://doi.org/10.1111/j.1549-0831.1994.tb00519.x

Grömer, K., Mückler, H., & Kritscher, H. (Eds.). (2012). *Bewegung – Fortbewegung* (Mitteilungen der Anthropologischen Gesellschaft in Wien, vol. 142). Horn, Wien: Ferdinand Berger & Söhne.

Hahn, A. (2017). *Architektur und Lebenspraxis. Für eine phänomenologisch-hermeneutische Architekturtheorie* (Architekturen, vol. 40). Bielefeld: transcript.

Harvey, D. (2001). *Spaces of Capital. Towards a Critical Geography.* New York: Routledge.

Harvey, D. (2008). The Right to the City. *New Left Review, 27, (53,* 23–40).

Haselager, P., Groot, A. de, & van Rappard, H. (2003). Representationalism vs. anti-representationalism: A debate for the sake of appearance. *Philosophical Psychology, 16, (1,* 5–24). https://doi.org/10.1080/0951508032000067761

Hilbig, H. (2024, im Erscheinen). Landschaft aus Akteur-Netzwerk-theoretischer Perspektive. In O. Kühne, F. Weber, K. Berr, & C. Jenal (Eds.), *Handbuch Landschaft* (2nd ed., in diesem Handbuch). Wiesbaden: Springer VS.

Horkheimer, M. (1977 [1937]). *Traditionelle und kritische Theorie. Fünf Aufsätze.* Frankfurt (Main): Fischer Wissenschaft.

Horkheimer, M., & Adorno, T. W. (1969). *Dialektik der Aufklärung. Philosophische Fragmente.* Frankfurt (Main): Fischer Taschenbuch Verlag.

Howard, P., Thompson, I., & Waterton, E. (Eds.). (2013). *The Routledge Companion to Landscape Studies.* London: Routledge.

Husserl, E. (1913). *Ideen zu einer reinen Phänomenologie und phänomenologischen Philosophie. Erster Buch: Allgemeine Einführung in die reine Phänomenologie.* Halle (Saale): Niemeyer.

Husserl, E. (2008). *Die Lebenswelt. Auslegungen der vorgegebenen Welt und ihrer Konstitution.* Dordrecht: Springer (Texte aus dem Nachlass (1916–1937)).

Keller, R., & Backhaus, N. (2021). Wie fördern Landschaften das Wohlbefinden der Menschen? Erkenntnisse transdisziplinärer Forschungsprojekte aus der Schweiz. In C. Walsh, G. Kangler, & M. Schaffert (Eds.), *Landschaftsbilder und Landschaftsverständnisse in Politik und Praxis* (S. 141–157). Wiesbaden: Springer Fachmedien; Springer VS.

Kneer, G., & Nassehi, A. (1997). *Niklas Luhmanns Theorie sozialer Systeme. Eine Einführung.* München: Fink.

Koegst, L. (2021). Heimat und Ästhetik – Deutungsmuster erkennen. Die sozialkonstruktivistische Perspektive auf Stuttgart 21. *Stadt+Grün, (6,* 32–37).

Kuhn, T. S. (1970). *The structure of scientific revolutions* (2nd ed., 2 vols.). Chicago: The University of Chicago Press (Original work published 1962).

Kühne, O. (2008a). Die Sozialisation von Landschaft – sozialkonstruktivistische Überlegungen, empirische Befunde und Konsequenzen für den Umgang mit dem Thema Landschaft in Geographie und räumlicher Planung. *Geographische Zeitschrift, 96, (4,* 189–206).

Kühne, O. (2008b). Kritische Geographie der Machtbeziehungen – konzeptionelle Überlegungen auf der Grundlage der Soziologie Pierre Bourdieus. *geographische revue, 10, (2,* 40–50).

Kühne, O. (2014). Das Konzept der Ökosystemdienstleistungen als Ausdruck ökologischer Kommunikation. Betrachtungen aus der Perspektive Luhmannscher Systemtheorie. *Naturschutz und Landschaftsplanung, 46,* (*1,* 17–22).

Kühne, O. (2018). Reboot „Regionale Geographie" – Ansätze einer neopragmatischen Rekonfiguration „horizontaler Geographien". *Berichte. Geographie und Landeskunde, 92,* (*2,* 101–121).

Kühne, O. (2019a). *Landscape Theories. A Brief Introduction.* Wiesbaden: Springer VS.

Kühne, O. (2019b). Sich abzeichnende theoretische Perspektiven für die Landschaftsforschung: Neopragmatismus, Akteur-Netzwerk-Theorie und Assemblage-Theorie. In O. Kühne, F. Weber, K. Berr, & C. Jenal (Eds.), *Handbuch Landschaft* (S. 153–162). Wiesbaden: Springer VS.

Kühne, O. (2019c). Sozialkonstruktivistische Landschaftstheorie. In O. Kühne, F. Weber, K. Berr, & C. Jenal (Eds.), *Handbuch Landschaft* (S. 69–79). Wiesbaden: Springer VS.

Kühne, O. (2021). *Landschaftstheorie und Landschaftspraxis. Eine Einführung aus sozialkonstruktivistischer Perspektive* (3., aktualisierte und überarbeitete Auflage). Wiesbaden: Springer VS.

Kühne, O. (2024, im Erscheinen). Phänomenologische Landschaftsforschung. In O. Kühne, F. Weber, K. Berr, & C. Jenal (Eds.), *Handbuch Landschaft* (2nd ed., in diesem Handbuch). Wiesbaden: Springer VS.

Kühne, O., & Duttmann, R. (2019). Recent Challenges of the Ecosystems Services Approach from an Interdisciplinary Point of View. *Raumforschung und Raumordnung – Spatial Research and Planning, online first.* https://doi.org/10.2478/rara-2019-0055

Kühne, O., & Jenal, C. (2021). Baton Rouge – A Neopragmatic Regional Geographic Approach. *Urban Science, 5,* (*1,* 1–17). https://doi.org/10.3390/urbansci5010017

Kühne, O., Berr, K., & Lohmann, P. (2023). *Landschaft zwischen Philosophie und Sozialwissenschaften. Eine Kritik.* Wiesbaden: Springer Fachmedien Wiesbaden GmbH; Springer VS.

Kühne, O., Berr, K., & Jenal, C. (2023). *The Closed Society and Its Ligatures – A Critique Using the Example of 'Landscape'.* Wiesbaden: Springer Fachmedien Wiesbaden GmbH; Springer.

Laclau, E., & Mouffe, C. (1985). *Hegemony and Socialist Strategy. Towards a Radical Democratic Politics.* London: Verso.

Lämmchen, R. (2023). Observing Landscape. A Systems Theoretical Approach. In L. Koegst, O. Kühne, & D. Edler (Eds.), *Multisensory Landscapes. Theories, Research fields, Methods – an Introduction* (73–89). Wiesbaden: Springer Fachmedien.

Latour, B. (1996). *Petite réflexion sur le culte moderne des dieux Faitiches.* Le Plessis-Robinson: Synthélabo groupe.

Latour, B. (1997). The Trouble with Actor-Network Theory. *Soziale Welt – Zeitschrift für Sozialwissenschaftliche Forschung, 47,* (369–381).

Latour, B., & Roßler, G. (2007 [2005]). *Eine neue Soziologie für eine neue Gesellschaft. Einführung in die Akteur-Netzwerk-Theorie.* Frankfurt (Main): Suhrkamp.

Latour, B., & Woolgar, S. (2013 [1979]). *Laboratory Life: The Construction of Scientific Facts.* Princeton, New Jersey: Princeton University Press.

Lefebvre, H. (1972). *Le droit à la ville suivi de Espace et Politique* (Points. Civilisations, vol. 52). Paris: Édition Anthropos.

Lehmann, H. (1973). Die Physiognomie der Landschaft (1950). In K. Paffen (Ed.), *Das Wesen der Landschaft* (Wege der Forschung, vol. 39, S. 39–71). Darmstadt: WBG.
Lehmann, D. (2009). Die Verdinglichung der Natur. Über das Verhältnis von Vernunft und die Unmöglichkeit der Naturbeherrschung. *Phase 2, Zeitschrift gegen die Realität, (33,* 36 Absätze). https://phase-zwei.org/hefte/artikel/die-verdinglichung-der-natur-255/. Accessed: 25 May 2021.
Leibenath, M., & Otto, A. (2013). Windräder in Wolfhagen – eine Fallstudie zur diskursiven Konstituierung von Landschaften. In M. Leibenath, S. Heiland, H. Kilper, & S. Tzschaschel (Eds.), *Wie werden Landschaften gemacht? Sozialwissenschaftliche Perspektiven auf die Konstituierung von Kulturlandschaften* (S. 205–236). Bielefeld: transcript.
Leser, H. (1991). *Landschaftsökologie. Ansatz, Modelle, Methodik, Anwendung* (UTB, vol. 521, 3., völlig neubearbeitete Auflage). Stuttgart: Ulmer.
Lorimer, H. (2005). Cultural geography: the busyness of being 'more-than-representational'. *Progress in Human Geography, 29, (1,* 83–94). https://doi.org/10.1191/0309132505ph531pr
Luhmann, N. (1984). *Soziale Systeme. Grundriß einer allgemeinen Theorie.* Frankfurt (Main): Suhrkamp.
Luhmann, N. (1986). *Ökologische Kommunikation. Kann die moderne Gesellschaft sich auf ökologische Gefährdungen einstellen?* Opladen: Westdeutscher Verlag.
Luhmann, N. (1990). *Die Wissenschaft der Gesellschaft.* Frankfurt a.M.: Suhrkamp.
Macpherson, H. (2010). Non-Representational Approaches to Body-Landscape Relations. *Geography Compass, 4, (1,* 1–13). https://doi.org/10.1111/j.1749-8198.2009.00276.x
Mattissek, A., & Wiertz, T. (2014). Materialität und Macht im Spiegel der Assemblage-Theorie: Erkundungen am Beispiel der Waldpolitik in Thailand. *Geographica Helvetica, 69, (3,* 157–169).
Mead, G. H. (1934). *Mind, Self, and Society: From the Standpoint of a Social Behaviorist.* Chicago: University of Chicago Press.
Moran, D. (2000). *Introduction To Phenomenology.* Abingdon: Routledge.
Müller, M. (2015). Assemblages and Actor-networks: Rethinking Socio-material Power, Politics and Space. *Geography Compass, 9, (1,* 27–41). https://doi.org/10.1111/gec3.12192
Müller, M. (2021). *Rorty lesen.* Wiesbaden: Springer VS.
Noske, R. (1997). *Die Sprachphilosophie Hilary Putnams.* (Zugl.: Bonn, Univ., Diss., 1996, Lang). Frankfurt am Main.
Paffen, K. (Ed.). (1973). *Das Wesen der Landschaft* (Wege der Forschung, vol. 39). Darmstadt: WBG.
Pareto, V. (1916). *Trattato di sociologia generale* (vol. 2). Milano: G. Barbèra.
Popper, K. R. (1989). *Logik der Forschung.* Tübingen: Mohr Siebeck.
Popper, K. R. (1992a). *Die offene Gesellschaft und ihre Feinde. Der Zauber Platons* (vol. 1, 7th ed., 2 vols.). Tübingen: J. C. B. Mohr (Original work published 1945).
Popper, K. R. (1992b). *Die offene Gesellschaft und ihre Feinde. Falsche Propheten – Hegel Marx und die Folgen* (vol. 2, 7th ed., 2 vols.). Tübingen: J. C. B. Mohr (Original work published 1945).
Popper, K. R. (2003[1945]). *Die offene Gesellschaft und ihre Feinde. Band 1: Der Zauber Platons* (8. Auflage). Tübingen: Mohr Siebeck.

Putnam, H. (1982). Why Reason Can't Be Naturalized. *Synthese, 52,* (*1*, 3–23). http://www.jstor.org/stable/20115757. Accessed: 23 August 2023.
Rebay-Salisbury, K. (2013). Phänomenologie und Landschaft: der menschliche Körper in Bewegung. In R. Karl, & J. Leskovar (Eds.), *Interpretierte Eisenzeiten. Fallstudien, Methoden, Theorie: Tagungsbeträge der 5. Linzer Gespräche zur interpretativen Eisenzeitarchäologie* (Studien zur Kulturgeschichte von Oberösterreich, Folge 37, S. 61–70). Linz: Oberösterreichisches Landesmuseum.
Rorty, R. (1982). *Consequences of Pragmatism. Essays: 1972–1980.* Minneapolis: University of Minnesota Press.
Rorty, R. (1997). *Contingency, irony, and solidarity* (Reprint). Cambridge: Cambridge University Press.
Sanderson, J. (Ed.). (2000). *Landscape ecology. A top-down approach* (Landscape ecology series). Boca Raton: Lewis Publ.
Schein, R. H. (1997). The Place of Landscape. A Conceptual Framework for Interpreting an American Scene. *Annals of the Association of American Geographers, 87,* (*4*, 660–680). https://doi.org/10.1111/1467-8306.00072
Schmitz, H. (1980). *Neue Phänomenologie.* Bonn: Bouvier.
Schultze, J. H. (1973). Landschaft (1966/70). In K. Paffen (Ed.), *Das Wesen der Landschaft* (Wege der Forschung, vol. 39, S. 202–222). Darmstadt: WBG.
Schulz-Schaeffer, I. (2000). Akteur-Netzwerk-Theorie: Zur Koevolution von Gesellschaft, Natur und Technik. In J. Weyer, & J. Abel (Eds.), *Soziale Netzwerke. Konzepte und Methoden der sozialwissenschaftlichen Netzwerkforschung* (Lehr- und Handbücher der Soziologie, S. 187–210). München: Oldenbourg Wissenschaftsverlag.
Schütz, A. (1960 [1932]). *Der sinnhafte Aufbau der sozialen Welt. Eine Einleitung in die Verstehende Soziologie* (2. Auflage). Wien: Julius Springer (Original work published 1932).
Schütz, A. (1971 [1962]). *Gesammelte Aufsätze 1. Das Problem der Wirklichkeit.* Den Haag: Martinus Nijhoff.
Schütz, A., & Luckmann, T. (2003 [1975]). *Strukturen der Lebenswelt.* Konstanz: UTB.
Sokolowski, R. (2000). *Introduction to phenomenology.* Cambridge: Cambridge University Press.
Stemmer, B. (2016). *Kooperative Landschaftsbewertung in der räumlichen Planung. Sozialkonstruktivistische Analyse der Landschaftswahrnehmung der Öffentlichkeit.* Wiesbaden: Springer VS.
Strüver, A. (2011). Der Konstruktivismus lernt laufen: „Doing more-than-representational geography". *Social Geography, 6,* (*1*, 1–13). https://doi.org/10.5194/sg-6-1-2011
Thrift, N. (2008). *Non-Representational Theory. Space, politics, affect* (International library of sociology). Abingdon: Routledge.
Tilley, C. (1997). *A phenomenology of landscape. Places, paths and monuments* (Explorations in anthropology). Oxford: Berg.
Tilley, C. (2005). Phenomenological Archaeology. In C. Renfrew, & P. Bahn (Eds.), *Archaeology. The Key Concepts* (Routledge key guides, S. 151–155). Abingdon: Routledge.
Tuan, Y.-F. (1989). Surface Phenomena and Aesthetic Experience. *Annals of the Association of American Geographers, 79,* (2, 233–241). https://doi.org/10.1111/j.1467-8306.1989.tb00260.x

van Assche, K. (2010). Landscape of the year, or, taking Luhmann to the marshes. Social systems theory and the analysis of ecological and cultural adaptation. *Studia Politica, 42,* (*3*, 110–132).

van Wezemael, J., & Loepfe, M. (2009). Veränderte Prozesse der Entscheidungsfindung in der Raumentwicklung. *Geographica Helvetica, 64,* (*2*, 106–118).

Vicenzotti, V. (2011). *Der »Zwischenstadt«-Diskurs. Eine Analyse zwischen Wildnis, Kulturlandschaft und Stadt.* Bielefeld: transcript.

Waterton, E. (2013). Landscape and non-representational theories. In P. Howard, I. Thompson, & E. Waterton (Eds.), *The Routledge Companion to Landscape Studies* (S. 66–75). London: Routledge.

Weber, M. (1976 [1922]). *Wirtschaft und Gesellschaft. Grundriß der verstehenden Soziologie.* Tübingen: Mohr Siebeck.

Weber, F. (2015). Diskurs – Macht – Landschaft. Potenziale der Diskurs- und Hegemonietheorie von Ernesto Laclau und Chantal Mouffe für die Landschaftsforschung. In S. Kost, & A. Schönwald (Eds.), *Landschaftswandel – Wandel von Machtstrukturen* (S. 97–112). Wiesbaden: Springer VS.

Weber, F. (2019a). ‚Landschaftskonflikte' aus poststrukturalistisch-diskurstheoretischer Perspektive. In K. Berr, & C. Jenal (Eds.), *Landschaftskonflikte* (S. 51–64). Wiesbaden: Springer VS.

Weber, F. (2019b). Diskurstheoretische Landschaftsforschung. In O. Kühne, F. Weber, K. Berr, & C. Jenal (Eds.), *Handbuch Landschaft* (S. 105–117). Wiesbaden: Springer VS.

Weber, F., & Kühne, O. (2024). Essentialistische Landschafts- und positivistische Raumforschung. In O. Kühne, F. Weber, K. Berr, & C. Jenal (Eds.), *Handbuch Landschaft* (2nd ed., S. 117–128). Wiesbaden: Springer VS.

Winchester, H. P. M., Kong, L., & Dunn, K. (2003). *Landscapes. Ways of imagining the world.* London: Routledge.

Winsky, N. (2024, im Erscheinen). Landschaft in der Assemblage-Theorie. In O. Kühne, F. Weber, K. Berr, & C. Jenal (Eds.), *Handbuch Landschaft* (2nd ed., in diesem Handbuch). Wiesbaden: Springer VS.

Wylie, J. (2007). *Landscape.* Abingdon: Routledge.

5 Der Neopragmatismus als Meta-Theorie – philosophische Grundlagen

Der Pragmatismus entstand Ende des 19. und Anfang des 20. Jahrhunderts in den Vereinigten Staaten und ist insbesondere mit den Namen Charles Sanders Peirce (1839–1914), William James (1842–1910), George Herbert Mead (1863–1931) und John Dewey (1859–1952) verbunden. Parallel zum *‚linguistic turn'* (Rorty 1992[1967]) der Sprachphilosophie war mit seiner Verbreitung – auch über die Grenzen der Vereinigten Staaten hinaus – ein *‚pragmatic turn'* (Gamm 2009) verbunden. Mit dem *‚linguistic'* und dem *‚pragmatic turn'* setzte sich dagegen ein Verständnis sprachlicher Bedeutungen durch, wonach diese in und durch Kommunikation entstehen und vergehen sowie ihren Gehalt festigen oder verstetigen können – beispielsweise „durch Konvention oder Institution […]; Begriffe leben, sie leben in der wechselseitigen Anerkennung und Gemeinschaft derer, die sie in ihren Worten gebrauchen" (Borsche 1996, S. 12). Damit setzt sich der (Neo)Pragmatismus von der analytischen Philosophie ab, die durch die Idee beherrscht wird, „ausschließlich die Naturwissenschaft beschreibe die Welt in ihrem Ansichsein und unabhängig von einer bestimmten Perspektive" (Putnam 1997, S. 8) und wendet sich der Frage der „Verbindung zwischen Sprache und Welt" (Putnam 1997, S. 8) zu.

Der Neopragmatismus weist einige Grundzüge auf, die in der Befassung mit ‚horizontalen Geographien' kaum eine Verbreitung gefunden haben. Bevor diese ausführlicher dargelegt werden, hier eine knappe Zusammenfassung, die dann dazu dienen soll, das an späterer Stelle Ausgeführte besser einordnen zu können: Im Zentrum eines neopragmatistischen Verständnisses steht die kontingente Konstitution von Welt durch eine – wiederum kontingente – Sprache. Der Bezug zu einer materiellen Welt außerhalb der Sprachspiele, in denen Deutungen über Welt erzeugt werden, ist ein kausaler, nicht ein repräsentationaler. Entsprechend sind die Sprachspielteilnehmer zwar leiblich der Welt 1 gebunden, sie sind aber nicht

O. Kühne, *Redeskriptionen horizontaler Geographien*, Regionale Geographien | Regional Geographies, https://doi.org/10.1007/978-3-031-66780-0_5

in der Lage, sie bewusstseinsintern ‚abzubilden'. Damit wird ‚Wahrheit' lediglich intersubjektiv diskursiv ausgehandelt, sie kann indes nie außerhalb der Sprache zu finden sein. Demzufolge kann Wissenschaft auch keine abschließende ‚Wahrheit' über Welt produzieren, sondern lediglich bestehendes Wissen in einer Weise redeskribieren, dass diese Redeskriptionen für die Lösung von Problemen nützlich sind. Da somit wissenschaftliches Wissen nicht stabil sein kann, muss es sich immer wieder hinterfragen und kontextualisieren. Dies vollzieht sich einerseits in einer hermeneutischen Rückbindung an die eigenen Grundlagen, andererseits an die Integration von außerwissenschaftlichen (a- und b-modalen) Perspektiven. Angesichts der Aussichtslosigkeit des Hoffens auf sicheres Wissen, erhält Ironie eine zentrale Bedeutung als Ausdruck des Bewusstseins um die Kontingenz von Gesellschaft, Selbst und Sprache – und deren Ausweitung. Kontingente Deutungen (nicht allein im wissenschaftlichen Kontext) werden insbesondere in demokratischen Gesellschaften möglich und können hier nützliche Lösungen von Problemen beitragen. Daher folgt der Neopragmatismus der im Pragmatismus angelegten Tradition einer Demokratisierung der Gesellschaft. Da – wie angesprochen – auch Gesellschaft kontingent ist, ist Demokratie nicht das Klimaxstadium gesellschaftlicher Entwicklung, sondern stets Gefahren ausgesetzt, Gefahren, die von Versuchen der Kontingenzverringerung und der Verkleinerung der Grenzen der Diskursgemeinschaft derer, die anderen Menschen mit Mitgefühl begegnen, resultiert.

Dieser zusammenfassende Ausblick hat bereits die ungefähre Struktur dieses Kapitels vorweggenommen. Ergänzt werden die Ausführungen zur Philosophie des Neopragmatismus zunächst um die Darstellung der pragmatistischen Grundlagen des Neopragmatismus sowie dessen Emergenz.

5.1 Die pragmatistischen Grundlagen des Neopragmatismus

In seinem Weg vom‚Bewusstsein zum Handeln' (Gethmann 1987) vertritt der Pragmatismus das Primat praktischer Kriterien gegenüber abstrakter Theorie (eine instruktive Einführung in die Entwicklung des Pragmatismus bietet: Bernstein 2010). Oder um es knapp auf einen Nenner zu bringen, er obliegt dem „Primat der Praxis" (Putnam 1995, S. 15). Der Pragmatismus richtet seinen Fokus auf die *Wirkungen* von Handlungen aus. Nicht interne Widerspruchsfreiheit, externe Übereinstimmung von Aussagen in Bezug auf Sachverhalte, moralische Grundsätze, sondern Brauchbarkeit, Nützlichkeit bzw. Erfolg in konkreten Kontexten werden so zum Prüfstein von ‚Wahrheit' (Joas 1988; Kühne und Berr 2021; Schubert et al. 2010; Steiner 2014a, 2014b). Die Reflexion auf den Zusammenhang zwischen Handlungen und für das Handlungssubjekt in seiner Vorstellung verknüpften relevanten Wirkungserwartungen wird in der *‚pragmatistischen Maxime'* als ‚Anleitung' zur Begriffsanalyse von Charles Sanders Peirce (2018 [1878], S. 63) deutlich: „Überlege, welche Wirkungen, die denkbarerweise praktische Bezüge haben könnten, wir dem Gegenstand unseres Begriffs in Gedanken zukommen lassen. Dann ist unser Begriff dieser Wirkungen das Ganze unseres Begriffs des Gegenstandes".

Der Pragmatismus konfundiert das ‚Wahre' als epistemologische Kategorie mit dem ‚Guten' als ethische Kategorie. Zudem reduziert er das ‚Gute' auf das ‚Nützliche', womit er eine Transformation vom Ethischen zum Evaluativen durchführt (vgl. Berr 2019; Berr und Kühne 2019; Kühne und Berr 2021). Entsprechend werden im Pragmatismus ‚Wahrheit', ‚Theorie', ‚Praxis' etc. nicht getrennt gedacht, sondern bilden „eine im Erfahrungsprozess vermittelte Einheit" (Steiner 2014a, S. 258). Im Pragmatismus werden also nur jene Überzeugungen als ‚wahr' bezeichnet, die sich als erfolgreich erwiesen haben, „Interessen, Werte und Ziele" (Barnes 2008, S. 1544) zu erfüllen. By what "truth happens to an idea. It becomes true, it is made true by events" (James 1907, S. 67). James zieht eine Analogie zwischen dem Wahren, dem Richtigen und dem Guten, was Richard Rorty (2005) in folgender Weise interpretiert: „Sobald man alles verstanden hat, was es mit der Rechtfertigung von Handlungen – einschließlich dem Begründen von Behauptungen – auf sich hat, hat man bereits alles begriffen, was es im Hinblick auf das Gute, das Richtige und die Wahrheit überhaupt zu verstehen gibt". Eine solche Auffassung wiederum hat die Folge einer Ausblendung der normativen/moralischen Bedeutung (‚gut' vs. ‚böse'; vgl. Gloy 2004). Die Bemessungsgrundlage zur Bewertung von Tauglichkeit ist für Rorty (2023, S. 62), im Anschluss an Dewey und James, utilitaristische, schließlich liefen „die einzigen moralischen oder erkenntnistheoretischen Kriterien, die wir haben oder brauchen […] letzten Endes auf die Frage hinaus, ob die Ausführungen einer Handlung oder das Vertreten von einer Überzeugung langfristig zur Vermehrung menschlichen Glücks beiträgt".

Das pragmatistische Weltverständnis blieb nicht unkritisiert: Mit der pragmatistischen Gleichsetzung von ‚Wahrheit' und ‚Erfolg' ist die Problematik verbunden, dass sich etwa auch erfolgreiche Theorien, wie das Ptolemäische Weltbild, als falsch herausstellen können. Umgekehrt können zunächst erfolglose Theorien zu einem späteren Zeitpunkt erfolgreich und etabliert sein (Gloy 2004; Zoglauer 1999), etwa die Theorie der Plattentektonik Alfred Wegeners. Darüber hinaus kommt mit der Ausrichtung auf ‚Nützlichkeit' ein Kriterium zurück, dass der Pragmatismus eigentlich externalisieren wollte: Normativität und Moral. ‚Nützlichkeit' ist an Maßstäben ausgerichtet, diese Maßstäbe wiederum implizieren, wie Bertrand Russell (1872–1970) kritisiert, ein Verständnis darüber, was ‚gut' ist, „bevor wir erkennen können, dass irgendetwas ‚wahr' ist; denn erst nachdem wir entschieden haben, dass die Wirkungen eines Glaubens gut sind, können wir ihn mit Recht als ‚wahr' bezeichnen. Dadurch wird die Sache unglaublich kompliziert" (zitiert nach Gloy 2004, S. 224).

Aus dieser Kritik wird der Bedarf der Spezifizierung der Wahrheitskriterien von ‚Nützlichkeit' und ‚Erfolg' deutlich: Nach der ‚Genetischen Wahrheitstheorie' von William James sind ‚Vorstellungen', neues Wissen oder neue ‚Überzeugungen' mit ‚alten' Vorstellungen, Wissen und Überzeugungen verbunden, was Lernen und Wissensfortschritt möglich sei. ‚Wahrheit' entwickelt sich mit ständigen Veränderungen in einem evolutionären Prozess (James 1977; siehe ausführlicher auch: Diaz-Bone und Schubert 1996). Eine andere Spezifizierung des pragmatistischen Wahrheitsbegriffs nimmt John Dewey mit seiner ‚warranted assertibility' vor (Dewey 2016; vgl. Neubert 2004): Wahrheit wird hier zeitlich einerseits zwischen bereits erarbeiteten wissenschaftlichen Methoden und Ergebnissen und andererseits in künftig entwickelten Methoden und Ergebnissen verortet. Damit unterliegt sie Revisionen bisheriger und Rechtfertigungen neuer Wahrheiten (vgl. Neubert 2004).[1] Fortschritt, nicht nur in der Wissenschaft, sondern auch in anderen gesellschaftlichen Kontexten, wird – aus pragmatistischer Perspektive, besonders deutlich bei Dewey (1917; Dewey 1998 [1929], 2016) formuliert – hier in den Worten Richard Rortys (2023, S. 62 f.) „durch die gesteigerte Bereitschaft zum Experimentieren herbeigeführt, um sie dadurch von der Last der Vergangenheit zu befreien". Entsprechend gelte es, (noch) geltende politische, wissenschaftliche, religiöse, moralische, rechtliche und philosophische Überzeugungen (im Sinne von Dahrendorf 1979 können diese häufig eine Funktion von Ligaturen entfalten; ausführlich in Kap. 7) mit Skepsis zu begegnen. Entsprechend versteht der Pragmatismus (wie später auch der Neopragmatismus) Ideen nicht als Abbilder der Welt, sondern als Werkzeuge, sich mit Welt in nützlicher Weise zu befassen, womit die Akteursperspektive eine zentrale Bedeutung erhält (Peirce 1991a; Putnam 1982). Im Pragmatismus erfolgt eine Verknüpfung von Handeln und Erkennen: „Erkenntnis ist nicht Abbildung der Welt, sondern ein Instrument zum erfolgreichen Umgang mit ihr" (Müller 2014, S. 16).

[1] Vor einem anderen wissenschaftstheoretischen, nämlich einem radikalkonstruktivistischen, Hintergrund aber mit ähnlicher Stoßrichtung wurde das Konzept der ‚Viabilität' Glasersfeld (1988), (1995) entwickelt. Das Konzept der ‚Viabilität' (Brauchbarkeit oder Gültigkeit) stellt hier einen Ersatz für eine weitergehende ‚Wahrheit' dar. Nicht ob eine Aussage ‚wahr' ist, wird gefragt, sondern ob sie gewählten Kontext zieldienlich oder anschlussfähig ist.

In dieser evolutionären Sichtweise von allgemein gesellschaftlich, in besonderer Weise wissenschaftlicher, Entwicklung wird der Einfluss Darwins Theorie über die Entstehung der Arten deutlich: So hätten die drei ‚Urväter' des Pragmatismus Peirce, James und Dewey ihr Programm nicht anhand einer repräsentationalistischen Theorie, sondern stellten das Prozesshafte in den Mittelpunkt ihrer Überlegungen (siehe dazu: Suhr 2005). Dabei wollten, so Rorty (2023, S. 65), „James und Dewey […] die Philosophie mit Darwin in Einklang bringen, indem sie das menschliche Streben nach Wahrheit und dem Guten auf die gleiche Ebene stellen wie die Aktivitäten der niedrigen Tiere, also die Entwicklung der Kultur auf die gleiche Ebene wie die biologische Evolution". Entsprechend sieht Dewey es nicht als Aufgabe der Philosophie (allgemeiner: der Wissenschaften), neue Lösungen für überkommene Probleme zu generieren, sondern sich mit den Herausforderungen der jeweiligen Gegenwart zu befassen (Dewey 1920). Entsprechend lehnt Dewey die Vorstellung entschieden ab, Menschen sollten ihre Überzeugungen und ihr Handeln an moralischen Geboten ausrichten, deren Ursprung einem übermenschlichen Wesen zugeschrieben werden, sondern der Notwendigkeit folgen, sich in Kooperation mit anderen Menschen der Lösung konkreter Probleme zu widmen (Dewey 2008[1916]). Hieraus wird die Idee der ‚Sozialität der Erkenntnis' im Pragmatismus deutlich: Nicht das zweifelnde Ich ist deren Ausgangspunkt, sondern gemeinsam handelnde Menschen (Müller 2014). Erkenntnisse werden aus Sicht des Pragmatismus allein „im Rahmen praktischer Intersubjektivität gewonnen und nicht durch individuelle und apriorische Bewusstseinsakte, denn selbst logische Schlüsse gründen […] auf einem sozialen Prinzip" (Schubert et al. 2010, S. 23). In der Denktradition des Pragmatismus unterliegt, wie gezeigt, ‚Wahrheit' stets einer konsensualen Validierung, der stets auf zurückliegend angewandten Methoden und Theorien beruht und durch neue Methoden und Theorien revidierbar ist, Wissen also nie absolut sein kann, Irrtum immer möglich ist (Fallibilismus; Peirce 1991b).[2]

[2] In der Interpretation lässt sich insofern an das Wahrheitsverständnis von Karl Popper (2002) anschließen (siehe auch Brunkhorst (2001)), da dieser davon ausgeht, Wissenschaft nähere sich in einem unabschließbaren Prozess Wahrheit an. Der Unterschied liegt in dem Anspruch der Annäherung an eine von Aushandlungsprozessen unabhängige Wahrheit (womit seine Theorie den Korrespondenztheorien zuzuordnen ist), während der Pragmatismus eine Konsenstheorie der Wahrheit vertritt (Wahrheit ist das Ergebnis von Aushandlungsprozessen). Gemeinsam ist den Pragmatikern und Popper wiederum der Grundgedanke, Wissenschaft im Besonderen, Gesellschaft im Allgemeinen (das wird in Abschn. 7.6 wieder aufgegriffen), funktioniere nach dem Prinzip von ‚Versuch und Irrtum' Kühne und Berr (2021). Wie die Pragmatiker, lehnt auch Popper die Idee der Vorherbestimmtheit oder Gesetzmäßigkeit von Geschichte (und Zukunft) ab (Popper (1965), (2011[1947]; siehe ausführlicher: Abschn. 7.1). Neben der Ablehnung teleologischen Denkens ist beiden Traditionen auch die

In der oben eingeführten Terminologie: nicht die einzelne Welt 2 generiert Erkenntnis, sondern das Zusammenspiel der Welten 2 – vor dem Hintergrund differenzierter Welten 3 – und als leibgebundene Wesen als Menschen – stets in Verbindung zu Welt 1 (was den Pragmatismus nicht zuletzt als theoretische Grundlage für die Befassung mit ‚horizontalen Geographien' eine hohe Attraktivität verleiht). Die Folge eines Ansatzes liegt entsprechend darin, dass der Maßstab für Aussagen über die Welt nicht in dieser zu finden ist, sondern in der argumentativ begründeten Zustimmung der Diskursgemeinschaft (Peirce 1991a; Schubert et al. 2010), worauf in den folgenden Abschnitten intensiver eingegangen wird.

Die Entwicklung des Pragmatismus lässt sich dabei durchaus als Reaktion auf einschneidende gesellschaftliche Ereignisse deuten: Louis Menand (2001) sieht in der Ausprägung des amerikanischen Pragmatismus eine Reaktion auf den amerikanischen Bürgerkrieg. So habe der Bürgerkrieg zu einem Vertrauensverlust in allgemeine Lösungen geführt, wie auch die Vorstellungen von universellem Fortschritt und absoluter Wahrheit untergraben. Mit dem Kriterium Nützlichkeit von Erkenntnis verändert sich auch die Zielsetzung von Philosophie, wie John Dewey (1917, S. 65) sie knapp umreißt: „philosophy recovers itself when it ceases to be a device for dealing with the problems of philosophers and becomes a method, cultivated by philosophers, for dealing with the problems of men".

Kurz gefasst: Pragmatistische Philosophie ist in ihrer Ausrichtung auf Tauglichkeit antifundamentalistisch (sie sucht nicht nach dem letzten Grund), sie verweist auf die soziale Erzeugung und Validierung von Wissen, sie schließt mit ihrem Wettbewerbsgedanken um taugliche Ideen an Darwins Theorie der Anpassung an und is „rejecting the grounding of trouth on apriori principles – human nature, natural law divine will or similar premises" (Wills und Lake 2020, S. 7). Ein solcher Wettbewerb um taugliche Ideen ist an drei Voraussetzungen gebunden: Erstens, die Voraussetzung, dass mit dem Wettbewerb die Hoffnung verknüpft ist, dass Fortschritt zu einer ‚Verbesserung' des Lebens führt. Zweitens, die Voraussetzung, dass ein Wettbewerb um taugliche Ideen überhaupt möglich und erwünscht ist (eine Voraussetzung, die die Demokratie erfüllt). Drittens, die Voraussetzung, dass überhaupt eine Pluralität an Ideen existiert, die in Wettbewerb treten können. Der Pragmatismus lehnt also die Idee einer teleologischen Gerichtetheit von Geschichte ab (wie sie etwa Marxens Historischem

---

Abgrenzung zu szientistischem Denken gemein, Traditionen, die in der Mitte des 20. Jahrhunderts in Philosophie, Soziologie, Politikwissenschaften, Humangeographie etc. zunehmend Verbreitung fanden und die Bedeutung pragmatistischen Denkens zurückdrängten Barnes (2008); Kühne und Berr (2021); Schultz (1980).

Materialismus eigen ist; ausführlicher: Barnes 2008; Kloppenberg 1996; Oehler 1977).

5.2 Die Emergenz des Neopragmatismus

Der Übergang zu *,neopragmatistischen'* Ansätzen lässt sich als Emergenz pragmatistischen Denkens verstehen. Diese integrieren einen Aspekt der Aushandlung von ,Wahrheit', der bei den Pragmatikern unterbelichtet blieb: die Sprache. Neopragmatistische Ansätze integrieren sprachtheoretische Ideen, in Teilen auch poststrukturalistisches Denken (hierauf wird im Verlauf der weiteren Ausführungen immer wieder eingegangen), in den Pragmatismus. In der Philosophie wird der neopragmatistische Ansatz insbesondere mit Richard Rorty (Rorty 1982, 1991b, 1997b), wie auch mit Hilary Putnam (Putnam 1981; 1995) oder Donald Davidson (1990; Davidson 2004), Robert Brandom (Brandom 2001, 2011a) und Richard Bernstein (1971; Bernstein 2020), verbunden. Stark vereinfacht lässt sich von einer Verbindung des Pragmatismus mit der linguistischen Wende sprechen (Baltzer 2001). Richard Rorty (2018[1994], S. 13) versteht – als ihr Protagonist – die Wende in dem Sinne, dass „die Philosophen das Thema Erfahrung fallen ließen und das Thema Sprache aufgriffen". In dem von ihm herausgegeben Sammelband ,The Linguistic Turn' (Rorty 2002) verspottet er „die philosophische Rede vom Erkenntnis*fortschritt* als blinde Rhetorik: Blind ist sie, weil sie nicht erkenne, dass die Philosophie nicht fortschrittsfähig sei, solange kein sicheres Kriterium für die Beurteilung einer befriedigenden Lösung eines philosophischen Problems gefunden sei. Rhetorik bleibt sie, weil die jeweilig vorgetragenen Argumente nur zum Ziel haben können, andere zu überreden, die eigenen Überzeugungen zu übernehmen" (Buschmeier 2023, S. 2 f.). Der Neopragmatismus wurde in Abgrenzung zu der zeitgenössischen ,analytische Philosophie' konzipiert und damit letztlich gegen das Erbe Rudolf Carnaps und des Wiener Kreises, die die Philosophie nach dem Leitbild der ,exakten Naturwissenschaften' ausrichten wollte (Neges 2023; Putnam 1997). Ziel dieser ,systematischen Philosophen' bestünde darin, ein möglichst exaktes und kohärentes Abbild von Welt zu erzeugen (Calcaterra und Kögler 2023; Rorty 1980).

Rorty erweitert in der Entwicklung seines Neopragmatismus das Denken der Klassiker des Pragmatismus um sprachphilosophische Denker: „Apart from the usual American suspects (Rorty's favourite was Dewey), they also included in his view European philosophers like Wittgenstein, Heidegger, Foucault, and Derrida" (Barnes 2008, S. 1543). Damit verfolgt er auch das Ziel, die „Kluft zwischen der ,analytischen' und ,kontinentaleuropäischen'" (Rorty 2023, S. 207)

Philosophie zu überbrücken. Dem pragmatistischen Denken folgend, lehnt der Neopragmatismus dabei den Anspruch auf vollständige – insbesondere moralisch induzierte – ‚Dekonstruktion' ab, denn so lange Dekonstruktion – Hilary Putnam (1997, S. 252) folgend – Vorurteile, Stereotype, liebgewonnene und nicht hinterfragte Überzeugungen ins Wanken zu bringen, uns auf unsere blinden Flecken aufmerksam zu machen vermag, hat sie eine produktive Funktion in Wissenschaft und Gesellschaft, wenn „die Moral der Dekonstruktion darauf hinausläuft, dass *alles* ‚dekonstruiert' werden kann, hat die Dekonstruktion keine Moral" (Hervorhebung im Original), eine Kritik, die von anderen Neopragmatisten geteilt wird, etwa, wenn Rorty (1993, S. 96) feststellt: „When philosopy has finished showing that everything is social construct, it does not help us decide which social constructs to retain and which to replace". Hierbei wiederum werden Maßstäbe der Bewertung benötigt, die wiederum (häufig) moralische sind. Moral – wie auch Gesetz – hat für Pragmatisten (wie Neopragmatisten) eine Funktion der Regelung des Zusammenlebens, beide „kommen zum Einsatz, wenn sich Meinungsverschiedenheiten einstellen. Wir erfinden Moral und Gesetz, sobald es nicht mehr angeht, einfach das Selbstverständliche zu tun, sobald die Routine nicht mehr gut genug ist, sobald Gewohnheit und Brauchtum nicht mehr ausreichen" (Rorty 2018[1994], S. 69; eine umfassendere Auseinandersetzung mit den konstruktiven und destruktiven Wirkungen von Moral erfolgt im Kontext mit dem Thema ‚Lebenschancen' in Abschn. 7.3).

Der Neopragmatismus lehnt Auffassungen universeller Wahrheit und Vorstellungen von einer unumstößlichen Objektivität, die als Prüfstein für Theorien dienen könnte, ab (Rorty 1997b). Dieses ‚absolute Konzept' von Wahrheit sei nutzlos, da nicht einzulösen (Rorty 2007), wie im Folgenden darzulegen sein wird. Damit wird der Anschluss an den Pragmatismus deutlich. Bereits die Pragmatisten waren davon überzeugt, es gäbe kein ‚eigentliches Sosein der Dinge'. Pragmatisten wie Neopragmatisten verfolgen das Ziel, „die Unterscheidung zwischen Erscheinung und Realität durch die Unterscheidung zwischen mehr oder minder nutzbringenden Beschreibungen der Welt und unserer selbst" (Rorty 2018[1994], S. 16) zu ersetzen. Dies hat nicht zuletzt die Folge, die Frage für sinnlos zu halten, „ob die Wirklichkeit in letzter Instanz geistig oder materiell ist" (Rorty 2001c, S. 103). Als Konsequenz daraus ersetzt Richard Rorty (1982; 1997b) den Begriff der ‚Wahrheit' durch jenen der ‚Redeskription'. Wobei Rorty (1980, S. 385) unter Beschreibung „dealing with reality (describing, explaining, predicting, and modifying it" versteht. Der Begriff der Redeskription verdeutlicht einerseits die Berücksichtigung der faktischen Kontingenz des Lebens des Menschen, andererseits verweist er auf die zentrale Bedeutung der Sprache bei der Konstruktion von Welten, denn für Rorty „gibt es keine Möglichkeit, die Realität (was auch immer das sei) ohne die Vermittlung einer sprachlichen Beschreibung zu erfassen“ (Baltzer 2001, S. 26), denn für Rorty sind „weder die Naturerkenntnis noch die Überzeugungen, die moralische oder soziale Sachverhalte betreffen, [...] ein Abbild einer vorgegebenen Realität“ (Baltzer 2001, S. 27). Anstelle einer ‚objektiven Wahrheit‘ erkennt der Neopragmatismus pluralistische Weltauffassungen wie auch Kontingenz an. Dies ergibt sich nicht zuletzt aus der weiter vorne (Abschn. 3.1) ausgeführten Vorstellung der Pluralität der Welten 2, mit der Konsequenz: Es gibt nicht nur eine (wie der Essentialismus unterstellt, in Teilen auch der Positivismus) „nur eine einzige ‚richtige‘ Version der Welt, sondern eine ganze Anzahl ‚richtiger Versionen‘“ (Putnam 1997, S. 143). Der Verlust außersprachlicher Referenz bedeutet: „Rorty's contention here is competing descriptions of the world are, argumentatively, all we have“ (Calder 2003, S. 11). Entsprechend lehnt eine neopragmatistische Perspektive auch den Begriff der ‚Entdeckung‘ ab und ersetzt ihn durch den der ‚Erfindung‘, womit eine nominalistische Weltsicht deutlich wird (Rorty 1991b, 1997b, 2001c, 2023). Entsprechend wird ‚Wahrheit‘ nicht gefunden, sondern gemacht. Dies bedeutet nicht, dass es für Rorty keine ‚Welt da draußen‘ gäbe (etwa die Welt 1). Vielmehr besteht zwischen dieser Welt und der Welt der Deskriptionen ein grundlegender Unterschied, allein diese Beschreibungen können ‚richtig oder falsch‘ (in bestimmten Kontexten) sein (Rorty 1997b). Von diesen Beschreibungen bleibt indes ‚die Welt da draußen‘ unberührt (siehe ausführlicher: Tautz 2023). Auf das pragmatistische ‚Primat der Praxis‘ zurückgreifend, versteht Rorty das Verhältnis von Menschen zu Welt (in allen Ebenen), „nicht in repräsentationaler, sondern in kausaler Weise. Die Welt kann Ursache dafür sein, dass wir, sobald wir eine Sprache sprechen, zu bestimmten Überzeugungen gelangen. Diese werden als Reaktion auf die kausalen Stimuli der Welt entwickelt, um in ihr erfolgreich handeln zu können“ (Heindl 2023, S. 10). Diese kausalen Stimuli der Umwelt werden in Anschluss an die Evolutionstheorie Darwins gedeutet, wobei sich diese nicht allein auf natürliche Prozesse beziehen, denn genau „wie der rohe Druck der Umwelt zu diversen aufeinanderfolgenden Stadien der biologischen Evolution geführt hat, so hat er auch die sukzessiven Stadien der kulturellen Evolution herbeigeführt“ (Rorty 2003, S. 215).

Differenzen wie Lüge und Wahrheit oder Schein und Wirklichkeit werden bei Rorty durch die Unterscheidung von nützlichen und weniger nützlichen Redeweisen ersetzt (etwa: Rorty 2003; 2018[1994]). Hier folgt er einerseits Charles Darwin, indem er weniger die Erkenntnis der Realität, sondern die Anpassung an diese ins Zentrum der Auseinandersetzung mit Welt rückt, andererseits greift er auf einen von Dewey geprägten Instrumentalismus zurück, gemäß dem Ideen als Instrumente oder Werkzeuge zu verstehen seien, mit denen sich Menschen die Welt erschlössen, um Probleme zu lösen (Dewey 1996; Rorty 2001b; eine Denkfigur die sich ebenfalls bei Karl Popper (1996) findet (vgl. auch Hagendorff 2011). Entsprechend fasst Rorty die Antwort auf die Frage ‚nützlich wozu' knapp: „Nützlich zur Schaffung einer besseren Zukunft" (Rorty 2018[1994], S. 16). Diese Antwort, wie auch die Antwort nach der Frage, was besser sei, nämlich, dass die Zukunft mehr Gutes und weniger Schlechtes enthalten solle, lässt sich als verschwommen wie nutzlos bezeichnen. Der Grund hierfür liegt darin, dass Pragmatisten wie Neopragmatisten nicht „darauf hoffen, die Zukunft werde einem Plan entsprechen und eine immanente Teleologie zur Erfüllung bringen, sondern die Hoffnung hegen, die Zukunft werde Verwunderung und Freude bringen" (Rorty 2018[1994], S. 16). Hier wird ein Unterschied zwischen Rorty und Dewey deutlich: Zwar betonen beide das Primat des Praktischen, in denen darum geht, „konkrete Lösungen eines Problems in der jeweiligen historischen Situation zu suchen und die aktive Handlung gegenüber Kontemplation und Reflexion vorzuziehen" (Schulenberg 2021, S. 31), jedoch ist für Rorty „die Ausrichtung auf das Zukünftige der entscheidende Aspekt" (Schulenberg 2021, S. 31).

5.3 Post-Repräsentationalismus als Grundlage neopragmatistischen Denkens

Repräsentation ist – so (Brandom 2023, S. 17) – „der Grundbegriff der Erkenntnistheorie der Aufklärung", der das Denken, insbesondere in den Wissenschaften, in der Beziehung zwischen Geist und Welt geprägt habe. Die auf Spinoza zurückgehende Vorstellung vom Geist als dem Spiegel der Natur geht von der Annahme aus, die Ordnung und die Verbindung im Bereich der Dinge entspreche jener Ordnung der Verbindung im Bereich der Ideen, schließlich seien diese Modi derselben ‚Substanz'. Erkenntnisfortschritt gemäß dieser Vorstellung bedeutet also die Beseitigung von Unkenntnis. Ziel sei also, die Naturspiegelung zu vervollkommnen. Diese Vervollkommnung der Naturspiegelung bedeutete dabei nichts anderes als eine Annäherung des endlichen und unvollkommenen Geistes des Menschen an den unendlichen und vollkommenen Geist Gottes (Brandom 2023). Descartes befreite sich von der Vorstellung eines gemeinsamen ‚Wesens' von Gespiegeltem und Spiegelndem, indem er den Begriff der Repräsentation einführt. Welt und Geist sind nun nicht mehr von derselben Substanz, sie sind vielmehr voneinander getrennt und der Geist ist bemüht, die Welt (in zumeist abstrahierter Weise) abzubilden. Diese der Trennung von Geist und Materie, durch Descartes, aber auch Kant paradigmatisch gewordene, Position unterzieht Rorty insbesondere in ‚Philosophy and the Mirror of Natur' (Rorty 1980), aber auch in

‚Consequences of Pragmatism‘ (Rorty 1982), einer grundlegenden Kritik. Zwar erwies sich diese Trennung als sehr produktiv in Bezug auf die Ordnung der Welt, doch war das abstrakte Modell mit einem hohen Preis verbunden: „Der Verzicht auf die Forderung, repräsentierende Erscheinungen sollten die gleichen Eigenschaften haben wie die von ihnen repräsentierte Realität und dieser insofern ähnlich sein, treibt einen Keil zwischen Erscheinung und Wirklichkeit“ (Brandom 2023, S. 20). Die Kritik am Repräsentationsmodell basiert im Neopragmatismus – wie bei anderen Sprachphilosophien auch – auf der Unhintergehbarkeit der Sprache, schließlich gibt es keine Möglichkeit, zwischen Sprache und Gegenstand zu treten, was bedeutet, dass es für das nach Erkenntnis suchende Subjekt unmöglich ist, zwischen Sprache und Wirklichkeit zu treten (Rorty 1991a). Insofern sind Sprache und Wirklichkeit immer in einer Intensität miteinander verwoben, „um eine reine Wirklichkeit aus unserer Rede herausdestillieren zu können“ (Müller 2014, S. 53), wodurch letztlich auch so genannte Fakten bereits von Sprache und sprachlich gefasster Theorie getränkt sind, schließlich ist es unmöglich, „von einer unbeschriebenen, sprachlich unvermittelten Welt sinnvoll [zu] sprechen“ (Kronenberg 2014, S. 104). Dies bedeutet nicht, es gäbe außerhalb von Welt 2 keine Welt. Die Existenz einer ‚Welt da draußen‘ wird von Rorty nicht bestritten, sondern lediglich, dass die ‚Wahrheit‘ in dieser Welt zu finden ist (Rorty 1997b).[3]

Die repräsentationalistische Weltsicht ist darüber hinaus mit weiteren Problemen behaftet, so ist die Repräsentation nicht voraussetzungslos, denn sie ignoriert die – wie schon in den Ausführungen zum Sozialkonstruktivismus (siehe Kap. 4) deutlich gewordenen – sozialen Voraussetzungen von Wissen über Welt. Dies hat auch zur Konsequenz, dass Repräsentation kein singuläres Erkennen darstellt, sondern stets in Relation zu anderen Repräsentationen ist. Dies macht Repräsentationen wiederum anfällig für die unhinterfragte Akzeptanz von Autoritäten. Darüber hinaus bevorzugt der Repräsentationalismus die Bedeutung gegenüber dem Gebrauch – oder, wie es Brandom (2023, S. 29) ausdrückt: „die Begünstigung der Semantik gegenüber der Pragmatik“. Dies wiederum hat auch weitreichende Folgen für den Einsatz von Methoden. Prinzipiell steht Rorty dem Einsatz von Methode (in der Philosophie) kritisch gegenüber, wobei er sich auch von Dewey distanziert (Rorty 1999, S. xxi): „Dewey, it is true, talked a lot about bringing ‚scientific method‘ into philosophy, but he never was able to explain what this method was, nor what it was supposed to add to the virtues

[3] Eine solche Position ist bereits bei Hegel (1994 [1827/28] angelegt, auf den sich Rorty immer wieder (zustimmend) bezieht, der eine weltleugnende Position als einen ‚albernen‘ Idealismus der modernen Zeit bezeichnet.

of curiosity, open-mindedness and conversability“. In einer repräsationalistischen Wissenschaft werden Methoden mit dem Ziel eingesetzt, eine möglichst exakte ‚Repräsentation der Realität‘ zu erzeugen (siehe u. a. Kühne und Berr 2022; Seiffert 1996). Ein solcher Anspruch kann in einem anti-repräsentationalistischen Verständnis von Wissenschaft nicht formuliert werden: Methoden und die durch sie gewonnenen Daten können jeweils nur in einem bestimmten Vokabular Gültigkeit haben (Rorty 1991b; zum Begriff des Vokabulars siehe ausführlicher Abschn. 5.4). Im Fokus Rortys Methodenkritik steht dabei nicht der Gebrauch von Methoden schlechthin, sondern das Vertrauen auf eine einzige Methode (Kremer 2023).

Auch wenn die Welt 1 (wie auch die Welten 2 und 3, die aber im Folgenden nicht im Fokus stehen), nicht repräsentational in Welt 2 und 3 abgebildet werden kann, bedeutet dies nicht, dass Rorty die Welt 1 nicht für ‚real‘ hält: „Thus Rorty arguably be described as an ontological realist – he belives that there is a real, material world prior to the ways in which we happen to describe it – who is a epistemological nominalist: we can only know what this world is like under a description“ (Calder 2003, S. 37). Diese Beschreibung erscheint vor dem Hintergrund der Ontologie-Skepsis von Rorty durchaus pointiert, allerdings lässt sie sich insofern in der Form als nachvollziehbar verstehen, wie Rorty die materielle Welt als gegeben voraussetzt. Damit ist festzustellen: „Pragmatists wholeheartly accept ‚the brute inhumane, causal stubbornness‘ of physical reality“ (Calder 2003, S. 38). Diese Starrköpfigkeit ist indes nicht intentional, sie liegt nicht,im Wesen‘ des materiellen Objektes der Welt 1: „The object can, given a prior agreement on a language game, cause us to hold beliefs, but it cannot suggest beliefs for us to hold. It can only do things with our practices will react with preprogrammed changes and beliefs“ (Rorty 1991b, S. 84). Menschen sind also der Welt 1 nicht willenlos ausgeliefert, sondern sind in der Lage, sie zu beschreiben, ihr einen Sinn zu geben – und mit ihrer Unerbittlichkeit umzugehen (siehe dazu ausführlicher: Kronenberg 2023; mehr zu dieser Auseinandersetzung von Welt 2 mit Welt 1, 3 und anderen Welten 2 siehe den Kontext der Befassung mit Lebenschancen in Abschn. 7.3).

Insgesamt lässt sich die Kritik des Repräsentationalismus – in der oben eingeführten Terminologie der Theorie der drei Welten – als eine Erweiterung der Befassung von der Relation von Welt 2 zu Welt 1 um die Relation zwischen Welt 2 und Welt 3 auffassen, nicht zuletzt aber auch um die Erweiterung der Relationen zwischen Welt 1-vermittelten unterschiedlichen Welten 2. Insofern wird eine neopragmatistische Befassung mit Welt um eine sozialwissenschaftliche Perspektive ergänzt.

Die Konsequenzen der Einbindung von Welt 3, aber auch anderer Welten 2 in ein ‚post-repräsentationales' Verständnis ist mit einer Bedeutungszunahme an Verantwortung verbunden. Diese äußern sich zunächst in Erweiterung der „normative[n] Beziehungen der Autorität des Repräsentierten über die Repräsentierungen" zu einer „entsprechende[n] Verantwortung der Repräsentierungen gegenüber dem Repräsentierten" (Brandom 2023, S. 23). Dies bedeutet aber auch nicht zuletzt eine Verantwortung der Wirkung von (kommunizierten) Repräsentationen gegenüber der Welt 3, anderen Welten 2 sowie – bei leiblicher Vermittlung – auch in Bezug auf Welt 1. In der Konsequenz fordert Rorty also eine Abwendung von dem cartesianischen Verständnis individualistischen Erlebens (von Welt 1 durch Welt 2), zugunsten einer prozesshaften, in Welt 1 wie auch Welt 3 sowie anderen Welten 2 kontextualisierten Erfahrung (im Sinne Hegels; Rorty 2023).

5.4 Die konstitutive Bedeutung von Sprache im neopragmatistischen Forschungsprogramm – und ihre hermeneutischen Konsequenzen

Die konstitutive Bedeutung von Sprache für die Erzeugung von Welt wurde bereits im Vorangegangenen deutlich. Wirklichkeit entsteht dabei über die Interpretation eines anderen Sprechers. Die entstehende Wirklichkeit ist ein Nebenprodukt einer gemeinsamen – sprachgebundenen – Interpretation von Welt. Individuelle Gedanken basieren entsprechend stets auf einer sozialen Grundlage (Davidson 2004; Müller 2014), wie auch in Kap. 3 dargelegt wurde: Welt 2 ist konstitutiv an Welt 3 gebunden. Daraus folgt auch, dass die „Idee von Sprache als dem Medium der Erkenntnis und auch dem Ursprung apriorischen Wissens fallen gelassen werden" (Müller 2014, S. 63) muss. Sprachliche Zeichen korrespondieren nicht mit Gegenständen. Vielmehr wird, wie Putnam (1990c, S. 78) deutlich macht, wenn ein Zeichen „auf bestimmte Weise von Zeichenbenutzern verwendet wird", durch diese Zeichenbenutzer Zeichen als Entsprechung zu Gegenständen angesehen. Statt als Medium der Abbildung einer äußeren oder inneren Realität wird Sprache – diesem Verständnis folgend – als Werkzeug verstanden (Müller 2014; Rorty 1991a). Sprache ist dabei „das spezifische Werkzeug der Spezies Mensch" (Müller 2014, S. 105), das sich allerdings in einem Punkt von anderen Werkzeugen unterscheidet: Es ist nicht auf einen bestimmten Zweck hin konstruiert, dem es dann dient, sondern sie entwickelt sich und ermöglicht neue Weltbeschreibungen, die aus sich heraus neue Zwecksetzungen generieren (Kronenberg 2014; Rorty 1997b). Mit diesem Instrumentalismus erfolgt eine Übertragung des „Utilitarismus von der Moral auf die Erkenntnistheorie. Nicht die Repräsentation der Wirklichkeit, sondern die im Problemlösen bewiesene Nützlichkeit wird zum alleinigen Maßstab und Ziel des Erkennens" (Müller 2023, S. 5). Bei der Befassung mit Sprache als Werkzeug, sollte – worauf Putnam (1990a, S. 44) hinweist – ihre Komplexität bewusstwerden: „Es gibt Werkzeuge wie Scheren oder Schraubenzieher, die von einer Person benutzt werden können; und es gibt Werkzeuge wie Dampfschiffe, zu deren Bedienung es der Kooperation mehrerer Personen bedarf. Zu fest klebte man an der Vorstellung, Wörter funktionierten wie Werkzeuge der ersten Sorte".

Sprache wird als eine Geschichte von Metaphern verstanden, die weder auf einen Zweck ausgerichtet ist, noch ein Medium darstellt, Sprache ist vielmehr abhängig von Vokabularen, die aus anderen Vokabularen entstanden sind, sich gegen andere Vokabulare durchgesetzt haben und ihrerseits (mit größter Wahrscheinlichkeit) durch andere Vokabulare ersetzt werden (Rorty 1997b, 1998). Als Vokabulare fasst Rorty (1991b) in Weiterentwicklung des Begriffs der Sprachspiele Wittgensteins (Wittgenstein 1953; siehe hierzu ausführlicher: Buschmeier 2023; Huetter-Almerigi und Ramberg 2023). Dem liegt die Überzeugung zugrunde, „dass Wörter ihre Bedeutung aus ihrem Gebrauch im Zusammenhang mit anderen Wörtern erhalten" (Buschmeier 2023, S. 3). Von diesem Ausgangspunkt entwickelt er ein Verständnis sozialer Praxen, wodurch Wörter nicht mehr als Medium, sondern als Werkzeug verstanden werden. Im Vergleich zu Wittgenstein gewinnt bei Rorty also der Aspekt der sozialen Sprachpraxis eine zentrale Bedeutung (wobei Rorty verschiedentlich die Begriffe Sprachspiel und Vokabular synonym verwendet): In seinem linguistischen Nominalismus „resultieren alle vermeintlichen Wesenheiten und Notwendigkeiten nur aus dem Handlungskontext von Diskursen" (Müller 2023, S. 6). Vokabulare sind entsprechend gemeinsamen Plattformen sozialer Rechtfertigungspraxis. Rechtfertigung wiederum wird stets auf den Kontext des Vokabulars einer konkreten Sprachgemeinschaft bezogen (Müller 2021). Im Akt der Rechtfertigung greift der Sprecher „auf ein Netzwerk aus Überzeugungen zurück, das sich im kommunikativen Prozess der Zustimmung und des Widerspruchs, der Rechtfertigung und Korrektur von Überzeugungen herausbildet und nicht durch eine Introspektion, die auf ein anscheinend vorgesellschaftliches Wissensfundament im Subjekt stößt" (Kronenberg 2014, S. 46 f.). In anderen Worten: Welt 2 ist konstitutiv in das Gewebe der Welt 3 eingeflochten und kann sich diesem nicht entziehen.

‚Wahrheit' vollzieht sich in Sprachgemeinschaften und ist auf nichts außerhalb des Vokabulars bezogen: „Da Wahrheit eine Eigenschaft von Sätzen ist, da die Existenz von Sätzen abhängig von Vokabularen ist und da Vokabulare von Menschen gemacht werden, gilt dasselbe von Wahrheiten" (Rorty 1989, S. 49), sie sind also nichts anderes als innerhalb bestimmter Sprachspiele akzeptierte Rechtfertigungen (Rorty 1999, 2003). An die Stelle der Suche nach dem ‚Wesen' von einem Etwas (Natur, Geist, Selbst, Volk, Landschaft etc.) tritt die Befassung mit der Frage, wie sich Vokabulare in den Praktiken von Sprechenden historisch entwickeln. Diese Praktiken fußen auf der Identifikation von Unterschieden. Die spezifische Identifikation von Unterschieden sind einerseits konstitutiv für die unterschiedlichen Vokabulare, sind andererseits aber auch veränderlich (und somit kontingent; vgl. Kronenberg 2014). Werden Unterscheidungen in Relation zueinander gesetzt, entstehen Ordnungen. Mit dem sprachtheoretisch ausgerichteten Pragmatismus wird es entsprechend möglich, „dass Geordnet-Sein einfach sprachliches Beschrieben-Werden bedeutet" (Rorty 2001c, S. 106). Um dies zu verdeutlichen: Ordnung erwächst nicht aus der Welt (insbesondere Welt 1), sondern entsteht durch die sprachliche Befassung mit ‚Welt' (ist also ein Ergebnis der Interaktion der Welten 2 und 3): „Jedes beschreibende Vokabular, das umfassend genug ist, eine Menge von Dingen zu verbinden, über die wir sprechen, mit einer Menge anderer solcher Dinge zu verbinden, wird die Beschreibung eines geordneten Universums produzieren" (Rorty 2001c, S. 106).

Da ‚Wahrheit' allein jeweils innerhalb eines Vokabulars gilt, nicht in Bezug auf die Repräsentation einer äußeren ‚Wahrheit', erfolgt die Auswahl eines Vokabulars nicht anhand dieses Kriteriums, sondern, ob es sich besser zum Zwecke der Problemlösung eignet als ein anderes (Rorty 1991b). An dieser Stelle wird die Emergenz des Neopragmatismus in Bezug auf den Pragmatismus deutlich: Während der Ansatz ‚Wahrheit' durch ‚Rechtfertigung' zu ersetzen auf John Dewey zurückgeht, wird dieser durch die Bindung an Vokabulare sprachtheoretisch gewendet. Hier besteht ein zentraler Unterschied zwischen Rorty und den ‚gemäßigten' Neopragmatisten, wie Hilary Putnam, die mit der Zurückweise der Korrespondenztheorie der Wahrheit nicht das Konzept der Wahrheit in Gänze zurückweisen, wie eben Rorty mit seiner Ersetzung von Wahrheit durch Rechtfertigung (Levine 2023). Ein Unterschied zwischen Wahrheit und Rechtfertigung besteht – Rorty (2023, S. 141) zufolge – in dem, „was man als etwas Bestimmtes erkennen kann und dem, was man nicht als solches erkennen kann". Vokabulare sind begrenzte Bedeutungskontexte: „Deshalb existieren diese Vokabulare wie abgetrennte Kammern in ihrem imaginären Raum. Wählt man eine phänomenologische Lesart so erscheinen Rortys Vokabulare lediglich als relationale Beschreibungen von Erfahrungen innerhalb verschiedener Kontexte" (Weber 2023, S. 7; siehe auch: Bridge 2020). Vokabulare sind auch zeitlich begrenzt: Denn Vokabulare sind nicht stabil, sie verändern sich durch ihren Gebrauch, denn im Gebrauch werden neue Behauptungen aufgestellt, neue Schlüsse erprobt

(Brandom 2011b). Sich transformierende Vokabulare ermöglichen neue Perspektiven, neue Selbstbeschreibungen, sie ermöglichen „uns neue Dinge tun und neue Dinge werden zu lassen, Dinge, die zu tun oder zu werden uns nicht hätten träumen lassen, bevor wir das Vokabular, das uns dies ermöglichte, entwickelten und benutzen" (Ramberg 2011, S. 103 f.). Der Übergang von ‚Wahrheit' zu ‚Rechtfertigung' weist dabei nur einen geringen forschungspraktischen Unterschied auf: Schließlich sind die Bewertung von ‚Wahrheit' und die Bewertung einer Rechtfertigung Tätigkeiten, die nahezu identisch sind (Rorty 2003). Dies bedeutet nicht, dass Aussagen über die Welt außerhalb des Vokabulars nicht ‚wahr' sein können, sofern die Ursache für eine Überzeugung zurecht angenommen wird (Rorty 1997b) – was indes nicht nachzuweisen ist, da Vokabulare außerhalb ihrer keine Wahrheitsaussagen machen können. Je komplexer Aussagen – und darauf wird noch ausführlicher einzugehen sein (in Abschn. 6.1) – sind, die „zu einem Begriffssystem von einander abhängiger Aussagen (Inferenz) ausgebaut werden, desto mehr sollte man diese Systeme als Sprachvokabulare sehen, die starke Interpretationen der Welt vorschlagen und um Zustimmung erst werben müssen" (Buschmeier 2023, S. 12). Knapp zusammengefasst, bedeutet der diskursive Wahrheitsbegriff Rortys: „An die Stelle Wissens der Wahrheit als eines universell gültigen und daher unkorrigierbaren Wissens tritt die gerechtfertigte Überzeugung in Gestalt korrigierbarer Aussagen" (Kronenberg 2014, S. 109).

Die konstitutive Bedeutung in der Entwicklung von Vokabularen haben Metaphern, schließlich versteht er „ein Vokabular [...] als ein Bündel von Metaphern, welche wir uns zu eigen gemacht haben" (MacInyre 2011, S. 47). Rorty versteht unter Metaphern „unvertraute Verwendungen alter Worte" (Rorty 1989, S. 80), wobei die Verwendung „nur vor dem Hintergrund anderer alter Worte möglich [ist], die weiter in vertrauter Weise gebraucht werden" (Rorty 1989, S. 80). Das Selbst, das sich auf Grundlage einer solchen kontingenten Sprachgrundlage erzeugt, kann kaum eine Identität in klassischem Verständnis entwickeln, sondern es ist sich der Kontextabhängigkeit seiner sprachlichen Grundlagen bewusst, aber auch einer sozialen, in denen Wahrheit, Pflicht und Rationalität ihre allgemeingültige Normativität eingebüßt haben und durch ein Vokabular ersetzt wurden, „das um Vorstellungen von Metapher und Selbsterschaffung kreist" (Rorty 1989, S. 85). Wobei das Bewusstsein der Kontingenz des Gemeinwesens auch die Illusion der Letztbegründung von Demokratie zerschlagen hat, die letztlich auch das kontingente (wahrscheinlich) vorläufige Ergebnis der Kulturgeschichte ist (Rorty 1989). Der Mensch ist diesem Verständnis nach ein vollständig historisches Geschöpf, ohne a-historischen Kern, ohne Identität, jenseits derer, die er sich schafft (Rorty 1997b). Entsprechend besitzt der Mensch „nichts Spezifisches, was ihm nicht einsozialisiert worden wäre" (Müller 2014, S. 407). Dies gilt insbesondere für die Sprache, mit der wir in die Lage versetzt sind, Bedürfnisse, Wünsche und Hoffnungen zu kommunizieren. Hineingeboren wird der Mensch in eine bestimmte Sprachkultur, die wiederum durch die Nutzung der Sprache aktualisiert wird. Durch die Sprachkultur wird nicht zuletzt unsere Weltsicht bestimmt (Rorty 1997b). Dabei können wir „nicht von einem höheren objektiven Standpunkt aus entscheiden, welches Sprachspiel wir spielen" (Müller 2014, S. 407). An dieser Stelle wird die Bedeutung von Sprache für das in Kap. 3 beschriebene Verhältnis von Welt 3 und Welt 2 deutlich: Die kulturellen Gehalte der Welt 3 werden sprachlich in Welt 2 sozialisiert, Welt 2 ist – im Zusammenspiel mit anderen Welten 2 – sprachlich in der Lage, Welt 3 zu aktualisieren, durch Neukontextualisierung innovativ darauf einzuwirken. Was an dieser Stelle nicht außer Acht gelassen werden sollte: all dies vollzieht sich unter Vermittlung von Welt 1, denn jede sprachliche Äußerung, ob mündlich oder schriftlich, erfolgt über den Weg der Welt 1 (ob über Schallwellen in der Luft, auf Papier oder in elektronischen technischen Apparaten).

Die Gesellschaft gliedert sich dabei in zahlreiche „wechselseitig misstrauische (und *nicht:* unverständliche) Gemeinschaften der Rechtfertigung" (Rorty 2023, S. 178; Hervorhebung im Original). Die Entstehung dieser unterschiedlichen Vokabulare lässt sich als „Phänomen sprachlicher Arbeitsteilung" (Putnam 1990a, S. 43) verstehen: Innerhalb einer Sprache erfordert eine zunehmende Komplexität dessen, was sprachlich erzeugt werden kann, eine Differenzierung, mit der Folge, dass die mit bestimmten „Ausdrücken verknüpften Kriterien" (Putnam 1990a, S. 43) nur einer gesellschaftlichen Teilmenge bekannt ist und auch praktiziert wird (besonders deutlich wird dies in c-modalen Vokabularen). Die unterschiedlichen Sprachgemeinschaften haben spezifische Mindestanforderungen zur Teilnahme „in syntaktischer wie in semantischer Hinsicht" (Putnam 1990a, S. 73). So kann in einer Sprachgemeinschaft vorausgesetzt werden, zwischen Baggern und Schaufelladern unterscheiden zu können, in einer anderen, das Verhältnis zwischen Diskurstheorie und Poststrukturalismus bestimmen zu können, in einer weiteren, die Bedingungen der Entwicklung von Syrosem zu Ranker sprachlich fassen zu können. Häufig sind mit denselben Worten in anderen Sprachgemeinschaften auch andere begriffliche Konnotationen verbunden, so sind diese in Bezug auf das Wort ‚Freiheit' in einem liberalen, konservativen, faschistischen oder kommunistischen Sprachspiel völlig verschieden (Kühne et al. 2023).

Eine Verständigung zwischen den Sprachgemeinschaften ist möglich, wenn Schnittmengen in Bezug auf zentrale Deutungen, Wertungen und Kategorisierungen ausreichend groß sind. Die bedeutende Quelle von Konflikten zwischen

Diskursgemeinschaften liegt – so Rorty (2023, S. 178) – darin, „dass ich keinen Grund habe, meine Überzeugungen gegenüber dem anderen zu rechtfertigen, und keinen Grund habe, herauszufinden, welches die Überzeugungen des anderen sein mögen, denn dieser andere ist ein Ungläubiger, ein Ausländer, eine Frau, ein Kind, ein Sklave, ein Perverser oder ein Unberührbarer". Diskursgemeinschaften neigen also dazu, Menschen aufgrund bestimmter Deutungen, Wertungen und Kategorisierungen auszuschließen. Mehr noch: „Der andere ‚gehört nicht zu uns', er gehört nicht zu den *echten* Menschen, den *paradigmatischen* Menschen, also zu denen, die in Hinblick auf ihre Person und ihre Meinungen mit Respekt zu behandeln sind" (Rorty 2023, S. 178 f.; Hervorhebungen im Original; dieses Thema wird hinsichtlich seiner Wirkungen auf die Entwicklung von Konflikten in Abschn. 7.4 intensiver aufgegriffen).

Diesen distinktiven Abgrenzungsbemühungen zum Trotz, besteht die grundsätzliche Möglichkeit der ‚Übersetzung' zwischen unterschiedlichen Vokabularen. Diese Übersetzung ist letztlich dadurch möglich, dass die unterschiedlichen Vokabulare, so elaboriert sie auch sein mögen, auf alltagsweltlicher Sprache fußen, auf der jedes ‚Vorverständnis' der Welt fußt (Putnam 1990a). Dies wiederum hat – aus (neo)pragmatistischer Perspektive – auch zur Folge, „that any normative matter of epistemic authority or privilege – even the sort of authority exercised on what we say by what we talk about – is ultimately intelligible only in terms of social practices that involve implicitly recognizing or acknowledging such authority" (Brandom 2000b, S. 159). Insofern ermöglicht die Rückführung auf b-modale Stereotypen (aber auch a-modales Erleben) einerseits die Übersetzung zwischen unterschiedlichen c-modalen Vokabularen (bzw. Forschungsprogrammen oder Theorien), andererseits aber auch bietet die Rückführung auf die alltagsweltliche Sprache einen ‚Wechsel' von einer theoretischen Grundposition in eine andere. Dies wiederum lässt sich als ein Beitrag zur hermeneutischen Rückbindung von Wissenschaft an die Alltagswelt und deren erneute Re-Theoretisierung verstehen (im Sinne der Übersetzung von c-modalen Theorien in alltagsweltliche Sprache und deren erneute Übersetzung in eine andere c-modales Vokabular). Der hermeneutische Zugriff beschränkt sich dabei nicht auf sozial- und geisteswissenschaftliche Zugänge zu Welt, sondern auch naturwissenschaftliche – schließlich basieren diese Beschreibungen von Welt auf Sprache (Rorty 1980). Die hermeneutische Perspektive versteht Rorty als eine Art von „Befreiung vom epistemologischen Begründungsfundamentalismus ein, die einen szientistischen Realismus durch eine kulturell offene und an Innovation, Kreativität und Transformation interessierte Weltsicht ersetzen soll" (Kögler 2023, S. 4). Eine hermeneutische Argumentation ist dabei auf die Funktion, zum einen einer praktischen Prozessebene und zum anderen einer reflexiven Metaebene begründet (Kögler 2023). Zusammenfassend: Redeskriptionen wissenschaftlicher Vokabulare (c-Modus) sind Ergebnis einer sprachlichen Arbeitsteilung, setzen alltagsweltliches Erleben und Konstruieren von Welt (a- und b-Modus) voraus und wirken in diese zurück.

Der Überlegung von William James (1907) über die Diskussionswürdigkeit von Unterschieden folgend, die nur dann gegeben seien, wenn ein Unterschied in praktischer Hinsicht relevant ist: Liegt der Unterschied der Diskussion um ‚Wahrheit' und ‚Rechtfertigung' nicht allein einerseits in einer essentialistischen Suche nach einem Wesen und andererseits der Orientierung an einem tauglichen sozial ausgehandelten Rechtfertigungsrahmen, sondern praktisch in der Preisgabe eines Anspruches auf exklusivistische Deutungshoheit einer Theorie zugunsten eines inklusivistischen und auf Komplementarität und Perspektivität ausgerichteten Verständnisses von Wissenschaft.

Gideon Calder (2003) fasst das Rortysche Verständnis von Sprache ein vier Punkten zusammen:

1. Sprache ist kein Medium zwischen menschlichen Subjekten, aber auch nicht zwischen Subjekten und Objekten.
2. Das gesamte Wissen ist das einer Beschreibung, der menschliche Geist hat keinen unmittelbaren Zugriff auf Welt.
3. Alle Beschreibungen sind Ausdruck sozialer Bedürfnisse.
4. ‚Natur' und ‚Realität' liegen außerhalb des Rahmens unserer Beschreibungsfähigkeit.

5.5 Der Neopragmatismus als Panrelationismus

Der Neopragmatismus lässt sich als eine Philosophie der Bedingtheit verstehen, so gebe es für uns Menschen „nichts zu wissen außer unsere wechselseitigen Beziehungen und den Beziehungen zwischen uns und den anderen endlichen Wesen" (Rorty 2023, S. 47). Entsprechend lehnt Rorty (2023, S. 54) – wie gezeigt – die Vorstellung nicht allein von ‚Wahrheit' außerhalb von Vokabularen und somit auch von einer eindeutigen Selbstidentität ab, vielmehr habe „ein Ding so viele Identitäten, wie es relationale Kontexte gibt, in die es eingefügt werden kann". Diese Kontexte wiederum lassen sich als kontingent verstehen, dies hat die Konsequenz, dass die Vorstellung von einem ‚richtigen Kontext' abzulehnen sei, in die ein Ereignis, eine Person oder ein Text gesetzt sei (Rorty 1994). Entsprechend lehnt Rorty (2023, S. 54) die Vorstellung ab, es gäbe die eine korrekte Beschreibung einer Sache: „Es gibt nur die Beschreibungen, die diese Sache, indem sie sie zu anderen Dingen in Beziehung setzen, in Kontexte einbetten, die unseren derzeitigen, vielfältigen Bedürfnissen dienen". Insofern lehnt er die Vorstellung ab, „die Realität habe ein intrinsisches, für den Commonsense und die Wissenschaft stets unerkennbar bleibendes Wesen, sodass sich unser Wissen vielleicht ausschließlich auf Erscheinungen bezieht" (Rorty 2023, S. 47). In Anschluss an Nietzsche und Dewey ist diese Vorstellung für ihn „ein Überbleibsel des Gedankens, es gäbe etwas Nichtmenschliches, das Macht über uns hat" (Rorty 2023, S. 47). Auch die ‚Identität' von Welt 2 wird entsprechend nicht aus dieser selbst geboren, sie entsteht durch soziale Interaktionen, durch selektive Aktualisierungen aus Welt 3 (Geiselhart 2020). Eine solche relationale Identität ist reversibel. Sie prägt sich aber auch in der materiellen Welt 1 aus und ein (von der Formung des eigenen Körpers, über Kleidung, die Wahl von Verkehrsmitteln, Präferenzen von Wohnlagen, Gartengestaltung bis hin zur Wahl von Urlaubsorten, hier als nicht abgeschlossene Liste).

Eine Möglichkeit, Gemeinsamkeit zwischen „verschiedenartige[n] Philosophen wie Davidson und Derrida, Putnam und Latour, Brandom und Foucault" (Rorty 2023, S. 208 f.) zu finden, ist, sie als ‚Panrelationisten' zu verstehen. Dem Panrelationismus liegt die Auffassung zu Grunde, Dinge seien „das, was sie sind, dank ihrer Beziehung zu anderen Dingen" (Rorty 2023, S. 209). Mit diesem Ansatz wird die „Unterscheidung zwischen intrinsischen, nichtrelationalen und extrinsischen, relationalen Eigenschaften [...] [wie auch] zwischen notwendigen und kontingenten Eigenschaften" (Rorty 2023, S. 209) hinfällig, wodurch der Panrelationismus es erlaube, „die Unterscheidung zwischen Subjekt und Objekt – zwischen den vom Geist und der Welt beigesteuerten Elementen des Wissens – beiseite zu lassen" (Rorty 2023, S. 210). In Konsequenz bedeutet dies, die „Unterscheidung zwischen ‚in uns' und ‚außerhalb von uns'" (Rorty 2023, S. 243) loszuwerden. Hier wird auch ein fundamentaler Unterschied zum essentialistischen Denken deutlich: „Das Bild, das sich der Essentialist vom Verhältnis zwischen Sprache und Welt macht, drängt ihn zurück zu der Behauptung, die Welt lasse sich sprachunabhängig identifizieren" (Rorty 2023, S. 223), wodurch er zu der Annahme gelangen müsse, die Welt sei – vor jeglicher sprachlichen – Fassung bereits bekannt. Das Ergebnis ist, es gäbe eine vorsprachliche erfahrbare Instanz, auf die sich der Essentialist in seiner Unterscheidung von Schein und Wirklichkeit berufen könne.

Die repräsentationalistische Weltsicht zu überwinden bedeutet, dass es über innere und äußere Welt nichts zu verstehen gibt, sie ist in ein Netz an Relationen eingewoben, ein ‚Etwas' wird zu diesem ‚Etwas', weil es in Beziehung zu anderen ‚Etwassen' steht, die ihr ‚Etwas-Sein' wiederum aus der Beziehung zu anderen ‚Etwassen' verdanken. Dieses Netz von Beziehungen wiederum ist stets reversibel, somit auch stets erweiterbar. Entsprechend hat es für Wissenschaft Treibende keinen Sinn, „Beziehungsglieder von Relationen zu verlangen, die ihrerseits keine Relationen sind, denn alles, was als Glied einer Beziehung dienen kann, lässt sich in eine weitere Menge von Relationen verstehen, und so geht es immer weiter“ (Rorty 2018[1994], S. 45 f.). Eine panrelationistische Denkweise geht davon aus, dass sich die ‚Eigenschaft‘ von Dingen mit ihren Relationen verändert, sich diese ‚Eigenschaft‘ mit der Zahl ihrer Relationen vervielfältigt und nicht über einen ‚stabilen Wesenskern‘ verfügt. Dies betrifft auch den Menschen, der sich durch eine doppelte Kontingenz auszeichnet, „einerseits durch das Fehlen eines gemeinsamen Wesenskerns der menschlichen Gattung, andererseits durch den fehlenden Mittelpunkt des einzelnen Menschen. Die Menschheit löst sich auf in Kulturen und Individuen, das Individuum löst sich auf in ein Netzwerk aus Überzeugungen und Wünschen“ (Hänseler 2023, S. 6). Übersetzt in die Terminologie der Drei Welten Theorie bedeutet dies: Sowohl Welt 3 als auch Welt 2 – und auch Welt 1 (die bei Rorty eine untergeordnete Rolle spielt) – werden aus Netzwerken gebildet und sind untereinander vernetzt. Die individuelle Welt 2 stellt dabei einen spezifischen Knotenpunkt der Welten 1 und 3 dar.

Relationen werden dabei sprachlich hergestellt. Entsprechend erkennt Rorty auch nicht in einem Bewusstsein oder Geist den Unterschied als das entscheidende Unterscheidungsmerkmal unserer Spezies, sondern die Sprache (Rorty 2023). Sprache wiederum kann sich nicht losgelöst von der Welt bewegen – „und die Welt nicht losgelöst von der Sprache“ (Rorty 2023, S. 244). Sprache und Gegenstand verschmelzen – in dieser panrelationistischen Sichtweise – zu einer Einheit. Dies hat zur Konsequenz, dass „Panrelationisten auf einer dunklen, zweidimensionalen Ebene [wohnen], auf der es weder Gewissheit noch Frieden noch eine tröstende Unterscheidung zwischen einem feststehenden *ordo essendi* und einem flüchtigen *ordo cognoscendi* gibt“ (Rorty 2023, S. 244; Hervorhebungen im Original).

In dieser panrelationistischen Sichtweise wird nicht allein die dualistische Unterscheidung von Subjekt und Objekt hinfällig, sondern auch – wie bereits angeklungen – die anderen dichotomen Unterscheidungen, die das Denken der Moderne prägten, wie die zwischen „Tatsachen und Werten, Erscheinung und Wirklichkeit, Wissenschaft und Technik, Natur und Kultur, Idealismus und Realismus, objektiv und subjektiv“ (Kertscher 2023, S. 4).

5.6 Neopragmatistische Wissenschaft

Die ‚Einsicht in Kontingenz' beschränkt sich nicht auf die philosophische Reflexion: „Denn es reicht nicht aus, zu erkennen, dass neben dem eigenen auch noch eine Vielzahl anderer Vokabulare existiert; sondern man muss diese Beobachtung auf antifundamentalistische Konzeptionen von Sprache, Mensch und Welt beziehen, um die Diagnose der Kontingenz stellen zu können" (Deines 2008, S. 158). Aus dieser Verschiedenartigkeit der (auch wissenschaftlichen) Sprachgemeinschaften leitet Rorty die Begründungs- bzw. Rechtfertigungsnotwendigkeit der eigenen Zugänge zu Welt ab (Rorty 1981), sprich von Theorien, Methoden, Daten und fachlichen Zugängen. ‚Begründen' im Verständnis von Richard Rorty bedeutet dabei kein ‚beweisen' oder ‚untermauern'. Rorty versteht ‚begründen' vielmehr im Sinne von „Gründe entfalten, die für diese Überzeugung sprechen" (Rorty 2001a, S. 259). In diesem Verständnis lässt sich ‚begründen' und ‚rechtfertigen' im Sinne Rortys synonym verwenden. Im Umkehrschluss erteilt Rorty „der Vorstellung eine klare Absage, man könne Personen, die andere dominante Bedürfnisse haben als man selbst, durch Argumente dazu bringen, ihre Bedürfnisse anders zu ordnen oder gar abzuändern" (Baltzer 2001, S. 32). Hier wird auch die ethnozentristische Position Rortys deutlich: Er teilt die Menschheit in jene, vor denen jemand seine Überzeugungen rechtfertigen muss, d. h. jenen Personen, mit denen dieser jemand genügend übereinstimmende Meinungen teilt (den Ethnos), sodass ein fruchtbares Gespräch möglich ist, und den übrigen, mit denen dies nicht möglich ist (Rorty 1989; vgl. auch Baruchello 2000). Dies bedeutet nicht die Abkehr von dem Projekt des vernunftgebrauchenden Zugangs zur Welt und eine Hinwendung zur Irrationalität. Das Verständnis von Vernunft wird vielmehr erweitert (in Bezug auf Welt 3 und anderen Welten 1) und prozesshaft verstanden, also als – Dewey folgend – dadurch zustande kommend, „dass man sich an spezifisch *diskursiven* sozialen Praktiken des Anführens, Ermittelns und Bewertens von Gründen beteiligt" (Brandom 2023, S. 40; Hervorhebung im Original). Vernunft ermöglicht es auch dem Menschen, miteinander zu sprechen, einander zu überzeugen oder einander zu überreden, anstatt einander Gewalt anzutun (Rorty 1988). Dies – so Barnes (2023, S. 3) – sei auch ein zentrales Ziel, der Erzeugung neuer Vokabulare: „By inventing new words, telling new stories and putting those words and stories into motion, it is sometimes possible to break through old stand-offs and logjams and repair sites where earlier conversation lagged or stalled or was abandoned".

In diesem Kontext wird die Funktion von ‚guten', also ‚tauglichen', Redeskriptionen deutlich: They „help to reveal the sheer contingency of our concepts and perspectives. Once a person recognizes the contingency of her inherited final vocabulary and other final vocabularies, she is more inclined to experiment with different descriptions or conceptions of herself and others and alternative ways of life“ (Frazier 2006, S. 462 f.). Das Präfix verdeutlicht dabei den Prozess des Wiederholens: „‚Redescriptio‘ ist ein unablässiger Versuch, in den Worten anderer etwas Neues auszudrücken und gleichzeitig zu erkennen, dass das Gesagte immer nur parasitär sein kann“ (Tautz 2023, S. 10). Redeskriptionen werden dann nötig, wenn die Argumentationsformen eines ‚altehrwürdigen‘ Vokabulars fraglich wurden. Fraglich werden Vokabulare, wenn sie ihren Anspruch auf Tauglichkeit zur Beschreibung von Welt (in der oben eingeführten Terminologie, von Welt 1, 2 und 3 sowie den Verbindungen dazwischen) nicht mehr einlösen können (Rorty 1997b).

Redeskriptionen sollten nicht als Versuch missverstanden werden, ‚die richtige Beschreibung‘ zu liefern. Redeskriptionen sind vielmehr ein Versuch, unlösbare Probleme, unregelbare Konflikte oder unauflösbare Anomalien zu behandeln (Rorty 1997b). Redeskriptionen bieten die Möglichkeit, die Befassung mit innerer und äußerer Welt nicht auf einen resümierenden Aspekt zu beschränken, sie ermöglichen kreativ, „unsere Praktiken so zu modifizieren, dass neue Beschreibungen des bisherigen Geschehens berücksichtigt werden“ (Rorty 2003, S. 297). Eine neopragmatistische Herangehensweise verfolgt dabei das Ziel, Metaphern der sich an objektive Wirklichkeit annähernden Erkenntnis „durch Metaphern der evolutionären Entwicklung“ (Rorty 2003, S. 297) zu ersetzen. Diese ‚Metaphern der evolutionären Entwicklung‘ bedeuten dabei nicht den Versuch, ‚altehrwürdige‘ Vokabulare aus der Welt zu tilgen. Redeskription erzeugen vielmehr ein ‚Gewebe‘, in dem ‚altehrwürdige‘ Vokabulare in ein neues Vokabular umgewoben werden (Topper 1995). Das so entstandene neue Gewebe rezykliert dabei die Reste jener Vokabulare, wodurch sie in umgewandelter Form weiter existieren und eine Funktion im Gewebe der Redeskription aufrechterhalten (Rorty 1997b; Topper 1995). Die durch Redeskription neu entstandenen Vokabulare sind also nicht durch das Streben nach Hegemonie und Ersatz des Altehrwürdigen geprägt, sondern vielmehr Ausdruck des Bewusstseins der konstitutiven Bedeutung alter Sprachspiele für die Entwicklung neuer Sprachspiele. Im Anschluss an Dewey geht es darum, ältere „Innovationen mit neueren zu versöhnen“ (Rorty 2023, S. 252), sie in Einklang zu bringen und weiterzuentwickeln. Dabei besteht die Möglichkeit, auch bis dato in Konkurrenz stehende Vokabulare in eine Redeskription zu überführen (Calder 2007; Müller 2014; Rorty 1997b), sie werden so quasi dialektisch ‚aufgehoben‘. Eine Redeskription erfolgt auch in dem Bewusstsein der Notwendigkeit des Nachweises des neuen Vokabulars, ‚Welt‘ in angemessenerer Weise zu deuten. Einfach ausgedrückt: „Wer eine Sache besser versteht, hat mehr darüber zu sagen – er ist imstande, verschiedene bisher gesagte auf neue und übersichtliche Art miteinander zu verknüpfen“ (Rorty 2001c, S. 126) – und nicht zuletzt diese Verknüpfung anderen so darzustellen, dass es ihnen hilft, Probleme zu lösen.

Eine Redeskription erfolgt aber auch in dem Bewusstsein, dass die Tauglichkeit der Deutung nicht dauerhaft gegeben sein wird, schließlich ist „für Rorty die Erfindung von Neubeschreibungen der wichtigste Verwendungszweck der Sprache“ (Müller 2014, S. 161). Es wirkt kontingenzerweiternd, dies in doppelter Hinsicht: Zum einen, wie beschrieben, auf die Erzeugung einer neuen, tauglichen Deutung von Welt, zum anderen aber auch als Grundlage, in ein neueres und taugliches Vokabular umgewoben werden zu können (Calder 2007; Rorty 1997b; Topper 1995), schließlich ist jede menschliche Leistung „nichts weiter als ein Sprungbrett für eine größere Leistung. Nie werden wir Beschreibungen ausfindig machen, die so perfekt sind, dass die phantasievolle Beschreibung ihren Sinn verliert“ (Rorty 2019, S. 193).

Knapp zusammengefasst, bemisst sich die Tauglichkeit von neopragmatistischen Redeskriptionen an drei Kriterien (Kühne et al. 2024):

1. Neopragmatistische Redeskriptionen müssen zum Zeitpunkt ihrer Erzeugung (!) tauglicher sein, ‚Welt‘ zu deuten als dies ‚althergebrachte‘ Vokabulare vermochten.
2. Neopragmatistische Redeskriptionen müssen offen dafür sein, in die Gewebe künftiger Redeskriptionen integriert zu werden.
3. Neopragmatistische Redeskriptionen müssen eine kontingente Weltdeutung ermöglichen.

Anhand dieser Kriterien wird die antifundamentalistische Grundhaltung des neopragmatistischen Programms deutlich. Deutlich wird dabei auch die grundlegende Wertschätzung von (nicht exklusivistischen, wie später noch verdeutlicht werden wird) Perspektiven: „He [Richard Rorty; Anmerkung O.K.] prefers to offer a picture of intellectual culture in which ‚freedom‘ and ‚solidarity‘ in the mutually enhancing form of ‚unforced agreement‘ shape the norms of ‚objectivity‘“ (Malachowski 2014, S. 15). Die oben vorgestellten Kriterien wiederum machen auch eine Beschränkung der Umwebbarkeit von historischen Vokabularen deutlich: Eine neopragmatistische Position ist unvereinbar mit essentialistischen und utopistischen Vokabularen, schließlich lehnen diese Kontingenz ab: Der Essentialismus schreibt Dingen (in unserem Kontext etwa Landschaft oder Region) ein unverrückbar zugrunde liegendes ‚Wesen‘ zu. Der Utopismus konstruiert einen festgelegten Ablauf gesellschaftlicher Entwicklung auf einen teleologischen Zustand. Letztlich wurzeln Dogmatismus, Autoritarismus, Fundamentalismus sowie die Vorstellung von rechtlicher oder moralischer Ungleichheit in einer essentialistischen Vorstellung von Welt (Rorty 2023), sie ist nicht allein vor dem Hintergrund der Wissenschaftsgeschichte nicht nachvollziehbar (Chalmers 2013; Kühne und Berr 2022; Merton 1973; Poser 2012; Schurz 2006), sie sind auch vor dem Hintergrund ihres exklusivistischen Anspruchs auf alleinige ‚Wahrheit' vor dem Hintergrund von Fehlbarkeit und der Suche nach tauglichen Lösungen für konkrete Probleme nicht zu rechtfertigen. An die Stelle des Strebens nach ‚objektiver Wahrheit' tritt zum einen „das Streben nach Ausweitung unserer jeweiligen Kommunikationsgemeinschaft, das heißt, die Reichweite des kommunikativen ‚Wir' so weit es geht auszudehnen" (Müller 2014, S. 209). Zum anderen (hier wird, aus Sicht von Rorty und seiner Anhängerschaft deutlich, dass es sich bei dem Rortyschen Neopragmatismus nicht um einen völligen Relativismus handelt) ist es das Ziel von Rorty, „den Anhängern des emanzipatorischen Projektes der Moderne eine wichtige Unterscheidung [zu] lehren: Die zwischen Wahrheit als Übereinstimmung mit der Wirklichkeit und Wahrheit als hörerrelativer Rechtfertigung" (Schwaabe 2021, S. 119). Damit wird ein Abschied von der Korrespondenztheorie der Wahrheit vollzogen, die durch eine pragmatistische Kohärenz- bzw. Konsenstheorie ersetzt wird. Diese Konsensbedüftigkeit wird deutlich, wenn Rorty (1999, S. xxv) feststellt: „We cannot regard truth of a goal of inquiry. The purpose of inquiry is to achieve agreement among human beings about what to do, to bring consensus on the ends to be achieved and the means to be used to achieve those ends". Dies hat zur Folge, „dass wahre Aussagen für Rorty durch ihre Zustimmungsfähigkeit innerhalb einer bestimmten Gruppe definiert werden" (Frick 2021, S. 127). Soll ein pragmatistischer Wahrheitsbegriff formuliert werden, kann dies nicht ohne eine ethische Rückbindung vollzogen werden, so streicht Allen (1994, S. 996) heraus, „dass in der Praxis die einzige Wahrheit, die zählt, dialogische Wahrhaftigkeit ist, welche vollständig eine Angelegenheit von Formen intersubjektiver Überzeugung darstellt" (ausführlicher bei: Hänseler 2023).

Aus dem im Vorangegangenen Dargestellten wird deutlich, dass es nicht das Ziel des (Neo)Pragmatismus ist, große philosophische oder weltanschauliche Systeme zu offerieren (Rorty 2023, S. 56 f.): „Um mit unserer einen Erklärung des philosophischen Fortschritts in Einklang zu bleiben, müssen wir Pragmatisten uns damit zufriedengeben, Vorschläge dahingehend zu machen, wie sich die Dinge zusammenflicken lassen, wie man die Dinge aneinander anpassen und wie man sie neu arrangieren kann, sodass sie etwas nützlicheren Mustern entsprechen". Dieses Verständnis geht mit einer (durchaus normativen) Pluralität von im Sinne ineinander nicht übersetzbaren inkommensurablen Werten und Normen aus, was Rorty als ‚Polytheismus' beschreibt: „Jemand ist ein Polytheist, wenn er glaubt, es gebe keinen wirklichen oder möglichen Gegenstand der Erkenntnis, der es gestatten würde, alle menschlichen Bedürfnisse nach demselben Maß zu messen und in Rangfolge zu bringen“ (Rorty 2023, S. 105). Die inklusivistische Haltung Rortys wird auch in seinem Verständnis von Inkommensurabilität deutlich: Inkommensurabilität bedeutet für Rorty nicht wechselseitiger Ausschluss, infolge unvereinbarer Ontologien (oder ontologischer Grundannahmen) wie bei Kuhn (1976) oder Feyerabend (1976), nicht zuletzt weil er – wie oben angeführt – Ontologien für überholt hält, sondern, dass sich Vokabulare als „unterschiedliche Werkzeuge für unterschiedliche Zwecke“ (Müller 2021, S. 48) begreifen lassen. Entsprechend lehnt er die Vorstellung (etwa von Foucault und Lyotard) ab, es gäbe inkommensurable Sprachen, so könne jede Sprache (damit auch Theorie) von jemandem erlernt werden, der in der Lage ist, eine andere Sprache zu verwenden (Rorty 2023; siehe dazu auch ausführlicher: Deines 2023). Wird nun auch die bei Putnam (1990a) eine zentrale Bedeutung aufweisende Rückführbarkeit wissenschaftlicher (c-modaler) in alltagsweltliche (b-modale, auch a-modale) Sprache in diesem Kontext angeführt, bedeutet diese Rückführung in die Sprache ‚gemeinschaftlich geteilter Stereotype‘ auch die Auflösung von Inkommensurabilität.

Da sich der Neopragmatismus mit Vokabularen befasst, wie sie entstehen, wie sie sich gegeneinander abgrenzen, wie sie mittels Redeskription ineinander übergehen, lässt er sich als ‚Vokabular über Vokabulare‘ verstehen (ausführlich mit Redeskriptionen setzt sich auseinander: Calder 2007). Der Begründungsrahmen einer solchen Befassung mit Befassungen mit Welt hat sich gegenüber repräsentationalistischen Vorstellungen fundamental gewandelt: Aus der Perspektive eines neopragmatistischen anti-repräsentationalistischen Vokabulars stellen sich dabei „Fragen nach der Realitätsentsprechung von Aussagen oder nach den nicht-menschlichen Fundamenten der Erkenntnis schlicht nicht. Rorty entwirft eine neue Fragerichtung, indem sich Vokabulare oder Aussagen nicht an ihrem Entsprechungsgrad, sondern allein in ihrem praktischen Beitrag im Meistern der Herausforderungen des menschlichen Lebens zu messen haben“ (Heindl 2023, S. 11; siehe in diesem Zusammenhang auch: Huetter-Almerigi 2023).

Im Prozess der Wissenschaft ließen sich dabei – so Rorty (2003) – zwei Grundausrichtungen von Wissenschaft Treibenden (hier Philosophen) feststellen: Genies und Nichtgenies, wobei ersteren eine besondere Bedeutung in Bezug auf den Gang der Philosophie zukäme: „Solange Genies auftauchen, wird die Philosophie Fortschritte machen. Die Abfallentsorgungsprojekte der Nichtgenies tragen dazu bei, den Boden, auf dem die Genies gedeihen können, zu säubern und zu kultivieren. Oder, um eine Metapher zu gebrauchen: Sie füllen die Komposthaufen, aus denen, wenn man Glück hat, etwas Unerwartetes ins Kraut schießen kann“ (Rorty 2003, S. 21). Ein solcher Spross ließe sich nicht durch ein „emsiges Befolgen einer Methode ermuntern (etwa durch Aufspüren unsinniger Aussagen, Einklammerungen von Ergebnisse, Analyse oder Dekonstruktion von Begriffen, Einnahme des transzendentalen Standpunktes oder ontologische Redeweise)“ (Rorty 2003, S. 21). So deutet Rorty (2003, S. 21) Methoden als bloße „Beschreibungen von Tätigkeiten, denen sich die begeisterten Nachahmer des einen oder anderen originellen Kopfes befleißigen – Kuhn [sic!] würde von ‚Forschungsprogrammen‘ sprechen, zu denen die Arbeiten dieser Originellen Denker angeregt haben“.[4] Der Ausdruck des ‚Genies‘, den Rorty (2003) hier mit dem Zweck verwendet, Phantasie eine größere Bedeutung beizumessen als die argumentative Auseinandersetzung (Rorty 2019), knüpft an das an das Verständnis einer ‚Schaffung etwas Neuen aus sich selbst (in der hier verwendeten Terminologie: Welt 2) heraus‘ an, wie es etwa bei Kant (1959 [1790]), Schiller (2000) oder Schopenhauer (2020[1819]) zu finden ist. Angesichts der ansonsten dominanten Deskription des Pragmatismus und des Neopragmatismus der Welt 3-Gebundenheit der Welt 2 mag die Redeweise vom ‚Genie‘ als eine Zuspitzung zu verstehen sein. Diese Zuspitzung mag zur Verdeutlichung des Gedankens gerechtfertigt sein, wie auch der Darstellung der möglichen Leistungsfähigkeit ‚individueller Selbsterschaffung‘ (ausführlicher im folgenden Abschn. 5.7), wobei Wissenschaft sich in der Regel nicht allein in der Sphäre des Privaten abspielt, lässt sich vor dem Hintergrund der Abhängigkeit der Welt 2 von der Welt 3 im Kontext der Operationalisierung des Neopragmatismus für die raumbezogene Forschung als überschießend verstehen. Weniger zugespitzt und weniger metaphorisch gesprochen, lässt sich von zwei Typen von Philosophie (in dem Kontext dieses Buches allgemeiner: Wissenschaft) Treibenden sprechen: Zum einen jenen, die Neues entwerfen, zum anderen jene, die sich mit der Abarbeitung an Detailfragen befassen. In den Worten neopragmatischer Sprachphilosophie: Die ersten befassen sich damit, neue Vokabulare von Welt (in allen drei Dimensionen) zu entwickeln. Die zweiten befassen sich mit der Frage, solche Vokabulare von Welt auszudifferenzieren, sie aber auch – um den Gedanken zu erweitern – auch gegen erneute Redeskriptionen abzusichern (Laudan 1977). Dieses Verständnis der zwei Typen von Wissenschaft Treibenden wird in den folgenden Kapiteln immer wieder aufgegriffen, differenziert und erfährt damit letztliche eine Redeskription. Diese erfolgt indes, nachdem weitere zentrale Aspekte neopragmatistischer Weltverständnisse vorgestellt wurden.

---

[4] Anzumerken ist hier, dass der Begriff des Forschungsprogramms auf Imre Lakatos zurückgeht, nicht auf Kuhn, dessen Wissenschaftsphilosophie auf dem Begriff des ‚Paradigmas‘ fußt.

Die Bedeutung von Intellektuellen (c-Modus) im gesellschaftlichen Kontext versteht Rorty darin, dass sie dabei helfen, Thesen zu formulieren, die zunächst noch absurd erscheinen, in späteren Generationen dann aber zum Common Sense (b-Modus) werden und damit einen Beitrag leisten, das Leid von Menschen zu verringern (Rorty 2019). Diese Rolle füllen sie dadurch aus, „dass sie den Wandel herbeiführen, indem sie erklären, wie die neuen Ideen im Falle der Erprobung Probleme lösen oder auflösen können, die durch alte Ideen entstanden sind" (Rorty 2019, S. 155). An dieser Stelle lässt sich ergänzen: Aufgabe ist auch, sich mit den unintendierten Nebenfolgen gesellschaftlicher Entwicklungen zu befassen und auch hierzu Hinweise eines nützlichen Umgangs damit zu finden. Für ein solches – auf Nützlichkeit ausgerichtetes – Verständnis intellektueller Betätigung, „braucht man weder den Begriff der Allgemeingültigkeit noch den Begriff des privilegierten Zugangs zu Wahrheit" (Rorty 2019, S. 155).

5.7 Die Bedeutung von Ironie

Aus dem bis dato Dargestellten lässt sich feststellen: Als Zentralbegriff der Philosophie von Richard Rorty (1997b) lässt sich jener der Kontingenz verstehen, also das, was weder notwendig noch unmöglich ist. Der Begriff der Kontingenz steht dabei „at one end of a set of oppositions whose other term is *variously necessary, essential, intrinsic,* or *unconditional*" (Topper 1995, S. 958; Hervorhebungen im Original). Kontingenz durchzieht dabei die Geschichte, nicht zuletzt die der Philosophie: „Rorty's stress on the historical nature of philosophical problems – his ‚historicism' – is designed to dispel the air of ‚inevitability' that surrounds them. If, as it could have done, history had followed a different path, problems that now look as if they have forced themselves upon us by the sheer weight of their intrinsic intellectual difficulty and importance might never have surfaced" (Malachowski 2014, S. 17).

Das auf den Kontingenzen der Sprache, des Selbst und des Gemeinwesens aufbauende Verständnis von Welt findet ihren Ausdruck in der Figur der ‚liberalen Ironikerin' (Reese-Schäfer 2016). Diese lässt sich als Ausdruck Rortys demokratischen Antifundamentalismus verstehen. Damit stellt er sich in eine bis auf circa das Jahr 400 vor unserer Zeitrechnung zurückreichende Tradition von Reflexionen über ‚Ironie'. Bereits in der Antike wurde darunter eine Abweichung des Gemeinten vom Gesagten verstanden. Ironie bedeutete ein Abweichen von der ‚Mitte der Wahrheit', allerdings nicht zum Pol der Prahlerei, also zum ‚zu viel', sondern vielmehr zum Pol der Bescheidenheit, also zum ‚zu wenig' (Aristoteles 2001 [ca. 335 – 322 v.u.Z.]. Ironie wirkt häufig ambivalent: Verletzend kann sie wirken, wenn sie auf Personen angewendet wird, empörend kann sie wirken, wenn sie auf ein ernsthaftes Anliegen gerichtet wird (dieser Gedanke wird uns im Weiteren immer wieder als Herausforderung in Bezug auf den neopragmatistischen Umgang mit Ironie begegnen). In der Tradition von Sokrates im Sinne eines bescheidenen Nachfragens kann sie indes auch dahingehend wirken, Erkenntnisprozesse voranzutreiben (Wirth 2017). Diese Traditionslinie wiederum wurde in der deutschen Romantik aktualisiert, wobei Schlegel (1963) zum einen den Voraussetzungsreichtum von Ironie verdeutlicht: Nur eine Person lässt sich von Ironie nicht verwirren, die gelernt hat, mit Ironie umzugehen. Zum anderen vollzieht Schlegel die Verallgemeinerung von Ironie: Ironie ist nicht mehr in einer konkreten Situation gebunden, sie wird zu einer permanenten Rolle oder gar Haltung (Schlegel 1963), womit die ironische Person wiederum das (für andere) Selbstverständliche infrage stellt. Damit leistet die ironische Person einen Beitrag zur ‚Dekonstruktion' als allgemein geteilter und verbindlich konstruierter Normalität (Wirth 2017).

Hier schließt auch Richard Rorty an, indem er die Bedeutung von Ironie für das Bewusstsein von Kontingenz hervorhebt (Rorty 1997b). Die Kontingenz von Vokabularen ist dabei zum einen ihrer zeitlichen Gebundenheit, zum zweiten dem Umstand geschuldet, sie als „unterschiedliche Werkzeuge für unterschiedliche Zwecke" (Müller 2021, S. 48) zu begreifen. Verkörpert findet er dieses Bewusstsein in der Figur der ‚liberalen Ironikerin' als einer Person, „die der Tatsache ins Gesicht sieht, dass ihre zentralen Überzeugungen und Bedürfnisse kontingent sind" (Rorty 1989, S. 14). Bei liberalen Ironikerinnen handelt es sich um „Menschen, die zu diesen nicht auf tiefste Gründe rückführbaren Bedürfnissen auch ihre eigenen Hoffnungen rechnen [...], dass Leiden geringer wird, das die Demütigung von Menschen durch Menschen vielleicht aufhört" (Rorty 1989, S. 14). Ironie als zentrales Instrument der Selbsterschaffung aus dem grundlegenden Bewusstsein der Kontingenz von Sprache, Selbst und Gesellschaft. Dieses Bewusstsein mündet in einer metastabilen, grundlegend ironischen Einstellung. Diese ironische Einstellung ist „nie ganz dazu in der Lage, sich selbst ernst zu nehmen, weil immer dessen gewahr, dass die Begriffe, in denen sie sich selbst beschreiben, Veränderungen unterliegen" (Rorty 1989, S. 128). Die liberale Ironikerin ist sich der bedeutungsbezogenen wie zeitlichen Begrenztheit der Vokabulare bewusst, insofern ist es ihre „größte Angst, in einem Vokabular stecken zu bleiben. Umgekehrt führt das Lernen neuer Vokabulare zu einer Sensibilisierung der Wahrnehmung, Erweiterung des Horizonts und Vertiefung der Erfahrung. In diesem Sinne ist es ein Spiel mit der Sprache und dem Dasein" (Weber 2023, S. 7). Dieses Spiel wiederum bezieht auch die emanzipatorische Erzeugung von

Sinn ein, schließlich hat so alles einen Sinn, wenn wir ihm einen Sinn geben (Brandom 2001).

Die Einsicht in Ironie erwächst nicht allein aus dem Bewusstsein der Kontingenz, sondern auch aus dem Bewusstsein der Hinfälligkeit abschließender Vokabulare (wie oben angesprochen etwa des Essentialismus oder des Utopismus). Ein abschließendes Vokabular würde von jedem Einzelnen genutzt, um das eigene Handeln und die eigenen Überzeugungen zu rechtfertigen (Rorty 1997b). Die Einsicht in Ironie entspringt der Einsicht „there is nothing that we can rely on but ourselves and our fellow human beings" (Bernstein 2008, S. 22). Dabei ist die Ironikerin nicht in der Lage, aus ihrer Sprache wie auch ihrem Kontext (etwa gebildet aus Ideen wie auch sozialen Beziehungen) herauszutreten, „aber sie kann sich daran machen, beides zu verfeinern, zu erweitern oder zu modifizieren, indem sie sich kontinuierlich darum bemüht, zu vergleichen und gegenüberzustellen, sich aus anderen Blickwinkeln zu sehen und sich auf diese Weise zu transformieren" (Ramberg 2011, S. 92). Dabei geht es nicht darum, die „Kontingenz der eigenen hermeneutischen Situiertheit zu beherrschen, sondern sie anzuerkennen und Verantwortung für sie zu übernehmen" (Ramberg 2011, S. 92 f.), um so Selbsterschaffung zu ermöglichen. Eine hermeneutische Rückbindung ist dabei eine zentrale Voraussetzung für Selbstermächtigung und -erzeugung: „Edifying discourse presents a challenge: it takes us outside ourselves, demanding us the hermeneutic effort required to come to terms with what ist abnormal. To see ourselves as the kind of creatures that should be open this renewal through adaptation is to embrace the existential freedom to choose our own projects" (Gascoigne 2013, S. 136).

Abhängig ist die liberale Ironikerin bei ihrer Selbsterschaffung wiederum von anderen, einerseits durch die sozialisierte Sprache, die sozialisierten Gehalte der Welt 3, andererseits aber auch durch die Kommunikation mit anderen, durch die sie in der Lage ist, ein Gewebe an Überzeugungen und Wünschen zu erzeugen und so kohärent zu halten, dass sie noch handlungsfähig ist (Rorty 1997b). Doch ist das Verhältnis der liberalen Ironikerin zur sozialen Welt nicht einseitig, denn „umgekehrt gibt ihr die Fähigkeit der ‚redescription' aber auch Macht über den Anderen" (Tautz 2023, S. 11). Dies hat weitreichende Konsequenzen: „Der Ort der Freiheit ist nicht das Denken oder das geistige Sehen, sondern die kommunikative Lebenspraxis" (Müller 2014, S. 411). Voraussetzung für die Veränderung von Vokabularen wiederum ist Kontingenzbewusstsein, das in Ironie ihren Ausdruck findet. Dieses Bewusstsein ist die „Fähigkeit der Distanzierung von der eigenen Situiertheit und damit die Möglichkeit der Veränderung der gegenwärtigen praktischen Identität des Selbst" (Müller 2014, S. 694). Diese Rortysche

Konzeption eines Selbst ist ein „Selbst ohne essentiellen Kern, den die Philosophie üblicherweise enthüllen und akkurat beschreiben wollte“ (Dielemann 2021, S. 62), es ist vielmehr „mittelpunktloses und kontingentes Netz an Überzeugungen“ (Dielemann 2021, S. 62). Dieses Netz bleibt, nachdem Rorty liberale Ironie als „die Reaktion eines Aufgebens jeglicher ontologischen Wahrheit“ (Tautz 2023, S. 14, Müller 2014 folgend) beschrieben hat. Hinsichtlich der Rortyschen Konzeption des Selbst ist es also nicht zu fassen, was eine Person ist, sondern nur, was sie sein will, was auch bedeutet, „die rückwärtsblickende Selbsterkenntnis wird durch die zukunftsorientierte Selbsterschaffung ersetzt“ (Weber 2023, S. 5). Nichtsdestotrotz ist die Person herausgefordert, auch gesellschaftlichen Ansprüchen gerecht zu werden in (nicht zuletzt ironischer) Auseinandersetzung von Welt 2 mit Welt 3: „Die gezielte Hoffnung der Kontinuität im Lebenslauf durch die Konstruktion einer Biographie verweist schließlich darauf, dass moderne Individuen den Anspruch, ihr Leben trotz widerstrebender sozialer Ansprüche selbstbestimmt zu gestalten, auch auf die Gestaltung ihrer Persönlichkeit anwenden“ (Leggewie und Zifonun 2011, S. 247). Ermöglicht wird die Fähigkeit zur (ironischen) Distanzierung durch eine unvollständige bzw. selektive Sozialisation der Gehalte von Welt 3 zu Welt 2 (siehe etwa auch die unterschiedlichen Modi; Abschn. 3.4). Sie wird auch ermöglicht durch die Gebundenheit in unterschiedlichen Sprachkulturen und die Konfrontation mit deren Unterschiedlichkeit, aber auch der Differenzierung von Vokabularen; wobei diese Vokabulare in sich differenzierenden Gesellschaften vervielfachen und zu Konflikten um Deutungshoheit führen (Dahrendorf 1992; Kühne et al. 2021; Rorty 1991b).

Neopragmatistisches Argumentieren in philosophischen – allgemeiner: theoretischen – Kontexten ist für Rorty (1989, S. 135) auf „literarischem Geschick“ gegründet, das in der „Herstellung überraschender Gestaltwechsel“, wie auch „schneller Übergange“ (Rorty 1989, S. 135) zwischen den unterschiedlichen (wissenschaftlichen) Vokabularen zum Ausdruck kommt. Ein solches ‚souveränes Spiel mit Vokabularen‘ ist einerseits von einer fundierten Kenntnis der unterschiedlichen Vokabulare abhängig, andererseits auch von den Spielregeln der (selbst-)ironischen Distanzierung.

Als Gegenteil von Ironie fasst Rorty (1989, S. 128) den „gesunden Menschenverstand. Der ist die Parole derer, die alles Wichtige unbefangen in Begriffen des abschließenden Vokabulars beschreiben, das sie und ihre Umgebung gewohnt sind“. Gesunder Menschenverstand mit seinem abschließenden Vokabular versteht bestehende Handlungsmuster und Überzeugungen als ausreichend, um sich selbst und der Welt zu nähern, sie zu beschreiben und zu beurteilen, einschließlich jener, die sich um alternative Vokabulare bemühen (Rorty 1989). Der ‚gesunde Menschenverstand‘ versteht dabei Sprache als unveränderliches Medium, auf der einen Seite Welt abzubilden ‚wie sie ist‘ und andererseits ‚alternativlose Normen‘ gegenüber der Welt zu formulieren. Ironie steht nicht allein der ‚gesunde Menschenverstand‘ entgegen, sondern auch der Egoismus: „Rorty problematizes egotists or individuals who are excessively self-centered not so much in being selfish but in being self-satisfied“ (Llanera 2023, S. 3). Mit dieser Haltung der Reduzierung auf sich selbst mangelt es an Offenheit für Kontingenz, so tendieren Egoisten dazu, andere (insbesondere gegensätzliche) Ansichten nicht zu akzeptieren, sie vertreten vielmehr die Auffassung, ihr Wissen, ihre Werte und ihre Selbstverständnisse genügten, um vollständig über sich, die Sprache und die Gesellschaft in Kenntnis zu sein (Rorty 2001d). Es mangelt Egoisten aber auch an der Fähigkeit, sich von sich selbst zu distanzieren, (selbst)ironisch zu sein, um so sich, Sprache und Gesellschaft in einem explorativ-uneigentlichem Sinne entgegentreten zu können. In Ableitung an Rortys Ausführungen folgert Llanera (2023, S. 4), dass Egoismus in drei Arten in modernen Gesellschaften wirkt, „through the idea of redemptive truth, through egotist final vocabularies, and through egotist group identities“.

Ironie, als zentrales Instrument der Selbsterschaffung, ordnet Rorty dabei der privaten Sphäre, die Verringerung von Grausamkeit der öffentlichen zu. Die Unterscheidung zwischen beiden Sphären (deren Grenzen verhandelbar sind) lässt sich grob damit umreißen, dass der „Bereich des Privaten für Rorty Fragen der persönlichen Selbsterschaffung betrifft, der Bereich des Öffentlichen unsere Verhältnisse zu anderen Menschen“ (Kretz 2023a, S. 5). Da die Suche nach einem die beiden Sphären verbindenden Metavokabular vergebens ist, bleibt die Hoffnung auf Synthese unerfüllt (Rorty 1989). Insofern sieht sich der Mensch mit der Situation konfrontiert, zwischen privater Selbsterschaffung mittels Ironie und Kontingenz einerseits und öffentlicher Schmerzvermeidung andererseits zu oszillieren. Mit dem zweiten Thema werden wir uns im Folgenden befassen.

5.8 Neopragmatismus und liberale Demokratie – der Antiautoritarismus neopragmatistischen Denkens

Normativ ist der Neopragmatismus auf ergebnisoffene, demokratische Aushandlungsprozesse ausgerichtet (siehe genauer: Hacke 2021; Held et al. 2021; Hildebrand 2003, 2005; Müller 2021; Rorty 1989, 2018[1994]; Selk und Held 2021; Warms und Schroeder 1999). Insbesondere im Spätwerk Rortys nimmt „das Bekenntnis zur Selbstbestimmung des Menschen“ (Brandom 2023, S. 7) die zentrale Position ein. Antiautoritarismus wird nunmehr als Hauptimpuls der Rortyschen Interpretation des Pragmatismus. Prägend hierfür ist – Brandom (2023,

S. 7) zufolge – die Aufzeigung eines Weges „zu jener Art von Freiheit, die darin besteht, dass Menschen die vollständige rationale Verantwortung für ihre eigenen Taten und Behauptungen übernehmen“. Verantwortung wird dabei nicht in der herkömmlichen Weise gedeutet, diese gegenüber einer Autorität zu übernehmen, die Maßstäbe zur Beurteilung des eigenen Handels und Denkens setzt, also letztlich Ausdruck von Unterordnung und Gehorsam ist. Vielmehr bedeutet Verantwortung in dem von Rorty dargelegten Sinne einer Verpflichtung, Urteilen und Handeln „zu rechtfertigen und Gründe dafür anzuführen, die von den übrigen Mitwirkenden an der diskursiven Praxis bewertet werden“ (Brandom 2023, S. 8). Für Rorty besteht die Aufgabe, die antiautoritäre Lektion der ersten Aufklärung in eine zweite Aufklärung zu überführen, indem antiautoritäres Denken sich nicht auf Theorie und Politik beschränkt, sondern auch auf den Bereich der Erkenntnistheorie übertragen wird (Rorty 2023). Damit wird deutlich, dass Rorty nur die repräsentationalistische Erkenntnistheorie der Moderne ablehnt, während er die Säkularisierung, den Humanismus, die Kritik des Selbstverständlichen wie auch die Emanzipation von unhinterfragten sozialen Bindungen (im Sinne von Dahrendorf 1979: Ligaturen; siehe Kap. 7) begrüßt (Rorty 1980) und sie mit seiner Synthese von Freiheit und Verantwortung weiterzuentwickeln trachtet (Rorty 2023). Im Anschluss an Dewey formuliert Rorty (2023, S. 59; Hervorhebung im Original) es als Aufgabe der Fortführung und Weiterentwicklung der Aufklärung, „*jede* Autorität links liegenzulassen außer der Autorität des mitmenschlichen Konsenses“. Dies bedeutet für ihn eine Fortführung der Aufklärung: „According to Rorty, the Enlightenment substituted God with truth, and we should now substitute truth with solidarity for emancipatory reasons“ (Huetter-Almerigi 2023, S. 16). Die Fokussierung auf demokratische und ergebnisoffene Aushandlungsprozesse erscheint auch deshalb opportun, da Welt 2 weder stabil noch selbstgewiss ist, schließlich kennen wir – wie Putnam in Anschluss an Dewey formuliert – weder (abschließend) unsere Bedürfnisse und Interessen, noch unsere Fähigkeiten, „ehe wir uns wirklich am politischen Geschehen beteiligen. Aus dieser Ansicht ergibt sich außerdem, dass es keine endgültige Antwort geben kann auf die Frage, wie wir eigentlich leben sollten. Daher sollten wir sie stets offenlassen, um weiter darüber diskutieren und damit experimentieren zu können. Genau deshalb brauchen wir auch die Demokratie“ (Putnam 1997, S. 238).

Rorty schließt in seinem Verständnis von Liberalismus an das negativistische Verständnis liberaler Demokratie von Judith Shklar (2020) an (eine Sichtweise, der sich auch Karl Popper und Ralf Dahrendorf mit ihrem Verständnis von ‚Demokratie als Machtwechsel ohne Blutvergießen‘ zurechnen lassen; Dahrendorf 1983; Popper 2011[1947]). So besitze der Liberalismus abgesehen „von dem

Verbot, die Freiheit anderer zu beeinträchtigen, [...] keine positiven Lehrsätze darüber, wie Menschen ihr Leben führen oder welche persönlichen Entscheidungen sie treffen sollen“ (Shklar 2020, S. 27). Vielmehr geht es darum, „verdammungswürdige Zustände zu verhindern“ (Honneth 2020, S. 8). Diese verdammungswürdigen Zustände basieren auf Grausamkeit, die Furcht hervorruft. Grausamkeit wiederum bedeutet für Judith Shklar (2020, S. 44), „dass einer schwächeren Person oder Gruppe durch eine stärkere absichtlich physischer und, in zweiter Linie, emotionaler Schmerz zugefügt wird, um ein materielles oder immaterielles Ziel zu erreichen“. Die Verhinderung verdammungswürdiger Zustände gelingt in einem politischen System, „in dem faire Regeln gemacht und faire Entscheidungen getroffen werden, um die größtmögliche Zahl an Forderungen zu erfüllen, die einzelne Bürger gegeneinander, gegen die Regierung und gegen andere gesellschaftlich mächtige Institutionen erheben“ (Shklar 2020, S. 38). Die wirksamste – und damit mit aller Kraft zu vermeidende – Weise, Menschen anhaltenden Schmerz zuzufügen, sei – so Rorty (1997b) – sie zu demütigen, indem man das, was ihnen besonders wichtig war, als vergeblich, veraltet oder ohnmächtig erscheinen lässt. Ziel des von Rorty bei Shklar entlehnten Verständnisses eines negativen Liberalismus ist es, „die Übel der Grausamkeit zum grundlegenden Maßstab seiner politischen Praktiken und Vorschriften [zu machen]. Die einzige Ausnahme von dieser Regel ist die Verhinderung noch größerer Grausamkeit“ (Shklar 2020, S. 46). Für Menschen, deren Ziel es ist, Grausamkeit zu vermeiden, wird Solidarität zur größten (öffentlichen) Tugend, wobei sie zwei Aspekte miteinander verbindet, zum einen, die Bereitschaft, anderen Menschen in (nicht allein materiellen) Nöten beizustehen, zum anderen aber auch „die Anerkennung von jedermanns Recht und Bedürfnis, seinem eigenen Leben Sinn zu verleihen, ohne erniedrigt zu werden“ (Ramberg 2011, S. 97). Dabei ist Solidarität zweckgerichtet und lässt sich als eine spezifische Operationalisierung des allgemeineren Verständnisses von ‚Geschwisterlichkeit‘ verstehen; „sie vereinigt Hilfeleistung mit berechtigten Interessen und begründeten Ansprüchen“ (Hacke 2021, S. 90). Dabei gründet Solidarität auf Mitmenschlichkeit, die sich wiederum aus einer moralischen Grundhaltung speist, die auf Mitgefühl zurückgeht (Rorty 1997b, 1999). Moralität gründet – gemäß Rorty (1995) – ausschließlich auf einem Gefühl, das Menschen dazu veranlasst, das Bedürfnis zu entwickeln, die eigenen Handlungen vor einer bestimmten Gemeinschaft (die in einem bestimmten Vokabular konstituiert ist) zu rechtfertigen. Mit einer solchen Begründung kann er zum einen auf eine universalistische Begründung seines Gesellschaftsverständnisses verzichten, zum anderen entspricht dessen Ausrichtung seinem kommunitaristischen Verständnis von Gesellschaft (Hacke 2021; Hänseler 2023), in dem das Individuum (Welt 2) in ein Netz anderer Welten

2 ebenso eingewoben ist, wie in die Gehalte der Welt 3 (aber auch in jene von Welt 1, was allerdings bei Rorty weniger thematisiert wird und einer entsprechenden Konkretisierung bedarf; siehe Kap. 8). Die Stärke des Solidaritätsgefühls variiert dabei: Besonders ausgeprägt ist der „Intensitätsgrad des Identifikations- und Einfühlungsvermögens der Einzelnen" (Hacke 2021, S. 91) zunächst mit anderen Personen und Personengruppen, die uns ähnlich sind, wobei die Erweiterung dieses Solidaritätsgefühls auf immer mehr Menschen einen wesentlichen Aspekt seiner ‚liberalen Utopie' ausmacht (Rorty 2023). In Utopia Rortys hat jede Person Aussicht „auf die Dinge, die sich nur die wohlhabenderen Bürger der reichen Demokratien des nordatlantischen Raumes leisten können: die Freiheit, den Wohlstand und die Muße, in idiosynkratischer Weise nach Vervollkommnung zu streben" (Rorty 2003, S. 468). The Rortyian vision of moral progress is „to see more an more traditional differences (of tribe, religion, race, custons, and like this) as unimportant when compared with similarities with respect and humiliation" (Rorty 1997b, S. 192).

Richard Rorty (1981) versteht seine Position als ‚gesund nominalistisch', wobei er ‚gesund' als ‚gemäßigt' umreißt. ‚Gemäßigt' bedeutet, dass er nicht allein Einzeldinge akzeptiert, sondern Sprachkonventionen wie auch Sprachspiele. Diese messen bestimmten Allgemeinbegriffen Bedeutung zu. Rorty (1997b) schreibt dabei – hier wird der sprachwissenschaftliche Bezug besonders deutlich – der Sprache eine herausragende Bedeutung als Werkzeug zu, mit dem in demokratischen Gesellschaften sozialer Zusammenhalt entsteht, sofern Bürger in der Lage sind, ihre Ideen frei zu äußern. (Neo)Pragmatismus versteht Rorty (2023, S. 53) „als einen Versuch, das Gefühl der Verpflichtung gegenüber einer nichtmenschlichen Macht durch ein Gefühl für das Leben in einer Demokratie verdrängen zu lassen". Zur Konturierung der anti-essenzialistischen Position einerseits und der desakralisierten philosophischen Haltung andererseits versteht Rorty (1997b) einen ironischen Modus des Zugangs zu sich und der Welt als notwendig, auch um auf Intoleranz und Ausgrenzung beruhende Diskussionen um ‚Wahrheit' zu umgehen. Für Rorty (1997b) stellt dabei die demokratische Rechtfertigungsgemeinschaft in ihrem Antifundamentalismus und Bewusstsein der Kontingenz des Selbst ein ebenfalls kontingentes Ergebnis der Kulturgeschichte dar. Aus dieser Einsicht heraus, wird Ironie zu der zentralen Form des Zugangs zu sich und der Welt (Rorty 1997b), sie wird zur „Tugend des gelassenen Kontingenzbewusstseins" (Müller 2021, S. 35). Dieses Kontingenzbewusstsein wiederum ist eine Voraussetzung für „eine vermenschlichte, eine endlich human gewordene Kultur, in der man nicht mehr nach der objektiven Realität fragt, sondern nach der bestmöglichen Beschreibung der Situation, in der man sich gerade befindet" (Reese-Schäfer 2016, S. 18). Diese human gewordene Kultur versteht Rorty (2023, S. 55) als „unsere moralische Aufgabe im Sinne der Erweiterung unserer sittlichen Gemeinschaft aufzufassen und durch Inklusion dafür zu sorgen, dass immer mehr verschiedenartige Menschen unter unseren Gebrauch des Wortes ‚wir' fallen". Diese Erweiterung ist nicht durch eine Vergrößerung des ‚Gehorsams gegenüber dem Gesetz' zu verstehen, „sondern eine Sache des immer umfassender zum Tragen kommenden Mitgefühls" (Rorty 2023, S. 55). In diesem Sinne nennt Rorty seine Gesellschaftsvorstellung utopisch, wenn er von einer inklusivistischen Gesellschaft spricht, „die nicht auf die Entschiedenheit, mit der sie fremde ausschließt, stolz ist, sondern auf die Verschiedenheit von Arten von Menschen, die sie willkommen heißt" (Rorty 2023, S. 139). So habe sich die Zugehörigkeit „unserer moralischen Gemeinschaft" (Rorty 2003, S. 256) bis dato erheblich erweitert, schließlich waren die „meisten Weißen […] bis vor kurzem der Ansicht, dass die meisten Schwarzen nicht dazu gehörten. Die meisten Christen waren bis ins 17. Jahrhundert etwa der Ansicht, dass die meisten Heiden nicht dazugehörten. Nach Ansicht der Nationalsozialisten gehörten die Juden nicht dazu. Nach Ansicht der meisten Männer in Ländern mit einem durchschnittlichen Jahreseinkommen unter fünftausend Mark gehören auch heute die meisten Frauen nicht dazu" (Rorty 2003, S. 256). Doch ist dieser Prozess der Inklusion in eine gemeinsame moralische (für Rorty auf Mitgefühl basierende) Gemeinschaft nicht irreversibel, kommt es etwa zu Rivalitäten zwischen „Stämmen und Völkern […], werden die Angehörigen der gegnerischen Stämme und Völker nicht dazugehören" (Rorty 2003, S. 256).

An der Stelle der Erweiterung des ‚Wir' schließt auch Rortys Einstehen für die liberale Demokratie an, die uns in die Lage versetzt, immer umfassendere Diskussionskontexte zu entwickeln und so den Rahmen für die Inklusion immer weiterer Auffassungen und Lebensweisen böte (Rorty 2023). Insofern schließt Rorty an das Verständnis von Dewey (2008[1916]) an, der Demokratie nicht allein als Regierungsform, sondern vielmehr als eine Art des Zusammenlebens fasst, wie auch gemeinsamer und miteinander geteilter Erfahrungen. Eine liberale Demokratie ermöglicht die Erweiterung von Kontingenz. An dieser Stelle schließt sich der Bezug des Wissenschafts- und Politikverständnisses bei Rorty (in ganz ähnlicher Weise, wie wir sie auch bei Popper und Dahrendorf, dazu mehr in Kap. 7, finden): Wissenschaft wie auch die liberale Demokratie unterliegen einem steten Wandel, verbunden mit dem Ziel, Kontingenz zu erweitern. Noch deutlicher fasst Hilary Putnam (1997, S. 227) in Anschluss an John Dewey das Bedingungsverhältnis vom Finden tauglicher Lösungen und Demokratie: „Die Demokratie ist nicht bloß eine Form des sozialen Lebens neben anderen funktionierenden Formen sozialen Lebens, sondern sie ist die Voraussetzung der vollständigen Anwendung des geistigen Vermögens auf die Lösung gesellschaftlicher Probleme". Dabei ist es Voraussetzung für eine demokratische Selbstbestimmung, „dass die Adressaten zwingender Gesetze zugleich auch deren Autoren sind“ (Habermas 2011b, S. 49).

Die Demokratie (wie auch die wissenschaftliche Entwicklungsfähigkeit) wiederum wird auch durch die essentialistischen Haltungen mit ihrem Exklusivismus gefährdet, sie werden zur „dark side of certainty exacts [...]. Among these are the paralysis of thought imposed by dogmatic claims of access to truth; the surrender of freedom through submission to an antecedently existing real; the silencing of alternative, richer or more useful understandings; the curtailment of enlarged knowledge by the unreflective repetition of prevailing orthodoxy; and amplification of the arrogance and tunnel vision of professional expertise“ (Lake 2023, S. 1). Diese anti-essentialistische und säkulare Haltung Rortys schlägt sich auch in seiner Grundhaltung gegenüber staatlichen Institutionen nieder: „Im Geiste Deweys sollten wir diese Institutionen nicht mehr als Exemplifizierungen zeitloser Wahrheiten auffassen, sondern als Werkzeuge, die dadurch gerechtfertigt werden, dass es ihnen gelingt, bestimmte Aufgaben zu erfüllen“ (Rorty 2023, S. 52). Wie moralische werden auch politische Prinzipien in diesem Sinne nicht als Einsichten in das Wesen überindividueller Wahrheiten verstanden, sondern als Werkzeuge zur Bewältigung von Problemen, Werkzeuge, die sich in der Vergangenheit bewährt haben (Rorty 2023), diese Bewährung indes auch gegenwärtig und künftig unter Beweis zu stellen haben.

Wie schon bei John Dewey (1996) und Hannah Arendt (1959), findet sich auch bei Rorty ein – wenn auch nicht im Mittelpunkt seiner Überlegungen stehendes – Machtverständnis, das den produktiven Charakter von Macht hervorhebt: In ‚The Consequences of Pragmatism‘ (Rorty 1982) versteht Rorty Macht als eines von vielen praktischen Werkzeugen, mit deren Hilfe Menschen in die Lage versetzt sind, Bedürfnisse und Wünsche zu erfüllen. Damit wird Macht in eine Reihe nützlicher Dinge gestellt, die geeignet sind, mit den Herausforderungen der Welt zurechtzukommen, wie auch Ideen, Sprache, wie auch der Pragmatismus selbst als Philosophie (Allen 2008). Wie schon bei Dewey (1958) werden in einem solchen Verständnis von Macht die Erfahrungen von Macht nicht einfach passiv aufgenommen, sondern interpretiert, mit Bedeutung aufgeladen und in interagierender Weise beantwortet (Allen 2008). Wird Macht neopragmatistisch verstanden, weist sie zwei Dimensionen auf, eine individuelle und eine soziale: Erstens, ist sie zweckmäßige Praxis, in der Macht erfahren, aber auch angewandt wird. Zweitens entsteht sie in relationalen, sich stets wandelnden Kontexten, wird dort aktualisiert und angewandt. In unterschiedlichen und sich wandelnden Kontexten wandelt sich wiederum auch Macht, sie lässt sich – hier wird wiederum die antiessentialistische Grundhaltung deutlich – nicht eindeutig bestimmen (Allen 2008; Kretz 2023b; Rorty 1991a). Machtverhältnisse sind sozialen Beziehungen eingeschrieben, also auch Vokabularen, insofern bleibt ein gegen Macht immunisiertes Vokabular, wie es in der Idee eines ‚herrschaftsfreien Diskurses' (Habermas 1983, 1991) formuliert wird, für Rorty eine Utopie. Diese Utopie weist indes durchaus auch Gefahren auf, denn sie verleitet dazu, unachtsam gegen Machtinteressen zu werden, die in Vokabularen zum Ausdruck kommen (dazu ausführlicher: Ramberg 2011).

Anders als die Kritische Theorie, die von „einer kulturpessimistischen Axiomatik" (Seeliger 2021, S. 155) geprägt sei, erkennt Rorty, dem man „Pessimismus sicher nicht vorwerfen" (Schwaabe 2023, S. 10) kann, in den Produkten der Kulturindustrie das Potenzial einer Kontingenz und Solidarität fördernden Funktion. Insbesondere Werke, die für bestimmte, unübliche Perspektiven sensibilisieren, in bis dato unbekannte Alltagswelten einführten oder „Unterdrückte als empfindsame Subjekte in den Mittelpunkt ihrer Darstellungen rückten" (Seeliger 2021, S. 155), trügen zu der Entwicklung einer inklusiveren Gesellschaft bei (Rorty 1997b).

Eine Synthese der Rortyschen politischen Philosophie bildet Martin Müller (2014, S. 398) folgendermaßen: „Sein ironischer und zugleich kommunitaristischer Liberalismus kombiniert die postmoderne Betonung von Kontingenz und Differenz mit der modernen Suche nach Konsens. Die Ironie als Kontingenzbewusstsein und die Freiheit der Selbsterschaffung werden auf den privaten Bereich begrenzt, während die öffentliche Sphäre – trotz Betonung von Freiheit und Toleranz in seiner idealen liberalen Gesellschaft – die Ziele des (kontextuellen) Konsens und der Solidarität letztlich maßgeblich bleiben". The society outlined here can be described as a society „of people who recognize the contingency of all descriptions, and that ‚truth' is something made, not found" (Calder 2003, S. 53). Entsprechend dieser Überlegungen können (und sollen) politische Forderungen „für Rorty nicht in einer metaphysisch fundierten Gesellschaftsdeutung oder in objektiven Werten begründet werden, sondern nur in der allen Menschen gemeinsamen Erfahrung, dass Grausamkeit das Schlimmste ist, was Menschen einander antun können" (Reder 2023, S. 4).

In dieser ‚romantischen' (Rorty nimmt häufig Bezug darauf, etwa in Rorty 1999; ausführlicher dazu: Schulenberg 2023a) Vorstellung von privater Selbsterschaffung und öffentlicher Solidarität bleiben die Aspekte der ‚ärgerlichen Tatsache der Gesellschaft' ebenso unterbelichtet, wie jene Aspekte, die einer Selbsterschaffung entgegenstehen. Dass die Behinderung privater Selberschaffung und öffentlicher Solidarität durchaus präsent ist, wird im folgenden Abschnitt im Kontext der Gefahren für die liberale Demokratie (die für private Selberschaffung und öffentliche Solidarität einen tauglichen Rahmen bietet) thematisiert, an späterer Stelle im Kontext des Lebenschancen-Konzeptes und seiner Erweiterungen sowie den Gefahren geschlossener Gesellschaften ausführlicher behandelt (Kap. 7).

5.9 Gefahren und Herausforderungen für die liberale Demokratie

Auch die liberale Demokratie ist – auch wenn sie aus Sicht des hier vertretenen Neopragmatismus erstrebenswert ist – indes nicht unerschütterlich, dies ergibt sich aus der grundlegenden Kontingenz von Vokabularen (Rorty 1997b). Entsprechend wird liberale Demokratie im Pragmatismus und Neopragmatismus im Unterschied zur Modernisierungstheorie (mit der die Pragmatismen die Präferenz für die Demokratie teilen) „nicht als evolutionäres Ergebnis struktureller Differenzierung ausgewiesen, sondern als fragiles Projekt, das durch kollektives Handeln konstituiert und reproduziert werden muss" (Schubert et al. 2010, S. 201). Die Gesetzesherrschaft wird von unterschiedlicher Seite aus bedroht (Rorty 1997a). Diese Bedrohung erfolgt dabei von unterschiedlichen autoritaristischen bzw. fundamentalistischen Weltanschauungen aus. In Bezug auf die Vereinigten Staaten (was aber für andere Gesellschaften anwendbar sein dürfte) unterscheidet er zwischen zwei grundsätzlich unterschiedlichen Positionen: „The left, the party of hope, sees our country's moral identity as still to be achieved, rather than as needing to be preserves. The Right thinks that ours county has already has a moral identity, and hopes to keep that identity intact" (Rorty 1997a, S. 30 f.). Die ‚rechte Position' birgt – bei Übersteigerung – die Gefahr von Arroganz, Kriegstreiberei und Imperialismus (Rorty 1997a). Die intellektuelle Auseinandersetzung erfolgt bei Rorty insbesondere mit links-exklusivistischen bzw. -autoritaristischen Weltanschauungen, die über ein dezidiertes und differenziertes Programm verfügen, das einen hinreichend fundierten Gegenstand kritischer Auseinandersetzung bietet. Dabei ist – in Anbetracht des bis zu diesem Punkt Dargelegten – das Verhältnis des Pragmatismus (und des Neopragmatismus) und Marxismus skeptisch bis offen ablehnend. Für die letzte Position steht insbesondere James Dewey, der den Marxismus für eine essentialistische, fundamentalistische und a-historische Philosophie mit einem totalisierenden Gestus hält, die sich ohne Nachvollziehbarkeit als Wissenschaft verstünde (Dewey 1989). Dies gründet insbesondere auf der Kritik, der Marxismus verbinde alle Ereignisse zu einem Ganzen, das durch ein einziges Kausalgesetz erklärt werden könnte, was Dewey für metaphysisch und unwissenschaftlich hält und von Rorty (Rorty 2003, S. 332) in der Richtung ironisch kommentiert wird, es sei dem Marxismus „zu verdanken, dass der Ausdruck ‚bürgerliche Kultur' dazu dient, alles, was die Intellektuellen verachten, in einen Topf zu werfen". Auch wenn dieses Verständnis des Marxismus seinerseits als stark reduktionistisch gelten kann (und etwa dessen Ausdifferenzierung nicht berücksichtigt), hat es doch seine Wirkung erzielt, die der Tradition Deweys folgt und den Marxismus als Metaphysik begreift (Schulenberg 2023b).

Kritik übt Richard Rorty (1997a) an der ‚neuen' (akademischen) wie auch der (marxistischen) ‚alten Linken' in mehrfacher Weise. Beiden wirft er Exklusivismus vor, wenn er ein Festhalten an der Unterstellung kritisiert, als links könne nur jener gelten, der den Sturz des Kapitalismus für notwendig erachtet, während die Veränderung der Gesellschaft durch Reformen abgelehnt wird. Am Marxismus (auch unserer Tage) kritisiert er das dogmatische Verharren in der Teleologie geschichtlichen Verlaufs. So versteht Rorty den Marxismus „als eine ‚grand theory', die sich von den konkreten Erfahrungen und Problemen der Menschen losgesagt hat und die zutiefst metaphysisch ist" (Schulenberg 2023b, S. 5). Diese metaphysische Weltkonstruktion wiederum treibt das Streben nach Reinheit voran: „If we look for people who made no mistakes, who were allways on the right side, who never apologized for tyrants or unjust wars, we shall have few heroes and heroines. Marxism encouraged us to look such purity" (Rorty 1997a, S. 45). Dies hat zur Folge, dass die Linke mehrheitlich die theoretische Betrachtung bevorzuge, statt sich mit der Verbesserung konkreter Verhältnisse zu befassen (Rorty 1997a, 1999; vgl. auch Schulenberg 2021, 2023b). Marxism was accordingly „more of a religion than a secularist program for social change. Like all fundamentalist sects, it emphasized purity" (Rorty 1997a, S. 45 f.; auch Putnam 1990c stellt Analogien zwischen Marxismus und Religion fest), wobei er an anderen Stellen auf die Problematik von Religion verweist, infolge ihrer tiefen Verwurzelung im essentialistischen Denken und der Formulierung ausschließender Werte und Normen, also moralische Ligaturen (siehe dazu 7.3) zu erzeugen als „conversation-stopper" (Rorty 1999, S. 148) zu wirken. Diese religiöse Verhaftetheit findet sich bis in die Gegenwart linker Bewegungen, etwa in der These Foucaults, in jedem Wort von Sprache und jeder Institution in Gesellschaften Machtbeziehungen zu sehen: „The ubiquity of Foucaultian power is reminiscent of the ubiquity of Satan, and thus of the ubiquity of original sin – that diabolical stain on every human soul" (Rorty 1997a, S. 95). Die Omnipräsenz des ‚Bösen' findet dabei durchaus für Rorty eine individuelle Konkretisierung: „Die Auffassung, abweichende politische Meinungen seien ein Symptom moralischen Versagens, setzt eine Moralpsychologie voraus, die auf die Vorstellung zurückgeht, Sünde sei eine freie Entscheidung für das Böse – ein vorsätzliches Sichabwenden vom göttlichen Licht" (Rorty 2019, S. 111).

Die ‚neue' oder ‚akademische Linke' habe sich von der Klassenfrage abgewandt und beschäftige sich vorzugsweise mit Fragen der Identitätspolitik, die indes für weite Teile der von ökonomischem Abstieg betroffenen oder bedrohten Bevölkerung eine geringe Relevanz habe (Rorty 1999). Die ‚akademische Linke' habe eine Neigung zu einem hermetischen Vokabular, dem „leftspeak" (Rorty 1987, S. 570), entwickelt, der als „der vermeintlich einzig richtige Weg, die Welt und das politische Leben zu verstehen" (Selk und Held 2021, S. 162), interpretiert würde. Das Bild von „empathielosen, nach Ordnung und philosophischer Reinheit strebenden linken Intellektuellen" (Jörke und Schwuchow 2021, S. 205) dominiere dabei das Verständnis von Richard Rorty.

Die von der ‚neuen Linken' formulierte Fundamentalkritik an einer nationalstaatlich verfassten Gesellschaft (hier der US-amerikanischen) sowie am Liberalismus sei für die Entfremdung von nicht-akademischen Milieus verantwortlich und habe zu einer weitgehenden Insolation geführt (Rorty 1997a, 1999; ausführlicher auch bei: Selk und Held 2021): „Top-down leftist initiatives come from people who have enough security, money, and power themselves, but nevertheless worry about the fate of people who have less" (Rorty 1997a, S. 53). Die Globalisierungsgewinner der ‚akademischen Linken' fühlten sich diesen Teilen der Bevölkerung überlegen und provozierten diese (Frick 2021). Die solchermaßen ökonomisch wie kulturell Deklassierten, eigentlich die klassische Zielgruppe und in Teilen Träger linker Politik, wendeten sich nun enttäuscht rechtspopulistischen Ideologien zu (Rorty 1997a, 1999). Die Tendenz zum ‚Neotribalismus' (Bauman 2017), sowohl im linken wie im rechten politischen Spektrum (insbesondere in Form der Konstruktion exklusivistischer sozialer Identitäten), widerspricht der ‚liberalen Utopie' Rortys, der Ausdehnung der Zahl der Menschen, denen Solidarität aufgrund von Mitgefühl entgegengebracht wird fundamental (siehe etwa: Frick 2021). Hier habe die ‚neue Linke' durch ihren Fokus auf gesellschaftliche Exklusionsmechanismen zwar einige Erfolge erzielt, indem Benachteiligungen infolge von Hautfarbe, Geschlecht oder sexueller Orientierung nun offen kommuniziert würden und das ‚Wir' der Gesellschaft erweitert worden sei, doch um den Preis der Exklusion weiter Teile der Bevölkerungen, die klassischerweise Ziel linker Politik gewesen seien (Rorty 1997a, 1999). Durch die „Konzentration auf Demütigung und Abbau von Diskriminierung ist das Problem ökonomischer Ausbeutung von der politischen Agenda [der Linken; Anmerkung Olaf Kühne] verschwunden" (Selk und Held 2021, S. 164).

Anders als andere liberale Denker, besonders prägnant Francis Fukuyma (1992) nach dem Zusammenbruch des Realsozialismus in Ostmittel- und Osteuropa, sieht Rorty die von ihm präferierte liberale Demokratie nicht als quasi-normatives Klimaxstadium gesellschaftlicher Entwicklung, sondern als kontingent an. Auch widerspricht er Fukuyama, der von einer ‚natürlichen Nivellierung‘ der Gesellschaft im Zuge einer Expansion der Mittelstandsgesellschaft ausgehe, während Rorty – in linksliberaler Tradition – zentrifugale Kräfte in westlichen Gesellschaften wahrnimmt, die ein politisches Eingreifen verlangen (Hacke 2021; Rorty 2003). Die Skepsis einer Universalisierung der liberalen Demokratie gründet auf drei Aspekten (Hacke 2021; 1997a, 1999):

1. Zum Begründungsgefüge einer liberalen Demokratie gehört eine tragende und wohlsituierte Mittelschicht, wie auch etablierte und funktionierende Institutionen von Staat und Zivilgesellschaft. Gerade die ökonomische Bedingung wird indes durch die wachsende Weltbevölkerung und die Endlichkeit der Ressourcen unterminiert.
2. Autokratien haben vom Untergang totalitärer Regime gelernt und verzichten zunehmend auf eine ideologische Begründung ihrer Herrschaft, indem sie sich pragmatischer ausrichten und sich an kapitalistische Strukturen anpassen, wobei die Bandbreite gewaltig ist und von Militärdiktaturen (als kaum verhüllte Kleptokratien) bis hin zu technologisch avancierten Neomerkantilismus (wie in China) reicht.
3. Das Erreichen der liberalen Demokratie erforderte den Ausbau einer globalen föderativen Weltordnung. Dieser stehen indes aktuelle Tendenzen der Renaissance des Nationalstaates – nicht zuletzt infolge des Zusammenbruchs der realsozialistischen Regime in Ostmittel- und Osteuropa – gegenüber.

Die Demokratie wird – aus neopragmatistischer (hier insbesondere durch Rorty beeinflusster Sicht) – von unterschiedlichen Seiten bedroht, darunter auch von der ‚neuen Linken‘, aber auch dem Misstrauen gegenüber demokratischen Institutionen und deren Handlungsfähigkeit durch einen um sich greifenden Rechtspopulismus und -extremismus. Doch stellen auch religiöse Bindungen eine Herausforderungen für das demokratische Gemeinwesen dar: „In countries such as the USA and India, where most people profess belief in God and many of them take their religious commitments to have political implications, democracy will survive, it seems to me, only if atheists and believers hear one another out and find ways to collaborate in the pursuit of justice and liberty“ (Stout 2023, S. 16). Hierauf wird an späterer Stelle noch intensiver einzugehen sein, wenn der Blick auf die Fragen der offenen Gesellschaft gerichtet wird (Abschn. 7.1) und das Konzept der Lebenschancen eingeführt und differenziert wird (Abschn. 7.3).

5.10 Andere neopragmatistische Sichtweisen und Kritik an Rortys Neopragmatismus

Die Konzeption des Neopragmatismus, der in diesem Buch in weiten Teilen gefolgt wird, ist nicht die einzige Ausprägung des Neopragmatismus, insofern soll im Folgenden kurz auf andere Ausprägungen eingegangen werden. Ebenso soll auf zentrale Kritikpunkte an der Rortyschen Konzeption eingegangen werden. Beides dient nicht zuletzt dessen Kontextualisierung, aber auch dem Aufzeigen von Ansatzpunkten zu deren Weiterentwicklung (der Komposthaufen des Forschungsprogramms will schließlich aufgebaut werden; siehe Abschn. 5.6).

Andere neopragmatistische Denker grenzen sich von der Konzeption Richard Rortys ab bzw. erweitern dessen Verständnis von Neopragmatismus. So betont Richard Bernstein (1971; Bernstein 1983) – im Vergleich zu Rorty, der sich stark auf das Individuum fokussiere – die konstitutive Bedeutung des Sozialen, in der das Individuum eingebunden ist. Pragmatismus ist für ihn in den Erfahrungen des Sozialen, des Politischen und des Ethischen fundiert (Kloppenberg 1996). Infolge dieser stärkeren Einbindung des Individuums in den sozialen Kontext begreift Bernstein auch das Öffentliche und das Private weniger als strikt voneinander geschieden – was sich auch als ein Ausdruck seiner Kritik an dichotomem Denken (paradigmatisch hierfür die Cartesianische Trennung von Subjekt und Objekt) deuten lässt (Barnes 2008). Zwar schätzt Bernstein (2020) Rortys Bemühen, den Liberalismus antifundamentalistisch, nicht-universalistisch und nicht rationalistisch zu denken, kritisiert indes die Vagheit des Ansatzes von Rorty, der (im Gegensatz zu Dewey) keine konkreten Maßnahmen vorschlüge, die Situation von benachteiligten Teilen der Bevölkerung zu verbessern. Richard Shusterman (1992, 2011) richtet den Fokus seines Interesses stärker auf alltagsweltliche ästhetische Praxen, die sowohl im Individuellen wie im Sozialen ihren Niederschlag finden. Shusterman verbindet mit einer künstlerischen Befassung mit Welt die Hoffnung auf deren ‚Verbesserung' in politischen, sozialen, ethischen und kulturellen Kontexten, wobei er hierfür weniger die Hochkultur als die Populärkultur im Blick hat (Barnes 2008). Habermas zeigte sich insbesondere von den Klassikern des Pragmatismus beeinflusst, verband aber auch sprachpragmatistische Überlegungen mit solchen, die aus der Kritischen Theorie stammten und solchen Kantscher Provenienz (Bernstein 2010; Habermas 2011a; Nolte 1984).

Rorty wurde – wie bereits aus dem im vorangegangenen Dargestellten randlich deutlich wurde – in unterschiedlicher Weise kritisiert. So wurde er als relativistischer Postmodernist verstanden (auch durch Putnam 1990b), ein Vorwurf, den er stets zurückwies (Rorty 1987, 1999, 2003): „Er stellt fest, auch der Relativist folge der dualistischen Logik des Repräsentationalismus, wobei der

Relativist lediglich die Spiegelbeziehung umkehre, wenn er behaupte, wir projizierten unsere Form der Repräsentation lediglich auf die Welt, die dann von einem metaphysischen Standpunkt aus als bloße Illusion erscheine“ (Buschmeier 2023, S. 6). Er wurde – in Anschluss an seine Überlegungen zur Gefährdung der liberalen Demokratie (Rorty 1997a, 1999) – als Wegbereiter des politischen Aufstiegs von Donald Trump verstanden. Er wurde als neokonservativ gehalten oder für einen Verteidiger des Status quo (zusammenfassend: Selk und Held 2021). Diese unterschiedlichen Interpretationen lassen sich zum einen auf die wechselnden – in unterschiedlichen Publikationen wiederholten – Selbstbeschreibungen als ‚Sozialkonstruktivist‘ ‚liberaler Ironiker‘, Verteidiger eines ‚postmodernen bourgeoisen Liberalismus‘, ‚Quietist‘ oder ‚Sozialdemokrat‘ zurückführen. Zum zweiten ist das Schrifttum Richard Rortys nicht zuletzt dadurch geprägt, offen zu sein, eindeutige Definitionen vermeidend, was ihn einerseits anschlussfähig macht für Adaptionen in andere Kontexte und Weiterentwicklungen (wofür dieses Buch ein Beispiel ist), andererseits lässt sich sein Werk dadurch als anschlussfähig für ein abgelehntes Vokabular interpretieren. Eine solche Interpretation wird zudem dadurch erleichtert, dass Rorty häufig ironisch formuliert, die Ironie solcher Formulierungen aber häufig auch nicht nachvollzogen, (bewusst?) ignoriert oder als nicht angemessen zurückgewiesen wird. Darüber hinaus regt die in Teilen sehr pointierte Ausdrucksweise von Rorty zu Widerspruch an. Zum fünften, lässt sich Rorty kaum einem politischen Lager eindeutig verorten (was zu Beginn des Absatzes deutlich wurde), entsprechend saß er als „politischer Intellektueller zwischen allen Stühlen“ (Selk und Held 2021, S. 159). Kritisiert wurde, zum sechsten, seine eigenwillige und von dem Fachkonsens bisweilen weit entfernte Interpretation von Klassikern, in einem Sinne, dass die Interpretation seinen Zielen untergeordnet würde als den Intentionen der Autoren (etwa bei Dewey; Jörke und Schwuchow 2021; siehe ausführlicher zur Kritik an Rorty: Brandom 2000a; Gustafsson und Brandom 2001; Rothleder 1999; Saatkamp 1995). Diese eigenwillige Interpretation wiederum setzte auch ein großes kreatives Potenzial frei, das seinen neopragmatistischen Ansatz prägte (Kertscher 2023; Malachowski 2023). Zum siebten wurde das Konzept der ‚liberalen Ironikerin‘ als elitär kritisiert, denn Voraussetzung für diese entspannte Haltung sei eine hohe Ausstattung an kulturellem Kapital, während Personen mit einer geringeren Ausstattung an demselben von einer ironischen Haltung ausgeschlossen und fürderhin in traditionellen Ligaturen (siehe Abschn. 7.3) gefangen seien (Rorty 2001c). Bernstein (2010, S. 215) kritisierte, dass Rorty – angesichts seiner scharfen Kritik an den Dichotomien der traditionellen Philosophie – eine Vielzahl an Dichotomien selbst schuf: „systemic versus edifying; public versus private; argument versus redescription; finding versus making“.

Der amerikanische Pragmatismus, insbesondere der Neopragmatismus, wie gezeigt, hat sich gegenüber der europäischen Philosophie als offen erwiesen, so prägte insbesondere der späte Wittgenstein, aber auch Hegel, Nietzsche und die Auseinandersetzung mit poststrukturalistischen Denkern, die Philosophie Rortys. In umgekehrter Richtung war die europäische Philosophie weniger offen für (neo)pragmatistisches Denken. Dabei bildete Jürgen Habermas (1995a, 1995b) eine Ausnahme. So griff er in seiner Kritik am Positivismus und in seiner Theorie des kommunikativen Handelns auf Peirce zurück – und so auf eine pragmatistische Tradition (Baert 2011), wenngleich er dem radikalen Sprachspielpragmatismus Rortys nicht folgen wollte (was ihn allerdings nicht von vielen amerikanischen Kollegen unterschied).

Literatur

Allen, B. (1994). Putnam und Rorty über Objektivität und Wahrheit. *Deutsche Zeitschrift für Philosophie, 42,* (*6*, 989–1006). https://doi.org/10.1524/dzph.1994.42.6.989

Allen, J. (2008). Pragmatism and power, or the power to make a difference in a radically contingent world. *Geoforum, 39,* (*4*, 1613–1624). https://doi.org/10.1016/j.geoforum.2007.06.004

Arendt, H. (1959). *The human Condition. A study of the central dilemmas facing modern man* (Anchor books, A 182). New York: Doubleday.

Aristoteles. (2001 [ca. 335 – 322 v.u.Z.]. *Die Nikomachische Ethik. Griechisch-deutsch.* Düsseldorf: Artemis & Winkler (Übersetzt von Olof Gigon, neu herausgegeben von Rainer Nickel).

Baert, P. (2011). Neo-Pragmatism and Phenomenology. *European Journal of Pragmatism and American Philosophy, III,* (*2*). https://doi.org/10.4000/ejpap.816

Baltzer, U. (2001). Rorty und die Erneuerung des Pragmatismus. In T. Tietz, U. Schäfer, & R. Zill (Eds.), *Hinter den Spiegeln. Beiträge zur Philosophie Richard Rortys mit Erwiderungen von Richard Rorty* (S. 21–48). Frankfurt am Main: Suhrkamp.

Barnes, T. J. (2008). American pragmatism: Towards a geographical introduction. *Geoforum, 39,* (*4*, 1542–1554). https://doi.org/10.1016/j.geoforum.2007.02.013

Barnes, T. J. (2023). Towards a pragmatist economic geography. *Environment and Planning A*. https://doi.org/10.1177/0308518X231203087

Baruchello, G. (2000). Richard Rorty, a sophist without a soap-box. An Essay on Ethnocentrism, Liberalism, and Cruelty. *AGORA, 19,* (*2*, 139–152).

Bauman, Z. (2017). *Retrotopia* (Suhrkamp-E-Books Kultur- und Sozialwissenschaft). Berlin: Suhrkamp.

Bernstein, R. J. (1971). *Praxis and Action. Contemporary Philosophies of Human Activity.* Philadelphia: University of Pennsylvania Press.

Bernstein, R. J. (1983). *Beyond Objectivism and Relativism. Science, Hermeneutics, and Praxis.* Philadelphia: University of Pennsylvania Press.

Bernstein, R. J. (2008). Richard Rorty's Deep Humanism. *New Literary History, 39,* (*1*, 13–27). https://doi.org/10.1353/nlh.0.0012
Bernstein, R. J. (2010). *The Pragmatic Turn.* Cambridge: Polity Press.
Bernstein, R. J. (2020). Rorty's Inspirational Liberalism. In A. Malachowski (Ed.), *A companion to Rorty* (Blackwell companions to philosophy, vol. 73, S. 135–146). Hoboken, NJ: Wiley Blackwell.
Berr, K. (2019). Konflikt und Ethik. In K. Berr, & C. Jenal (Eds.), *Landschaftskonflikte* (S. 109–129). Wiesbaden: Springer VS.
Berr, K., & Kühne, O. (2019). Moral und Ethik von Landschaft. In O. Kühne, F. Weber, K. Berr, & C. Jenal (Eds.), *Handbuch Landschaft* (S. 351–365). Wiesbaden: Springer VS.
Borsche, T. (1996). Einleitung. Sprachphilosophische Überlegungen zu einer Geschichte der Sprachphilosophie. In T. Borsche (Ed.), *Klassiker der Sprachphilosophie. Von Platon bis Noam Chomsky* (S. 7–13). München: Beck.
Brandom, R. B. (Ed.). (2000a). *Rorty and his critics* (Philosophers and their critics, vol. 9, 1. publ). Malden, Mass.: Blackwell.
Brandom, R. B. (2000b). Vocabularies of Pragmatism. Synthesizing Naturalism and Historicism. In R. B. Brandom (Ed.), *Rorty and his critics* (Philosophers and their critics, vol. 9, 1st ed., S. 156–183). Malden, Mass.: Blackwell.
Brandom, R. B. (2001). *Making it explicit. Reasoning, representing, and discursive commitment* (4. print). Cambridge, Mass: Harvard Univ. Press.
Brandom, R. B. (2011a). *Prespectives on Pragmatism. Classical, Recent, and Contemporary.* Cambridge, Massachusetts: Harvard University Press.
Brandom, R. B. (2011b). Vocabularies of Pragmatism: Synthesizing Naturalism and Historicism. In R. B. Brandom (Ed.), *Perspectives on Pragmatism. Classical, Recent, and Contemporary* (S. 116–157). Cambridge, MA: Harvard University Press.
Brandom, R. B. (2023). Vollendung der Aufklärung. Vorwort. In R. Rorty (Ed.), *Pragmatismus als Antiautoritarismus* (1st ed., S. 7–41). Berlin: Suhrkamp.
Bridge, G. (2020). Appreciating the situation. Dewey's pragmatism and its implications for spatialisation of social science. In L. W. Robert, & J. Wills (Eds.), *The power of pragmatism. Knowledge production and social inquiry* (S. 69–85). Manchester: Manchester University Press.
Brunkhorst, H. (2001). Kritische Theorie und Pragmatismus. In T. Tietz, U. Schäfer, & R. Zill (Eds.), *Hinter den Spiegeln. Beiträge zur Philosophie Richard Rortys mit Erwiderungen von Richard Rorty* (S. 145–161). Frankfurt am Main: Suhrkamp.
Buschmeier, M. (2023). Sprachphilosophie: Sprachspielpragmatismus und -historismus. In M. Müller (Ed.), *Handbuch Richard Rorty* (1st ed., S. 597–614). Wiesbaden: Springer Fachmedien Wiesbaden GmbH.
Calcaterra, R. M., & Kögler, H.-H. (2023). Philosophy and the Mirror of Nature (1979). Übers.: Der Spiegel der Natur: Eine Kritik der Philosophie (1981). In M. Müller (Ed.), *Handbuch Richard Rorty* (1st ed., S. 161–181). Wiesbaden: Springer Fachmedien Wiesbaden GmbH.
Calder, G. (2003). *Rorty. And Redesciption.* London: Weidenfeld and Nicolson.
Calder, G. (2007). *Rorty's politics of redescription* (Political philosophy now). Cardiff: University of Wales Press.
Chalmers, A. F. (2013). *What is this thing called science?* (4. Auflage). Indianapolis: Hackett Publishing Company.

Dahrendorf, R. (1979). *Lebenschancen. Anläufe zur sozialen und politischen Theorie* (Suhrkamp-Taschenbuch, vol. 559). Frankfurt (Main): Suhrkamp.

Dahrendorf, R. (1983). *Die Chancen der Krise. Über die Zukunft des Liberalismus*. Stuttgart: Deutsche Verlags-Anstalt DVA.

Dahrendorf, R. (1992). *Der moderne soziale Konflikt. Essay zur Politik der Freiheit*. Stuttgart: Deutsche Verlags-Anstalt DVA.

Davidson, D. (1990). The Structure and Content of Truth. *Journal of Philosophy, 87*, (*6*, 279–328). https://doi.org/10.2307/2026863

Davidson, D. (2004). *Subjektiv, intersubjektiv, objektiv*. Frankfurt (Main): Suhrkamp.

Deines, S. (2008). *Situierte Kritik. Modelle kritischer Praxis in Hermeneutik, Poststrukturalismus und Neopragmatismus*. Frankfurt a. M.: Johann Wolfgang Goethe-Universität.

Deines, S. (2023). Rorty und die postmoderne und poststrukturalistische Philosophie (Lyotard, Foucault, Derrida). In M. Müller (Ed.), *Handbuch Richard Rorty* (1st ed., S. 379–397). Wiesbaden: Springer Fachmedien Wiesbaden GmbH.

Dewey, J. (1917). *Creative Intelligence. Essays in the Pragmatic Attitude*. New York.: Holt.

Dewey, J. (1920). *Reconstruction in philosophy*. New York: H. Holt and Co.

Dewey, J. (1958). *Art as experience* (Capricorn books, vol. 1, 12. impr). New York, NY: Putnam.

Dewey, J. (1989). *Freedom and Culture* (Greats books in philosophy). New York: Prometheus Books.

Dewey, J. (1996). *Die Öffentlichkeit und ihre Probleme*. Berlin: Philo Verlagsgesellschaft.

Dewey, J. (1998 [1929]). *Die Suche nach Gewißheit. Eine Untersuchung des Verhältnisses von Erkenntnis und Handeln*. Frankfurt am Main: Suhrkamp.

Dewey, J. (2008[1916]). *Democracy and education*. Radford, VA: Wilder Publications.

Dewey, J. (2016). *Logik. Die Theorie der Forschung* (Suhrkamp Taschenbuch Wissenschaft, 2. Auflage). Frankfurt am Main: Suhrkamp.

Diaz-Bone, R., & Schubert, K. (1996). *William James zur Einführung*. Hamburg: Junius Verlag.

Dielemann, S. (2021). Richard Rorty und die epistemische Rechtfertigung der Demokratie. In V. Selk, C. Held, & T. Schwuchow (Eds.), *Soziale Hoffnung, liberale Ironie. Zur Aktualität von Richard Rortys politischem Denken* (Staatsverständnisse, vol. 145, 1st ed., S. 51–72). Baden-Baden: Nomos Verlagsgesellschaft mbH & Co. KG.

Feyerabend, P. (1976). *Wider den Methodenzwang. Skizze einer anarchistischen Erkenntnistheorie*. Frankfurt am Main: Suhrkamp.

Frazier, B. (2006). The ethics of Rortian redescription. *Philosophy & Social Criticism, 32*, (*4*, 461–492). https://doi.org/10.1177/0191453706064020

Frick, M.-L. (2021). Was wir von Rorty über Menschenrechte lernen können – und was nicht. In V. Selk, C. Held, & T. Schwuchow (Eds.), *Soziale Hoffnung, liberale Ironie. Zur Aktualität von Richard Rortys politischem Denken* (Staatsverständnisse, vol. 145, 1st ed., S. 121–142). Baden-Baden: Nomos Verlagsgesellschaft mbH & Co. KG.

Fukuyama, F. (1992). *The End of History and the Last Man*. New York, NY: Free Press.

Gamm, G. (2009). *Philosophie im Zeitalter der Extreme. Eine Geschichte philosophischen Denkens im 20. Jahrhundert*. Darmstadt: Primus-Verlag.

Gascoigne, N. (2013). *Richard Rorty. Liberalism, irony and the ends of philosophy* (Key contemporary thinkers). Cambridge: Polity Press.

Geiselhart, K. (2020). Truth and academia in times of fake news, alternative facts and filter bubbles. A pragmatist notion of critique as mediation. In L. W. Robert, & J. Wills (Eds.), *The power of pragmatism. Knowledge production and social inquiry* (S. 139–156). Manchester: Manchester University Press.
Gethmann, C. F. (1987). Vom Bewusstsein zum Handeln. Pragmatische Tendenzen in der deutschen Philosophie der ersten Jahrzehnte des 20. Jahrhunderts. In H. Stachowiak (Ed.), *Pragmatik. Handbuch pragmatisches Denken.* Band 2 (S. 202–232). Leipzig: Meiner.
Glasersfeld, E. v. (1988). Einführung in den radikalen Konstruktivismus. In P. Watzlawick (Ed.), *Die erfundene Wirklichkeit. Wie wissen wir, was wir zu wissen glauben? Beiträge zum Konstruktivismus* (5th ed., S. 16–38). München: Piper.
Glasersfeld, E. v. (1995). *Radical constructivism. A way of knowing and learning* (Studies in mathematics education series, vol. 6). London: Falmer Press.
Gloy, K. (2004). *Wahrheitstheorien. Eine Einführung.* Tübingen: Francke.
Gustafsson, M., & Brandom, R. B. (2001). Rorty and His Critics. *The Philosophical Review, 110,* (*4,* 645). https://doi.org/10.2307/3182614
Habermas, J. (1983). Diskursethik – Notizen zu einem Begründungsprogramm. In J. Habermas (Ed.), *Moralbewußtsein und kommunikatives Handeln* (S. 53–126). Frankfurt (Main).
Habermas, J. (1991). *Erläuterungen zur Diskursethik.* Frankfurt (Main): Suhrkamp.
Habermas, J. (1995a). *Theorie des kommunikativen Handelns. Band I. Handlungsrationalität und gesellschaftliche Rationalisierung.* Frankfurt (Main): Suhrkamp.
Habermas, J. (1995b). *Theorie des kommunikativen Handelns. Band II. Zur Kritik der funktionalistischen Vernunft.* Frankfurt (Main): Suhrkamp.
Habermas, J. (2011a). "... And to define America, her athletic democracy". Im Andenken an Richrad Rorty. In A. Gröschner, M. Sandbothe, & R. Rorty (Eds.), *Pragmatismus als Kulturpolitik. Beiträge zum Werk Richard Rortys* (Suhrkamp Taschenbuch Wissenschaft, vol. 1981, 1st ed., S. 25–38). Berlin: Suhrkamp.
Habermas, J. (2011b). *Zur Verfassung Europas. Ein Essay* (Edition Suhrkamp : Sonderdruck, Orig.-Ausg., 1. Aufl.). Berlin: Suhrkamp.
Hacke, J. (2021). Liberale Demokratie und Solidarität. Richard Rortys Hoffnung für den Westen. In V. Selk, C. Held, & T. Schwuchow (Eds.), *Soziale Hoffnung, liberale Ironie. Zur Aktualität von Richard Rortys politischem Denken* (Staatsverständnisse, vol. 145, 1st ed., S. 73–102). Baden-Baden: Nomos Verlagsgesellschaft mbH & Co. KG.
Hagendorff, T. (2011). Ästhetische Wahrheitstheorien nach Rorty. *Critica – Zeitschrift für Philosophie und Kunsttheorie, 2,* (2–24).
Hänseler, L. (2023). Objectivity, Relativism, and Truth: Philosophical Papers, Vol. 1 (1991). In M. Müller (Ed.), *Handbuch Richard Rorty* (1st ed., S. 225–238). Wiesbaden: Springer Fachmedien Wiesbaden GmbH.
Hegel, G. W. F. (1994 [1827/28]). *Vorlesungen über die Philosophie des Geistes. Berlin 1827/1828* (Vorlesungen. Ausgewählte Nachschriften und Manuskripte, vol. 13). Hamburg: Meiner (Nachgeschrieben von Johann Eduard Erdmann und Ferdinand Walter).
Heindl, A. (2023). Richard Rortys Kritik der Erkenntnistheorie: Demokratischer Anti-Repräsentationalismus. In M. Müller (Ed.), *Handbuch Richard Rorty* (1st ed., S. 581–596). Wiesbaden: Springer Fachmedien Wiesbaden GmbH.
Held, C., Schwuchow, T., & Selk, V. (2021). Rezeptionslinien und Anknüpfungspunkte. Rortys Pragmatismus im politischen Kontext. In V. Selk, C. Held, & T. Schwuchow

(Eds.), *Soziale Hoffnung, liberale Ironie. Zur Aktualität von Richard Rortys politischem Denken* (Staatsverständnisse, vol. 145, 1st ed., S. 9–24). Baden-Baden: Nomos Verlagsgesellschaft mbH & Co. KG.

Hildebrand, D. L. (2003). The neopragmatist turn. *Southwest Philosophy Review, 19,* (*1*, 79–88).

Hildebrand, D. L. (2005). Pragmatism, neopragmatism, and public administration. *Administration & Society, 37,* (*3*, 345–359).

Honneth, A. (2020). Vorwort. In H. Bajohr (Ed.), *Judith N. Shklar. Der Liberalismus der Furcht* (3rd ed., S. 7–25). Berlin: Matthes & Seitz.

Huetter-Almerigi, Y. (2023). Rorty on Realism, Antirealism, and Antirepresentationalism. In M. Müller (Ed.), *Handbuch Richard Rorty* (1st ed., S. 813–845). Wiesbaden: Springer Fachmedien Wiesbaden GmbH.

Huetter-Almerigi, Y., & Ramberg, B. T. (2023). Analytic Philosophy of Language (Wittgenstein, Sellars, Quine, Davidson, Kuhn). In M. Müller (Ed.), *Handbuch Richard Rorty* (1st ed., S. 347–362). Wiesbaden: Springer Fachmedien Wiesbaden GmbH.

James, W. (1907). *Pragmatism. An Old Way for Some New Ways of Thinking.* New York: Longmans, Green and Co.

James, W. (1977). *Der Pragmatismus. Ein neuer Name für alte Denkmethoden* (Philosophische Bibliothek, vol. 297). Hamburg: Meiner.

Joas, H. (1988). Symbolischer Interaktionismus. Von der Philosophie des Pragmatismus zu einer soziologischen Forschungstradition. *Kölner Zeitschrift für Soziologie und Sozialpsychologie, 40,* (417–446).

Jörke, D., & Schwuchow, T. (2021). Die "neue Linke" als Außenzirkel der Macht. Rortys Herrschaftskritik und sein Weg aus der Theoriefalle. In V. Selk, C. Held, & T. Schwuchow (Eds.), *Soziale Hoffnung, liberale Ironie. Zur Aktualität von Richard Rortys politischem Denken* (Staatsverständnisse, vol. 145, 1st ed., S. 193–210). Baden-Baden: Nomos Verlagsgesellschaft mbH & Co. KG.

Kant, I. (1959 [1790]). *Kritik der Urteilskraft* (Philosophische Bibliothek, Unveränd. Neudr. der Ausg. von 1924). Hamburg: Meiner.

Kertscher, J. (2023). Rorty und der klassische Pragmatismus (Peirce, James, Dewey, Schiller). In M. Müller (Ed.), *Handbuch Richard Rorty* (1st ed., S. 333–346). Wiesbaden: Springer Fachmedien Wiesbaden GmbH.

Kloppenberg, J. T. (1996). Pragmatism. An old name for some new ways of thinking? *The Journal of American History, 86,* (*1*, 100–138). http://mesosyn.com/pragmatismNew.pdf.

Kögler, H.-H. (2023). Rortys Wirkung und Herausforderung für die Hermeneutik. In M. Müller (Ed.), *Handbuch Richard Rorty* (1st ed., S. 977–996). Wiesbaden: Springer Fachmedien Wiesbaden GmbH.

Kremer, A. (2023). Phenomenology (Heidegger, Gadamer, Sartre). In M. Müller (Ed.), *Handbuch Richard Rorty* (1st ed., S. 491–507). Wiesbaden: Springer Fachmedien Wiesbaden GmbH.

Kretz, D. (2023a). Contingency, Irony, and Solidarity (1989). Übers.: Kontingenz, Ironie und Solidarität (1989). In M. Müller (Ed.), *Handbuch Richard Rorty* (1st ed., S. 201–224). Wiesbaden: Springer Fachmedien Wiesbaden GmbH.

Kretz, D. (2023b). Essays on Heidegger and Others: Philosophical Papers, Vol. 2 (1991). In M. Müller (Ed.), *Handbuch Richard Rorty* (1st ed., S. 239–251). Wiesbaden: Springer Fachmedien Wiesbaden GmbH.

Kronenberg, B. (2014). *Die Zerbrechlichkeit des Wahren. Richard Rortys Neopragmatismus und Adornos Negative Dialektik* (Edition Moderne Postmoderne, 1st ed.). Bielefeld: transcript Verlag.

Kronenberg, B. (2023). Ontologie: Taktischer Physikalismus und Naturalismus. In M. Müller (Ed.), *Handbuch Richard Rorty* (1st ed., S. 655–671). Wiesbaden: Springer Fachmedien Wiesbaden GmbH.

Kuhn, T. S. (1976). *Die Struktur wissenschaftlicher Revolutionen* (Suhrkamp-Taschenbuch Wissenschaft, vol. 25, Zweite revidierte und um das Postskriptum von 1969 ergänzte Auflage). Frankfurt am Main: Suhrkamp.

Kühne, O., & Berr, K. (2021). *Wissenschaft, Raum, Gesellschaft. Eine Einführung zur sozialen Erzeugung von Wissen.* Wiesbaden: Springer VS.

Kühne, O., & Berr, K. (2022). *Science, Space, Society. An overview of the social production of knowledge.* Wiesbaden: Springer.

Kühne, O., Berr, K., Jenal, C., & Schuster, K. (2021). *Liberty and Landscape. In Search of Life-chances with Ralf Dahrendorf*. Basingstoke: Palgrave Macmillan.

Kühne, O., Berr, K., & Jenal, C. (2023). *The Closed Society and Its Ligatures – A Critique Using the Example of 'Landscape'*. Wiesbaden: Springer Fachmedien Wiesbaden GmbH; Springer.

Kühne, O., Koegst, L., & Berr, K. (2024). *Oilscapes of Louisiana – Neopragmatic Reflections on the Ambivalent Aesthetics of Landscape Constructions.* Wiesbaden: Springer Fachmedien.

Lake, R. W. (2023). From Professional Geography to Public Geography, from Representational Certainty to Not Knowing the Answer. *The Professional Geographer,* (1–9). https://doi.org/10.1080/00330124.2023.2242465

Laudan, L. (1977). *Progress and Its Problems. Towards a Theory of Scientific Growth.* Berkeley, Calif: University of California Press.

Leggewie, C., & Zifonun, D. (2011). Was heißt Interkulturalität? In A. Gröschner, M. Sandbothe, & R. Rorty (Eds.), *Pragmatismus als Kulturpolitik. Beiträge zum Werk Richard Rortys* (Suhrkamp Taschenbuch Wissenschaft, vol. 1981, 1st ed., S. 220–248). Berlin: Suhrkamp.

Levine, S. (2023). Neopragmatism (Putnam and Habermas). In M. Müller (Ed.), *Handbuch Richard Rorty* (1st ed., S. 363–378). Wiesbaden: Springer Fachmedien Wiesbaden GmbH.

Llanera, T. (2023). Art of Living: Irony and Redemption from Egotism. In M. Müller (Ed.), *Handbuch Richard Rorty* (1st ed., S. 763–776). Wiesbaden: Springer Fachmedien Wiesbaden GmbH.

MacInyre, A. (2011). Richard Rortys Vermächtnis. In A. Gröschner, M. Sandbothe, & R. Rorty (Eds.), *Pragmatismus als Kulturpolitik. Beiträge zum Werk Richard Rortys* (Suhrkamp Taschenbuch Wissenschaft, vol. 1981, 1st ed., S. 39–53). Berlin: Suhrkamp.

Malachowski, A. (2023). Imagination over Reason: Rorty's Romance with Contingency. In M. Müller (Ed.), *Handbuch Richard Rorty* (1st ed., S. 799–812). Wiesbaden: Springer Fachmedien Wiesbaden GmbH.

Malachowski, A. R. (2014). *Richard Rorty* (Philosophy now). Abingdon, Oxon: Routledge.

Menand, L. (2001). *The Metaphysical Club. A story of ideas in America* (1.th ed.). New York, NY: Farrar Straus and Giroux.

Merton, R. K. (1973). *The Sociology of Science. Theoretical and Empirical Investigations.* Chicago: University of Chicago Press.

Müller, M. (2014). *Private Romantik, öffentlicher Pragmatismus? Richard Rortys transformative Neubeschreibung des Liberalismus* (Edition Moderne Postmoderne, 1st ed.). Bielefeld: transcript Verlag.

Müller, M. (2021). *Rorty lesen.* Wiesbaden: Springer VS.

Müller, M. (2023). Einführung in das Handbuch Richard Rorty. In M. Müller (Ed.), *Handbuch Richard Rorty* (1st ed., S. 9–41). Wiesbaden: Springer Fachmedien Wiesbaden GmbH.

Neges, K. (2023). Wahrheitstheorie: Rechtfertigung statt Wahrheit. In M. Müller (Ed.), *Handbuch Richard Rorty* (1st ed., S. 635–653). Wiesbaden: Springer Fachmedien Wiesbaden GmbH.

Neubert, S. (2004). Pragmatismus – thematische Vielfalt in Deweys Philosophie und in ihrer heutigen Rezeption. In L. A. Hickman, S. Neubert, & K. Reich (Eds.), *John Dewey. Zwischen Pragmatismus und Konstruktivismus* (Interaktionistischer Konstruktivismus, Band 1, S. 13–27). Münster: Waxmann.

Nolte, H. (1984). Kommunikative Kompetenz und Leibapriori. Zur philosophischen Anthropologie von Jürgen Habermas und Karl-Otto Apel. *Archiv für Rechts-und Sozialphilosophie, 70,* (*4,* 518–539). https://www.jstor.org/stable/23680482?casa_token=sdxquuxcixqaaaaa:-1cj_8trcmdfzk4lr3ky9oqbiu4wmaciocsxamxesqriw1grzxzq5nzeoru-udnwd8vvkpdvfuyo8u2yrcvlxkhlpb0vrkazcyjwqi7ru9-hv4li.

Oehler, K. (1977). Der Pragmatismus des William James. In K. Oehler (Ed.), *Der Pragmatismus. Ein neuer Name für alte Denkmethoden* (Philosophische Bibliothek, vol. 297, IX-XXXIV??). Hamburg: Meiner.

Peirce, C. S. (1991a). *Schriften zum Pragmatismus und Pragmatizismus* (Suhrkamp-Taschenbuch Wissenschaft, vol. 945). Frankfurt (Main): Suhrkamp.

Peirce, C. S. (1991b). *Vorlesungen über Pragmatismus. Einleitung, Anmerkung und herausgegeben von Elisabeth Walther.* Hamburg: Felix Meiner Verlag.

Peirce, C. S. (2018 [1878]). *Über die Klarheit unserer Gedanken. How to Make Our Ideas Clear* (4., erweiterte Auflage). Frankfurt am Main: Vittorio Klostermann.

Popper, K. R. (1965). *Das Elend des Historizismus* (Die Einheit der Gesellschaftswissenschaften, Band 3). Tübingen: Mohr Siebeck.

Popper, K. R. (1996). *Alles Leben ist Problemlösen. Über Erkenntnis, Geschichte und Politik.* München: Piper.

Popper, K. R. (2002). *The Logic Of Scientific Discovery.* Abingdon: Routledge.

Popper, K. R. (2011[1947]). *The Open Society and Its Enemies.* Abingdon: Routledge.

Poser, H. (2012). *Wissenschaftstheorie. Eine philosophische Einführung* (2., überarbeitete und erweiterte Auflage). Stuttgart: Philipp Reclam jun.

Putnam, H. (1981). *Reason, Truth, and History.* Cambridge: Cambridge University Press.

Putnam, H. (1982). Why Reason Can't Be Naturalized. *Synthese, 52,* (*1,* 3–23). http://www.jstor.org/stable/20115757. Accessed: 23 August 2023.

Putnam, H. (1990a). *Die Bedeutung von "Bedeutung"* (Klostermann-Texte : Philosophie, 2., durchges. Aufl.). Frankfurt am Main: Klostermann.

Putnam, H. (1990b). *Realism with a Human Face.* Cambridge, MA: Harvard University Press.

Putnam, H. (1990c). *Vernunft, Wahrheit und Geschichte* (Suhrkamp-Taschenbuch Wissenschaft, vol. 853, 1. Aufl.). Frankfurt am Main: Suhrkamp.

Putnam, H. (1995). *Pragmatism: An Open Question.* Oxford: Blackwell Publishers.
Putnam, H. (1997). *Für eine Erneuerung der Philosophie* (Universal-Bibliothek, vol. 9660). Stuttgart: Reclam.
Ramberg, B. T. (2011). Um seiner eigenen Generation Willen. Rorty über Zerstörung und Bildung. In A. Gröschner, M. Sandbothe, & R. Rorty (Eds.), *Pragmatismus als Kulturpolitik. Beiträge zum Werk Richard Rortys* (Suhrkamp Taschenbuch Wissenschaft, vol. 1981, 1st ed., S. 75–107). Berlin: Suhrkamp.
Reder, M. (2023). Gefühl der Solidarität statt Rationalität. Rortys sentimentalistische Konzeption der Menschenrechte. In M. Müller (Ed.), *Handbuch Richard Rorty* (1st ed., S. 901–916). Wiesbaden: Springer Fachmedien Wiesbaden GmbH.
Reese-Schäfer, W. (2016). *Richard Rorty zur Einführung.* Hamburg: Junius Verlag.
Rorty, R. (1980). *Philosophy and the mirror of nature* (1. paperback print). Princeton, N. J.: Princeton University Press.
Rorty, R. (1981). *Der Spiegel der Natur: Eine Kritik der Philosophie.* Frankfurt am Main: Suhrkamp.
Rorty, R. (1982). *Consequences of Pragmatism. Essays: 1972–1980.* Minneapolis: University of Minnesota Press.
Rorty, R. (1987). Thugs and Theories. A Replay to Bernstein. *Political Theory, 15,* (*4,* 564–580). https://doi.org/10.1177/0090591787015004004
Rorty, R. (1988). *Solidarität oder Objektivität? 3 philos. Essays* (Reclams Universal-Bibliothek, Nr. 8513). Stuttgart: Reclam.
Rorty, R. (1989). *Kontingenz, Ironie und Solidarität.* Frankfurt (Main): Suhrkamp.
Rorty, R. (1991a). *Essays on Heidegger and others* (Philosophical papers, v. 2). Cambridge: Cambridge University Press.
Rorty, R. (1991b). *Objectivity, Relativism, and Truth.* Cambridge: Cambridge University Press.
Rorty, R. (1993). Feminism, Ideology, and Deconstruction: A Pragmatist View. *Hypatia, 8,* (*2,* 96–103). https://doi.org/10.1111/j.1527-2001.1993.tb00093.x
Rorty, R. (1994). Inquiry as recontextualization. An anti-dualist account of interpretation. *Filosoficky Casopis, 42,* (*3,* 358–379). https://philpapers.org/rec/roriar. Accessed: 29 June 2023.
Rorty, R. (1995). Der bürgerliche Liberalismus postmoderner Prägung. In B. den van Brink (Ed.), *Bürgergesellschaft, Recht und Demokratie* (Edition Suhrkamp, 1805 = N.F., 805, 1st ed., S. 141–151). Frankfurt am Main: Suhrkamp.
Rorty, R. (1997a). *Achieving our country. Leftist thought in twentieth-century America* (The William E. Massey, Sr. lectures in the history of American civilization, vol. 1997). Cambridge, Mass.: Harvard University Press.
Rorty, R. (1997b). *Contingency, irony, and solidarity* (Reprint). Cambridge: Cambridge University Press.
Rorty, R. (1998). The Contingency of Language. In M. F. Bernard-Donals, & R. R. Glejzer (Eds.), *Rhetoric in an antifoundational World. Language, culture, and pedagogy* (S. 65–85). New Haven, Connecticut: Yale University Press.
Rorty, R. (1999). *Philosophy and social hope* (Penguin books, 1. publ). London: Penguin Books.

Rorty, R. (2001a). Erwiderung auf Friederike Müller-Frimauth. In T. Tietz, U. Schäfer, & R. Zill (Eds.), *Hinter den Spiegeln. Beiträge zur Philosophie Richard Rortys mit Erwiderungen von Richard Rorty* (S. 259–263). Frankfurt am Main: Suhrkamp.

Rorty, R. (2001b). Erwiderung auf Hauke Brunkhorst. In T. Tietz, U. Schäfer, & R. Zill (Eds.), *Hinter den Spiegeln. Beiträge zur Philosophie Richard Rortys mit Erwiderungen von Richard Rorty* (S. 162–165). Frankfurt am Main: Suhrkamp.

Rorty, R. (2001c). *Philosophie & die Zukunft. Essays* (Fischer Forum Wissenschaft Philosophie, vol. 14762, Orig.-Ausgabe, 2. Aufl.). Frankfurt am Main: Fischer-Taschenbuch-Verl.

Rorty, R. (2001d). Redemption from egotism. James and Proust as spiritual exercises. *Telos, 3, (3,* 243–263).

Rorty, R. (2002). *The linguistic turn. Essays in philosophical method ; with two retrospective essays* [Nachdr.]. Chicago: Univ. of Chicago Press (Original work published 1968).

Rorty, R. (2003). *Wahrheit und Fortschritt.* Frankfurt am Main: Suhrkamp.

Rorty, R. (2005). Ist Wahrheit ein Ziel der Forschung? Donald Davidson kontra Crispin Wrigt. In M. Sandbothe (Ed.), *Wozu Wahrheit? Eine Debatte* (Suhrkamp-Taschenbuch Wissenschaft, vol. 1691, 1st ed., S. 210–245). Frankfurt am Main: Suhrkamp.

Rorty, R. (2007). Dewey and Posner on Pragmatism and Moral Progress. *The University of Chicago Law Review, 74, (3,* 915–927).

Rorty, R. (2018[1994]). *Hoffnung statt Erkenntnis. Eine Einführung in die pragmatische Philosophie* (3.th ed.). Wien: Passagen-Verlag.

Rorty, R. (2019). *Philosophie als Kulturpolitik* (Suhrkamp Taschenbuch Wissenschaft, vol. 2289, Erste Auflage). Berlin: Suhrkamp.

Rorty, R. (2023). *Pragmatismus als Antiautoritarismus* (Erste Auflage, deutsche Erstausgabe). Berlin: Suhrkamp.

Rorty, R. M. (Ed.). (1992[1967]). *The Linguistic Turn. Essays in Philosophical Method.* Chicago: University of Chicago Press (With Two Retrospective Essays).

Rothleder, D. (1999). *The work of friendship. Rorty, his critics, and the project of solidarity* (SUNY series in the philosophy of the social sciences). Albany, NY: State University of New York Press.

Saatkamp, H. J. (Ed.). (1995). *Rorty and Pragmatism. The Philosopher Responds to His Critics.* Nashville: Vanderbilt University Press.

Schiller, F. (2000). *Über die ästhetische Erziehung des Menschen.* Ditzingen: Reclam.

Schlegel, F. (1963). *Philosophische Lehrjahre: 1796–1806. Nebst philosophischen Manuskripten aus den Jahren 1796–1828.* München, Paderborn, Wien: Schöningh.

Schopenhauer, A. (2020[1819]). *Die Welt als Wille und Vorstellung. Kritische Jubiläumsausgabe der ersten Auflage von 1819 mit den Zusätzen von Arthur Schopenhauer aus seinem Handexemplar* (Philosophische Bibliothek, v.717, 1st ed.). Hamburg: Felix Meiner Verlag.

Schubert, H.-J., Joas, H., & Wenzel, H. (2010). *Pragmatismus zur Einführung. Kreativität, Handlung, Deduktion, Induktion, Abduktion, Chicago School, Sozialreform, symbolische Interaktion* (Zur Einführung, vol. 382). Hamburg: Junius Verlag.

Schulenberg, U. (2021). Zwischen Liberalismus und Marxismus. Rortys Pragmatismus im politischen Kontext. In V. Selk, C. Held, & T. Schwuchow (Eds.), *Soziale Hoffnung, liberale Ironie. Zur Aktualität von Richard Rortys politischem Denken* (Staatsverständnisse, vol. 145, 1st ed., S. 25–50). Baden-Baden: Nomos Verlagsgesellschaft mbH & Co. KG.

Schulenberg, U. (2023a). Romantik und die Idee einer poetisierten Kultur. In M. Müller (Ed.), *Handbuch Richard Rorty* (1st ed., S. 747–762). Wiesbaden: Springer Fachmedien Wiesbaden GmbH.

Schulenberg, U. (2023b). Zwei Philosophien der Praxis: Rorty und der Marxismus. In M. Müller (Ed.), *Handbuch Richard Rorty* (1st ed., S. 509–524). Wiesbaden: Springer Fachmedien Wiesbaden GmbH.

Schultz, H.-D. (1980). *Die deutschsprachige Geographie 1800-1970. Ein Beitrag zur Geschichte ihrer Methodologie.* Berlin: Geographisches Institut der Freien Universität.

Schurz, G. (2006). *Einführung in die Wissenschaftstheorie.* Darmstadt: WBG.

Schwaabe, C. (2021). Liberalismus ohne Rationalismus. Richard Rortys kontextualistisches Bekenntnis zur Menschenrechtskultur. In V. Selk, C. Held, & T. Schwuchow (Eds.), *Soziale Hoffnung, liberale Ironie. Zur Aktualität von Richard Rortys politischem Denken* (Staatsverständnisse, vol. 145, 1st ed., S. 103–120). Baden-Baden: Nomos Verlagsgesellschaft mbH & Co. KG.

Schwaabe, C. (2023). Truth and Progress: Philosophical Papers, Vol. 3 (1998). Übers.: Wahrheit und Fortschritt (2000). In M. Müller (Ed.), *Handbuch Richard Rorty* (1st ed., S. 253–266). Wiesbaden: Springer Fachmedien Wiesbaden GmbH.

Seeliger, M. (2021). Muss sich die europäische Linke zwischen Nationalstaat und Internationalismus entscheiden? Überlegungen im Anschluss an Richard Rorty. In V. Selk, C. Held, & T. Schwuchow (Eds.), *Soziale Hoffnung, liberale Ironie. Zur Aktualität von Richard Rortys politischem Denken* (Staatsverständnisse, vol. 145, 1st ed., S. 143–158). Baden-Baden: Nomos Verlagsgesellschaft mbH & Co. KG.

Seiffert, H. (1996). *Einführung in die Wissenschaftstheorie 1. Sprachanalyse – Deduktion – Induktion in Natur- und Sozialwissenschaften.* München: C.H. Beck.

Selk, V., & Held, C. (2021). Schlechte Aussichten. Richard Rortys politisches Denken in der Krise des demokratischen Liberalismus. In V. Selk, C. Held, & T. Schwuchow (Eds.), *Soziale Hoffnung, liberale Ironie. Zur Aktualität von Richard Rortys politischem Denken* (Staatsverständnisse, vol. 145, 1st ed., S. 159–178). Baden-Baden: Nomos Verlagsgesellschaft mbH & Co. KG.

Shklar, J. N. (2020). Der Liberalismus der Furcht. In H. Bajohr (Ed.), *Judith N. Shklar. Der Liberalismus der Furcht* (3rd ed., S. 26–66). Berlin: Matthes & Seitz.

Shusterman, R. (1992). *Pragmatist aesthetics. Living beauty, rethinking art.* Oxford: Blackwell Publishers.

Shusterman, R. (2011). *Body consciousness. A philosophy of mindfulness and somaesthetics* (Repr). Cambridge: Cambridge Univ. Press.

Steiner, C. (2014a). *Pragmatismus – Umwelt – Raum. Potenziale des Pragmatismus für eine transdisziplinäre Geographie der Mitwelt* (Erdkundliches Wissen, vol. 155). Stuttgart: Franz Steiner Verlag.

Steiner, C. (2014b). Von Interaktion zu Transaktion – Konsequenzen eines pragmatischen Mensch-Umwelt-Verständnisses für eine Geographie der Mitwelt. *Geographica Helvetica, 69,* (*3*, 171–181).

Stout, J. (2023). Rorty's Pragmatisms: How to Tease Them Apart and What to Make of Them. In M. Müller (Ed.), *Handbuch Richard Rorty* (1st ed., S. 957–975). Wiesbaden: Springer Fachmedien Wiesbaden GmbH.

Suhr, M. (2005). *John Dewey zur Einführung* (Zur Einführung, vol. 296). Hamburg: Junius.

Tautz, B. (2023). Klassiker der Ironie als Lebensform (Sokrates, Kierkegaard). In M. Müller (Ed.), *Handbuch Richard Rorty* (1st ed., S. 443–458). Wiesbaden: Springer Fachmedien Wiesbaden GmbH.

Topper, K. (1995). Richard Rorty, Liberalism and the Politics of Redescription. *American Political Science Review, 89,* (*4*, 954–965). https://doi.org/10.2307/2082520

Warms, C. A., & Schroeder, C. A. (1999). Bridging the gulf between science and action: The "new fuzzies" of neopragmatism. *Advances in Nursing Science, 22,* (*2*, 1–10).

Weber, B. (2023). Die liberale Ironikerin: Von der politischen Intellektuellen zur realistischen Träumerin. In M. Müller (Ed.), *Handbuch Richard Rorty* (1st ed., S. 883–899). Wiesbaden: Springer Fachmedien Wiesbaden GmbH.

Wills, J., & Lake, R. W. (2020). Introduction. The power of pramatism. In L. W. Robert, & J. Wills (Eds.), *The power of pragmatism. Knowledge production and social inquiry* (S. 3–52). Manchester: Manchester University Press.

Wirth, U. (2017). Ironie. In U. Wirth (Ed.), *Komik. Ein interdisziplinäres Handbuch* (S. 16–21). Stuttgart: J.B. Metzler Verlag.

Wittgenstein, L. (1953). *Philosophische Untersuchungen.* Frankfurt am Main: Suhrkamp.

Zoglauer, T. (1999). *Einführung in die formale Logik für Philosophen.* Göttingen: Vandenhoeck & Ruprecht.

6 Grundzüge eines neopragmatistischen Forschungsprogramms

Aufbauend auf den dargestellten Grundzügen neopragmatistischer Philosophie, sollen in diesem Kapitel Grundzüge eines Forschungsprogramms entwickelt werden, in dem sich unterschiedliche theoretische Grundströmungen verweben – also redeskribieren – lassen. Dieses Kapitel stellt einen Zwischenschritt zur Entwicklung eines Forschungsprogramms für die neopragmatistische Redeskription ‚horizontaler Geographien' dar, wie sie in Kap. 8 entwickelt wird, nachdem die normativen Gehalte des Neopragmatismus (Offene Gesellschaft und Maximierung von Lebenschancen) in Kap. 7 entwickelt wurden. Um bei der im vorherigen Abschnitt genutzten Metapher Rortys zu bleiben: In diesem Kapitel wird der Kompost aufgesetzt, um dann später einen Haufen zu kompostierenden Materials aufzuschütten, der dann imstande ist, die Befassung mit ‚horizontalen Geographien' nützlich mit Dünger zu versorgen. Die Aufgabe eines neopragmatistischen Forschungsprogrammes besteht – so Habermas (2011, S. 34), Rorty synthetisierend – darin, „die Kontingenzen irdischen Daseins" einzuüben, „insbesondere der Kontingenzen, die auch auf die vermeintlichen Fundamente, auf die für endgültig gehaltenen Vokabulare durchgreifen". Mit der Fokussierung auf Kontingenz distanziert sich der Neopragmatismus (insbesondere Rortyscher Prägung) von den „traditionellen philosophischen Beschreibungen mit Begriffen wie Notwendigkeit, Wesen, Wahrheit, Realität und Verpflichtung" (Müller 2014, S. 94).

Ausgangspunkt der in diesem Kapitel vorgestellten Überlegungen ist der Panrelationalismus. Hierbei wird deutlich, wie Theorien, komplexe und einfache Begriffe sich auf sensorische Empfindungen rückführen lassen, ohne dass sie sich daraus ableiten lassen. Daran anschließend wird ausgeführt, dass sich Entwicklung von Wissenschaft als Entstehung von Vokabularen, deren Differenzierung und Redeskription verstehen lässt, bevor aktuell in der Regional- und

O. Kühne, *Redeskriptionen horizontaler Geographien*, Regionale Geographien | Regional Geographies, https://doi.org/10.1007/978-3-031-66780-0_6

Landschaftsforschung aktuelle Theorien (auf Grundlage von Kap. 4) dahingehend geprüft werden, inwiefern und in welchen Aspekten sie sich für eine neopragmatistische Redeskription eignen.

6.1 Panrelationismus als Ausgangspunkt

Mit seiner panrelationistischen Perspektive geht Rorty davon aus, dass alles von Bezügen zu anderem abhängt, es keinen festen Punkt gibt, von dem aus die Welt ‚objektiv' betrachtet werden kann. Die Ermangelung eines festen Punktes wird nicht zuletzt aus der Rückbindung jeden Wissens an sensorische Wahrnehmungen und emotionale Bezugnahmen zu sich und Welt deutlich (Abb. 6.1). Jede Ebene der Abstraktion basiert auf einer weniger komplexen Begriffsbildung, die wiederum letztlich auf einer emotional gelenkten sensorischen Bezugnahme zu Welt 1 fußt. Dies hat zur Konsequenz, dass auch komplexe Sprachspiele (wie der Neopragmatismus als ‚Theorie über Theorien' oder ‚Vokabular über Vokabulare') Ergebnis eines vielstufigen Prozesses der Redeskription von Theorien sind, die wiederum Redeskriptionen von Synthesen von wiederum anderen Synthesen darstellen. Ein Prozess, der letztlich mit der begrifflichen Fassung sensorischer Zuwendungen zu Welt 1 ihren Ausgang nahm. Nicht allein Begriffe und ihre Abstraktionen lassen sich auf emotional begründete Zuwendungen zu Welt zurückführen (Kühne, Berr, und Lohmann 2023), sondern – wie Rorty (2018[1994]) ausführt – auch die Begründung von Moral, die somit weder auf ein ‚übermenschliches Wesen' (Gott, Natur etc.) zurückgeführt wird, noch auf Vernunft, ein Ansatz, der sich bis in den deutschen Idealismus zurückverfolgen lässt (Lohmann 2015, 2018). Mit seiner Kritik an dem Primat der Vernunft, greift Rorty (2007, S. 105) auf das Gedankengut der Romantik zurück, wenn er festellt, „at the heart of pragmatism is the refusal to accept the correspondence theory of truth and the idea that true beliefs are accurate representations of reality. At the heart of Romanticism is the thesis of the priority of imagination over reason – the claim that reason can only follow paths that the imagination has broken". Sowohl der moralische als auch der epistemologische Zugang zu Welt (auf allen Ebenen) lässt sich – in dem hier skizzierten Verständnis – im Sinne Rortys als ‚gesund nominalistisch' verstehen. Abstraktionen basieren auf der Synthese weniger abstrakter Ideen, wie auch abstrakte Ethik auf der reflektiven Synthese von Moralen und moralischen Urteilen basiert, die allesamt ihre Grundlage einer emotionalen Zuwendung zu Welt aufweisen (auch hier werden die Bezüge zur Romantik

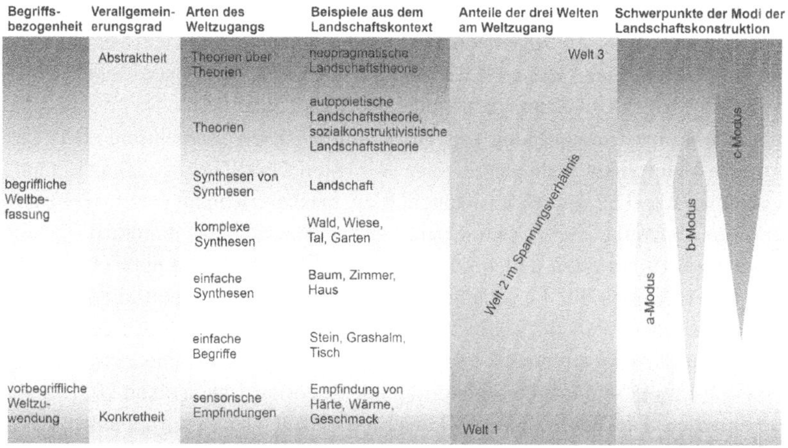

Abb. 6.1 Die Sprachabhängigkeit und Übersetzungsnotwendigkeit jeden bewussten Zugriffs auf Welt, hier am Beispiel von Landschaft. (Nach: Kühne, Berr, und Lohmann 2023)

deutlich[1]). Abstraktionen werden in diesem Prozess normalisiert und erscheinen als ‚Tatsachen'. Dass auch ‚Tatsachen', wie in Abschn. 4.3 ausgeführt, einerseits letztlich auf Konventionen der Beobachtung von ‚Etwas' beruhen, Konventionen wiederum auf Beobachtung von ‚Etwas' beruhen, was als Tatsache verstanden wird, entsteht ein „Kontinuum von Konventionen und Tatsachen" (Putnam 1991, S. 198). Es entstehen also Hybride von ‚Tatsache' und ‚Konvention', deren Hybriditätsgrad sich aus der (veränderlichen) Stelle im Kontext der Bedeutungen ergibt (ein simples Beispiel: dem Positivisten erscheint ‚Landschaft' eher dem Pol der Tatsache zugeneigt, der Sozialkonstruktivistin eher dem der Konvention).

Der neopragmatistische geht dabei über den pragmatistischen Ansatz mit dessen starken Handlungsbezug durch die Entwicklung einer Meta-Perspektive hinaus (Baltzer 2001; Kersting 2012; Steiner 2009, 2014; Weichhart 2005). Mehr noch als schon der Pragmatismus ist der Neopragmatismus keine ‚große Idee', sondern eine ‚Idee über Ideen' (Menand 2001) – oder, um es neopragmatistisch auszudrücken, ein ‚Vokabular über Vokabulare'. Aus dieser Perspektive heraus

[1] Das Verhältnis Rortys zur Romantik ist indes nicht widerspruchsfrei, wie Schulenberg (2023, S. 10) feststellt, so sind die „romantischen Vorstellungen von Tiefe, vom Unsagbaren und vom poetisch Erhabenen diesem pragmatistischen Verständnis von Nützlichkeit diametral gegenüber gestellt".

wird nicht dem Verständnis gefolgt, „dass Wahrheit das Ziel der Forschung ist. Nützlichkeit ist das Ziel der Forschung, und es gibt ebenso viele verschiedene, nützliche Werkzeuge, wie es Zwecke gibt, denen etwas dienen kann“ (Rorty 2023, S. 216). Der Neopragmatismus im Sinne einer Meta-Theorie bedeutet dabei nicht eine Unterordnung von Theorien oder deren ‚Zurechtschleifen‘, sondern sie bietet einen Rahmen für eine Reflexion über Theorien, ihre Eignung, bestimmte Aspekte von Welt zugänglich zu machen, Kontingenz zu erweitern, Theorien als Werkzeuge zu betrachten, mit der Welt zurechtzukommen. Sie sind also danach zu bewerten und auszuwählen, inwiefern sie einen nützlichen Mehrwert für Antworten auf Forschungsfragen liefern, das folgt nicht allein aus den pragmatistischen Wurzeln des Neopragmatismus, sondern auch aus dem Fehlen eines „neutralen metaphysisch-epistemologischen Bezugssystems, das wir nutzen könnten, um miteinander konkurrierende Theorien“ (Dielemann 2021, S. 62) zu beurteilen. Die Werkzeuge von Forschenden sind Theorien, Methoden, Daten und Darstellungsweisen. Diese Werkzeuge sind entsprechend so einzusetzen, dass etwas Nützliches dabei herauskommt.

Der Versuch, Theoriereinheit herzustellen, also nur eine Theorie als relevanten Zugang zur Welt zu verstehen, lässt sich bestenfalls bei der Untersuchung von geringkomplexen Objekten als eine adäquate Strategie verstehen (siehe Abb. 6.2 oben). Dagegen ermöglicht die neopragmatistische Sicht mit ihrer Hinwendung zu Theorienvielfalt eine stärkere Orientierung am Verständnis komplexer Gegenstände (wie Raum, Region oder Landschaft; Kühne 2018). Für die Befassung mit komplexen Gegenständen lassen sich – bei der Nutzung einer neopragmatistischen Sicht als Rahmen – selbst einander (partiell) widersprechende Perspektiven kombinieren, unterschiedliche konstruktivistische mit positivistischen (Eckardt 2014; Fine 2000; Kühne 2018), was auch die Integration von naturwissenschaftlichen, sozial- und kulturwissenschaftlichen Befassungen mit einem komplexen Gegenstand ermöglicht (Steiner 2014). Hier wird auch die Nähe zur ‚Scheinwerferhypothese‘ Karl Poppers (2011[1947]) deutlich, Theorien seien lediglich dazu in der Lage, Teilaspekte komplexer Forschungsgegenstände zu beleuchten, andere blieben indes unausgeleuchtet. Ein Umstand, der sich allein durch die komplementäre Verwendung von Theorien umgehen lässt (Abb. 6.2 unten). Der neopragmatistische Rahmen bleibt dabei – seinem nominalistischen Weltverständnis folgend – ein auf konstruktivistischen Perspektiven fußender. Auch wenn etwa natur- oder sozialwissenschaftliche Ergebnisse vor dem Hintergrund eines positivistischen Weltverständnisses entwickelt wurden, werden sie bei der Transformation in den neopragmatistischen Rahmen nicht als ‚Entdeckungen objektiv gegebener Fakten‘ verstanden, sondern als viable Redeskriptionen von Welt, die eine bestimmte Sichtweise repräsentieren. Diese Redeskriptionen der

Welt sind mit der ‚gottähnlichen' Perspektive des distanzierten Beobachters, den ‚Experten', kaum umsetzbar, vielmehr sind die gebunden an die Perspektive von Akteuren (Putnam 1995), wie sie soziale Situationen (und auch Räume) erleben und verstehen. So bildet – wie gezeigt – auch der b-Modus (in Teilen auch der a-Modus) die unhintergehbare sprachliche Basis für alle c-modale Weltbeschreibung. Dass bei einer solchen werkzeughaften Verwendung von Theorien, bei der Komplementarität und Nützlichkeit im Vordergrund steht, Kohärenz und Konsistenz keinen hohen Stellenwert haben (können), wird dabei nicht allein in Kauf genommen, sondern ist bereits in der Rortyschen Konzeption des Neopragmatismus angelegt (Müller 2014, S. 25): „Der von ihm versuchte Spagat zwischen Foucault und Habermas, zwischen Dekonstruktion und Konsens, geht auf Kosten der inneren Konsistenz". Der Neopragmatismus von Richard Rorty erweist sich als „incommensurable with present-day ‚hyper-critical philosophy'. This ‚incommensurability' means that hyper-critical philosophy probably does not possess the appropriate tools for making much sense of the territory in question, that its accustomed lines of criticism, however appropriate in other cases, may be irrelevant" (Malachowski 2014, S. 7).

Rortys Verständnis von Philosophie ist eines, das um Integration bemüht ist – zumindest jener Teile der Philosophie, die seinem Verständnis nicht grundsätzlich entgegenstehen: „Rorty möchte viele der leidenschaftlich diskutierten philosophischen Ab- und Ausgrenzungen überwinden, um die eine, entscheidende Grenze schärfer herauszustellen, nämlich die zur fundamentalistischen Philosophie" (Deines 2023, S. 4). An die Stelle von Konkurrenz und Ausschluss tritt in dem so verstandenen Neopragmatismus eine Aufhebung bis dato konkurrierender Vokabulare durch eine umwebende Redeskription, in denen ‚altehrwürdige' Vokabulare hinsichtlich der Tauglichkeit für eine Rezyklierung geprüft und dann in eine Redeskription eingewoben werden. Diese Redeskriptionen beschränken sich nicht auf wissenschaftliche Weltdeutung, sondern werden auch im außerwissenschaftlichen c-Modus und im b-Modus vollzogen (eine a-modale Weltkonstruktion ist normativ auf Stabilität ausgerichtet, insofern fällt hier eine Redeskription schwerer). Gerade Massenmedien haben eine große Bedeutung für die Produktion von Welt, diese kann – Rorty zufolge – durchaus schöpferisch sein (womit ein weiterer Unterschied zur Kritischen Theorie deutlich wird, die in Massenmedien den Inbegriff der Dissemination und Entfremdung des Menschen von sich selbst und der Natur sahen). Für ein (sozialwissenschaftliches bzw. raumwissenschaftliches) Forschungsprogramm folgt aus einer neopramatistischen Ausrichtung daher, Massenmedien nicht allein als Ausdruck außerwissenschaftlicher Weltdeutung zu verstehen, sondern auch ihre Fähigkeit zur Redeskription anzuerkennen.

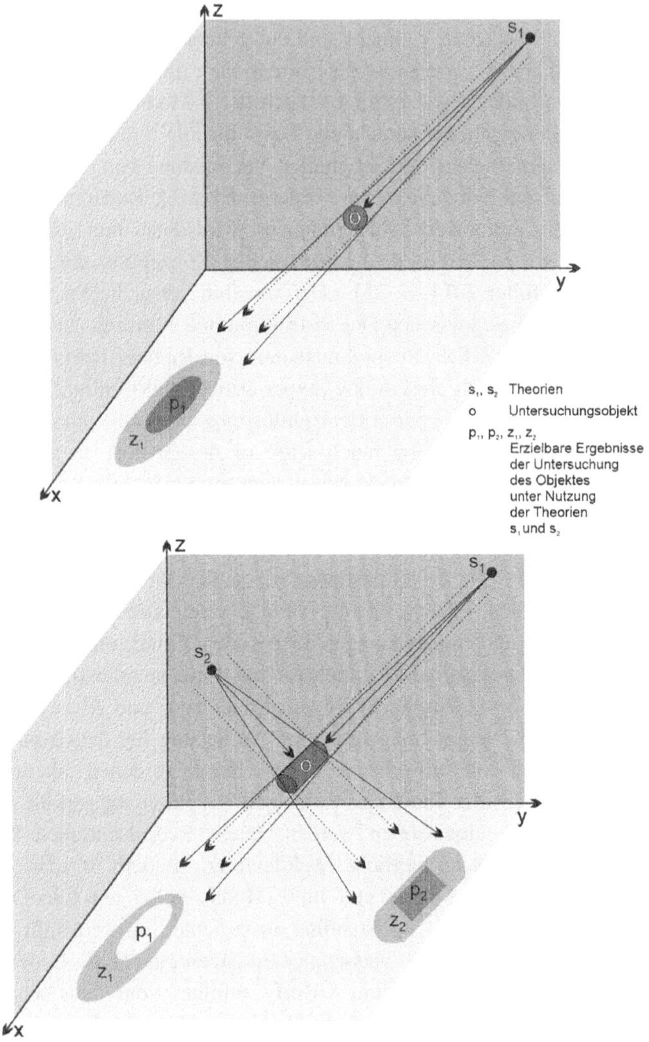

Abb. 6.2 Visualisierung der Notwendigkeit zur Theorienpluralisierung bei der Untersuchung komplexer Objekte. Während bei einem Gegenstand mit geringer Komplexität eine theoretische Perspektive ausreicht, um Kenntnis über die zentralen Ausprägungen zu erlangen, sind bei einem Gegenstand mit höherer Komplexität mehrere Perspektiven vonnöten. (Eigene Darstellung nach: Hügin 1996)

Die Perspektivenvielfalt, hier in Bezug auf Theorien, des neopragmatistischen Forschungsprogramms ist nicht allein 1) in der Werkzeughaftigkeit von Theorien oder 2) der Komplexität von Forschungsgegenständen und 3) dem Kontingenzanspruch des Neopragmatismus geschuldet. Vielmehr folgt sie 4) auch dem Bewusstsein der Machtdurchzogenheit von Vokabularen (hier von Theorien). Ziel eines neopragmatistischen Vorgehens ist also auch, sich dieser ‚Durchmachtung' bewusst zu sein, einseitige (machtgebundene) theoretische Begründungen zu minimieren, insbesondere also durch die Triangulation von Theorien. Relationale Machtgefüge reichen über die Wissenschaft hinaus, sie haben Auswirkungen auf b-modale Weltzugänge. Insofern ist die Integration b-modaler Perspektiven in ein sozial und raumwissenschaftliches neopragmatistisches Forschungsprogramm nicht allein wegen der Komplementarität wissenschaftlicher bis außerwissenschaftlicher Weltzugänge nötig (Berr et al. 2019; Chilla et al. 2015; Dettmar 2018; Grunwald und Schmidt 2005; Hokema 2018; Mittelstraß 1998; Ropohl 2012; Steiner 2014; Sukopp 2010), sondern auch um die ‚Mindermacht' (Paris 2005) der Träger b-modaler Perspektiven zu mindern (wobei hier stärkere Anbindung an Putnam, denn an Rorty erfolgt, der sich mit dieser Frage weniger ausführlich befasst hat). Hier wird auch der normative Anspruch des Neopragmatismus deutlich, demokratische Teilhabe zu fördern. Dieser Anspruch betrifft auch die Wissenschaft, nämlich nicht allein Inter-, sondern auch Transdisziplinarität zu fördern, Wissenschaft auch im Sinne eines Angebotes an Teilhabe für die Praxis zu begreifen. Dabei geht es auch um die Verwertbarkeit von Ergebnissen wissenschaftlicher Befassung für Personen ohne ‚expertenhafte Sonderwissensbestände' (Kühne 2019, 2020).

Eine neopragmatistische Herangehensweise bedeutet auch, nicht mehr Theorien, Methoden, Forschendenperspektiven und Daten zu verwenden als zur Befassung mit dem Thema angemessen sind. Schließlich bedeutete dies eine unnötige Komplexitätssteigerung, mit der kein Gewinn an tauglichem Wissen einhergeht. Hier wird in besonderer Weise die Bedeutung der Begründung des eigenen Vorgehens deutlich.

6.2 Ein neopragmatistisches Forschungsprogramm als Redeskription

Mit dem Neopragmatismus ist das Bewusstsein eines dreifachen Fallibilismus verbunden: Erstens, kann jede Idee durch die Entwicklung des eigenen Vokabulars als nicht mehr gültig angesehen werden. Zweitens, kann eine Idee durch Redeskription eines alten in ein neues Vokabular als nicht mehr gültig verstanden werden. Drittens, heißt darüber hinausgehend – wie Müller (2014, S. 206) ausführt – über ein fallibilistisches Bewusstsein zu verfügen, „nichts anderes als einzusehen, dass die eignen Gründe eventuell vor einem anderen Auditorium nicht stichhaltig sein können". Dies bedeutet indes nicht, dass nicht mehr gültige Ideen endgültig in den Bereich der Bedeutungslosigkeit überführt sind, schließlich haben sich Ideen, a) die (noch) für gültig gehalten werden, an diesen konturiert, b) sind sie Ausdruck der Zeitgebundenheit von Vokabularen und können c) in neuen gesellschaftlichen Kontexten aktualisiert und erneut zur Diskussion gestellt werden (ein b-modaler Sinnspruch zu diesem Thema im Deutschen: „Totgeglaubte leben länger"). Die Erzeugung von Wissen ist ein andauernder Prozess von Experimenten in sozialen Kontexten, wie Barnes (2023, S. 3) hervorhebt: „Knowledge for Rorty is always a community accomplishment, the pragmatist injunction is always to experiment: to try harder, and to fail better. There are no bad experiments".

Vokabulare, also auch wissenschaftliche Forschungsprogramme, wiederum sind nicht monolithisch auf Dauer verfasst. Zum einen unterliegen sie einer Entwicklung, ob endogen oder exogen, in Auseinandersetzung mit anderen Vokabularen (hier Forschungsprogrammen). Zum anderen sind sie (in der Regel) als komplexe Gebilde in Sub- und Sub-sub-Vokabulare gegliedert, die miteinander in Relation stehen. Diese Sub- und Subsubvokabulare wiederum stehen teilweise auf derselben Ebene in Konkurrenz, sind aber wiederum gemeinsam in einem übergeordneten Vokabular aufgehoben. Dies gilt etwa für die Kommunikationsgemeinschaft der Wissenschaft, die in Konkurrenz steht mit außerwissenschaftlichen Weltdeutungen (auch Verschwörungstheorien), die in sich aber in unterschiedliche Subgemeinschaften (etwa Natur-, Geistes und Sozialwissenschaften) gegliedert ist, die jeweils Subsubgemeinschaften enthalten, die miteinander um Aufmerksamkeit, Sach- und Personalmittel, Deutungshoheit etc. in Wettbewerb stehen.

Um Deutungen, Kategorisierungen und Wertungen eines Vokabulars (wahlweise auch Sub- oder Sub-sub-Vokabulars) für ein anderes Vokabular verfügbar zu machen (wahlweise auch Sub- oder Sub-sub-Vokabulars) ist eine Übersetzung nötig. Eine solche Übersetzung kann nicht als eine simple Spiegelung (um hier die Metapher Rortys zu verwenden) eines Vokabulars in einem anderen erfolgen, sondern stellt eine konstitutiv sprachliche und selektive Interpretation dar. Diese Selektivität der Übersetzung von einem in ein anderes Vokabular wird besonders dann relevant, wenn ein ‚altehrwürdig' gewordenes Vokabular in ein neues redeskribiert werden soll. In dieser Sichtweise bekommt Relevanz eine konstitutive Bedeutung für die Befassung mit Problemen, wie Rorty (2019, S. 260) ausführt: „Quietisten – zumindest jene, die derselben Sekte angehören wie ich – sind der Überzeugung, dass diese Relevanz nachgewiesen werden muss, ehe man ein Problem ernst nimmt". Relevanz wiederum entsteht in praktischen Bezügen, mit der Folge: „Wenn etwas in praktischer Hinsicht keinen Unterschied macht, sollte es nach pragmatistischer Auffassung auch in philosophischer Hinsicht keinen Unterschied machen" (Rorty 2005, S. 210). Sollten Unterschiede der ‚Etwasse' also keine praktische Relevanz haben, sind sie es nicht wert, sich mit ihnen philosophisch, oder allgemeiner: theoretisch, zu befassen.

Mit diesen Überlegungen zur Übersetzung lassen sich die – in Abschn. 5.6 – vorgestellten drei Kriterien der Tauglichkeit von neopragmatistischen Redeskriptionen spezifizieren:

1. Neopragmatistische Redeskriptionen müssen zum Zeitpunkt ihrer Erzeugung (!) Relevanz besitzen und eine höhere Tauglichkeit, ‚Welt' zu deuten, als dies ‚altehrwürdige' Vokabulare vermochten. Dies bedeutet auch, dass neopragmatistische Forschungsprogramme in der Lage sein müssen, die ‚altehrwürdigen' Vokabulare in das neue Vokabular zu übersetzen.
2. Neopragmatistische Redeskriptionen müssen einen möglichst großen Grad an Offenheit aufweisen, in Gewebe künftiger Redeskriptionen integriert zu werden. Dies bedeutet: Sie müssen konstitutiv so angelegt sein, dass sie in andere Vokabulare übersetzbar sind.
3. Neopragmatistische Redeskriptionen müssen zum einen die Kontingenz von Welt verdeutlichen, zum anderen eine kontingente Weltdeutung ermöglichen. Dies bedeutet nicht zuletzt, dass Kontingenz durch Übersetzungen nicht gemindert werden sollte, indem die Deutung von Welt durch ein Vokabular der Logik eines anderen Vokabulars untergeordnet wird, sondern, dass durch Übersetzung die Kontingenz der beteiligten Vokabulare deutlich zutage tritt.

Die panrelationistischen Grundlagen eines neopragmatistischen Forschungsprogramms erfordern im Forschungsprozess einen großen Umfang hermeneutischer Rückbezüge. Begründet ist dies in fünf Dimensionen:

1. Abstrakte Ideen (wie das neopragmatistische ‚Vokabular über Vokabulare') basieren – nach zahlreichen Redeskriptionen – auf emotional begründeten sensorischen Zuwendungen zu Welt 1. Insofern bedeutet jede Emergenzebene der Abstraktion einen evaluativen Rückbezug auf die sie konstituierenden Ebenen.
2. In entsprechender Weise sind auch Ethik und Moral an emotionale Grundlagen rückgebunden und erfordern einen evaluativen Rückbezug. Dieser wird im wissenschaftlichen Kontext insbesondere deswegen nötig, da Wissenschaft nicht in einem wertfreien Raum vollzogen werden kann, sondern nicht nur einer ethischen, moralischen oder emotionalen Bewertung unterzogen wird, sondern auch selbst durch ein (emotionales, moralisches oder ethisches) Welt-Wollen begründet ist. Insofern sind auch hier hermeneutische Rückbezüge von abstrakten Ethiken und Moralen nötig.
3. Ein neopragmatistisches Forschungsprogramm bedeutet die Notwendigkeit der Übersetzung zwischen Vokabularen. Dies betrifft einerseits die Übersetzung zwischen Vokabularen auf der Ebene der Theorien, zwischen den Theorien untereinander, andererseits auch die Übersetzung zwischen den Theorien und der Meta-Theorie des Neopragmatismus. Auch diese Übersetzungen sind nicht ohne eine hermeneutische Rückbindung sinnvoll möglich.
4. Auch die Übersetzung bei Überführung von ‚altehrwürdigen' Vokabularen in redeskriptive Vokabulare lässt sich kaum ohne hermeneutische Rückbindung durchführen. So gilt es immer wieder zu evaluieren, ob und inwiefern die Redeskription zum einen den ‚altehrwürdigen' Vokabularen gerecht wird, zum anderen die Redeskription Nützlichkeit verspricht.
5. Komplexe Kombinationen von Theorien, Methoden, Daten, Forschendenperspektiven, Einbindungen von a- und b-modalen Perspektiven sowie Ergebnisdarstellungen erfordern einen ständigen evaluativen Rückbezug von Ergebnissen zu Theoriekombinationen, Methodenauswahl, Datenverfügbarkeit etc. (dies wird in den Abschn. 8.3 und 8.10 genauer ausgeführt).

Das von Richard Rorty entwickelte Verständnis von Wissenschaft Treibenden in jene, die neue Vokabulare entwerfen und jene, die diese ausdifferenzieren, erfolgt dabei einer Spezifizierung. Ein und derselbe Forscher ist in der Lage, ein Vokabular zu entwerfen und dieses anschließend (empirisch) auszudifferenzieren, auch sind jene, die sich innerhalb eines Vokabulars bewegen, nicht darauf festgelegt, sich – quasi technokratisch – allein an Details abzuarbeiten. Auch sie sind in der Lage, zur Entwicklung von Redeskriptionen beizutragen (und nicht allein darin verhaftet zu sein, ‚altehrwürdige Vokabulare' gegen Redeskriptionen zu verteidigen). Auch setzen sich (hier wissenschaftliche) Vokabulare aus unterschiedlichen Subvokabularen zusammen, die sich innerhalb eines Vokabulars mit spezifischen Perspektiven befassen (so lässt sich der Konstruktivismus als Vokabular beschreiben, in dem Subdiskurse, etwa die Diskurstheorie oder der Sozialkonstruktivismus, eingelagert sind). Schließlich bedeutet auch jede Redeskription letztlich nicht den Akt eines Genies (zumindest nicht zwingend), sondern die Wiederverwebung von ‚altehrwürdigen' Vokabularen, aber auch die Verwebung von Vokabularen, die bis dato nichts oder nur wenig miteinander zu tun hatten. Dies betrifft die vorliegende Arbeit, die Verwebung der wissenschaftlichen Vokabulare des Neopragmatismus und der Befassung mit ‚horizontalen Geographien'. Beide Vokabulare sind indes noch nicht in das Stadium der ‚Altehrwürdigkeit' gekommen, sie weisen (aus meinem Verständnis) keine Tendenzen des Brüchig-Werdens auf – wobei den ‚horizontalen Geographien' ein solches Brüchig-Werden eher droht (siehe Kap. 2) als dem Neopragmatismus (als einer Meta-Theorie des Wandels), weswegen nicht zuletzt diese Redeskription nötig wurde (Abb. 6.3).

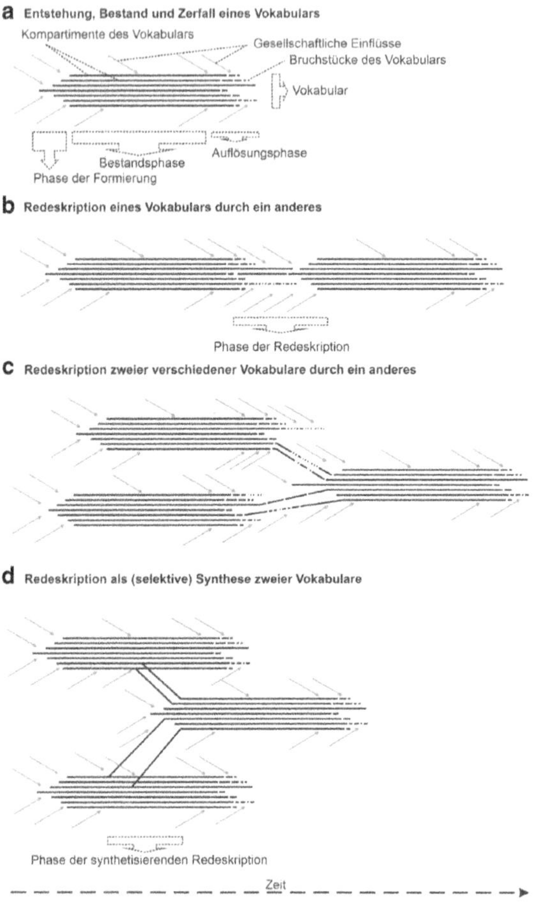

Abb. 6.3 Entstehung, Bestand und Niedergang von Vokabularen sowie Möglichkeiten von deren Redeskription. Bild 1 zeigt die Entstehung eines Vokabulars, als Reaktion auf gesellschaftliche Entwicklungen, die eine spezifische sprachliche Befassung emergierten. Dieses Vokabular besteht so lange bis wiederum gesellschaftliche Einflüsse es brüchig machen und es sich auflöst. Im Fall B) werden nützliche Bestandteile des ‚altehrwürdigen' Vokabulars einer Redeskription unterzogen und mit neuen Teilen des entstehenden Vokabulars verwoben. Im Fall C) entsteht das neue Vokabular aus dem Rückgriff nicht allein auf ein, sondern zwei ‚altehrwürdige' Vokabulare. Im Fall D) entsteht ein neues Vokabular aus Vokabularen, die zwar schon bestehen, aber noch nicht brüchig geworden sind. (Eigene Darstellung)

6.3 Relationen des hier entwickelten neopragmatistischen Forschungsprogramms zu anderen triangulierenden und synthetisierenden Programmen

Um die hier skizzierten Grundzüge eines neopragmatistischen Forschungsprogramms zu verdeutlichen, erfolgt nun eine Konturierung an anderen Forschungsprogrammen, die einen Anspruch auf die Integration unterschiedlicher Gegenstände bzw. Perspektiven formulieren, die ebenfalls mit Triangulationen arbeiten.

6.3.1 Poststrukturalismus

Wie bereits deutlich wurde, weisen Neopragmatismus und Poststrukturalismus, nicht zuletzt wegen der Berücksichtigung der Gedanken Derridas uns Foucaults bei Rorty, verwandtschaftliche Beziehungen auf. Gemeinsam ist beiden die konstruktivistische Grundhaltung wie auch das Verständnis von Theorien, Methoden und Daten als Werkzeuge der Erzeugung von Wissen. Doch geht es dem Neopragmatismus nicht um pure Dekonstruktion der Welt, er bleibt nicht bei dem Nachweis der sozialen Konstruiertheit von Welt stehen. Der Neopragmatismus betreibt keine Demütigung anderer, indem er das, was Menschen wichtig erschien, als wertlos, vergeblich und veraltet erscheinen lässt (Rorty 1997). Dies ist nicht zuletzt in seiner fallibilistischen Grundhaltung begründet, die ihm die meta-stufige Gewissheit gibt, keine zweifelsfrei sichere Position gegenüber anderen Ideensystemen einnehmen zu können. Dem Neopragmatismus ist bewusst, dass er ein Sprachspiel unter vielen ist, eines, das für sich keinen herausgehobenen Anspruch auf ‚Wahrheit' erheben kann, sondern jede Entscheidung im Forschungskontext der Rechtfertigung bedarf. Dem Prinzip der Dekonstruktion (insbesondere alternativer) Weltdeutungen (mit besonderem Fokus auf Essentialismus als metaphysischem Konzept – dessen Ablehnung ihn wiederum mit dem Neopragmatismus eint – und Positivismus) widerspricht das neopragmatistische Prinzip der Wertschätzung von ‚altehrwürdigen' Vokabularen. Nicht die Überwindung und das Ausschließen des ‚Nicht-mehr-aktuell-Scheinenden' kennzeichnet ihn, sondern die Prüfung, was an Theoriefragmenten, Methoden, Forschungsergebnissen etc. in neopragmatistische Redeskriptionen eingewoben werden kann. Die Ausrichtung neopragmatistischer Forschung ist entsprechend nicht auf die Erschütterung von, als überkommen geltender Gewissheiten ausgerichtet, sondern auf Nützlichkeit, in Bezug auf Entwicklung eines kontingenzsensiblen und

-erweiterten, inklusiveren Gemeinwesens. Oder, um es mit Barnes (2023, S. 4) zu pointieren: „Paranoid reading is perhaps best found in Michel Foucault's despair about social science, consigned by him as an instrument of oppressive power, incarcerating and inescapable. Rortyan social science is more positive". Die Freundlichkeit gegenüber ‚altehrwürdigen Vokabularen' liegt nicht allein in der fallibilistischen Grundhaltung des Neopragmatismus begründet, so stellt Rorty (2003, S. 392) fest: „Ich bin zwar durchaus dafür, kanonische Vorschriften, die nur noch wunderlich wirken, abzuschaffen, aber ich glaube nicht, dass wir ganz ohne kanonische Regeln auskommen. Der Grund dafür ist, dass wir nicht ohne Helden auskommen".

6.3.2 Kritische Theorie/Kritische Geographie

Diese hat in den letzten Jahrzehnten eine gewisse Schnittmenge mit dem Poststrukturalismus entwickelt – allerdings einem anderen Teil als diese eine Schnittmenge mit dem Neopragmatismus bildet. Das Fokus der Kritischen Theorie (in Tradition der Frankfurter Schule) liegt auf der Kritik bestehender Verhältnisse, die auf Grundlage einer Synthese von Marxismus und Psychologie begründet ist. Entsprechend liegt ihr Ziel darin, die verborgenen Strukturen der ‚kapitalistischen' bzw. ‚spätkapitalistischen' Gesellschaft zu desmaskieren und so der Entfremdung des Menschen von seiner inneren und der äußeren Natur entgegenzutreten (Dubiel 1992; Horkheimer und Adorno 1969). Entsprechend kritisiert sie auch die ‚traditionelle' positivistische Wissenschaft, die unter dem Anschein der Objektivität darauf ausgerichtet sei, bestehende Herrschaftsverhältnisse zu perpetuieren (Horkheimer 1982). Anschlussfähig sind kritische Vorstellungen für eine neopragmatistische Landschaftsforschung, wenn Landschaft 1 als materialisierter Ausdruck von sozialen Diskursen verstanden wird, in denen unterschiedliche Kategorisierungen, Deutungen und Wertungen von Landschaft 3 aktualisiert werden (Cutchin 2020; Schein 1997, 2003).

Im Kontext des Nicht-Eintreffens der Marxschen historisch-materialistischen Prophezeiungen (etwa des Aufkommens nationalistischer bzw. faschistischer Regime anstelle sozialistischer Revolutionen) und nicht zuletzt dem Zusammenbruch realsozialistischer Regime, hat die kritische Theorie ihre teleologischen Zielvorstellungen aufgegeben und sich der Kritik der bestehenden Verhältnisse verschrieben (unter vielen: Ackermann 2022; Kersting 2009; Kühne, Berr, und Jenal 2023; Sofsky 2007) – womit wiederum eine große Schnittmenge mit dem Poststrukturalismus entstanden ist. Entsprechend weist der Neopragmatismus hier eine große Ferne auf: Der ‚Demaskierungshabitus' auf Grundlage einer Theorie mit essentialistischen Wurzeln (insbesondere des historischen Materialismus, aber auch der Freudschen Psychologie) ist mit seiner anti-essentialistischen Grundhaltung ebenso wenig vereinbar, wie der Fokus auf eine Fundamentalkritik der Gesellschaft, die zum zu zerschlagenden Kapitalismus wenig tragfähige Alternativen aufbaut (die sich grundsätzlich von dem unterscheiden, das in den letzten Jahrzehnten rund zwei Dutzend Mal gescheitert ist; Niemietz 2021). Dagegen setzt der Neopragmatismus – wie gezeigt – auf das Lösen praktischer Probleme. Seine Redeskription ist darauf ausgerichtet, nützliche Aspekte von Theorien (mit Ihren Methoden und den daraus gewonnenen Daten) zu rezyklieren, vor dem Hintergrund der jeweiligen Fragestellung und dem (praktischen) Ziel der Untersuchung. Seiner Ausrichtung auf Tauglichkeit widerspricht die Ausrichtung des kritischen Paradigmas, Theorien und Methoden danach auszurichten, ob sie sich der eigenen Perspektive der Gesellschaftskritik nützlich machen könnten (ansonsten seien sie aus dem Forschungsprozess auszuschließen). In einem weiteren Aspekt unterscheidet sich der Neopragmatismus von der Kritischen Theorie: Für ihn sind Massenmedien Ausdruck der Fähigkeit von (freien) Gesellschaften, Redeskriptionen vorzunehmen, während die Kritische Theorie hier lediglich eine ‚seichte Massenkultur' zu sehen imstande ist, die der Entfremdung des Menschen von sich, seiner Arbeit und der Natur Vorschub leiste.

6.3.3 Traditionelle ‚Kunden'

Hinsichtlich der Trias von ‚Länderkunde, Landeskunde und Landschaftskunde' der klassischen deutschsprachigen Geographie unterscheidet sich das hier umrissene Verständnis eines neopragmatistischen Forschungsprogramms insbesondere durch den Ausschluss des essentialistischen Ziels, das ‚Wesen' eines Landes, einer Region oder Landschaft zu ergründen. Ziel der neopragmatistischen Befassung mit ‚horizontalen Geographen' besteht darin, eine taugliche Redeskription von Relationen zu liefern, die auch räumliche Aspekte aufweisen. Dem hier entwickelten Verständnis eines neopragmatistischen Forschungsprogrammes geht es nicht – wie den traditionellen ‚Kunden' – darum, ein eindeutiges und an die ‚Realität' angenähertes Abbild eines bestimmten Raumes (insbesondere Raum 1) zu zeichnen, sondern die Kontingenz von Raumkonstruktionen zu verdeutlichen und zu erweitern. Infolge gesellschaftlicher wie (meta-)theoretischer Entwicklungen wird nun thematische Vielfalt (Mediengeographie) erweitert. Auch steht der neopragmatistischen Forschung heute eine größere theoretische Vielfalt offen, als dies zur Zeit der Konstituierung der traditionellen ‚Kunden' der Fall war.

6.3.4 Sozialkonstruktivistische Landschaftstheorie

Das neopragmatistische Forschungsprogramm basiert in grundlegenden Teilen – wie in diesem Buch sowohl in Bezug auf die soziale Konstruktion von Landschaft im Besonderen (insbesondere Abschn. 3.4) und Raum im Allgemeinen als auch in Bezug auf die Konzeption seines Neopragmatismus bei Rorty (unter anderem Abschn. 5.6) deutlich wurde – auf einer sozialkonstruktivistischen Perspektive. Der neopragmatistische Zugang erweitert den – insbesondere auf die Verhältnisse von Landschaft 2 und Landschaft 3 – fokussierten Schwerpunkt der sozialkonstruktivistischen Landschaftstheorie um Landschaft 1. Auch wird der Landschaftsfokus auf eine allgemeinere Raumperspektive geweitet. Auch erweitert das neopragmatistische Forschungsprogramm die sozialkonstruktivistische Perspektive um die Ausrichtung auf die Nützlichkeit von Forschung in einem weiter relationierten Rahmen (insbesondere inter- und transdisziplinär).

6.3.5 New Regional Geography

Mit dieser teilt das neopragmatistische Forschungsprogramm eine (sozial-) konstruktivistische theoretische Basis und die hier weithin zu findende humanistische Grundhaltung, während marxistische Einflüsse, die in der New Regional Geography zu finden sind, lediglich ex negativo eine Bedeutung haben. Zwei Aspekte reichen zudem im neopragmatistischen Forschungsprogramm hinaus: Der Umfang verwendeter Theorien (wie auch Methoden und Daten) ist infolge der Ausrichtung an Nützlichkeit größer und der neopragmatistische Ansatz ermöglicht die Integration von Materialität – und greift damit eine Kritik auf, die der New Regional Geography entgegengebracht wurde.

6.3.6 Akteurs-Netzwerk-Theorie und Assemblage-Theorie

Mit diesen Theorien teilt der Neopragmatismus die Ablehnung eines repräsentationalistischen Weltverständnisses. Gemein ist diesen drei Ansätzen auch ein sozialkonstruktivistischer Ausgangspunkt. Seinen pragmatistischen Wurzeln gerecht werdend, akzeptiert der Neopragmatismus indes, dass Sprache repräsentationalistisch organisiert ist und sich diese nicht ohne unintendierte Nebenfolgen durch eine post-repräsentationalistische Sprache ersetzen lässt (wie es etwa die Akteurs-Netzwerk-Theorie anstrebt). Auch seine Ausrichtung auf einen praktischen Nutzen verlangt von ihm, auf die Konstruktion von Sprachspielen zu verzichtet, die leicht als exklusivistisch gedeutet werden könnten. Der Neopragmatismus hat mit seiner prinzipiellen Wertschätzung gegenüber ‚altehrwürdigen' Vokabularen die Möglichkeit, auch überkommen Geglaubtes zu umweben, wodurch etwa auch Ergebnisse integriert werden können, die aus positivistischer Perspektive, mit dem Ergebnis quantitativer Daten, ermittelt wurden.

6.4 Auf den Punkt gebracht

Der Neopragmatismus lehnt das essentialistische Verständnis eines ‚Wesens' von Landschaft (Stadt, Region…) als metaphysisch ab. Das Streben positivistischer Raumforschung, Räume (vorzugsweise Räume 1) ‚abzubilden', hält er für witzlos, da dieses Vorhaben voraussetzen würde, die ‚Wahrheit im Objekt' finden zu können; da wir mit den Objekten zwar kausal, aber nicht erkenntnishaft verknüpft sind, bleibt dieses Unterfangen hoffnungslos. Da ohnehin jede Form von Wissen sozial konstruiert ist, macht sich der Neopragmatismus nicht die Mühe, wie sie der Poststrukturalismus und weite Teile der Kritischen Wissenschaft aufbringen, das Althergebrachte zu dekonstruieren. Er lehnt zudem teleologische Vorstellungen der Entwicklung von Welt ab (wie etwa der historische Materialismus). Mit den anderen more-than-representational-Ansätzen teilt er die Ablehnung eines repräsentationalistischen Verständnisses von Welt und betont die Eingebundenheit des Beobachters in das, was er beobachtet, wie auch das Verständnis der Bedeutung von Materialitäten. Er ist aber terminologisch weniger streng und auch verständnisvoller gegenüber ‚althergebrachten' Vokabularen, die er in seine Redeskriptionen verwebt. Zentrale Ziele seiner Redeskriptionen liegen neben der Verdeutlichung und Herstellung von Kontingenz in der Verringerung des Ausschlusses von Menschen aus der ‚moralischen Gemeinschaft', wie auch der Erzeugung nützlichen Wissens zur Bewältigung von Problemen. Bevor wir uns detaillierter damit befassen werden, erfolgt nun eine Zuwendung zum Konzept der Lebenschancen, das eine Operationalisierung des Neopragmatismus erleichtert.

Literatur

Ackermann, U. (2022). *Die neue Schweigespirale. Wie die Politisierung der Wissenschaft unsere Freiheit einschränkt.* Darmstadt: wbg Theiss.

Baltzer, U. (2001). Rorty und die Erneuerung des Pragmatismus. In T. Tietz, U. Schäfer, & R. Zill (Eds.), *Hinter den Spiegeln. Beiträge zur Philosophie Richard Rortys mit Erwiderungen von Richard Rorty* (S. 21–48). Frankfurt am Main: Suhrkamp.

Barnes, T. J. (2023). Towards a pragmatist economic geography. *Environment and Planning A*. https://doi.org/10.1177/0308518X231203087

Berr, K., Jenal, C., Kühne, O., & Weber, F. (2019). Inter- und transdisziplinäre Landschaftsforschung. In O. Kühne, F. Weber, K. Berr, & C. Jenal (Eds.), *Handbuch Landschaft* (S. 165–180). Wiesbaden: Springer VS.

Chilla, T., Kühne, O., Weber, F., & Weber, F. (2015). „Neopragmatische" Argumente zur Vereinbarkeit von konzeptioneller Diskussion und Praxis der Regionalentwicklung. In O. Kühne, & F. Weber (Eds.), *Bausteine der Regionalentwicklung* (S. 13–24). Wiesbaden: Springer VS.

Cutchin, M. P. (2020). Habits of social inquiry and reconstruction. A Deweyan vision of democracy an social research. In L. W. Robert, & J. Wills (Eds.), *The power of pragmatism. Knowledge production and social inquiry* (S. 55–68). Manchester: Manchester University Press.

Deines, S. (2023). Rorty und die postmoderne und poststrukturalistische Philosophie (Lyotard, Foucault, Derrida). In M. Müller (Ed.), *Handbuch Richard Rorty* (1st ed., S. 379–397). Wiesbaden: Springer Fachmedien Wiesbaden GmbH.

Dettmar, J. (2018). Landschaftsarchitektonische Strategien für die Stadtlandschaft – zum Verhältnis von Theorie und Praxis. Mit Anmerkungen zur transdisziplinären Landschaftsforschung. In K. Berr (Ed.), *Transdisziplinäre Landschaftsforschung. Grundlagen und Perspektiven* (S. 133–154). Wiesbaden: Springer VS.

Dielemann, S. (2021). Richard Rorty und die epistemische Rechtfertigung der Demokratie. In V. Selk, C. Held, & T. Schwuchow (Eds.), *Soziale Hoffnung, liberale Ironie. Zur Aktualität von Richard Rortys politischem Denken* (Staatsverständnisse, vol. 145, 1st ed., S. 51–72). Baden-Baden: Nomos Verlagsgesellschaft mbH & Co. KG.

Dubiel, H. (1992). *Kritische Theorie der Gesellschaft. Eine einführende Rekonstruktion von den Anfängen im Horkheimer-Kreis bis Habermas.* Weinheim: Beltz Juventa-Verlag.

Eckardt, F. (2014). *Stadtforschung. Gegenstand und Methoden.* Wiesbaden: Springer VS.

Fine, A. (2000). Der Blickpunkt von niemand besonderen. In M. Sandbothe (Ed.), *Die Renaissance des Pragmatismus. Aktuelle Verflechtungen zwischen analytischer und kontinentaler Philosophie* (S. 59–77). Weilerswist: Velbrück.

Grunwald, A., & Schmidt, J. C. (2005). Method(olog)ische Fragen der Inter- und Transdisziplinarität. Wege zu einer praxisstützenden Interdisziplinaritätsforschung. *Technikfolgenabschätzung – Theorie und Praxis, 14,* (2, 4–11).

Habermas, J. (2011). "... And to define America, her athletic democracy". Im Andenken an Richrad Rorty. In A. Gröschner, M. Sandbothe, & R. Rorty (Eds.), *Pragmatismus als Kulturpolitik. Beiträge zum Werk Richard Rortys* (Suhrkamp Taschenbuch Wissenschaft, vol. 1981, 1st ed., S. 25–38). Berlin: Suhrkamp.

Hokema, D. (2018). Was ist und was kann transdisziplinäre Landschaftsforschung? In K. Berr (Ed.), *Transdisziplinäre Landschaftsforschung. Grundlagen und Perspektiven* (S. 25–40). Wiesbaden: Springer VS.

Horkheimer, M. (1982). *Critical Theory. Selected Essays.* New York: continuum.

Horkheimer, M., & Adorno, T. W. (1969). *Dialektik der Aufklärung. Philosophische Fragmente.* Frankfurt (Main): Fischer Taschenbuch Verlag.

Hügin, U. (1996). *Individuum, Gemeinschaft, Umwelt. Konzeption einer Theorie der Dynamik anthropogener Systeme.* Bern: Lang.

Kersting, W. (2009). *Verteidigung des Liberalismus.* Hamburg: Murmann.

Kersting, P. (2012). Geomorphologie, Pragmatismus und integrative Ansätze in der Geographie. *Berichte zur deutschen Landeskunde, 86,* (*1*, 49–65).

Kühne, O. (2018). Reboot „Regionale Geographie" – Ansätze einer neopragmatischen Rekonfiguration „horizontaler Geographien". *Berichte. Geographie und Landeskunde, 92,* (*2*, 101–121).

Kühne, O. (2019). *Landscape Theories. A Brief Introduction.* Wiesbaden: Springer VS.

Kühne, O. (2020). Landscape Conflicts. A Theoretical Approach Based on the Three Worlds Theory of Karl Popper and the Conflict Theory of Ralf Dahrendorf, Illustrated by the Example of the Energy System Transformation in Germany. *Sustainability: Science, Practice and Policy, 12,* (*17*, 1–20). https://doi.org/10.3390/su12176772

Kühne, O., Berr, K., & Lohmann, P. (2023). *Landschaft zwischen Philosophie und Sozialwissenschaften. Eine Kritik.* Wiesbaden: Springer Fachmedien Wiesbaden GmbH; Springer VS.

Kühne, O., Berr, K., & Jenal, C. (2023). *The Closed Society and Its Ligatures – A Critique Using the Example of 'Landscape'.* Wiesbaden: Springer Fachmedien Wiesbaden GmbH; Springer.

Lohmann, P. (2015). Fichte und Schinkel – Zum Verhältnis von Vernunft, Architektur und Natur. In H. Girndt (Ed.), *»Natur« in der Transzendentalphilosophie. Eine Tagung zum Gedenken an Reinhard Lauth.* in Schloß Rammenau am 14.–16. Mai 2009 im Auftrag der Internationalen Johann-Gottlieb-Fichte-Gesellschaft (Begriff und Konkretion, vol. 2, S. 301–318). Berlin: Duncker & Humblot.

Lohmann, P. (2018). Natur in Architektur und Philosophie. Transdisziplinarität im Kontext künstlerischer und philosophischer Perspektiven am Beispiel von Schinkels Fichte-Rezeption. In K. Berr (Ed.), *Transdisziplinäre Landschaftsforschung. Grundlagen und Perspektiven* (S. 79–96). Wiesbaden: Springer VS.

Malachowski, A. R. (2014). *Richard Rorty* (Philosophy now). Abingdon, Oxon: Routledge.

Menand, L. (2001). *The Metaphysical Club. A story of ideas in America* (1.th ed.). New York, NY: Farrar Straus and Giroux.

Mittelstraß, J. (1998). Interdisziplinarität oder Transdisziplinarität? In *Die Häuser des Wissens. Wissenschaftstheoretische Studien* (S. 29–48). Frankfurt (Main): Suhrkamp.

Müller, M. (2014). *Private Romantik, öffentlicher Pragmatismus? Richard Rortys transformative Neubeschreibung des Liberalismus* (Edition Moderne Postmoderne, 1st ed.). Bielefeld: transcript Verlag.

Niemietz, K. (2021). *Sozialismus. Die gescheiterte Idee, die niemals stirbt.* München: FinanzBuch Verlag.

Paris, R. (2005). *Normale Macht. Soziologische Essays.* Konstanz: UVK Verlagsgesellschaft.

Popper, K. R. (2011[1947]). *The Open Society and Its Enemies.* Abingdon: Routledge.

Putnam, H. (1991). *Repräsentation und Realität* (1. Aufl.). Frankfurt am Main: Suhrkamp.

Putnam, H. (1995). *Pragmatism: An Open Question.* Oxford: Blackwell Publishers.

Ropohl, G. (2012). *Allgemeine Systemtheorie. Einführung in transdisziplinäres Denken.* Berlin: Edition Sigma.

Rorty, R. (1997). *Contingency, irony, and solidarity* (Reprint). Cambridge: Cambridge University Press.

Rorty, R. (2003). *Wahrheit und Fortschritt.* Frankfurt am Main: Suhrkamp.

Rorty, R. (2005). Ist Wahrheit ein Ziel der Forschung? Donald Davidson kontra Crispin Wrigt. In M. Sandbothe (Ed.), *Wozu Wahrheit? Eine Debatte* (Suhrkamp-Taschenbuch Wissenschaft, vol. 1691, 1st ed., S. 210–245). Frankfurt am Main: Suhrkamp.

Rorty, R. (2007). *Philosophy as cultural politics* (Philosophical papers, v. 4). Cambridge, UK: Cambridge University Press.

Rorty, R. (2018[1994]). *Hoffnung statt Erkenntnis. Eine Einführung in die pragmatische Philosophie* (3.th ed.). Wien: Passagen-Verlag.

Rorty, R. (2019). *Philosophie als Kulturpolitik* (Suhrkamp Taschenbuch Wissenschaft, vol. 2289, Erste Auflage). Berlin: Suhrkamp.

Rorty, R. (2023). *Pragmatismus als Antiautoritarismus* (Erste Auflage, deutsche Erstausgabe). Berlin: Suhrkamp.

Schein, R. H. (1997). The Place of Landscape. A Conceptual Framework for Interpreting an American Scene. *Annals of the Association of American Geographers, 87,* (*4*, 660–680). https://doi.org/10.1111/1467-8306.00072

Schein, R. H. (2003). Normative Dimensions of Landscape. In C. Wilson, & P. Groth (Eds.), *Everyday America. Cultural Landscape Studies after J. B. Jackson* (S. 199–218). Berkeley: University of California Press.

Schulenberg, U. (2023). Romantik und die Idee einer poetisierten Kultur. In M. Müller (Ed.), *Handbuch Richard Rorty* (1st ed., S. 747–762). Wiesbaden: Springer Fachmedien Wiesbaden GmbH.

Sofsky, W. (2007). *Verteidigung des Privaten. Eine Streitschrift*. München: Beck.

Steiner, C. (2009). Materie oder Geist? Überlegungen zur Überwindung dualistischer Erkenntniskonzepte aus der Perspektive einer Pragmatischen Geographie. *Berichte zur deutschen Landeskunde, 83,* (*2*, 129–142).

Steiner, C. (2014). *Pragmatismus – Umwelt – Raum. Potenziale des Pragmatismus für eine transdisziplinäre Geographie der Mitwelt* (Erdkundliches Wissen, vol. 155). Stuttgart: Franz Steiner Verlag.

Sukopp, T. (2010). Interdisziplinarität und Transdisziplinarität. In M. Jungert, E. Romfeld, T. Sukopp, & U. Voigt (Eds.), *Interdisziplinarität. Theorie, Praxis, Probleme* (S. 13–29). Darmstadt: WBG.

Weichhart, P. (2005). Auf der Suche nach der „dritten Säule“. Gibt es Wege von der Rhetorik zur Pragmatik? In D. Müller-Mahn, & U. Wardenga (Eds.), *Möglichkeiten und Grenzen integrativer Forschungsansätze in Physischer Geographie und Humangeographie* (forum ifl, vol. 2, S. 109–136). Leipzig: Selbstverlag Leibniz-Institut für Länderkunde e.V.

7 Lebenschancen in einer offenen Gesellschaft als eine Operationalisierung der normativen Gehalte des Neopragmatismus

Der Neopragmatismus verfügt über zwei Stoßrichtungen: eine, die ‚nach innen' auf Wissenschaft im Allgemeinen, Philosophie im Besonderen, ausgereichtet ist und eine, die nach ‚außen' auf die Gesellschaft ausgerichtet ist. Diese zielt auf die Verteidigung einer ‚offenen Gesellschaft'. Bevor eine Zuwendung zur Operationalisierung des Neopragmatismus für die sozialwissenschaftliche Raumforschung zuwenden, erfolgt eine Operationalisierung des Verständnisses einer offenen Gesellschaft. Diese Operationalisierung erscheint nötig, da Ausführungen von Rorty und anderen Neopragmatisten zu diesem Thema eher allgemein bleiben. Entsprechend müssen, sollen sie die philosophischen Überlegungen in ein sozial- und raumwissenschaftliches Forschungsprogramm überführt werden, Konkretisierungen und Differenzierungen erfolgen. Auch bleiben in dem ‚romantischen-utopischen' Konzept privater Selbsterschaffung und öffentlicher Solidarität von Richard Rorty Aspekte unterberücksichtigt, die eben dieser privaten Selbsterschaffung und öffentlichen Solidarität entgegenstehen (und auch die förderlichen Aspekte sind weiter differenzierbar). Um dieses Desiderat zu beheben, wird in diesem Kapitel ein weiterentwickelter Lebenschancen-Ansatz vorgestellt und auf das Konzept privater Selbsterschaffung und öffentlicher Solidarität bezogen.

Ausgehend von den grundsätzlichen Überlegungen zur ‚offenen Gesellschaft' von Karl Popper (zur allgemeinen Einführung: Franco 2019; Zimmer und Morgenstern 2015) wird deren soziale und sozialwissenschaftlichen Operationalisierung durch seinen Schüler Ralf Dahrendorf (einführend in seine Werke: Kühne 2017; Kühne und Leonardi 2020; Leonardi 2014) mit seinem Konzept der Lebenschancen vorgestellt. Dieses Konzept wird durch die Differenzierung des Verständnisses von ‚Ligaturen' weiterentwickelt. Die zentrale Bedeutung des Individuums, die bereits in der Vorstellung der Theorie der drei Welten deutlich wurde, prägt auch das Konzept der ‚offenen Gesellschaft' Karl Poppers, wie auch

O. Kühne, *Redeskriptionen horizontaler Geographien*, Regionale Geographien | Regional Geographies, https://doi.org/10.1007/978-3-031-66780-0_7

die Überlegungen Ralf Dahrendorfs zur Steigerung der Lebenschancen. Wenngleich Richard Rorty dem Individuum eine weniger zentrale Bedeutung in seinen gesellschaftstheoretischen Vorstellungen zuweist, eint die drei Denker die zentrale Bedeutung demokratischer Aushandlungen für gesellschaftlichen Fortschritt.

7.1 Die offene Gesellschaft – hier aus der Perspektive Poppers und Dahrendorfs

In zentralen Aspekten stimmen Rorty sowie Popper und sein Schüler Dahrendorf in der Interpretation und Bevorzugung der offenen Gesellschaft überein, sodass an dieser Stelle eine ausführliche Darstellung der Ansätze von Popper und Dahrendorf nur so weit erfolgt, wie sie für den Nachvollzug der Konflikttheorie und insbesondere des Ansatzes der Lebenschancen von Ralf Dahrendorf, einschließlich deren Weiterentwicklung und Einpassung in den neopragmatistischen Ansatz nötig ist. Ein gemeinsamer Ausgangspunkt von Ralf Dahrendorf/Karl Popper und Richard Rorty, ist – wie schon bei den Verfassungsvätern der Vereinigten Staaten sowie bei John Stuart Mill und Judith Shklar – die Vermeidung von Gewalt (Hacke 2021).

Das unter Eindruck des Gebarens der totalitären Regime des Nationalsozialismus und des Kommunismus von Karl Popper verfasste Werk ‚Die offene Gesellschaft und ihre Feinde' (Popper 2011[1947] definiert zentrale Merkmale einer offenen Gesellschaft als Bereitschaft zu Veränderungen, die Fähigkeit zu deren Gestaltung. Beides setzt die Freiheit der Meinung sowie die Fähigkeit und Möglichkeit voraus, die eigene Meinung – im Ringen um die besseren Argumente – vorzutragen. Die Kerngedanken einer ‚offenen Gesellschaft' schließen an die Kerngedanken seiner Wissenschaftsphilosophie an: „Sicheres Wissen ist uns versagt. *Unser Wissen ist ein kritisches Raten; ein Netz aus Hypothesen; ein Gewebe von Vermutungen*" (Popper 1989, S. XXV). Wie in der Wissenschaft, sollte es auch in der Gesellschaft keine Dogmen geben, Regeln entstehen in einem demokratischen Diskurs. Dagegen sind geschlossene Gesellschaften durch starre Regeln geprägt, die individuelle Meinungsbildung und –äußerung unterbinden. Teleologische Vorstellungen gesellschaftlicher Entwicklung, die aus historischen Gesetzmäßigkeiten abgeleitet werden (wie der moralisch motivierte Historizismus Karl Marx') lehnt er ab, denn die Zukunft ist grundsätzlich offen und wird durch einen ständigen Such- und Aushandlungsprozess nach geeigneten Lösungen für Herausforderungen gestaltet (Popper 1984; Popper et al. 1994). Das zentrale Problem des Historismus erkennt Popper in dem Versuch der Aufhebung des Unterschieds zwischen Tatsachen und Entscheidungen (Popper 1965,

2011[1947]). Während Tatsachen für sich genommen keinen Sinn hätten, ergäbe sich dieser durch Entscheidungen, wie mit Tatsachen verfahren werden soll. Diese Entscheidungen implizierten einerseits Freiheit, andererseits auch Verantwortung. Der Historismus delegiere die Verantwortung für das eigene Handeln an einen vorbestimmten Lauf der Geschichte und verbinde ihn mit der Hoffnung auf eine ‚bessere Welt', eine Auffassung, die Rorty (1993) mit explizitem Bezug auf Popper teilt. Die Vorstellung einer ‚besseren Welt' bleibt in der Regel jedoch nicht abstrakt, sondern nimmt konkrete Formen an. In deren Befassung vollzieht sich der Übergang der Überlegungen vom Philosophen Popper zum Soziologen Dahrendorf. Die historistische Vorstellung formt eine schöne Zukunft und „überschreitet nicht nur die Unvollkommenheiten der Gegenwart, sondern auch ihre gesellschaftlichen Gesetze und die aller Vergangenheit" (Dahrendorf 1968, S. 95). In Rückgriff auf die Ansätze Karl Poppers verdeutlicht Ralf Dahrendorf (1983b, S. 61) das Problem des ‚großen' Zukunftsentwurfs: „Wann immer wir die Zukunft entwerfen – und die Zukunft zu entwerfen ist vielleicht eine der großen menschlichen Aufgaben –, machen wir einen Versuch, der auch ein Irrtum sein kann". Zentral hierbei ist, „dass der Irrtum sich nicht festsetzen, dass er nicht zum Dogma werden kann" (Dahrendorf 1984, S. 117).

Den Utopismus kritisiert Dahrendorf nicht allein im marxistischen, sondern auch im konservativen Denken, das er im soziologischen Kontext im Strukturfunktionalismus von Talcott Parsons (1951) vorfindet: „Wenn keine Normen gesetzt, verändert, auch aufgehoben werden, dann erstarren soziale Strukturen im Gefängnis der Tradition, von der es zumindest zweifelhaft sein muss, ob sie wirklich allen neuen Situationen gewachsen ist" (Dahrendorf 1968, S. 330). Dieser Konservatismus bedeutet eine „Stabilisierung der Gesellschaft in dem Zustand, in dem zuletzt Normen gesetzt wurden" (Dahrendorf 1968, S. 330). Unabhängig davon, ob die Utopie in der Erhaltung der Gegenwart liegt, in der Wiederherstellung vergangener gesellschaftlicher Zustände oder in der idealisierten Vorstellung einer künftigen (etwa herrschaftsfreien) Gesellschaft: „Utopia ist immer illiberal, denn es lässt keinen Raum für Irrtümer und Korrektur" (Dahrendorf 1980, S. 88). Anstelle einer einzigen, sollten mehre Antworten auf die Herausforderungen der Zeit möglich sein (u. a. Dahrendorf 1983b, 1991a, 1991b). Hilary Putnam (1997, S. 227) äußert sich – Bernard Williams folgend – kritisch gegenüber der utopistischen Möglichkeit, ethische Ansprüche zu begründen, denn diese liefen „auf den Versuch hinaus, ethische Ansprüche durch eine Begründung zu untermauern, der es tatsächlich gelänge, den Skeptiker oder den Amoralisten zu überzeugen und zu einer anderen Verhaltensweise zu bewegen". Da ein solches Unterfangen den Grundzügen einer pluralen Gesellschaft entgegensteht (und dem oben beschriebenen Wettbewerb um taugliche Lösungen für konkrete Probleme entgegensteht), bleibt entweder ein Abrücken von der Utopie oder der Versuch, die Utopie mittels Zwang durchzusetzen. Ein Zwang, der gängigen Utopien eigentlich entgegensteht (die gemeinhin das Reich des ewigen Friedens und Glücks versprechen). Insofern wird der Phase des Erreichens der Utopie noch eine Phase der Katharsis vorgeschaltet, in der Skeptiker und Amoralisten von den ‚Erleuchteten' von der Utopie überzeugt werden müssen, auch durch Zwang. Die Alternative ist die Eliminierung aller Möglichkeiten, sich in irgendeiner Weise zu äußern (Ackermann 2020; Brunnhuber 2019; Flaßpöhler 2021; Kühne et al. 2023).

Diese Argumentationen richten sich gegen eine bestimmte Art der Utopie, nämlich die teleologische oder notwendige Utopie. Die von Richard Rorty vorgeschlagene Utopie, die liberale Utopie, lässt sich hingegen als Utopie der Kontingenz und als Utopie dieser bewussten Ironie verstehen (Rorty 1997a, 1997b). Entsprechend versteht Rorty (1993, S. 90) als Utopia „eine Gemeinschaft, in der nicht die Suche nach Wahrheit, sondern Toleranz und Neugier als intellektuelle Kardinaltugenden gelten". Es ist die Utopie einer inklusiven und offenen Gesellschaft und bedeutet letztlich „eine Utopie ohne Utopismus" (Müller 2014, S. 349). Ein zentraler Unterschied zwischen teleologischen Utopien (hier insbesondere der klassenlosen Gesellschaft des Kommunismus in Marxens Vorstellung) und der ‚Meta-Utopie' Rortys, der sicherlich auch Dahrendorf und Popper gefolgt wären, ist die Bedeutung von Konflikten; während die Utopie von Marx auf Konfliktlosigkeit abzielt, sind mit Toleranz und Neugier durchaus Konflikte verbunden, Konflikte, die gesellschaftliche Produktivität entfalten (können), wie im folgenden Abschnitt gezeigt wird.

7.2 Soziale Konflikte als Normalität in einer Offenen Gesellschaft und ihre produktiven Potenziale

Soziales Leben ist konstitutiv von Konflikten geprägt, diese sind originär sozial, haben aber häufig auch räumliche Gründe, Implikationen und Folgen, insofern hätte ein ‚neopragmatistisches horizontalgeographisches' Forschungsprogramm, das soziale und sozialräumliche Konflikte ignoriert, kaum das Potenzial, nützliche Erkenntnisse über die Entwicklung von Region, Stadt, Landschaft etc. zu liefern.

Dieses Ringen um die tauglichsten Antworten ist konstitutiv an soziale Konflikte gebunden (Dahrendorf 1957, 1969a, 1969b, 1972, 1992). Dahrendorf versteht als einen Konflikt „jede Beziehung von Elementen, […] die sich durch objektive (‚latente') oder subjektive (‚manifeste') Gegensätzlichkeit kennzeichnen lässt" (1972, S. 23). Da Dahrendorf sich mit sozialen Konflikten befasst, ist die Klärung dieses Begriffs sinnvoll: „Sozial soll ein Konflikt dann heißen, wenn er sich aus der Struktur sozialer Einheiten ableiten lässt, also überindividuell ist" (Dahrendorf 1972, S. 72). Sowohl individualpsychologisch bedingte Konflikte wie auch Konflikte zwischen Gesellschaften werden entsprechend nicht von dem Erklärungsbereich der Dahrendorfschen Konfliktanalyse abgedeckt (Niedenzu 2001). Die Fokussierung auf soziale Konflikte im mesosozialen Kontext, zwischen hierarchisch gleichgestellten Gesellschaftsteilen, die sich im Verhältnis der Über- und Unterordnung befinden oder im Verhältnis Teil gegen Ganzes befinden, hat die Dahrendorfsche Konflikttheorie zu einem hilfreichen Werkzeug zum Verständnis von Raumkonflikten im Allgemeinen und Landschaftskonflikten im Besonderen gemacht (siehe u. a. Dittel 2024; Endreß et al. 2024; Kamlage et al. 2020; Kühne 2021; Kühne und Kamlage 2024; Kühne und Leonardi 2022; Schmid und Rothe 2024; Weber 2018).

In seinen Untersuchungen zum Verhältnis von sozialem Wandel und sozialen Konflikten geht Ralf Dahrendorf (1961; Dahrendorf 1972, 1992) von vier Prämissen aus (siehe auch Bonacker 1996; Kühne 2017; Mey 1994):

1. Ubiquität des Wandels: Jede Gesellschaft unterliegt einem andauernden und allseits gegenwärtigen Wandel.
2. Ubiquität des Konflikts: Jede Gesellschaft kennt soziale Konflikte, was im Umkehrschluss bedeutet: Es gibt keine konfliktfreien Gesellschaften.
3. Ubiquität der Produktivität: Jedes Gesellschaftsmitglied leistet einen Beitrag zur Veränderung der Gesellschaft (dieser Aspekt findet sich bereits in diesem Buch im Kontext des Verhältnisses der Welten 2 und 3, die auch durch eine Beeinflussung der Welt 3 durch die Welt 2 gekennzeichnet ist; siehe Kap. 3).
4. Ubiquität der Herrschaft: Jede Gesellschaft ist von Machtverhältnissen geprägt. Mitglieder einer Gesellschaft üben über andere Mitglieder Macht aus.

Die Ursache von sozialen Konflikten sieht Dahrendorf (1957) im Antagonismus zwischen Kräften der Persistenz und der Progression, von Bewahrung und Wandel. Sie unterscheiden sich nach ‚Intensität' und ‚Gewaltsamkeit', wobei Intensität die soziale Relevanz bezeichnet, die sich aus dem Umfang der Teilnahme potenziell vom Konflikt Betroffener ergibt: „sie ist hoch, wenn für die Beteiligten viel davon abhängt, wenn also die Kosten der Niederlage hoch sind" (Dahrendorf 1972, S. 38). Der Grad der ‚Gewaltsamkeit' kann von einer unverbindlich geführten Diskussion bis zu blutigen Revolutionen reichen.

Soziale Konflikte entfalten sich im Allgemeinen in drei Konfliktphasen, in der sich eine Entwicklung von einer Latenz zum Manifesten vollzeiht (ein Konzept, das Dahrendorf bei Sigmund Freud entlehnt hat; Freud 1900). Die erste Phase bezeichnet die ‚strukturelle Ausgangslage'. Hier findet sich eine ‚objektive' gesellschaftliche Struktur, die Personen bestimmte gesellschaftliche Positionen zuweist, die den jeweiligen Personen in der Regel unbewusst sind (dieses Verständnis ist dem Marxschen Begriff der ‚Klasse an sich' ähnlich; Dahrendorf 1972; siehe auch Meyer 1997; Niedenzu 2001). Die Interessen bleiben also latent, wobei Dahrendorf (1957, S. 204) mit ‚latenten Interessen' folgendes verbindet: „alle positionsbedingten Verhaltensorientierungen (Rollen-Erwartungen), die eine Gegensatzbeziehung zwischen zwei Aggregaten von Positionen begründen, ohne den Trägern der Positionen notwendig bewusst zu sein" (Dahrendorf 1957, S. 204). In der zweiten Phase erfolgt die ‚Bewusstwerdung der latenten Interessen' und wird auch für die Außenwelt erkennbar. Voraussetzung für eine solche Kristallisierung ist allerdings, dass „gewisse technische (personelle, ideologische, materielle), soziale (systematische Rekrutierung, Kommunikation) und politische (Koalitionsfreiheit) Bedingungen erfüllt sind. Wo einige oder alle von diesen nicht gegeben sind, bleiben Konflikte latent, unterschwellig, ohne dadurch an Wirksamkeit zu verlieren" (Dahrendorf 1972, S. 36). Soziale Konflikte haben eine dichotomisierende Wirkung, die dann in der dritten Phase vollständig ausgeprägt ist (Dahrendorf 1972) und von zwei organisierten Konfliktparteien „mit sichtbarer eigener Identität" (Dahrendorf, 1972: 36) getragen werden. Unterschiedliche Interessenlagen innerhalb der Konfliktparteien wiederum werden in Binnenkonflikte transformiert (Dahrendorf 1972).

Soziale Konflikte können für die Gesellschaft produktiv sein, wenn sie geregelt, nicht unterdrückt werden oder der Versuch einer Lösung (also der Beseitigung gesellschaftlicher Ursachen von Konflikten) unternommen wird. Die erfolgreiche Regelung von Konflikten ist davon abhängig (Brüsemeister 2007; Dahrendorf 1957, 1969a, 1972, 1992; Kühne 2018a; Matys und Brüsemeister 2012; Niedenzu 1997), dass

1. die Konfliktgegensätze als berechtigte Dimension der Normalität anerkannt werden, nicht etwa als ein normwidriger Zustand,
2. sich die Konfliktregelung auf die Ausprägungen des Konfliktes, nicht auf dessen Ursachen bezieht,
3. die Effizienz der Konfliktregelung durch den Grad der Organisiertheit der Konfliktparteien positiv beeinflussbar ist,
4. bestimmte Regeln eingehalten werden, die keine der konfligierenden Parteien bevorteilen dürfen und die Konfliktparteien also als gleichwertig betrachtet werden müssen (d. h. zuvor festgelegte Verfahrensregeln sind einzuhalten),
5. eine Instanz existiert, die bei gescheitertem Regelungsversuch in der Lage ist, über den Konfliktgegenstand auch ohne Einvernehmen der Konfliktparteien zu entscheiden (gemeinhin die Rolle des Staates).

In einem demokratischen Staat liegt für Dahrendorf „in der rationalen Bändigung sozialer Konflikte […] eine der zentralen Aufgaben der Politik" (Dahrendorf 1972, S. 44). Entsprechend weist Dahrendorf (1972, S. 44 f.) Demokratie und Totalitarismus im Umgang mit Konflikten zwei polare Positionen zu: „Der Totalitarismus beruht auf der (oft als ‚Lösung' ausgegebenen) Unterdrückung, die Demokratie auf der Regelung von Konflikten". Doch auch in demokratischen Gesellschaften bestehen hinsichtlich der Regelungsfähigkeit des Staates für soziale Konflikte Herausforderungen, so ist etwa seine Fähigkeit zur Konfliktregelung dann geschwächt, wenn er zugleich Konfliktpartei und Instanz der Regelung von Konflikten wird (Kühne 2019; Kühne et al. 2019; Kühne 2020).

7.3 Lebenschancen

Konflikte erwachsen nicht allein aus alternativen Vorstellungen vom Umgang mit aktuellen Herausforderungen, sondern auch – durchaus damit verbunden – im Ringen der Individuen um Lebenschancen.

7.3.1 Das Verständnis Dahrendorfs von Lebenschancen und dessen Erweiterungsbedarf

Unter Lebenschancen versteht Ralf Dahrendorf (Dahrendorf 2007, S. 44) „zunächst Wahlchancen, Optionen. Sie verlangen zweierlei, Anrechte auf Teilnahme und ein Angebot von Tätigkeiten und Gütern zur Auswahl", wobei die genannten Wahlchancen mit einem Sinn verbunden sein müssen. Metaphorisch fasst Dahrendorf (1979, S. 24) Lebenschancen als „die Backformen menschlichen Lebens in Gesellschaft; sie bestimmen, wie weit Menschen sich entfalten können". Mit seinem Verständnis von Chance schließt Dahrendorf (1979, S. 98; aber auch Dahrendorf 1968, 1992) an Max Weber (1972 [1922]) an, indem er sie einerseits als „strukturell begründete […] Wahrscheinlichkeit des Verhaltens", und andererseits „als etwas, das der Einzelne haben kann, etwas als Chance der Befriedigung von Interessen" (Dahrendorf 1979, S. 98) fasst. Lebenschancen sind abhängig von gesellschaftlichen Kontexten, schließlich sind sie „Möglichkeiten des individuellen Wachstums, der Realisierung von Fähigkeiten, Wünschen und Hoffnungen, und diese Möglichkeiten werden durch soziale Bedingungen bereitgestellt" (Dahrendorf 1979, S. 50). Doch ermöglicht Gesellschaft nicht allein Lebenschancen, sie schränkt sie auch ein, wie am Beispiel der Klassenunterschiede deutlich wird, wenn „die Möglichkeiten der Einen (der ‚Beherrschten', der ‚Abhängigen') durch die Entscheidungen Anderer (‚der Herrscher') entscheidend vorstrukturiert" (Niedenzu 2001, S. 178) sind. Lebenschancen werden zwar in weiten Teilen gesellschaftlich strukturiert, also ermöglicht und/oder reglementiert und verweigert, doch liegt die Verantwortung für den Umgang mit Lebenschancen beim Individuum, denn Lebenschancen sind keine Garantien, Lebenschancen „werden erst durch individuelle Anstrengungen zu konkret gelebten Biographien – oder sie werden verwirkt" (Lindner 2009, S. 20).

Für das Konzept der Lebenschancen von Ralf Dahrendorf sind zwei Begriffe zentral, die der Optionen und der Ligaturen (Dahrendorf 1979, S. 50): „Optionen sind in sozialen Strukturen gegebene Wahlmöglichkeiten, Alternativen des Handelns", sie verlangen „Wahlentscheidungen und sind damit offen für die Zukunft" (Dahrendorf 1979, S. 108). Ligaturen sind dagegen „strukturell vorgezeichnete Felder menschlichen Handelns. Der Einzelne wird kraft seiner sozialen Positionen und Rollen in Bindungen oder Ligaturen hineingestellt" (Dahrendorf 1979, S. 51). Ligaturen sind dabei von einer starken emotionalen und moralischen Aufladung geprägt, die einerseits Verpflichtung, andererseits aber auch Zugehörigkeit produziert, sie sind die „Fundamente des Handelns" (Dahrendorf 1979, S. 51), wie etwa „die Ahnen, die Heimat, die Gemeinde, die Kirche" (Dahrendorf 1979, S. 51). Hinsichtlich der Dimension der Freiwilligkeit besteht zwischen Ligaturen und Optionen ein fundamentaler Unterschied: „Ligaturen sind gegeben, Optionen sind gewollt" (Dahrendorf 1979, S. 108). Ligaturen und Optionen unterliegen aber auch einer intensiven gegenseitigen Beeinflussung, aus der Lebenschancen erwachsen: „Lebenschancen sind Gelegenheiten für individuelles Handeln, die sich aus der Wechselbeziehung von Optionen und Ligaturen ergeben" (Dahrendorf 1979, S. 55). Die Entstehung von Lebenschancen ist also konstitutiv an den wechselseitigen Bezug von Ligaturen und Optionen gebunden: „Ligaturen ohne Optionen bedeuten Unterdrückung, während Optionen ohne Bindungen sinnlos sind" (Dahrendorf 1979, S. 51 f.). Zwar machen Ligaturen aus bloßen Chancen „Chancen mit Sinn und Bedeutung, also Lebenschancen" (Dahrendorf 1979, S. 51), doch haben sie auch „eine absolute Qualität: sie lassen Schattierungen von grau nur widerwillig zu. Menschen gehören entweder dazu oder sie tun es nicht, und wenn sie es nicht tun, haben sie keinen Anspruch auf Rechte".

Dahrendorf verbindet mit dem Prozess der Modernisierung (Dahrendorf 1987) die Vergrößerung von individuellen Lebenschancen, wobei diese durch den Gewinn an Optionen geprägt ist, und das „häufig genug durch das Aufbrechen von Ligaturen. Mobilität bedeutet, dass die Familie und das Dorf nicht mehr Schicksalsgemeinschaften sind, sondern zunehmend zu Wahlgemeinschaften werden" (Dahrendorf 1979, S. 52). Entsprechend ist ein (normatives) Gesellschaftsverständnis, das auf die Vergrößerung individueller Lebenschancen ausgerichtet ist, „Optionspolitik, also Kampf um die Erweiterung menschlicher Lebenschancen durch die Vermehrung von Optionen“ (Dahrendorf 1983a, S. 123 f.), die „gleichsam die volle Ausschöpfung des Potenzials einer Gesellschaft“ (Dahrendorf 1979, S. 131) ermöglicht. Popper in seiner Auffassung der a priori-Sinnlosigkeit von Geschichte folgend, zieht Ralf Dahrendorf (1979, S. 24) die Konsequenz: „[W]ir müssen ihr einen Sinn geben, wenn wir dies wollen (und wir müssen es wollen, denn die Frage stellt sich uns unausweichlich)“. Den Sinn sieht Dahrendorf (1979, S. 26) entsprechend darin, „mehr Lebenschancen für mehr Menschen zu schaffen“. Für Dahrendorf – stellt Gratzel (1990, S. 12) fest – ist „die freiheitliche Gesellschaft [...] die entscheidende moralische Maxime des politischen Handelns, auch weil die gerechte Gesellschaft für niemanden erkennbar ist“. Die hier zentralen dargestellten Konzepte von Dahrendorf synthetisieren in seinem Verständnis von Freiheit als „die Politik des geregelten Konflikts und die Sozialökonomik der Maximierung individueller Lebenschancen“ (Dahrendorf 1980, S. 15), was wiederum die Befähigung des Menschen voraussetzt, zwischen Freiheit und Unfreiheit unterscheiden zu können, in diesem Zusammenhang also die Differenz von Optionen und Ligaturen wahrnehmen zu können (siehe auch: Kühne, Berr, Schuster, und Jenal 2021). Neben diesem Bedingungsaspekt sind Konfliktregelung und Maximierung von Lebenschancen auch durch weitere Einschränkungen gefährdet (Bovone 1982; Dahrendorf 1968, 2006; Kocka 2004):

a) dem Verzicht auf die individuelle Chancensuche durch ‚Außenleitung‘ (Riesman 1950), also der weitgehenden Ausrichtung des eigenen Handelns an gesellschaftlichen Konventionen (im Sinne von Ligaturen),
b) der Einschränkung von individuellen Lebenschancen durch bürokratische Reglementierung,
c) der gesellschaftlich illegitimen Ungleichverteilung von Lebenschancen durch Umwandlung von wirtschaftlicher in politische Macht oder durch systematische Benachteiligung bestimmter Bevölkerungsteile im Zugang zu Bildung,
d) der Flucht vor der Komplexität der Welt in Utopien, verbunden mit der moralischen Abwertung alternativer Weltsichten.

Das Lebenschancenkonzept Dahrendorfs bedeutet mit seiner Ausdifferenzierung in Optionen und Ligaturen eine Konkretisierung „in inhaltlicher Perspektive“, wobei er ‚Lebenschancen‘ „eine Sinndimension hinzufügt; ferner wird in theoretischer Perspektive deutlich, dass [...] Dahrendorf von einem sozial strukturierten Wahlhandeln sozialer Akteure ausgeht“ (Mackert 2010, S. 413). Während das

Konzept der Optionen bereits klar umrissen ist, sich in den theoretischen Rahmen fügt, das er aufgebaut hat und lediglich einer Konkretisierung bedarf, bleibt das Konzept der Ligaturen ambivalent und im theoretischen Kontext sperrig. ‚Ligaturen' werden einerseits als sinngebende Komponente von Lebenschancen verstanden, andererseits als Einschränkung für die Verwirklichung von Lebenschancen.

7.3.2 Die Differenzierung der Verständnisse von Optionen und Ligaturen

In Anschluss an das auf Sigmund Freud zurückgehende Verständnis von latent und manifest hat Dahrendorf (siehe Abschn. 7.2) zwischen latenten und manifesten Konflikten unterschieden. Diese Unterscheidung lässt sich auch auf Optionen ausweiten. Entsprechend lassen sich latente Optionen als solche Optionen verstehen, die prinzipiell gesellschaftlich zur Verfügung stehen (etwa das Recht auf Bildung). Manifest wird eine Option dann, wenn sie gewählt wird (also, wenn Person sich entscheidet, eine Hochschule zu besuchen). Nicht alle latenten Optionen stehen – infolge von Ligaturen – einem Individuum zur Verfügung. Jene Optionen, die einem Individuum zur Verfügung stehen, lassen sich als individuell verfügbare latente Optionen verstehen (etwa die Wahl einer Hochschule, an der ein Studium mit dem individuell erlangten Schulabschluss aufgenommen werden kann).

An dieser Stelle erscheint eine Differenzierung von Ligaturen sinnvoll (aufbauend auf: Kühne et al. 2022; Kühne, Berr, Schuster, und Jenal 2021; Kühne und Koegst 2023):

1. Moralische und ethische Ligaturen, wobei die moralischen Ligaturen sich in a) Ligaturen des Ressentiments und Ligaturen des Mitgefühls differenzieren lassen.
2. Innengerichtete und außengerichtete Ligaturen, wobei hier sich der Personenkreis, an den diese gerichtet werden, von spezifisch (a) zu allgemein (b) unterscheiden kann,
3. Explizite und implizite Ligaturen,
4. Leibliche und leiblich vermittelte soziale Ligaturen.

Dieser Differenzierung des Ligaturenbegriffs liegt ein Ligaturenverständnis zugrunde, das gegenüber dem von Ralf Dahrendorf erweitert ist. Nach dem hier zugrunde gelegten Verständnis, basieren Ligaturen zunächst auf kulturell verankerten tiefen Bindungen, die die Basis für soziale Werte, Normen und Rollen darstellen. Sie bieten (zumeist unhinterfragte) Maßstäbe des Handelns. Auf der Basis dieses Verständnisses lassen sich die oben angesprochenen Differenzierungen und Spezifizierungen vornehmen.

Beginnen wir mit den moralischen und ethischen Ligaturen, nicht zuletzt, weil die übrigen Ligaturen in der Regel in Form eine Spezifizierung von ethischen und insbesondere moralischen Ligaturen darstellen. Ligaturen sind stark an Moral gebunden, sie definieren Normalität, deren Erhalt moralisch aufgeladen wird (im Sinne eines Sein-Sollen-Fehlschlusses), auf der Ebene des konkreten Handelns (etwa die religiöse Begründung des Standes durch Geburt). Ligaturen können aber auch, wenn sie ethisch verstanden werden, einen reflexiven Rahmen für den Umgang mit jenen Ligaturen bieten, die moralisch gebunden sind. Diese Ligaturen sind in der Lage, Optionen zu erweitern, zu ermöglichen, bieten auch die Möglichkeit, Optionen abzuwägen. Erstere Ligaturen werden als moralische, zweitere als ethische Ligaturen benannt (Kühne et al. 2023). Ethische Ligaturen sind in der Lage, individuelle Lebenschancen in einer offenen Gesellschaft zu maximieren, denn sie umfassen etwa Prinzipien wie Verfahrensgerechtigkeit, Toleranz, Verantwortung oder die Befähigung zu kontextualisiertem Denken und lassen sich mit Nida-Rümelin (2020) auch als ‚Konsense höherer Ordnung' verstehen und beziehen „sich auf Verfahren, die Art und Weise oder auf die Methode der kollektiven Entscheidungsfindung" (Nida-Rümelin 2020, S. 114). Dieses Verständnis ethischer Ligaturen ist eng verwandt mit dem, was Richard Rorty unter ‚erkenntnistheoretischem Antiautoritarismus' versteht, nämlich „die Verdrängung der Objektivität (im Sinne einer privilegierten Beziehung zu einem nichtmenschlichem Wesen wie Gott, Realität oder Wahrheit) durch Intersubjektivität (in Gestalt eines freien Konsenses zwischen den Angehörigen der Gruppe die neugierig genug sind, um zu forschen" (Rorty 2023, S. 86). Eine offene Gesellschaft setzt dagegen eine Zurückdrängung moralischer Ligaturen voraus, die unreflektiert Handlungsprinzipien verabsolutieren. Moralische Ligaturen neigen zur Totalität und definieren eine klare Grenze zwischen dem Guten und dem Bösen. Diese Dichotomie erlaubt keine Hybridisierung, sie erlaubt aber auch keine (selbst-)ironischen Bezüge, denn dies setzt eine kontextualisierte anstelle einer dichotomisierenden Sicht auf Welt voraus, eine Sicht, die wiederum an ethische Ligaturen gebunden ist, die Komplexität und Kontingenz von Welt anerkennt und deren Reduzierungen als gesellschaftlich und zeitlich kontextualisiert versteht. (Selbst)Ironie wird so zum Ausdruck eines (selbst)reflexiven Managements von Kontingenzen und Komplexitäten.

An dieser Stelle erscheint es wiederum nötig, sich mit dem Verständnis von Moral zu befassen, um eine Differenzierung moralischer Ligaturen vorzunehmen. Moral kann essentialistisch verstanden werden, also eine Pflicht, die aus dem Willen von etwas Größerem, etwa ‚Gott' erwächst. Eine solche Art von moralischer Ligatur lässt keine Kontingenz zu (siehe auch Abschn. 5.2), was wiederum Optionen einschränkt und Lebenschancen verringert. Wenn indes akzeptiert wird, dass Moral „weder ein Wesen noch einen Ursprung hat" (Rorty 2018[1994], S. 73), sondern eine auf Gewohnheit, Brauchtum und Gepflogenheit basierende verallgemeinerte Regel des Handelns ist, die es ermöglicht, „in relativ unvertrauter und nicht ausprobierter Weise" (Rorty 2018[1994], S. 73) zu agieren, kann sie durchaus zur Entwicklung von Lebenschancen beitragen. Dabei stellt sich durchaus die Frage, welchen Auswirkung die Anwendung moralischer Ligaturen haben, die der kognitiven Abwägung des Opportunen (wie etwa bei Kant) oder des Gefühls, insbesondere des Mitgefühls (wie bei Fichte), aufweisen. Inwiefern auf (Mit)Gefühl oder Kognition basierende Moralen der Maximierung von Lebenschancen zuträglich sind, führt uns zunächst zur Frage von innengerichteten und außengerichteten Ligaturen.

Kurzgefasst: Moralische Ligaturen reichen in tiefe und emotionale Bindungen zurück, häufig affektueller oder traditionaler Art. Ethische Ligaturen hingegen reichen in Bindungen zurück, die nicht weniger tief sind, aber stärker durch eine kontextualisierende Auseinandersetzung mit Welt gekennzeichnet sind.

Die Unterscheidung von innen- und außengerichteten Ligaturen geht auf die bereits angesprochenen Überlegungen von David Riesman (1950) zum innen- und außengeleiteten Charakter zurück (also der Frage, ob an das eigene Handeln die Entsprechung mit eigenen Maßstäben oder die der Gesellschaft ausgerichtet wird – wobei durchaus Hybridformen anzutreffen sind und reine Innen- und Außenleitung eher Pole darstellen). In Bezug auf die hier verwendete Terminologie, orientiert sich der innengeleitete Charakter eher an ethischen, nicht an moralischen Ligaturen, wie dies beim außengeleiteten Charakter dominant ist. Hieran anschließend, werden als innengerichtet solche Ligaturen verstanden, die eine Leitung für das eigene Handeln darstellen, also – im Sinne von Max Weber (1976 [1922]) – das eigene Tun, Dulden oder Unterlassen, wenn damit ein Sinn verbunden wird. Außengerichtete Ligaturen dagegen werden an andere gerichtet, indem aus Ligaturen Handlungsnormen formuliert werden, die sich an andere richten. Wobei auch eine doppelte Richtung vorliegen kann, also Ligaturen für das eigene Handeln maßstabsetzend sind, wie auch die Handlungserwartung an andere. Insbesondere außengerichtete Ligaturen sind – auf Handlungsebene – moralisch. Sie sind in einer Weise ausgeprägt, Alter dazu zu veranlassen, den moralischen Vorstellungen von Ego zu folgen – was häufig konfliktträchtig ist. Außengerichtete ethische Ligaturen weisen einen geringeren Grad an Normativität auf, haben sie doch eher einen Aufforderungscharakter zur Perspektivübernahme und bilden eher – wie oben angesprochen – einen methodischen Ansatz der Welterzeugung, -deutung und -bewertung. Der Personenkreis, an den sich außengerichtete Ligaturen wenden können, kann stark variieren. Polaritäten werden gebildet durch die Richtung an eine einzelne Person (etwa den Partner) oder ganz allgemein, die gesamte Menschheit.

Nach dieser Befassung mit Innen- bzw. Außenleitung von Ligaturen, haben wir die begriffliche Möglichkeit gewonnen, uns mit der Differenzierung moralischer Ligaturen zu befassen: Moralische Ligaturen des (Mit)Gefühls lassen sich als primär innengerichtet verstehen, sie entstehen dadurch, dass ‚Etwas' in der äußeren Welt ein (Mit)Gefühl entwickelt. Kognitive moralische Ligaturen haben den Drang zu Universalisierung, also zur Außengerichtetheit. In Bezug auf das Ziel der Maximierung von Lebenschancen ist mit ihnen die Tendenz verbunden, Optionen (die eigenen und noch mehr anderer) einzuschränken. Diese Einschränkung ist dabei nicht so stark ausgeprägt wie bei essentialistischen moralischen Ligaturen, die Kontingenz und damit alternative Optionen ablehnen. Optionen generieren können hingegen moralische Ligaturen des Mitgefühls, die die Möglichkeit in sich tragen, Optionen für andere zu schaffen. Eine Einschätzung, die nicht zuletzt auf den Überlegungen von Rorty (1999, S. 249) zu Moral basiert: „Today morality is thought neither as a matter of applying the moral law nor as the acquisition of virtues but as fellow feeling, the ability to sympathize with the plight of others". Die Anwendung außengerichteter essentialistischer moralischer Ligaturen bedroht nicht zuletzt auch die öffentliche Solidarität, schließlich gefährden sie die individuelle Selbsterschaffung, ohne erniedrigt zu werden (siehe dazu: Ramberg 2011), denn ihre Anwendung bedeutet stets die eigene Überordnung und die Unterordnung des anderen unter die eigene Moral. Diese moralischen Ligaturen sind entsprechend durch Ressentiments getrieben. Dagegen zielen moralische Ligaturen, die aus Mitgefühl erwachsen, darauf, anderen bei der Überwindung von Nöten beizustehen, was in neopragmatistischem Sinne wiederum als solidarisch gelten kann (Hänseler 2023; Ramberg 2011; Rorty 1995).

Ligaturen unterscheiden sich darin, wie deutlich Alter die erwartete Gebundenheit für Ego ist: Bei expliziten Ligaturen ist diese Erwartung deutlich formuliert, wie etwa in Gesetzestexten, Hausordnungen, Anleitungen zum wissenschaftlichen Arbeiten, Allgemeinen Geschäftsbedingungen, Beförderungsbedingungen von Verkehrsunternehmen etc. (wobei unterstellt wird, dass Alter über dasselbe Sprachverständnis verfügt wie Ego). Implizite Ligaturen sind indes nicht klar formuliert. Bei ihnen wird stillschweigend angenommen, dass sie jenen, für die eine Geltung unterstellt wird, als selbstverständlich bekannt sind. Explizite Ligaturen lassen sich (ein geteiltes Sprachverständnis und eine hinreichende reflexive Befähigung vorausgesetzt) auf Grundlage ethischer Ligaturen evaluieren. Dies wiederum ermöglicht die Vergrößerung von Lebenschancen, da einschränkende außengerichtete moralische Ligaturen so einer Evaluation – und Verbindlichkeitsprüfung – unterzogen werden (können). Implizite Ligaturen indes müssen zunächst einer Explizit-Machung unterzogen werden, um so einer Reflexion mittels ethischer Ligaturen zugeführt werden zu können. Gerade Sozialwissenschaften sind in der Lage, hier einen Beitrag zu Explizitifikation impliziter Ligaturen zu leisten, wenn etwa Praktiken von Gruppen untersucht werden, die auf impliziten Ligaturen beruhen bzw. jenen unbekannt sind, die in einem bestimmten Vokabular nicht involviert sind (dies kann von Rocker- und Hooligan-Vokabularen bis hin zu jenen des u. a. von Rorty kritisierten ‚Leftspeak' reichen).

Die bis hier dargestellten Ligaturen beziehen sich auf die Verhältnisse von Welt 3 zu Welt 2 bzw. zwischen Welten 2. Da der Mensch aber Anteil an allen drei Welten hat, ist er auch Teil von Welt 1 – und damit ist er auch den Restriktionen der Welt 1 unterworfen. Damit sind wir bei den leiblichen und leiblich vermittelten sozialen Ligaturen angekommen. Leibliche Ligaturen stammen aus der Körperlichkeit des Menschen, was sich insbesondere auf die Verletzlichkeit des Körpers, aber auch seine (beschränkten) Kräfte, auf die Materialität seiner Umgebung einzuwirken, bezieht. Die körperliche Verfasstheit des Menschen wird aber auch durch seine (eingeschränkte) Beweglichkeit deutlich. Grenzen leiblicher Ligaturen lassen sich etwa durch spezifisches Training (Kraft, Ausdauer und Beweglichkeit) ausdehnen. Mit technischen Hilfsmitteln kann die Wirksamkeit leiblicher Beschränkungen verringert werden (etwa kann die Geschwindigkeit der Fortbewegung durch die Nutzung von Fahrrädern, Autos, Zügen und Flugzeugen heraufgesetzt werden), verbunden mit Folgen und unintendierten Nebenfolgen (etwa der Errichtung spezifischer Infrastrukturen und der Belastung der Umwelt mit Emissionen von Stoffen und Schall). Die Nutzung technischer Hilfsmittel wiederum führt uns zu den leiblich vermittelten sozialen Ligaturen. Die Nutzung technischer Hilfsmittel ist – wie deutlich wurde – nicht allein mit der Erweiterung von Optionen verbunden (etwa Möglichkeit der Beförderung des Menschen), vielmehr werden sie durch leiblich vermittelte soziale Ligaturen eingegrenzt. Straßenverkehrsordnungen regeln, wer sich in welcher Weise auf Straßen bewegen darf, Fahrpläne regeln, wer, wann, wohin transportiert werden kann und nicht zuletzt die Verfügbarkeit an ökonomischem Kapital reguliert den Zugang zu technischen Hilfsmitteln.

7.3.3 Lebenschancen und Konflikte

Wie aus dem Vorangegangenen deutlich wird, vollzieht sich die Erweiterung von Lebenschancen durch die Überführung von latenten über deren individuelle Verfügbarmachung in manifeste Optionen. Während sich – wie gezeigt – die Steigerung von Optionen stets positiv (auf die eigenen) Lebenschancen auswirkt, ist die Auswirkung von Ligaturen durchaus ambivalent: Ligaturen wirken limitierend oder ermöglichend, indem sie Optionen einschränken, oder ihnen aber einen Sinn geben.

Das Streben nach (individuellen) Lebenschancen geht mit Konflikten einher (Dahrendorf 1979, 1992). Selbst die Überführung von latenten in individuell verfügbare und deren Überführung in individuelle manifeste Optionen ist mit Konflikten verbunden. Konflikten, die insbesondere aus Opportunitätskosten herrühren (a), denn die Wahl einer Option ist (in der Regel) eine Entscheidung gegen andere Optionen, was nicht zuletzt aus dem Ausschlussprinzip der Welt 1 und von Zeit resultiert. Eine Person kann leiblich nicht zur selben Zeit an unterschiedlichen Orten sein. Konflikte ergeben sich auch (b) zwischen Ligaturen, so weisen insbesondere außengerichtete moralische Ligaturen häufig einen Allgemeingültigkeitsanspruch auf, der sie in Konkurrenz zu anderen außengerichteten moralischen Ligaturen mit Allgemeingültigkeitsanspruch versetzt. Ligaturen wirken (c) nicht allein sinngebend auf Optionen, sondern können infolge deren Wahrnehmung hinterfragt werden. So können durch den Erwerb von Bildung ethische Ligaturen entwickelt werden, die wiederum (traditionelle) moralische Ligaturen infrage stellen. Wirken die bis hier angeführten Konflikte von Optionen und Ligaturen insbesondere in der Welt 2 (mit ihren Bindungen an die Welt 3 und den Bezügen zu Welt 1), entstehen hinsichtlich Ligaturen und Optionen auch soziale Konflikte: Das Ergreifen knapper Optionen führt zu interpersonalen Opportunitätskosten (d), denn sobald individuell verfügbare latente Optionen nicht in unbegrenzter Zahl zur Verfügung stehen, findet nicht allein Wettbewerb darum statt, sondern die wahrgenommene Option von Alter kann die Verweigerung dieser Option für Ego bedeuten (dies gilt etwa bei der Vergabe von Studienplätzen). Ligaturen werden in der Regel überindividuell geteilt, wenngleich nicht jede Ligatur für alle Bevölkerungsteile denselben Grad an Verbindlichkeit entfaltet (e). Entsprechend können sich Konflikte dahingehen entwickeln, welche Ligatur in welchem Maße für alle Menschen einer Teilgesellschaft oder Gesellschaft Verbindlichkeit entfalten soll, wie mit sich widersprechenden Ligaturen zu verfahren ist. Dies leitet zu dem Thema der Entstehung von Konflikten aus der Hierarchisierung von Ligaturen (f) über: Ligaturen sind üblicherweise nicht (immer) auf einer Ebene der Verbindlichkeit angeordnet, sondern finden sich häufig im Verhältnis der Über- und Unterordnung. Dabei kann es zu Konflikten kommen, ob Ligatur a Ligatur b über- oder untergeordnet ist (etwa in Bezug auf säkular-rechtliche und religiöse Ligaturen). Konflikte ergeben sich auch aus der Transformation von Optionen für wenige zu Ligaturen für viele (g), wenn Teile der Gesellschaft ihre Privilegien (als Optionen) dadurch absichern, indem sie Ligaturen für andere Teile der Gesellschaft schaffen.

Konflikte um Lebenschancen lassen sich weiter differenzieren. Hierzu sollte noch einmal die Bedeutung unterschiedlicher Arten von Ligaturen vergegenwärtigt werden: Ethische Ligaturen (i), explizite Ligaturen (ii) und innengerichtete Ligaturen (iii) wirken sinngebend in Bezug auf Optionen (aber auch untereinander):

i) Ethische Ligaturen stellen eine Voraussetzung dar, über Optionen und Ligaturen zu reflektieren.
ii) Innengerichte Ligaturen sind so formuliert, dass sie einer ethischen Reflexion zugeführt werden können.
iii) Innengerichtete Ligaturen beziehen sich auf das eigene Handeln und wirken nicht normativ auf das Handeln anderer.

Auch ethische Ligaturen sind nicht vor Konflikten gefeit. So können etwa unterschiedliche Aspekte ethischer Ligaturen untereinander in Konkurrenz treten. Infolge der ethischen Reflektiertheit und den Elementen von Toleranz, Verantwortung oder die Befähigung zu kontextualisiertem Denken, ist mit diesen Konflikten eine größere Regelbarkeit (wie in Abschn. 7.3.1 dargestellt) verbunden. Bei den Konfliktparteien um ethische Ligaturen ist von einer Befähigung auszugehen, Konflikt als Normalität in sozialen Beziehungen anzuerkennen, Verfahrensregeln einzuhalten, die Position der anderen Konfliktpartei als legitim zu achten. Die Regelbarkeit der Konflikte um ethische Ligaturen kann somit das produktive Potenzial von sozialen Konflikten ausschöpfen. Hierbei bildet die Explizitheit von Ligaturen eine zentrale Grundlage für die Regelbarkeit. Schließlich kann allein das, was offen zum Ausdruck gebracht wird, auch Gegenstand einer Regelung sein, nicht aber implizite Erwartungen, hier an die andere Konfliktpartei. Innengerichtete Ligaturen wirken dämpfend auf die Entwicklung sozialer Konflikte, da sie sich auf die eigene Person, nicht auf andere richten. Die Innenrichtung kann indes auch Ergebnis von sozialen Konflikten um Ligaturen sein, wenn die Ligatur nicht aus freier Entscheidung verinnerlicht wurde, sondern infolge von äußerem Druck. Innengerichte Ligaturen können sich auch positiv auf die Regelbarkeit von Konflikten auswirken, da sie eben nicht erwarten, dass Alter sich den Ligaturen von

Ego unterwirft, sondern eine Konfliktregelung ohne die Mobilisierung von Ligaturen möglich wird. Insofern wird der Unterschied zu außengerichteten moralischen Ligaturen deutlich, denn Moralen sind in der Regel untereinander inkommensurabel. Bei Außengerichtetheit in Kombination mit einem Allgemeinheitsanspruch treten moralische Ligaturen so in Konkurrenz um Hegemonie zueinander. Die so entstehenden Konflikte sind nicht oder kaum regelbar. Die Anwendung des Codes der Moral auf andere Menschen überhöht die eigene moralische Position im Vergleich zu anderen Moralen, mit problematischen Folgen in Bezug auf die Konfliktentwicklung (Berr et al. 2022; Grau 2017; Kühne 2018b; Luhmann 1993, 2016): So wird der Standpunkt der jeweils anderen Konfliktpartei entsprechend nicht als legitim verstanden, sondern als dem eigenen Standpunkt gegenüber als minderwertig. Entsprechend gilt der Konflikt als nicht normal, schließlich wird die moralische Haltung der anderen Konfliktpartei als nicht satisfaktionsfähig verstanden. Entsprechend wird die Notwendigkeit nicht gesehen, den Konflikt auf Grundlage eines fairen Verfahrens zu führen. Personen der anderen Konfliktpartei werden vielmehr als ‚pathologische Fälle' kategorisiert (Berr 2022; Berr und Kühne 2024, im Erscheinen; Grau 2017). Das Ergebnis ist, dass so nicht das produktive Potenzial von Konflikten gehoben wird, sondern sich das destruktive entfaltet.

Mit der Pluralisierung der Gesellschaft hat eine Pluralisierung von moralischen Ligaturen stattgefunden. Dies wird entweder als Verlust (aus konservativer) oder der Überwindung (aus progressiver Perspektive) von allgemeinverbindlichen moralischen Ligaturen verstanden. Unabhängig von dieser Bewertung (die ein zusätzliches Konfliktpotenzial darstellt) hat die Pluralisierung moralischer Ligaturen zu einer Zunahme von gesellschaftlichen (Mikro-)Konflikten geführt, da immer mehr (teilweise sich lediglich graduell unterscheidende) mit überindividuellem Geltungsanspruch aufeinandertreffen. Im Vergleich zu den – zu Revolutionen führenden – Makrokonflikten weisen diese Mikrokonflikte um moralische Ligaturen indes einen vergleichsweise geringen Grad an Intensität und Brutalität auf (Dahrendorf 1957, 2000; Kühne 2020).

Als Ausdruck moralischer Ligaturen lässt sich die Konstruktion von Rechten verstehen und mit der Konzentration auf Rechte wird politische Moralität nicht mehr das „Resultat von Überlegungen, Kompromissen und der Wahl des geringeren Übels" (Rorty 2001a, S. 70), vielmehr politische Moralität „zu einem unbedingten moralischen Imperativ gemacht wird: Ihr Maßstab ist unverrückbar vorgegeben, ähnlich wie angeblich der Wille Gottes oder das Naturgesetz vorgegeben sind" (Rorty 2001a, S. 70). Der Appell an Rechte ist – so Rorty (2001a, S. 71) – ein Appell an etwas, „das ganz unabhängig von den Gefühlen irgendeines Menschen in Bezug auf irgendetwas existiert und unbedingte Befehle erteilt".

Dagegen appelliert der Aufruf zur Beendigung unnötigen Leidens an Brüderlichkeit und Mitgefühl (Rorty 2001a), es bedeutet Empathie und die Fähigkeit und Bereitschaft, sich in die Haut von Leidenden zu versetzen, und nicht „fruchtlose Bemühungen, den Rechtsdiskurs auf die Politik zu übertragen" (Rorty 2001a, S. 71) – aus der Perspektive der Systemtheorie ließe sich dieser Vorgang als Entdifferenzierung der Gesellschaft beschreiben, verbunden mit dem Verlust an evolutionären Evolutionalien, mit denen auch ein Verlust an Resilienz der Gesellschaft einhergeht, schließlich ist mit der Expansion des Rechtssystems die Folge verbunden, politische Fragen nicht mehr politisch (mit dem Code Macht/Nicht-Macht), ökonomische Fragen nicht mehr ökonomisch (mit dem Code Haben/Nicht-Haben), wissenschaftliche Fragen nicht mehr wissenschaftlich (Code – hier in pragmatistischer Lesart – der Produktion tauglichen oder untauglichen Wissens) etc. zu behandeln, sondern mit dem Code des Rechtssystems (Recht vs. Nicht-Recht; Luhmann 1986). Diese funktionale Entdifferenzierung kann nicht zuletzt die Folge haben, dass sich die Lage auch jener Personen verschlechtert, zu deren Gunsten Rechte formuliert werden oder sich der Zustand der Umwelt infolge von Effizienzminderungen in Produktionsprozessen verschlechtert (Kühne 2003; Welfens 1993).

Implizite Ligaturen sind eng mit latenten sozialen Konflikten verbunden. Werden die Konflikte manifest, erschweren sie eine Regelung. Die Impliziertheit verhindert – wie bereits thematisiert – eine offene Thematisierung. Eine rationale Regelung ist lediglich bei explizit verhandelten und verhandelbaren Konfliktgegenständen möglich. Darüber hinaus sind implizite Ligaturen mit der Produktion latenter Konflikte verbunden, etwa durch das ihnen innewohnende Distinktionspotenzial. Die Kenntnis impliziter Ligaturen und ein diesen folgendes Handeln ist häufig in den Habitus (Bourdieu 2016) von Personen eingegangen und Kenntnisse dieser impliziten Ligaturen und ihrer Anwendung werden – in bestimmten sozialen Kontexten – verallgemeinernd an andere Personen gerichtet. Da implizite Ligaturen schwerlich erlernt werden können – dies würde schließlich voraussetzen, sie explizit zu machen – wird so eine Distinktionslinie zwischen In- und Outgroup erzeugt. Entsprechend stellen implizite Ligaturen einen wirkungsvollen Mechanismus zur Abgrenzung gegenüber anderen Gruppen oder Teilen der Gesellschaft dar.

Auch die ungleiche Verteilung leiblicher Ligaturen ist durchaus mit Konflikten behaftet: Die Inklusion von Menschen mit Behinderung bedeutet nicht zuletzt die Vergrößerung ihrer Lebenschancen (im Sinne Rortys ein klassischer Fall der Vergrößerung des ‚Wirs' in einer Gesellschaft). Dieser Prozess ist weder abgeschlossen noch läuft oder lief er ohne Konflikte, Konflikte um die Durchsetzung von Rampen für Rollstuhl Fahrende an denkmalgeschützten Gebäuden oder die Verwendung von Farbskalen, die auch Personen mit Farbsehschwäche das Erkennen von Unterschieden in Karten und Grafiken ermöglicht, seien hierzu Beispiele (siehe dazu etwa: Edler et al. 2015; Edler 2017). Leibvermittelte soziale Ligaturen erlangen eine besondere Prägnanz und (zunächst) latente Konflikthaftigkeit durch die Ungleichverteilung von kulturellem, sozialen und ökonomischem Kapitel – und dem daraus erwachsenden symbolischen Kapital (im Sinne von Bourdieu 2005 [1983]). So sind Personen in Ermangelung von Bildungschancen (also Möglichkeiten kulturelles Kapital zu bilden) gezwungen, einer beruflichen Tätigkeit nachzukommen, die nur geringes Einkommen ermöglicht. Daraus folgt in der Regel eine geringe Ausstattung an ökonomischem Kapital. Da solche Tätigkeiten zudem häufig gesundheitlich belastend sind und in Ermangelung an ökonomischen Kapital nur ein verhältnismäßig geringer Wohnraum verfügbar gemacht werden kann, der zudem häufig in ‚benachteiligten' Wohnumgebungen zu finden ist (verbunden mit hohen Umweltbelastungen, Kriminalitätsraten und großen Entfernungen zu öffentlichen Grünanlagen, wobei der Zugang zu privatem Grün infolge der geringen Ausstattung an ökologischem Kapital ohnehin vorenthalten bleibt), bleiben Lebenschancen eingeschränkt. Mit großer Wahrscheinlichkeit werden auch die Nachkommen kaum mehr Chancen auf Bildung und eine besser bezahlte Arbeit haben. Diese systematische Verringerung von Lebenschancen – deutlich werdend durch leibvermittelte soziale Ligaturen – stellt einen latenten sozialen Konflikt dar. Dieser wird dadurch intensiviert, wenn die prekäre Lage einer solchen Person durch die Überführung von Optionen von privilegierten Teilen der Gesellschaft in Ligaturen für andere Teile der Gesellschaft vollzogen wird. Das Ziel der Steigerung von Lebenschancen für möglichst viele Menschen liefert entsprechend die Begründung für eine redistributive Politik, da eine gewisse Verminderung der Optionen eines geringeren, privilegierten Teiles des Bevölkerung (im Sinne Mercedes statt Porsche) zu einer Verringerung von Ligaturen und zur Steigerung von Optionen eines größeren Teils der Bevölkerung, insbesondere durch verbesserte Bildungsangebote, bedeutet.

Was mehrfach angesprochen wurde, soll an dieser Stelle noch einmal verdeutlicht werden: Ligaturen treten häufig in multiplen Kombinationen auf, etwa in Form außengerichteter moralischer impliziter Ligaturen oder innengerichteter ethischer expliziter Ligaturen. Diese begriffliche Differenzierung hat die besondere Bedeutung, sich die unterschiedlichen Wirkungen von Ligaturen – in ihrer Kombiniertheit – zu vergegenwärtigen. Leibvermittelte soziale Ligaturen treten häufig implizit auf, schließlich gilt die materielle Strukturierung der Welt und deren Anforderungen nach individueller Anpassung als ‚selbstverständlich' (Werlen 1986, 1997). Moralische Ligaturen treten häufig mit einer Verallgemeinerung auf, also zur Außengerichtetheit. Sie sind verbunden mit der angesprochenen Resistenz gegenüber Konfliktregelungen verbunden. Ethische Ligaturen wiederum tendieren zur Innengerichtetheit, bei Außenrichtung sind sie einer Konfliktregelung gegenüber offen. Ligaturen finden auch eine leibliche Einschreibung, so kann eine innengerichtete moralische explizite Ligatur einen Ausdruck in Form von Tätowierung oder einem intensiv verfolgten Programm der Steigerung körperlicher Fitness finden, oder auch in Kombination. Leiblich vermittelte soziale Ligaturen können moralisch explizit sein, etwa im Verbot, ein Naturschutzgebiet zu betreten – verdeutlicht durch Hinweisschilder. Sie können aber auch implizit sein, indem ‚intuitiv' bestimmte Stadtteile gemieden werden. Ersteres kann als der Ausdruck eines geregelten Konfliktes gelten, zweiteres verdeutlicht einen latenten sozialen Konflikt.

7.4 Geschlossene Gesellschaften und ihre Ligaturen

Anhand der Ausführungen zu offenen Gesellschaften (Abschn. 7.1) wurde der Unterschied ‚klassischer' teleologischer gesellschaftlicher Utopien zu der von Rorty formulierten ‚Utopie' einer inklusivistischen Gesellschaft (Abschn. 5.8) deutlich: Rortys Utopie ist eine Utopie, die einerseits auf Integration und Anerkennung beruht, andererseits auf dem Lösen konkreter Probleme (hier wird auch die Nähe zu Popper deutlich). Damit lehnt Rorty (wie Dahrendorf und Popper) Vorstellungen geschlossener Gesellschaften ab, die einerseits einen utopistischen, in der Regel stabilen Idealzustand formulieren, andererseits diesen – wie in diesem Abschnitt weiter ausgeführt wird – exklusivistisch durchsetzen. Allgemein formuliert, bauen geschlossene Gesellschaften Ihr Identitätsgefühl und das Selbstbild ihrer Angehörigen, ihren Stolz darauf, „bestimmten Arten von Menschen nicht anzugehören: denen, die den falschen Gott verehren, die falsche Nahrungsmittel essen oder irgendwelche anderen abwegigen, abstoßenden Überzeugungen oder Wünsche haben" (Rorty 2023, S. 139). Im Folgenden werden zunächst Vorgehensweisen der Anhänger exklusivistischer Gesellschaftsutopien vorgestellt und auf Gemeinsamkeiten geprüft, wie sie sich bemühen, ihre Ideen einer geschlossenen und gleichförmigen Gesellschaft zu erreichen.

Der Lebenschancen-Ansatz von Ralf Dahrendorf bietet einen doppelten Ansatz zur Befassung mit geschlossenen Gesellschaften: Insbesondere in seiner Differenzierung der Optionen und der Ligaturen liefert er erstens ein begriffliches Werkzeug, die Logiken und Folgen geschlossener Gesellschaften nachzuvollziehen. Zweitens ermöglicht der Lebenschancen-Ansatz in seiner normativen Ausrichtung auf deren Maximierung einen Ansatz zur Bewertung geschlossener Gesellschaften. Utopistische Weltanschauungen erleben aktuell eine Renaissance (Kühne et al. 2022; Kühne, Berr, Jenal, und Schuster 2021). Das ‚Ende der Geschichte' (Fukuyama 1992) infolge des Zusammenbruchs der realsozialistischen Regime in Ostmittel- und Osteuropa ist in dieser Form nicht eingetreten. Abgesehen etwa von Rortys Meta-Utopie einer liberaldemokratischen inklusivistischen Gesellschaft (Rorty 2023) zielen die teleologisch ausgerichteten Utopien auf die weitgehende Vernichtung individueller Lebenschancen ab, und zwar unabhängig davon, ob sie einer kommunistischen, einer nationalistischen, einer religiösen oder ökologistischen Utopie folgen (Berr et al. 2024, im Erscheinen; Kühne, Berr, Schuster, und Jenal 2021; unter Hinzuziehung u. a. von Ackermann 2022; Aron 1990; Bolz 2020; Brunnhuber 2019; Flaßpöhler 2021; Kostner 2019; Luft 2019; Niemietz 2021; Popper 1992b; Redepenning 2007): Diesen teleologischen Utopien gemeinsam ist ein identitärer Rekurs auf ein essentialistisch gedachtes ‚Wesen' des Menschen. Dieses ‚Wesen' wurde durch die akzidentiellen Versuchungen der (dekadenten) modernen (liberalen) Gesellschaft verschüttet (alternativ: die Menschen seien davon entfremdet worden). Nur wenige Personen (Auserwählte oder eine revolutionäre Avantgarde) seien (durch göttliche Vorhersehung, die einzig ‚wahre' Interpretation der konstitutiven Schrift oder Schriften, durch Martyrium etc.) in der Lage, die Menschen zu ihrem ‚wahren Wesen' zu führen. Diese Auserwählten/revolutionäre Avantgarde hat nun – im Namen des einzig wahren Glaubens, der wahren Weltanschauung etc. – die Aufgabe, eine Katharsis der Massen einzuleiten – vermittels Rückgriffs auf außengerichtete moralische Ligaturen. Dies bedeutet nicht allein eine Einschränkung manifester Optionen sowie individuell verfügbarer latenter Optionen, sondern eine Beschränkung latenter Optionen in Gänze. Diese Katharsis wiederum führt die, dann vormaligen Massen, zu einem ihrem ‚Wesen' entsprechenden Leben in der totalen Gemeinschaft. Dies bedeutet eine Aufgabe des Strebens nach Optionen unter der völligen Verinnerlichung moralischer Ligaturen. An dieser Stelle wird – schon auf struktureller Basis – die Unvereinbarkeit dieser teleologisch-utopistischen Vorstellungen zur Meta-Utopie Rortys deutlich: Schließlich ist eine Formierung einer moralischen Elite, mit ihren außengerichteten Ligaturen, der Erweiterung des ‚Wirs' entgegengesetzt. Infolge des teleologischen Ablaufes der Geschichte bedarf es auch keiner ethischen Ligaturen mehr, das heißt die individuelle

Abwägung von Optionen, moralischen und anderen Ligaturen, schließlich folgt diese dem quasinaturgesetzlichen Ablauf, dessen ‚Wesen' allein Auserwählte/evolutionäre Avantgarden erblickt haben.

Die Geschichte hat indes gezeigt, dass in keinem utopistischen Regime der Status des Überflüssigwerdens der Elite als den Auserwählten/der revolutionären Avantgarde erreicht wurde, sie wurden von innen heraus gestützt, von außen besiegt oder implodierten – oder bildeten hieraus Hybride – oder aber verharren im Status der Katharsis. Dass der Status der ‚Katharsis' utopistischer Regime nie den Status des Eintretens des teleologisch-utopistischen Finals erreicht hat, mag nicht zuletzt an dem ‚berauschenden Gefühl der Allmacht' (Ignatow 1985) liegen, das die utopistischen Eliten befällt. Ein struktureller Grund für das Scheitern utopistischer Regime liegt indes in dem Versagen, sich unvorhergesehenen Herausforderungen zu stellen, Lösungen für konkrete Probleme zu finden, unvorhergesehene Abweichungen vom vorhergesehenen Ablauf der Geschichte auch nur zu erkennen, geschweige denn, sich ihnen zu stellen; oder kurz: sich damit auseinanderzusetzen, dass die Zukunft eben doch offen ist (Popper et al. 1994). Auch hat es sich gezeigt, dass es Menschen schwerfällt, den Rahmen der individuell verfügbaren Optionen auf Dauer einer Utopie unterzuordnen, deren Eintreffen auf sich warten lässt (oder gleich ins Jenseits verlegt wird) und die Katharsis eine umfassende Unterordnung unter moralische außengerichtete Ligaturen erfordert.

Die Faszination, die die kommunistische Utopie trotz ihres zweidutzendfachen Scheiterns auf Menschen auszuüben vermag, vorzugsweise auf solche, die den Realsozialismus nicht am eigenen Leibe (denn nicht allein die erhebliche höhere Umweltbelastung bedeutete eine leiblich vermittelte soziale Ligatur) erlebt haben und die Annahme von Wissen darüber entweder verweigern oder ihn als ‚nicht wirklichen Sozialismus' abtun (Niemietz 2021), mag auch darin begründet liegen, sich distinktiv von jenen abzusetzen, die sich inkrementalistisch mit konkreten Problemen befassen, wie etwa Popperianer bzw. Rortyianer. Schließlich ist eine solche Person davon überzeugt, selbst das „Licht gesehen zu haben" (Strenger 2015, S. 41). Mit dem Licht der eigenen Utopie lässt sich dann der ‚realen' Welt mit Verachtung begegnen. Diese Verachtung äußert sich nicht zuletzt in außengerichteten moralischen Ligaturen – und damit verbundener – Katharsiserwartung gegenüber denjenigen, die das Licht nicht erblickt haben oder – schlimmer noch – auf die Schatten hinweisen, die das Licht verursacht.

Teleologische Utopien von geschlossenen Gesellschaften sind nicht allein infolge des Enger-Ziehens des Kreises des ‚Wirs' – wie bereits weiter oben angeführt – mit der Vorstellung Rortys einer inklusivistischen und am diskursiven Ausgleich verschiedener Interessen bemühten Gesellschaft unvereinbar. Auch basiert Rortys Verständnis von Gesellschaft auf einem infiniten Prozess gesellschaftlichen Wandels, der keinen statischen Zielzustand kennt. In einer sich differenzierenden Gesellschaft nimmt zudem die Zahl der inkludierenden Menschen allein durch die Zunahme an Diversität zu, während teleologische Utopien geschlossener Gesellschaft darauf zielen, Diversität zugunsten einer einheitlichen Gemeinschaft zu reduzieren. Die Utopien geschlossener Gesellschaften mit ihrem Einheitlichkeitsziel verbieten zudem die Unterscheidung nach privater Selbsterschaffung und öffentlicher Solidarität. Private Selbsterschaffung setzt einen gewissen Umfang wählbarer latenter Optionen voraus, geschlossene Gesellschaften zielen darauf ab, Optionen überflüssig werden zu lassen und sie mit Ligaturen (nicht differenziert, denn auch die Differenzierung ist das Ergebnis des Ringens um Lebenschancen von nach Offenheit strebender Gesellschaften) zu entdifferenzieren. Das Leben in utopistischen geschlossenen Gesellschaften ist bestimmt von der konfliktfreien Übereinstimmung von innen- und außengerichteten Ligaturen. Konflikte sind – wie Dahrendorf wiederholt ausgeführt hat (unter vielen: Dahrendorf 1959, 1968, 1972) – indes ein Treiber gesellschaftlicher Entwicklung, was zur Folge hat: die geschlossene Gesellschaft ist eine statische Gesellschaft. Und eine statische konfliktfreie geschlossene Gesellschaft benötigt keine Reflexion mehr, was das Ende einer um neue Perspektiven bemühten und von der Last jeder Kontingenz befreiten Wissenschaft wäre. Diese dystopische Vorstellung mag vielleicht auch ein Argument sein, sich doch mit der Mühsal der vielen kleinen und mittleren Konflikte nach Offenheit strebender Gesellschaften anzufreunden.

7.5 Die ästhetische Dimension Offener und Geschlossener Gesellschaft – Schönheit und Erhabenheit

Radikalität beschränkt sich nicht auf die außengerichteten, häufig impliziten moralischen Ligaturen, sie wirkt auch ästhetisch: „Die Radikalen wollen Erhabenheit, die Liberalen wünschen sich nichts weiter als Schönheit" (Rorty 2003, S. 468). Erhabenheit will mittels Monumentalität beeindrucken, richtet sich nach außen, sie ist Ausdruck des Wunsches, „das Streben nach idiosynkratischer Autonomie einem höheren, größeren, spannenderen Gemeinschaftsziel" (Rorty 2003, S. 468) zu unterstellen. Rorty sieht in diesem Kontext zwei grundsätzlich unterschiedliche Einstellungen gegenüber der Zukunft: „Diejenigen, die mit Schönheit zufrieden sind, sehen die Zukunft als eine unaufhörliche Anpassung an neue

Lebensumstände, eine Anpassung, die Verluste ebenso wie Gewinne erfordert und so lange weitergehen wird, wie die menschliche Spezies bestehen bleibt" (Rorty 2001a, S. 35). Menschen dieses Typs betrachteten „die kulturelle und die biologische Evolution als Einheit und sehen keinen Sinn in dem Versuch, sich das Ende des einen oder des anderen Prozesses vorzustellen" (Rorty 2001a, S. 35). Diese Perspektive der Offenheit von Zukunft werde – so Rorty (2001a, S. 35 f.) – von denjenigen nicht geteilt, die auf Erhabenheit hofften, diese hielten „es indes für möglich, dass wir in Zukunft an einen Punkt gelangten, an dem kein Kompromiss mehr nötig sein wird, weil der Schleier der Erscheinung dann durchsichtig sein wird und die Wirklichkeit dann offen vor uns liegt, oder weil die Ketten der Notwendigkeit gesprengt sind und vollkommene Freiheit die menschliche Existenz verwandelt hat". Ein weiterer Aspekt des Unterschiedes der Ästhetik der Schönheit und der Erhabenheit liegt für Rorty darin, dass Schönheit argumentativ sein und zu einer vernünftigen Einigung führen kann, „ein Ergebnis, das für sich das beste Beispiel für Schönheit sein mag" (Rorty 2001a, S. 38). Brandom folgend, versteht Rorty das Gespräch als „das höchste Gut diskursiver Geschöpfe" (Rorty 2001a, S. 38). Erhabenheit hingegen entsteht nicht im Dialog, sondern durch Überwältigung, was mit dem Paradoxon einhergehe, „dass nur das Unsagbare der Worte wert sei" (Rorty 2001a, S. 38).

Im Umgang mit Welt 1 (in Relation zu Welt 3) stellt sich im Anschluss daran die Frage, welche materiellen Objekte und Objektkonstellationen uns aufgrund welcher Bezüge überwältigen – und welche eben auch nicht. Gerade bei materiellen Objekten und Objektkonstellationen, die durch den Menschen erzeugt oder modifiziert wurden und die geeignet sind zu übermächtigen, sollte die Frage gestellt werden, mit welchen Kalkül eine solche Modifikation bzw. Erzeugung verbunden war, welche Demut gegenüber welcher Gemeinschaft oder welcher außengerichteten moralischen Ligatur erzeugt werden sollte. Erhabenheit mit ihrer Unmittelbarkeit und ihrem Hang zu überwältigen hat eine Nähe zum Essentialismus, der Auflösung von Distanz (Rorty 2023). Erhabenheit lässt sich mithilfe von Ironie distanzieren und wird in gewisser Weise so auch domestiziert (Kühne et al. 2024).

7.6 Neopragmatismus in Perspektiven[1] – Rorty, Popper und Dahrendorf

Die drei dem Forschungsprogramm ‚neopragmatistischer horizontaler Geographien' zugrunde liegenden prägenden Autoren sind Richard Rorty, dessen Konzeption des Neopragmatismus den meta-theoretischen Rahmen prägt, Karl Popper mit seiner Drei-Welten-Theorie wie auch Ralf Dahrendorf mit seinem Lebenschancen-Ansatz, der die zentralen Bezugsgröße des hier vertretenen (normativen) Verständnisses ist. Diese drei Autoren weisen hinsichtlich ihrer wissenschaftstheoretischen und weltanschaulichen Positionen deutliche Schnittmengen, aber auch Unterschiede auf. Die Unterschiede wirken häufig jedoch komplementär, die Widersprüche werden durch den selektiven Rückgriff (etwa dem Nicht-Bezug auf den Kritischen Rationalismus Poppers als Konvergenztheorie) umgangen[2]. Im Ergebnis ordnen sich die Grundlagen folglich nicht inkommensurabel zueinander (Abb. 7.1).

Gemeinsam ist allen dreien, dass es sich um Ansätze handelt, die dem liberalen weltanschaulichen Spektrum zugeordnet werden können, und zwar in einem Sinne, der der Sozialität eine (potenziell) ermöglichende Bedeutung für die Person zugesteht. Dem liberalen Grundverständnis folgend, sind alle drei fortschrittsoptimistisch und stellen sich gegen Tendenzen der gesellschaftlichen Schließung. Wissenschaftstheoretisch ist ihnen entsprechend eine fallibilistische und somit strikt anti-essentialistische Grundposition gemein, woraus wiederum ein methodologischer Pluralismus erwächst (Cruickshank 2013). Dieser geht – wie Bernstein (2010) ausführt – auch wie die fallibilistische Position Poppers (1963) auf den Pragmatismus von Peirce zurück. Darüber hinausgehend weisen Popper und Dahrendorf zusätzliche Schnittmengen auf, die sie nicht mit Rorty teilen, dies lässt sich auch darauf zurückführen, dass Dahrendorf nicht nur Popper-Schüler war, sondern auch wesentliche seiner soziologischen und politischen Überlegungen aus dem Werk Poppers ableitete (Kühne 2017; Kühne und Leonardi 2020): Von Popper übernahm Dahrendorf das kritisch-rationalistische

[1] Die Überschrift dieses Abschnittes ist eine Anspielung auf Ralf Dahrendorf (1952) mit dem Titel ‚Marx in Perspektive', in der er sich u. a. kritisch mit der Teleologie im Denken von Marx auseinandersetz – und aus der Perspektive historischer Entwicklungen kritisiert.

[2] Die verschiedentlich gegen Popper vorgetragene Kritik Rortys bezieht sich insbesondere auf die Frühphase von dessen Werk, insbesondere auf den Kritischen Rationalismus, aber auch die ausgeprägte Vehemenz, mit der Popper seine Vorstellung einer ‚Offenen Gesellschaft' vorantreibt; etwa in: Rorty (1999). Die antidualistischen Überlegungen, die Karl Popper seiner Drei Welten Theorie zugrunde legt, werden von Rorty nicht mehr in sein Schrifttum aufgenommen (zumindest ist mir davon nichts bekannt geworden).

Wissenschaftsverständnis, das in der Tradition der Aufklärung steht, und den Anti-Utopismus, die Haltung also, Utopia beinhalte – wie im vorangegangenen ausgeführt – immer den Hang zur Totalität (Dahrendorf 1968; Popper 1992a, 1992b). Ein zentraler Unterschied zwischen Popper und Dahrendorf einerseits und Rorty andererseits besteht darin, dass erstere eine Konvergenztheorie der Wahrheit vertreten, Rorty hingegen Wahrheit durch Rechtfertigung ersetzt, die wiederum auf Grundlage von Vokabularen erfolgt und einem pragmatistischen Verständnis einer Konvergenz- bzw. Konsenstheorie von ‚Wahrheit' folgt. Einen grundsätzlichen Unterschied weisen Popper und Rorty auch hinsichtlich ihrer Verständnisse der Relation von Wissenschaft und der übrigen Gesellschaft auf: Während Popper (wie an einigen Stellen auch Dewey) Wissenschaft als Maßstab für die übrige Gesellschaft verstehen, versteht Rorty Gesellschaft – mit ihrer natürlichen Sprache – als Voraussetzung für die Entstehung und Aufrechterhaltung von Wissenschaft (Rorty 1993). Diese beiden fundamentalen Unterschiede hinsichtlich der Wissenschafts-Gesellschaftsrelation wie auch des Wahrheitsverständnisses haben indes für das hier entwickelte Forschungsprogramm nur geringe praktische Auswirkungen, da von der Popperschen Philosophie die spätere Drei-Welten-Theorie integriert wurde (nicht explizit sein kritischer Rationalismus) sowie seine Vorstellung einer Offenen Gesellschaft (die Dahrendorf in Gänze, Rorty in zentralen Aussagen mit ihm teilt), es dominiert der Fallibilismus, der von beiden Seiten verfolgt wird. Gemeinsam ist Rorty und Popper/Dahrendorf – aufgrund ihres Fallibilismus – auch die Ablehnung des Szientismus. Rorty und Popper/Dahrendorf vereint die Kritik an Autoritäten, wobei Rortys Kritik sich auf die Autorität der klassischen Philosophie in Gänze richtet (Cruickshank 2013), während Popper/Dahrendorf eher einzelne theoretische Positionen kritisieren. Rorty geht mit seinem postmodern verwobenen Denken über die klassischen Ideale der Aufklärung hinaus und pflegt mit einem sprachzentrierten und hermeneutischen Ansatz die Vorstellung einen antirepräsentationalistischen Zugang zu Welt (in den verschiedenen Ebenen). Dieser Ansatz steht in Widerspruch zu dem wissenschaftstheoretischen (erkenntnistheoretischen), auf Annäherung an ‚Wahrheit' gerichteten Ansatz Karl Poppers. Die Drei-Welten-Theorie, die selbst sein Schüler Dahrendorf nicht in sein soziologisches Verständnis integrierte, hat sich aber bis dato für neopragmatisch ausgerichtete Untersuchungen zu ‚horizontalen Geographien' als ‚quasi-ontologischer Rahmen' zur Abschätzung der Tauglichkeit von Theorien zur Problemlösung bewährt, auch zur Vergegenwärtigung der Multidimensionalität von Raum und Landschaft. Sie lässt sich als Konstruktion eines analytischen Werkzeugs verstehen, mit dem das Ziel verfolgt wird, sich einen Überblick über die Komplexität, Kompliziertheit und Kontingenz des Feldes zu verschafften, um dann neue (kontingente) Redeskriptionen zu ereugen.

Popper und Dahrendorf stehen in der Tradition der Verteidigung der Aufklärung, während Rorty diese ‚weiterführen' möchte, indem er eine ‚Moralität des Mitgefühls' entwickelt. Es ist sein Ziel, die antiautoritäre Lektion der ersten Aufklärung in eine zweite Aufklärung zu überführen. Antiautoritäres Denken solle sich nicht auf Theorie und Politik beschränken, sondern die Erkenntnistheorie umfassen (Rorty 2023). Dabei greift er auch (zustimmend) auf romantisches Gedankengut zurück, indem er in ihr ein großes Potenzial der Entwicklung von Fantasie attestiert, während Popper insbesondere ihre anti-aufklärerische Haltung kritisiert. Widersprüchlich ist auch die Bewertung Hegels: Während Rorty ihn als Philosoph der Emanzipation von alten und überkommenen Bezügen versteht (Hammer 2023; Rorty 2019), sieht Popper in dem dialektischen Denken Hegels eine philosophische Grundlage für totalitäre Regime (des Nationalsozialismus und des Stalinismus; Popper 2011[1947]; zum Vergleich der Gemeinsamkeiten, Unterschiede und Widersprüche, siehe Abb. 7.1).

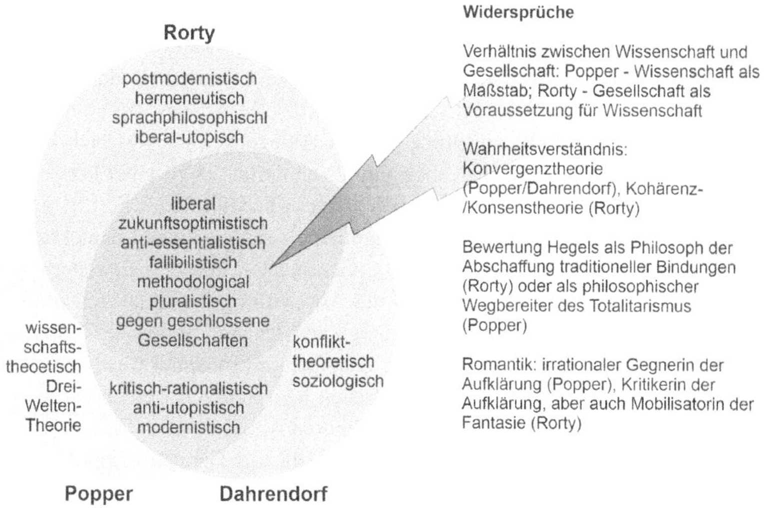

Abb. 7.1 Gemeinsamkeiten, Unterschiede und Widersprüche zwischen den drei wesentlichen Bezugstheoretikern des hier entwickelten Ansatzes. (Eigener Entwurf)

Dahrendorf wiederum liefert uns die theoretische Grundlage, Konflikte zu deuten und hinsichtlich ihrer potenziell produktiven Bedeutung für die gesellschaftliche Entwicklung zu bewerten. Die grundsätzliche Ablehnung von utopischem Denken trifft (formal) auch Rortys Utopie einer liberalen Gesellschaft, in der die Person sich im Privaten um Selbstvervollkommnung bemühen könne, öffentlich Solidarität walten lasse. An dieser Stelle wird die Komplementarität des Dahrendorfschen Lebenschancen-Ansatzes zu Rortys Verständnis von privater Selbsterschaffung und öffentlicher Solidarität deutlich: Mit Dahrendorf lässt sich soziologisch dort ansetzen, wo Rorty philosophisch aufgehört hat: an der Stelle der praktischen Operationalisierung (dazu mehr im folgenden Abschn. 7.7).

Gemeinsam ist allen dreien die Ausrichtung auf die Verteidigung einer liberalen, offenen Gesellschaft, zu deren Kernbestand es gehört, tolerant zu sein und fähig, „die unterschiedlichsten Meinungen auszuhalten" (Hacke 2021, S. 94). Die Begründung dieser Verteidigung erfolgt in den beiden hier miteinander verwobenen Theorietraditionen indes auf unterschiedliche Weise: Bei Popper und Dahrendorf folgt sie (wie bei anderen liberalen Denkern bis hin zu Rawls) einer Begründung in Vernunft, eine Rückführung, die auch die Möglichkeit eines „sektenhaft anmutenden Eiferertums" (Reese-Schäfer 2023, S. 5) eröffnet, die sich in den prinzipiellen Gedanken einer ‚offenen Gesellschaft' nicht zwingend konsistent einfügt. Rorty sieht nicht eine ‚objektive' Rückführung auf ‚die Vernunft' oder ‚die Natur' als Grundlage für Gemeinsamkeit, sondern Solidarität (Rorty 1988) und damit auf eine praktische und praktizierte Art des Zusammenlebens. Dabei ist bei Rorty die Bezugsgröße seiner Überlegungen im Vergleich zu ‚klassischen' liberalen Denkern „das unbestimmt schillernde ‚Wir' einer kontingenten Welt des Selbst und des Gemeinwesens" (Reese-Schäfer 2023, S. 12). Anstelle einer nach Universalität strebenden Begründung für ein liberal-demokratisches Gemeinwesen, folgt Rorty dem Ansatz, Geschichten über die Erweiterung des ‚Wirs' zu erzählen, dies betrifft etwa die Abschaffung der Sklaverei, die Trennung von Kirche und Staat, Bildungsmöglichkeiten und politische Teilhabe für Frauen, wie auch nach innen wie außen Gesprächsangebote der westlichen Kultur (Rorty 2001b). In dieser kommunitaristischen Interpretation werden Rechte – im Vergleich zu den ‚klassischen' liberalen Theorien – „weniger im Sinne individualistischer Freiheitsrechte verstanden als vielmehr auf Gemeinschaften bezogen. Rechte sind immer schon sozial und gesellschaftlich situiert und damit ein Instrument, auf Leid- und Gewalterfahrungen gemeinsam zu reagieren" (Reder 2023, S. 14). Die Überlegungen Rortys zur liberalen Demokratie bleiben indes recht abstrakt und bedürfen auch hier einer Operationalisierung, wollen sie sozial- und raumwissenschaftlich übersetzt werden – insbesondere auf einer mittleren Maßstabsebene.

Gemeinsam ist Popper/Dahrendorf wie auch Rorty auch die Verteidigung individueller Selbstentfaltung (in Dahrendorfschem Sinne: das Recht auf Auswahl zwischen Optionen), verbunden mit sozialer Verantwortung. Soziale Verantwortung begründet sich nicht zuletzt aus der Abhängigkeit der Entstehung der Welt 2 aus den Gehalten der Welt 3. Insofern ist auch die Redeskription von Gehalten der Welt 3 ein Ausdruck von sozialer Verantwortung, nämlich Kontingenz zu verdeutlichen bzw. den Rahmen der Kontingenz zu weiten. Diese Prozesse laufen nicht konfliktfrei ab, was wiederum die Operationalisierung des Rortyschen Ansatzes der ‚Erweiterung des Wirs' mit Hilfe der der Konflikttheorie, hier Dahrendorfs, nahelegt, was im folgenden Abschnitt darzulegen sein wird. Der zentrale theoretische Unterschied zwischen Popper/Dahrendorf und Rorty, von Konvergenz- und Konsenstheorie rückt in dem hier entwickelten Forschungsprogramm in den Hintergrund, weil der erste zentrale Beitrag aus der Philosophie Poppers für das hier entwickelte Programm a) in der Verteidigung der offenen Gesellschaft liegt, die beide weitgehend eint, b) in der Drei Welten Theorie als Quasi-Ontologie, die als Ordnungsrahmen fungiert, nicht als ontologisches Prinzip.

7.7 Erweiterung des neopragmatistischen Verständnisses durch das erweiterte Lebenschancen-Konzept

Richard Rortys neopragmatistische Meta-Theorie stellt einen nützlichen Rahmen dar, in dem unterschiedliche Theorien, Methoden, Forschendenperspektiven, a- und b-modale Perspektiven, Datengrundlagen und Vorstellungen von Ergebnissen integriert, gerechtfertigt und vor dem Hintergrund kontingenter Redeskriptionen aufgearbeitet werden können. Auch liefert Rorty eine Meta-Utopie einer Gesellschaft, deren ‚Wir' sich immer stärker erweitert. Für eine praktische sozialwissenschaftliche bzw. raumwissenschaftliche Forschung sind indes Operationalisierungen dieser Meta-Zugänge nötig. An dieser Stelle lässt sich auf das Lebenschancen-Konzept von Ralf Dahrendorf zurückgreifen, dass in diesem Kapitel um die Differenzierung von Optionen und Ligaturen erweitert wurde.

Rorty ignoriert in seiner romantischen Vorstellung von privater Selbstvervollkommnung und öffentlicher Solidarität die ‚dunklen Seiten' von Privatheit und Öffentlichkeit, etwa, dass zur privaten Selbsterschaffung ein hinreichendes Maß ökonomischen und insbesondere kulturellen Kapitals nötig ist oder, dass öffentliche Solidarität auch Opfer in Bezug auf den Verlust/den Verzicht individueller Lebenschancen bedeuten kann. An dieser Stelle greift der

Lebenschancen-Ansatz, insbesondere hinsichtlich der Differenzierung von Optionen und Ligaturen (Tab. 7.1). Optionen lassen sich auf der Seite der privaten Selbsterschaffung verorten: Sie bilden die Grundlage für das Individuum, in Form manifester Optionen sowie individuell verfügbarer latenter Optionen, auf der sich die Person selbst modellieren kann. Allerdings schränken Optionen, die der Person verwehrt werden, auch seine Möglichkeiten zur Selbsterschaffung ein. Auch wenn sich Ligaturen eher auf der Seite der öffentlichen Solidarität verorten lassen, greifen sie doch auch in den Bereich der privaten Selbsterschaffung über (wie auch Optionen in die Sphäre der öffentlichen Solidarität transgredieren). Ethische Ligaturen weisen dabei sowohl für die private Selbsterschaffung wie für die öffentliche Solidarität eine befördernde Funktion auf: Sie verleihen nicht allein Optionen einen Sinn, sie bilden durch ihre reflexive Position eine Grundlage der Kritik der übrigen Ligaturen, aber auch von Optionen und ihren unintendierten Nebenfolgen (insbesondere für andere). Ethische Ligaturen sind daher geeignet, die behindernden Funktionen außengerichteter, leiblich gebundener sozialer bzw. moralischer Ligaturen einzuschränken. Auf eine Ligatur hat die ethische Reflexion indes wenig Einfluss: die leibliche (lediglich der Grad körperlicher und geistiger Fitness lässt sich auf Grundlage ethischer Überlegungen geringfügig steigern). Insofern weisen Lebenschancen eine Scharnierfunktion zwischen privater Selbsterschaffung und öffentlicher Solidarität auf.

Tab. 7.1 Private Selbsterschaffung und öffentliche Solidarität mit ihren sie fördernden und behindernden Optionen und Ligaturen

	Private Selbsterschaffung	Öffentliche Solidarität
Befördernd	manifeste Optionen, individuell verfügbare latente Optionen, ethische Ligaturen, innengerichtete Ligaturen	ethische Ligaturen, explizite Ligaturen, leibvermittelte soziale Ligaturen (wenn sie Optionen wahren)
Einschränkend	individuell nicht verfügbare Optionen, auf Ego bezogene außengerichtete moralische Ligaturen, der verweigerte Zugang zu impliziten Ligaturen, leibliche Ligaturen	außengerichtete Ligaturen, moralische Ligaturen, (für andere Personen) in Ligaturen gewandelte Optionen weniger, implizite Ligaturen, leibvermittelte soziale Ligaturen (wenn sie Optionen verringern)

Die Prozesse von privater Selbsterschaffung sowie öffentlicher Solidarität vollziehen sich nicht friedfertig, voller wechselseitigem Wohlwollen, der altruistischen Unterordnung der eigenen Bedürfnisse unter die Bedürfnisse Anderer. Private Selbsterschaffung und öffentliche Solidarität vollziehen sich vielmehr im Wettbewerb um individuelle Lebenschancen. Aus diesem Wettbewerb ergeben sich unterschiedliche Konfliktkonstellationen hinsichtlich Optionen und Ligaturen (wie in Abschn. 7.3.3 genauer ausgeführt):

a) Konflikte, die daraus bestehen, dass sich aus der Wahl einer Option als Nebenfolge eine Entscheidung gegen andere latent verfügbare Optionen ergibt.
b) Konflikte, die sich aus der Wahl zwischen Ligaturen ergeben.
c) Konflikte, die sich aus der Wahrnehmung von Optionen vor dem Hintergrund von Ligaturen ergeben.
d) Konflikte, die sich aus dem Ergreifen knapper latenter Optionen durch interpersonale Opportunitätskosten ergeben.
e) Konflikte, die sich daraus ergeben, dass Ligaturen zwar in der Regel überindividuell geteilt werden, wenngleich nicht jede Ligatur für alle Bevölkerungsteile denselben Grad an Verbindlichkeit entfaltet.
f) Konflikte, die sich aus der Hierarchisierung von Ligaturen ergeben.

Auch diese Konflikte lassen sich – sofern sie einer Regelung unterworfen sind – für die Entwicklung von Gesellschaft prinzipiell als produktiv verstehen.

Vor dem Hintergrund der hier vertretenen neopragmatistischen Sprachphilosophie lässt sich das (erweiterte) Verständnis von Lebenschancen redeskribieren. Es ist die Ermöglichung von Optionen wie auch die Produktion und Verbindlichkeit von Ligaturen sprachspielabhängig. Optionen entstehen in Sprachspielen durch die Möglichkeit der Redeskription, durch die Möglichkeit etwas sagbar zu machen, was vormals nicht sagbar war. So entstehen latente Optionen, die individuell manifestiert werden können. Diese Vokabulare produzieren aber auch Sets und Ausprägungsgrade von Ligaturen. Diese Ligaturen können einschränkend, etwa durch Ausschlüsse in eng gefassten Vokabularen wirken. Dies vollzieht sich insbesondere durch die Formulierung und Durchsetzung außengerichteter essentialistischer moralischer Ligaturen, deren Zuwiderhandlung mit dem Ausschluss eines Diskursteilnehmers aus der Diskursgemeinschaft bestraft werden kann oder die Zulassung einer Person in einem Diskurs verhindern kann. Durch die Formulierung und Förderung ethischer Ligaturen ist es aber auch möglich, Lebenschancen zu steigern. In diesen Kontext lassen sich Lebenschancen als das Ergebnis des Strebens nach Erweiterung von Kontingenz, hier von insbesondere

Optionen und ethischen Ligaturen, verstehen, die in Vokabularen vollzogen wird. Mittel der diskursiven Erprobung von Optionen und Testen der Verbindlichkeit von Ligaturen in bestimmten Vokabularen ist dabei die Ironie. Ironie lässt sich durch ihre distanzierte Simulation von intersubjektiven Verständnissen eine ähnlich produktive Bedeutung der Entwicklung von Vokabularen beimessen, wie geregelter Konflikt. In vielen Fällen bedeutet Ironie die uneigentliche Simulation von Konflikten. Diese Simulation ermöglicht bzw. erleichtert eine Regelung von Konflikten, ob in reiner Simulation oder als diskursive Vorverhandlung und Ausloten von Restriktionen und Möglichkeiten.

Knapp gefasst lässt sich feststellen: Private Selbsterschaffung ist nicht zuletzt ermöglicht durch ethische Ligaturen und durch Schutz gegen an die sich selbst erzeugende Person herangetragene außengerichtete moralische Ligaturen. Öffentliche Solidarität ist das Ergebnis einer in einem Sprachspiel vollzogenen Anwendung ethischer Ligaturen. Dabei ist die Ausweitung des Rortyschen ‚Wirs' an die Zurückdrängung verallgemeinernder außengerichteter moralischer Ligaturen zugunsten ethischer Ligaturen, sowie expliziter statt impliziter Ligaturen gebunden. Auch diese Prozesse vollziehen sich in Sprachspielen, die wiederum Gegenstand redeskiptiver Neuformulierung und -zusammenführung sein können.

Literatur

Ackermann, U. (2020). *Das Schweigen der Mitte. Wege aus der Polarisierungsfalle.* Darmstadt: WBG.

Ackermann, U. (2022). *Die neue Schweigespirale. Wie die Politisierung der Wissenschaft unsere Freiheit einschränkt.* Darmstadt: wbg Theiss.

Aron, R. (1990). *Chroniques de guerre. La France libre, 1940–1945* (Édition revue et annotée). Paris: Gallimard.

Bernstein, R. J. (2010). *The Pragmatic Turn.* Cambridge: Polity Press.

Berr, K. (2022). Planungs- und Natur(schutz)ethik – eine großschutzgebietsbezogene Kritik. *Berichte. Geographie und Landeskunde, 95,* (*4,* 336–358).

Berr, K., & Kühne, O. (2024, im Erscheinen). Moral und Ethik von Landschaft. In O. Kühne, F. Weber, K. Berr, & C. Jenal (Eds.), *Handbuch Landschaft* (2nd ed., in diesem Handbuch). Wiesbaden: Springer VS.

Berr, K., Jenal, C., Koegst, L., & Kühne, O. (2022). *Noch mehr Sand im Getriebe? Kommunikations- und Interaktionsprozesse zwischen Landes- und Regionalplanung, Politik und Unternehmen der Gesteinsindustrie* (RaumFragen – Stadt – Region – Landschaft). Wiesbaden: VS Springer.

Berr, K., Kühne, O., Schuster, K., & Jenal, C. (2024, im Erscheinen). Landschaft und Freiheit. In O. Kühne, F. Weber, K. Berr, & C. Jenal (Eds.), *Handbuch Landschaft* (2nd ed., in diesem Handbuch). Wiesbaden: Springer VS.

Bolz, N. (2020). *Die Avantgarde der Angst* (Fröhliche Wissenschaft, vol. 170). Berlin: Matthes & Seitz Berlin.

Bonacker, T. (1996). Einleitung. In T. Bonacker (Ed.), *Konflikttheorien. Eine sozialwissenschaftliche Einführung mit Quellen* (Friedens- und Konfliktforschung, vol. 2, S. 12–19). Opladen: Leske+Budrich.

Bourdieu, P. (2005 [1983]. Ökonomisches Kapital – Kulturelles Kapital – Soziales Kapital. In P. Bourdieu (Ed.), *Die verborgenen Mechanismen der Macht* (S. 49–80). Hamburg: VSA.

Bourdieu, P. (2016). *La distinction: Critique sociale du jugement* (Le Sens commun). Paris: Editions de Minuit.

Bovone, L. (1982). Libertà e utopia in Marcuse e Dahrendorf. *Studi di Sociologia, 20,* (*3/4,* 273–296).

Brunnhuber, S. (2019). *Die offene Gesellschaft. Ein Plädoyer für Freiheit und Ordnung im 21. Jahrhundert.* München: oecom.

Brüsemeister, T. (2007). Der moderne soziale Konflikt zwischen Unterklassen und Mehrheitsklasse – Ralf Dahrendorfs Diagnose der Bürgergesellschaft. In U. Schimank, & U. Volkmann (Eds.), *Soziologische Gegenwartsdiagnosen I. Eine Bestandsaufnahme* (2nd ed., S. 227–238). Wiesbaden: VS Verlag für Sozialwissenschaften.

Cruickshank, J. (2013). Anti-Authority: Comparing Popper and Rorty on the Dialogic Development of Beliefs and Practices. *Social Epistemology, 29,* (*1,* 73–94). https://doi.org/10.1080/02691728.2013.782589

Dahrendorf, R. (1952). *Marx in Perspektive. Die Idee des Gerechten im Denken von Karl Marx.* Hannover: Dietz.

Dahrendorf, R. (1957). *Soziale Klassen und Klassenkonflikt in der industriellen Gesellschaft.* Stuttgart: Enke.

Dahrendorf, R. (1959). *Class and Class Conflict in Industrial Society.* Stanford: Stanford University Press.

Dahrendorf, R. (1961). *Gesellschaft und Freiheit. Zur soziologischen Analyse der Gegenwart.* München: Piper.

Dahrendorf, R. (1968). *Pfade aus Utopia. Arbeiten zur Theorie und Methode der Soziologie.* München: Piper.

Dahrendorf, R. (1969a). Sozialer Konflikt. In W. Bernsdorf (Ed.), *Wörterbuch der Soziologie* (S. 1006–1009). Stuttgart: Ferdinand Enke Verlag.

Dahrendorf, R. (1969b). Zu einer Theorie des sozialen Konflikts [1958 erstveröffentlicht]. In W. Zapf (Ed.), *Theorien des sozialen Wandels* (S. 108–123). Köln: Kiepenheuer & Witsch.

Dahrendorf, R. (1972). *Konflikt und Freiheit. Auf dem Weg zur Dienstklassengesellschaft.* München: Piper.

Dahrendorf, R. (1979). *Lebenschancen. Anläufe zur sozialen und politischen Theorie* (Suhrkamp-Taschenbuch, vol. 559). Frankfurt (Main): Suhrkamp.

Dahrendorf, R. (1980). *Die neue Freiheit. Überleben und Gerechtigkeit in einer veränderten Welt.* Frankfurt (Main): Suhrkamp.

Dahrendorf, R. (1983a). *Die Chancen der Krise. Über die Zukunft des Liberalismus.* Stuttgart: Deutsche Verlags-Anstalt DVA.

Dahrendorf, R. (1983b). Gespräch mit Ralf Dahrendorf. In F. Kreuzer (Ed.), *Markt, Plan, Freiheit. Franz Kreuzer im Gespräch mit Friedrich von Hayek und Ralf Dahrendorf.* Wien: Deuticke.

Dahrendorf, R. (1984). *Reisen nach innen und außen. Aspekte der Zeit.* Stuttgart: Deutsche Verlags-Anstalt DVA.

Dahrendorf, R. (1987). *Fragmente eines neuen Liberalismus.* Stuttgart: Deutsche Verlags-Anstalt DVA.

Dahrendorf, R. (1991a). Die gefährdete Civil Society. In K. Michalski (Ed.), *Europa und die Civil Society. Castelgandolfo-Gespräche 1989* (247–263). Stuttgart: Klett-Cotta.

Dahrendorf, R. (1991b). Liberalism. In J. Eatwell (Ed.), *The New Palgrave Dictionary of Economics* (S. 385–389). London: Macmillan.

Dahrendorf, R. (1992). *Der moderne soziale Konflikt. Essay zur Politik der Freiheit.* Stuttgart: Deutsche Verlags-Anstalt DVA.

Dahrendorf, R. (2000). Die globale Klasse und die neue Ungleichheit. *Merkur – Deutsche Zeitschrift für europäisches Denken, 54,* (*11,* 1057–1068).

Dahrendorf, R. (2006). *Versuchungen der Unfreiheit. Die Intellektuellen in Zeiten der Prüfung.* München: C.H. Beck.

Dahrendorf, R. (2007). *Auf der Suche nach einer neuen Ordnung. Vorlesungen zur Politik der Freiheit im 21. Jahrhundert* (Krupp-Vorlesungen zu Politik und Geschichte am Kulturwissenschaftlichen Institut im Wissenschaftszentrum Nordrhein-Westfalen, vol. 3, 4. Auflage). München: C.H. Beck.

Dittel, J. (2024). Past and present (landscape) conflicts about the cellular network expansion in Germany. In O. Kühne, K. Berr, & L. Koegst (Eds.), *Landscape Conflicts* (in this volume). Wiesbaden: Springer VS.

Edler, D. (2017). Barrierefreie Visualisierung in der Kartographie. *Geographische Rundschau, 69,* (*7–8,* 57).

Edler, D., Edler, S., & Dickmann, F. (2015). Eine empirische Studie zu Effekten von simulierter Gründblindheit (Deuteranopie) auf das kartenbasierte Positionsgedächtnis. *Kartographische Nachrichten, 65,* (*4,* 183–194).

Endreß, S., Berr, K., & Fischer, J. D. (2024). Inherent logic conflicts between the actors of an industrial park. The example of the Siebenlinden commercial area expansion in Rottenburg am Neckar. In O. Kühne, K. Berr, & L. Koegst (Eds.), *Landscape Conflicts* (in this volume). Wiesbaden: Springer VS.

Flaßpöhler, S. (2021). *Sensibel. Über moderne Empfindlichkeit und die Grenzen des Zumutbaren.* Stuttgart: Klett-Cotta.

Franco, G. (Ed.). (2019). *Handbuch Karl Popper* (Living reference work). Wiesbaden: Springer Reference Geisteswissenschaften.

Freud, S. (1900). *Die Traumdeutung.* Leipzig: Deuticke.

Fukuyama, F. (1992). *The End of History and the Last Man.* New York, NY: Free Press.

Gratzel, G. A. (1990). Freiheit, Konflikt und Wandel. Bemerkungen zum Liberalismus-Verständnis bei Ralf Dahrendorf. In H.-G. Fleck, J. Frölich, & B.-C. Padtberg (Eds.), *Jahrbuch zur Liberalismus-Forschung. 2. Jahrgang 1990* (S. 11–45). Baden-Baden: Nomos.

Grau, A. (2017). *Hypermoral. Die neue Lust an der Empörung* (2. Auflage). München: Claudius.

Hacke, J. (2021). Liberale Demokratie und Solidarität. Richard Rortys Hoffnung für den Westen. In V. Selk, C. Held, & T. Schwuchow (Eds.), *Soziale Hoffnung, liberale Ironie. Zur Aktualität von Richard Rortys politischem Denken* (Staatsverständnisse, vol. 145, 1st ed., S. 73–102). Baden-Baden: Nomos Verlagsgesellschaft mbH & Co. KG.

Hammer, E. (2023). Rorty's Approach to Kant and Hegel. In M. Müller (Ed.), *Handbuch Richard Rorty* (1st ed., S. 459–471). Wiesbaden: Springer Fachmedien Wiesbaden GmbH.

Hänseler, L. (2023). Objectivity, Relativism, and Truth: Philosophical Papers, Vol. 1 (1991). In M. Müller (Ed.), *Handbuch Richard Rorty* (1st ed., S. 225–238). Wiesbaden: Springer Fachmedien Wiesbaden GmbH.

Ignatow, A. (1985). *Psychologie des Kommunismus. Studien zur Mentalität der herrschenden Schicht im kommunistischen Machtbereich.* München: J. Berchman.

Kamlage, J.-H., Drewing, E., Reinermann, J. L., Vries, N. de, & Flores, M. (2020). Fighting fruitfully? Participation and conflict in the context of electricity grid extension in Germany. *Utilities Policy, 64.* https://doi.org/10.1016/j.jup.2020.101022

Kocka, J. (2004). Dahrendorf in Perspektive. *Soziologische Revue, 27,* (2, 151–158).

Kostner, S. (2019). Identitätslinke Läuterungsagenda. Welche Folgen hat sie für Migrationsgesellschaften? In S. Kostner (Ed.), *Identitätslinke Läuterungsagenda. Eine Debatte zu ihren Folgen für Migrationsgesellschaften* (17–74). Stuttgart: Ibidem-Verlag.

Kühne, O. (2003). *Umwelt und Transformation in Polen. Eine kybernetisch-systemtheoretische Analyse* (Mainzer Geographische Studien, vol. 51). Mainz: Geographisches Institut der Johannes Gutenberg-Universität Mainz.

Kühne, O. (2017). *Zur Aktualität von Ralf Dahrendorf. Einführung in sein Werk* (Aktuelle und klassische Sozial- und Kulturwissenschaftler|innen). Wiesbaden: Springer VS.

Kühne, O. (2018a). ‚Neue Landschaftskonflikte' – Überlegungen zu den physischen Manifestationen der Energiewende auf der Grundlage der Konflikttheorie Ralf Dahrendorfs. In O. Kühne, & F. Weber (Eds.), *Bausteine der Energiewende* (S. 163–186). Wiesbaden: Springer VS.

Kühne, O. (2018b). Die Moralisierung von Landschaft – Überlegungen zu einer problematischen Kommunikation aus Sicht der Luhmannschen Systemtheorie. In S. Hennecke, H. Kegler, K. Klaczynski, & D. Münderlein (Eds.), *Diedrich Bruns wird gelehrt haben. Eine Festschrift* (S. 115–121). Kassel: Kassel University Press.

Kühne, O. (2019). Die Produktivität von Landschaftskonflikten – Möglichkeiten und Grenzen auf Grundlage der Konflikttheorie Ralf Dahrendorfs. In K. Berr, & C. Jenal (Eds.), *Landschaftskonflikte* (S. 37–49). Wiesbaden: Springer VS.

Kühne, O. (2020). Landscape Conflicts. A Theoretical Approach Based on the Three Worlds Theory of Karl Popper and the Conflict Theory of Ralf Dahrendorf, Illustrated by the Example of the Energy System Transformation in Germany. *Sustainability: Science, Practice and Policy, 12,* (*17*, 1–20). https://doi.org/10.3390/su12176772

Kühne, O. (2021). Landscape Conflicts around the Energy Transition in Germany in the Light of Conflict Theory and Popper's Three Worlds Theory. In B. Castiglioni, M. Puttilli, & M. Tanca (Eds.), *Oltre la convenzione. Pensare, studiare, costruire il paesaggio vent'anni dopo* (S. 1222–1232). Firenze: Società di Studi Geografici.

Kühne, O., & Kamlage, J.-H. (2024). Digitization and Political Conflict Regulations in Rural Areas – Basic Considerations and Empirical Findings from Germany. In O. Kühne, K. Berr, & L. Koegst (Eds.), *Landscape Conflicts* (in this volume). Wiesbaden: Springer VS.

Kühne, O., & Koegst, L. (2023). *Land Loss in Louisiana. A Neopragmatic Redescription.* Wiesbaden: Springer VS.

Kühne, O., & Leonardi, L. (2020). *Ralf Dahrendorf. Between Social Theory and Political Practice.* London: Palgrave Macmillan.

Kühne, O., & Leonardi, L. (2022). Approcci teorici allo studio delle nuove forme di conflitto: i conflitti paesaggistici a partire dalla teoria dei tre mondi di Karl Popper e dalla teoria del conflitto di Ralf Dahrendorf. In F. Antonelli, R. Iannone, M. Pendenza, & G. Ricotta (Eds.), *Riassemblare la società. Crisi, solidarietà e conflitti sociali: prospettive di teoria sociologica sul mondo contemporaneo* (S. 425–440). Perugia: Morlacchi Editore.

Kühne, O., Weber, F., & Berr, K. (2019). The productive potential and limits of landscape conflicts in light of Ralf Dahrendorf's conflict theory. *Società Mutamento Politica, 10,* (*19*, 77–90). https://oajournals.fupress.net/index.php/smp/article/view/10597. Accessed: 22 June 2020.

Kühne, O., Berr, K., Schuster, K., & Jenal, C. (2021). *Freiheit und Landschaft. Auf der Suche nach Lebenschancen mit Ralf Dahrendorf*. Wiesbaden: Springer.

Kühne, O., Berr, K., Jenal, C., & Schuster, K. (2021). *Liberty and Landscape. In Search of Life-chances with Ralf Dahrendorf*. Basingstoke: Palgrave Macmillan.

Kühne, O., Berr, K., & Jenal, C. (2022). *Die geschlossene Gesellschaft und ihre Ligaturen. Eine Kritik am Beispiel 'Landschaft'*. Wiesbaden: Springer VS.

Kühne, O., Berr, K., & Jenal, C. (2023). *The Closed Society and Its Ligatures – A Critique Using the Example of 'Landscape'*. Wiesbaden: Springer Fachmedien Wiesbaden GmbH; Springer.

Kühne, O., Koegst, L., & Berr, K. (2024). *Oilscapes of Louisiana – Neopragmatic Reflections on the Ambivalent Aesthetics of Landscape Constructions.* Wiesbaden: Springer Fachmedien.

Leonardi, L. (2014). *Introduzione a Dahrendorf* (Maestri del Novecento, vol. 20). Roma: Editori Laterza.

Lindner, C. (2009). Freiheit und Fairness. In P. Rösler, & C. Lindner (Eds.), *Freiheit: gefühlt – gedacht – gelebt. Liberale Beiträge zu einer Wertediskussion* (S. 17–28). Wiesbaden: VS Verlag für Sozialwissenschaften.

Luft, S. (2019). Den Verstand bewahren. Warum der Moralismus die Gesellschaft in den Bürgerkrieg treibt. In S. Kostner (Ed.), *Identitätslinke Läuterungsagenda. Eine Debatte zu ihren Folgen für Migrationsgesellschaften* (S. 209–220). Stuttgart: Ibidem-Verlag.

Luhmann, N. (1986). *Ökologische Kommunikation. Kann die moderne Gesellschaft sich auf ökologische Gefährdungen einstellen?* Opladen: Westdeutscher Verlag.

Luhmann, N. (1993). Die Moral des Risikos und das Risiko der Moral. In G. Bechmann (Ed.), *Risiko und Gesellschaft. Grundlagen und Ergebnisse interdisziplinärer Risikoforschung* (S. 327–338). Opladen: Westdeutscher Verlag.

Luhmann, N. (2016). *Die Moral der Gesellschaft* (Suhrkamp-Taschenbuch Wissenschaft, vol. 1871, 4. Aufl.). Frankfurt am Main: Suhrkamp.

Mackert, J. (2010). Opportunitätsstrukturen und Lebenschancen. *Berliner Journal für Soziologie, 20,* (*3*, 401–420). https://doi.org/10.1007/s11609-010-0135-7

Matys, T., & Brüsemeister, T. (2012). Gesellschaftliche Universalien versus bürgerliche Freiheit des Einzelnen – Macht, Herrschaft und Konflikt bei Ralf Dahrendorf. In P. Imbusch (Ed.), *Macht und Herrschaft. Sozialwissenschaftliche Theorien und Konzeptionen* (2nd ed., S. 195–216). Wiesbaden: Springer VS.

Mey, H. (1994). Zur Soziologie gesellschaftlicher Entwicklungen und Dahrendorfs Herrschaft-Widerstands-Modell. In H. Peisert, & W. Zapf (Eds.), *Gesellschaft, Demokratie und Lebenschancen. Festschrift für Ralf Dahrendorf* (S. 93–114). Stuttgart: Deutsche Verlags-Anstalt DVA.

Meyer, B. (1997). *Formen der Konfliktregelung. Eine Einführung mit Quellen*. Opladen: Leske+Budrich.

Müller, M. (2014). *Private Romantik, öffentlicher Pragmatismus? Richard Rortys transformative Neubeschreibung des Liberalismus* (Edition Moderne Postmoderne, 1st ed.). Bielefeld: transcript Verlag.

Nida-Rümelin, J. (2020). *Die gefährdete Rationalität der Demokratie. Ein politischer Traktat*. Hamburg: Edition Körber.

Niedenzu, H.-J. (1997). Konflikttheorie: Ralf Dahrendorf. In J. Morel, E. Bauer, T. Meleghy, H.-J. Niedenzu, M. Preglau, & H. Staubmann (Eds.), *Soziologische Theorie. Abriß der Ansätze ihrer Hauptvertreter* (5th ed., S. 171–189). München: Oldenbourg Wissenschaftsverlag.

Niedenzu, H.-J. (2001). Konflikttheorie: Ralf Dahrendorf. In J. Morel, E. Bauer, T. Maleghy, H.-J. Niedenzu, M. Preglau, & H. Staubmann (Eds.), *Soziologische Theorie. Abriß ihrer Hauptvertreter* (7th ed., S. 171–189). München: R. Oldenbourg Verlag.

Niemietz, K. (2021). *Sozialismus. Die gescheiterte Idee, die niemals stirbt*. München: FinanzBuch Verlag.

Parsons, T. (1951). *The Social System*. Glencoe: Free Press.

Popper, K. R. (1963). *Conjectures and refutations. The growth of scientific knowledge*. London: Routledge & Kegan.

Popper, K. R. (1965). *Das Elend des Historizismus* (Die Einheit der Gesellschaftswissenschaften, Band 3). Tübingen: Mohr Siebeck.

Popper, K. R. (1984). *Auf der Suche nach einer besseren Welt. Vorträge und Aufsätze aus dreißig Jahren*. München: Piper.

Popper, K. R. (1989). *Logik der Forschung*. Tübingen: Mohr Siebeck.

Popper, K. R. (1992a). *Die offene Gesellschaft und ihre Feinde. Der Zauber Platons* (vol. 1, 7th ed., 2 vols.). Tübingen: J. C. B. Mohr (Original work published 1945).

Popper, K. R. (1992b). *Die offene Gesellschaft und ihre Feinde. Falsche Propheten – Hegel Marx und die Folgen* (vol. 2, 7th ed., 2 vols.). Tübingen: J. C. B. Mohr (Original work published 1945).

Popper, K. R. (2011[1947]). *The Open Society and Its Enemies*. Abingdon: Routledge.

Popper, K. R., Lorenz, K., Kreuzer, F., & Sexl, R. (1994). *Die Zukunft ist offen. Das Altenberger Gespräch. Mit den Texten des Wiener Popper-Symposiums* (6. Auflage). München: Piper.

Putnam, H. (1997). *Für eine Erneuerung der Philosophie* (Universal-Bibliothek, vol. 9660). Stuttgart: Reclam.

Ramberg, B. T. (2011). Um seiner eigenen Generation Willen. Rorty über Zerstörung und Bildung. In A. Gröschner, M. Sandbothe, & R. Rorty (Eds.), *Pragmatismus als Kulturpolitik. Beiträge zum Werk Richard Rortys* (Suhrkamp Taschenbuch Wissenschaft, vol. 1981, 1st ed., S. 75–107). Berlin: Suhrkamp.

Redepenning, M. (2007). Die Moral der critical geopolitics. *Geographische Zeitschrift, 95,* (*1*, 91–104). https://doi.org/10.2307/27819111

Reder, M. (2023). Gefühl der Solidarität statt Rationalität. Rortys sentimentalistische Konzeption der Menschenrechte. In M. Müller (Ed.), *Handbuch Richard Rorty* (1st ed., S. 901–916). Wiesbaden: Springer Fachmedien Wiesbaden GmbH.

Reese-Schäfer, W. (2023). Richard Rorty und die neue Selbstdeutung der Gerechtigkeitstheorie von John Rawls. In M. Müller (Ed.), *Handbuch Richard Rorty* (1st ed., S. 413–430). Wiesbaden: Springer Fachmedien Wiesbaden GmbH.

Riesman, D. (1950). *The Lonely Crowd*. New Haven: Yale University Press.

Rorty, R. (1988). *Solidarität oder Objektivität? 3 philos. Essays* (Reclams Universal-Bibliothek, Nr. 8513). Stuttgart: Reclam.

Rorty, R. (1993). *Eine Kultur ohne Zentrum. Vier philosophische Essays und ein Vorwort* (Reclams Universal-Bibliothek, vol. 8936, Lizenzausg). Stuttgart: Reclam.

Rorty, R. (1995). Der bürgerliche Liberalismus postmoderner Prägung. In B. den van Brink (Ed.), *Bürgergesellschaft, Recht und Demokratie* (Edition Suhrkamp, 1805 = N.F., 805, 1st ed., S. 141–151). Frankfurt am Main: Suhrkamp.

Rorty, R. (1997a). *Achieving our country. Leftist thought in twentieth-century America* (The William E. Massey, Sr. lectures in the history of American civilization, vol. 1997). Cambridge, Mass.: Harvard University Press.

Rorty, R. (1997b). *Contingency, irony, and solidarity* (Reprint). Cambridge: Cambridge University Press.

Rorty, R. (1999). *Philosophy and social hope* (Penguin books, 1. publ). London: Penguin Books.

Rorty, R. (2001a). *Die Schönheit, die Erhabenheit und die Gemeinschaft der Philosophen* (Erbschaft unserer Zeit, Bd. 5, Erstausg., 1. Aufl., [Nachdr.]. Frankfurt am Main: Suhrkamp.

Rorty, R. (2001b). *Philosophie und die Zukunft. Essays* (Fischer Forum Wissenschaft Philosophie, vol. 14762, Orig.-Ausgabe, 2. Aufl.). Frankfurt am Main: Fischer-Taschenbuch-Verl.

Rorty, R. (2003). *Wahrheit und Fortschritt*. Frankfurt am Main: Suhrkamp.

Rorty, R. (2018[1994]). *Hoffnung statt Erkenntnis. Eine Einführung in die pragmatische Philosophie* (3.th ed.). Wien: Passagen-Verlag.

Rorty, R. (2019). *Philosophie als Kulturpolitik* (Suhrkamp Taschenbuch Wissenschaft, vol. 2289, Erste Auflage). Berlin: Suhrkamp.

Rorty, R. (2023). *Pragmatismus als Antiautoritarismus* (Erste Auflage, deutsche Erstausgabe). Berlin: Suhrkamp.

Schmid, L., & Rothe, T. (2024). The (urban) landscape conflict around the construction of the Tübingen light rail. An example of conflict regulation based on Ralf Dahrendorf. In O. Kühne, K. Berr, & L. Koegst (Eds.), *Landscape Conflicts* (in this volume). Wiesbaden: Springer VS.

Strenger, C. (2015). *Zivilisierte Verachtung. Eine Anleitung zur Verteidigung unserer Freiheit*. Berlin: Suhrkamp.

Weber, M. (1972 [1922]. *Wirtschaft und Gesellschaft. Grundriss der verstehenden Soziologie* (5., revidierte Auflage). Tübingen: J.C.B. Mohr (Paul Siebeck).

Weber, M. (1976 [1922]. *Wirtschaft und Gesellschaft. Grundriß der verstehenden Soziologie*. Tübingen: Mohr Siebeck.

Weber, F. (2018). *Konflikte um die Energiewende. Vom Diskurs zur Praxis*. Wiesbaden: Springer VS.

Welfens, M. J. (1993). *Umweltprobleme und Umweltpolitik in Mittel- und Osteuropa. Ökonomie, Ökologie und Systemwandel* (Umwelt und Ökonomie, vol. 7). Heidelberg: Physica-Verlag.

Werlen, B. (1986). Thesen zur handlungstheoretischen Neuorientierung sozialgeographischer Forschung. *Geographica Helvetica, 41,* (2, 67–76). https://doi.org/10.5194/gh-41-67-1986

Werlen, B. (1997). *Gesellschaft, Handlung und Raum. Grundlagen handlungstheoretischer Sozialgeographie* (Erdkundliches Wissen, vol. 89). Stuttgart: Steiner.

Zimmer, R., & Morgenstern, M. (2015). *Karl R. Popper. Eine Einführung in Leben und Werk* (2., durchgesehene und ergänzte Auflage). Tübingen: Mohr Siebeck.

8 Konzeption eines Programms zur neopragmatistischen Raumforschung

Die zentrale Forschungsstrategie neopragmatistischer Raumforschung ist eine hermeneutische, wie sie auch von dem neopragmatistischen Theorierahmen dieser Arbeit nahegelegt wird (Bouma-Prediger 1989; Rorty 2009; Tartaglia 2007). Dies bedeutet nicht zuletzt: Immer wieder Rückkopplungen zu dem bereits Bearbeiteten und dessen beständiger Prüfung, ständige Rückbindungsprozesse zwischen dem Allgemeinen und dem Speziellen, was sowohl für die theoretischen Grundlagen mit den empirischen Ergebnissen gilt, als auch für die Rückbindung horizontalgeographischer Ergebnisse unterschiedlicher Maßstabsebenen. Damit geht der vorliegende Ansatz über bis dato vorgelegte Operationalisierungen der neopragmatistischen Philosophie für die Sozial- und Raumforschung hinaus (wie etwa bei Barnes 2023; Jones 2008; Law 2004), weil hier die Integration nicht allein kultur- und sozialwissenschaftlicher Ansätze erfolgt, sondern auch naturwissenschaftlicher.

Zunächst erfolgt in diesem Kapitel eine Operationalisierung der in Kap. 6 ausgeführten Überlegungen zu einem neopragmatistischen Forschungsprogramm in Bezug auf ‚horizontale Geographien' – unter Rückbindung an die in Kap. 7 vorgetragenen Überlegungen zur Entwicklung von Lebenschancen in einer offenen Gesellschaft (Abschn. 8.1). Im Anschluss daran wird das Forschungsprogramm anhand der aufeinander bezogenen Triangulationen von Theorien, Methoden, Daten, Forschendenperspektiven, a- und b-modalen Perspektiven sowie Formen der Präsentation von Ergebnissen ausdifferenziert (Abschn. 8.2). Im darauffolgenden Abschn. 8.3 wird die konstitutive Bedeutung hermeneutischer Rückbindungen im neopragmatistischen Forschungsprozess zu ‚horizontalen Geographien' dargelegt und Überlegungen zu einer ‚respektvollen Wissenschaft' gegenüber lebendigen und nicht-lebendigen Beteiligten angestellt. Die folgenden beiden Abschnitte (8.4 und 8.5) befassen sich mit der Integration des Konzeptes der Lebenschancen wie auch der Befassung mit Raum- und Landschaftskonflikten

O. Kühne, *Redeskriptionen horizontaler Geographien*, Regionale Geographien | Regional Geographies, https://doi.org/10.1007/978-3-031-66780-0_8

in das Forschungsprogramm zu ‚horizontalen Geographien‘. Daran anschließend wird die zunehmende Bedeutung medialer Konstruktionen für die Befassung mit ‚horizontalen Geographien‘ thematisiert, die sich nicht zuletzt aus der Expansion der Art und des Umfangs sozialmedialer Kommunikation (auch über Räume und Landschaften) ergibt (Abschn. 8.6). Die zentrale Bedeutung von Ironie im philosophischen Neopragmatismus wird in den darauf folgenden drei Abschnitten mit unterschiedlichen Schwerpunkten und Intensitäten behandelt: Zunächst in der nicht eindeutigen Relation zum Ziel der Maximierung von Lebenschancen und der Darstellung von Forschungsinhalten (Abschn. 8.7), dann lässt sich Ironie auch nicht aus dem Konzept inverser Landschaften verbannen (Abschn. 8.8), was sich auch in (karto)graphischen Darstellungen niederschlägt (Abschn. 8.9). Zum Abschluss des Kapitels werden die Überlegungen in einem (möglichen) Ablauf neopragmatistischer Forschung zu ‚horizontalen Geographien‘ einer Synthese unterzogen (Abschn. 8.10).

8.1 Grundsätzliche Überlegungen der Operationalisierung des philosophischen Neopragmatismus für die Raumforschung

Der Neopragmatismus Rortyscher Prägung verbaut den Zugang zu Raum (1) der klassischen ‚Kunden‘, weist er doch die Vorstellung eines ‚Wesens‘ (hier von Raum, Region, Landschaft, Land etc.) zurück. Er verbaut auch den Zugang zu klassischen regionalgeographischen (positivistisch orientierten) Zugängen, da er die Vorstellung einer ‚Repräsentation‘ von Raum, Region, Landschaft, Land etc. durch eine (hier regionalwissenschaftliche) Untersuchung ablehnt. Auch das Weltverständnis der konstruktivistischen ‚new regional geography‘ ist noch stark auf den Dualismus von geistiger und materieller Welt bezogen, wenngleich hier die Prozesse der sozialen Konstruktion von Welt im Fokus der Überlegungen stehen. Der Neopragmatismus Rortyscher Prägung hingegen erkennt die Existenz der Welt außerhalb des Vokabulars mit ihren Strukturen und Prozessen an (also auch die materielle Welt 1, die individuelle Welt 2 sowie die Welt der sozialen und kulturellen Gehalte, Welt 3) ist kausal mit dieser verknüpft, auch wenn sie sich auf diese nicht repräsentational beziehen kann. Sie kann lediglich Beschreibungen von ihr erstellen, die ihre Nützlichkeit unter Nachweis zu stellen haben. Damit ist der Rahmen eines neopragmatistischen Forschungsprogramms zu ‚horizontalen Geographien‘ gesetzt – oder, um in dem Rortyschen Bild zu bleiben – der Kompost ist angesetzt – nun muss nur noch das zu kompostierende Material angehäuft werden.

Welt 1 steht – jenseits der Feststellung einer kausalen Verhaftetheit – bei Rorty nicht im Fokus des Interesses, schließlich geht es ihm zum ersten um private Selbsterschaffung (als Welt 2), zum zweiten um öffentliche Solidarität (zwischen den verschiedenen Welten 2), zum dritten der Sozialisation von Gehalten der Welt 3 in Bezug auf Welt 2, insbesondere, zum vierten, in Bezug auf die Frage der Ausdehnung des inklusiven Vokabulars (Welt 3 zu Welt 2), aber zum fünften, auch um die Frage, inwiefern die verschiedenen Welten 2 in der Lage sind, die Gehalte von Welt 3 zu redeskribieren. Insofern gilt es, Welt 1 in eine neopragmatistische Theoriebildung zu integrieren.

Diese Integration erfolgt erstens durch die Konzeptionalisierung der allgemeinen Welt in ihren räumlichen Relationen und deren Synthese unter ästhetischen und ökologischen (wie auch moralischen) Mustern zu Landschaft. Grundlage einer solchen Konzeptionalisierung ist der Panrelationismus. Keine Struktur und keine Funktion steht für sich allein, hat ein ‚unverrückbares Wesen', sondern bezieht seine Position aus einer reversiblen Relation zu anderen Strukturen und Funktionen. Auch die (wissenschaftliche) Konstruktion von Welt, Raum und Landschaft basiert auf kontingenten Beschreibungen. Dass diese Beschreibungen – wie bereits in Kap. 2 – Kontingenz und Komplexität reduzieren, etwa durch Transformation in Kompliziertheit, bedeutet nicht, dass diese Beschreibungen nur eine kontingente Beschreibung unter vielen darstellen. Im Gegenteil: Durch ihr (temporäres und anlassbezogenes) Kontingenzmanagement leisten sie – bei geeigneter Darstellung, etwa im Modus der Ironie – einen Beitrag, sich der Kontingenz von Welt und Weltbeschreibung zu vergegenwärtigen. Zweitens erfolgt die Integration – in der Tradition des Pragmatismus – auf Grundlage des Prinzips der Nützlichkeit. So lässt sich die Herausbildung der wissenschaftlichen Geographie als Reaktion auf die Herausforderung zurückzuführen, einen Beitrag dazu zu leisten, dass Menschen einen intersubjektiven Modus finden müssen, um sich in der Welt 1 zurechtzufinden. Hier tritt der pragmatistische Nützlichkeitsgedanke deutlich hervor. Insofern besteht der Anspruch, Nützliches, nicht ‚Wahres' über Raum 1 bzw. Landschaft 1 (was aber auch die anderen Ebenen betrifft) auszusagen.

Wie angesprochen, ist der Panrelationalismus die Grundlage der Überlegungen zu einem neopragmatischen Forschungsprogramm zu ‚horizontalen Geographien'. Dies bedeutet, dass alle ‚Dinge' der Welt (ob materiell oder immateriell) in einem Geflecht von Beziehungen miteinander verbunden sind. ‚Dinge' entstehen durch Verknüpfungen von Relationen. Die Relationen wiederum sind räumlich wie zeitlich kontingent und unterliegen einem mehr oder minder intensiven Wandel (Rorty 2003). Es gibt keine privilegierte Stelle in diesem Netz, von dem das Netz ‚von neutraler Position aus' beobachtet werden kann, so wenig wie es privilegierte Methoden gibt, mithilfe deren „wahre ontologische Aussagen" (Rorty

2003, S. 139) gemacht werden können. Nicht zuletzt, weil dieses Netz in einem ständigen Wandel begriffen ist, wodurch selbst wissenschaftlich exakt definierte Termini den mit ihnen verbundenen Anspruch einer privilegierten Stellung auf ‚Wahrheit' nicht einlösen können (Putnam 1991). An die Stelle einer privilegierten Position, sind Beobachtende Teil des Netzes, mit zeitlich wie räumlich kontextualisierten Kenntnissen. Insofern ist es – wie bereits an anderer Stelle angesprochen – nicht möglich, die Wahrheit' des Netzes, seine Funktionen, Strukturen und Prozesse zu ermitteln, sondern lediglich nützliche Redeskriptionen zu erzeugen. Dies bedeutet für die Befassung mit ‚horizontalen Geographien': Sie befassen sich mit Ausschnitten aus Netzen, üblicherweise mit solchen, in denen die Relationen zwischen den Knoten dichter sind. Sie sind versucht, die Interferenzen zwischen den Knoten, wie auch die Knoten selbst, in weniger selektiver Weise zu betrachten als die ‚vertikalen Geographien' dies in ihrem thematischen Interesse tun. Sie liefern, nicht zuletzt infolge ihrer Eingebundenheit in das Netz, kontingente Ergebnisse, die den Anspruch haben, nützlich zu sein. Entsprechend lässt sich das hier zu entwickelnde Forschungsprogramm als ein holistisches beschreiben, da Holisten nicht der Idee der Unterscheidung von Tatsache und Beschreibung folgen, sondern sich selbst aus dieser Unterscheidung „nicht herausnehmen" (Rorty 2003, S. 147) können und sie sich bewusst sind, dass ihre Position im Netz kontextualisiert ist, sie nicht allein beobachten, sondern auch das verändern, mit dem sie sich befassen. (Zur Verdeutlichung: Die Drei-Welten-Theorie sowie deren hier verwendeten Derivate, wie die Theorie der Drei Landschaften, haben als Quasi-Ontologien nicht den Anspruch, das Netz abzubilden, d. h. das Netz strukturiere sich in den drei Ebenen, sondern es handelt sich lediglich um einen Zugang, die Komplexität und Kompliziertheit des Netzes begrifflich so zu ordnen, dass ein Ergebnis erzielt wird, das nachvollziehbar ist und so das Potenzial hat, nützlich zu sein.)

Welt panrelationalistisch als Netz zu verstehen hat aber auch eine andere Folge. Positionen in diesen Netzen bestimmen sich relational zu anderen Positionen im Netz. Wobei diese Positionen durch Triangulation in Bezug auf andere Positionen bestimmt werden. Einer Triangulation, die unumgänglich ist, wie Rorty (2005, S. 279) für Normen verdeutlicht: „Die Unumgänglichkeit der Normen ist die für beschreibende wie für agierende Personen bestehende Unumgänglichkeit der Triangulationen". Normen (als konkretisierte Ligaturen) entstehen in Triangulation zu anderen Normen und werden im Handeln aktualisiert.

Der Neopragmatismus basiert auf dem Bewusstsein der Unhintergehbarkeit von Sprache. Ohne Sprache beschränkt sich der Zugang zu Welt 1 auf simple Sinnenwahrnehmungen. Jede Form von Wissen ist also sprachlich gebunden. Diese Sprache ist konstitutiv an Welt 1 gebunden. Insofern ist auch Welt 1 unhintergehbar. Ohne Welt 1 keine Sinne und dementsprechend keine Sinneswahrnehmungen. Zudem vollzieht sich Sprache – wie in Abschn. 5.4 deutlich wurde – immer durch und in der Welt 1, damit auch in Raum 1. Schon aus dieser simplen Raum 1-Abhängigkeit von Sprache wird die Relevanz des Raumes (damit auch der Raumwissenschaften) für die Befassung mit Sprache deutlich. Das Verhältnis von Welt (hier insbesondere Welt 1) und Sprache ist dabei durch eine wechselseitige Durchdringung gekennzeichnet: Ohne Sprache (Welt 3) bleiben Welt 2 die Gehalte von Welt 1 unerschlossen, ohne Welt 1 (siehe oben) keine Sprache. Materielle Objekte werden durch Benennungen und symbolische Besetzungen überhaupt sozial und individuell verfügbar. Entsprechend stiftet Sprache die Wirklichkeit der materiellen Objekte. Wobei sprachliche Befassung stets reversibel ist. Je abstrakter und komplexer Begriffe werden, desto stärker wird ihre Abhängigkeit von sozialen Konstruktionsprozessen. In unserem Kontext: Raum, Region, Stadt und insbesondere Landschaft. Landschaft lässt sich dabei als sozial präformierte selektive Synthese von Elementen von Raum 1 fassen. Diese Präformation basiert insbesondere auf ästhetischen und moralischen Zuschreibungen. Insofern lässt sich Landschaft (im Sinne der Raumforschung) als ein ästhetisch-ökologisch wie moralisch geprägter Raum (auf allen Ebenen) verstehen.

Das Gesagte kurz gefasst: Welt, Raum wie auch Landschaft oder Region sind als ein stets reversibles sprachlich gefasstes Gewebe von Relationen zu verstehen. Elemente in diesen Relationen bestehen allein durch Relation zu anderen Relationen und stellen keine Einheiten mit spezifischen Eigenschaften dar. Hier wird deutlich, warum sich der Neopragmatismus (mit der Akteurs-Netzwerk-Theorie oder der Assemblage-Theorie; etwa: Bosco 2014; Müller 2015; Ruming 2009) in die Phalanx der more-than-representational Theories einordnen lässt. Während andere more-than-representational Theories versuchen, die Gewebe der Relationen nachzuvollziehen, ohne auf kategoriale Unterscheidungen zurückzugreifen, begründen die pragmatistischen Wurzeln des Neopragmatismus hier ein anderes Vorgehen: Im Bewusstsein, dass alles Relation ist, ermöglicht er die Konstruktion einer kategorialen Ordnung: Die Verwendung der Drei Welten Theorie lässt sich als ein quasi-ontologisches Hilfsmittel verstehen, mit dem es (in pragmatistischem Sinne) gelingt, einen ordnenden Zugriff in die komplexen Verhältnisse von Welt, Raum und Landschaft zu bringen. Sie ist dem dualistischen Denken, das Richard Rorty (2018[1994]) dem frühen Popper noch attestiert, entwachsen, allerdings stellt sie auch eine Komplexitätsminderung panrelationaler Phänomene zwischen Sprache, Gesellschaft und Selbst dar. Insofern wird in dieser Arbeit zwar der Drei-Welten-Theorie als Werkzeug zum Umgang mit Komplexität gefolgt, die kritisch-rationalistische Vorstellung Poppers, Wissenschaft erlaube mit der Zeit eine zunehmende ‚Annäherung an die Wahrheit' indes nicht (siehe dazu auch Steiner 2009). Die Frage, die Rorty an die ‚rhizomatische Ontologie' eines Gilles Deleuze richtet, ist schließlich nicht die, „ob sie ‚wahr' ist, sondern ob sie funktioniert" (Allen 2011, S. 156). Dies wiederum ist davon abhängig, „was man vorhat" (Allen 2011, S. 56). In dem Falle einer horizontalgeographischen Arbeit geht es darum, unterschiedliche Relationen innerhalb und außerhalb eines umränderten Raumes 1 zu einer tauglichen Redeskription zu synthetisieren. Dies ist mit Komplexitätsminderung verbunden. Diese Komplexitätsminderung dient letztlich dazu, horizontalgeographische Forschung in einer Form betreiben zu können, die zu nützlichen Ergebnissen führt, ohne in einem infiniten Regress zu münden. Es stellt sich – mit Rorty (2018[1994]) – die Frage, ob Denken ohne Konstruktion von Gegensätzen überhaupt möglich ist. Worin das Ziel einer neopragmatistischen horizontale Geographie besteht, in dem Versuch, „spezifisch metaphysische Dualismen" (Rorty 2018[1994], S. 37) abzuschütteln, also dualistische Vorstellungen von Essenz und Akzidenz, von Eigenschaft und Substanz, von Realität und Erscheinung (Rorty 2018[1994]). Um noch einmal auf die Kategorien der drei Welten, Räume und Landschaften zurückzukommen: Diese werden nicht als ontologische Wahrheiten verstanden, sondern als Konstruktionen, die sich hinsichtlich der praktischen Forschung immer wieder als nützlich zu erweisen haben. Haben sie ihr Potenzial ausgeschöpft, die Relationen zwischen der Welt der kulturellen Gehalte, dem individuellen Bewusstsein und der materiellen Welt sowie deren Hybride nachvollziehbar zu machen, sollten sie einer Redeskription zugeführt werden.

So wenig, wie Geschichte einen Sinn hat, außer denjenigen, der ihr gegeben wird, hat auch Raum keinen Sinn, außer jenem, der ihm gegeben wird. Raum ist das kontingente Ergebnis kontingenter Entwicklungen. Diese Kontingenz findet sich auf der Ebene 1 sowohl in den physisch-geographischen Grundlagen, etwa in den Folgen von Erosions- und Sedimentationsprozessen durch einen Fluss, Entscheidungen über Formen der Landnutzung durch Menschen, auf der Ebene 2, welche Vorstellungen über Raum gebildet werden, aber auch von der Entstehung von Raum 3-Vorstellungen. Besonders deutlich wird der Sinngebungsprozess an Raum bei dessen Konstruktion als Landschaft. Landschaft, mit ihren ästhetischem, ökologischen und moralischen Deutungs-, Kategorisierungs- und Bewertungsmustern lässt sich als ‚sinnzugewiesener Raum' interpretieren. Landschaft ist konstitutiv an Sinn gebunden. Worin sich ein Unterschied zu Raum äußert: Raum lässt sich deskriptiv als simple Relation von Objekten (Raum 1) konstruieren (ohne Zuschreibung von Sinn). Was von Landschaft nach Abzug von Sinn zurückbleibt, ist simpler Raum. Dieser Sinn ist nicht als objektiv zu verstehen, entweder subjektiv (Welt 2) oder intersubjektiv (Welt 3), woraus sich nicht zuletzt die Differenziertheit und auch die Dynamik der Verständnisse von Landschaft erklärt.

Dieses Verständnis der Kontingenz von Raum und Landschaft, die keinen Sinn haben, außer dem, der ihnen gegeben wird (besonders deutlich in Bezug auf Landschaft), bedeutet, dass räumliche Entwicklungen und noch deutlicher landschaftliche Entwicklungen keiner Teleologie unterliegen. Dies vollzieht sich in Bezug auf die Kontingenz natürlicher Prozesse von Raum 1 (auch als materielles Substrat von Landschaft 1), wie hinsichtlich der gesellschaftlichen Grundlagen der Einschreibungen in Raum 1. In diesem Sinne gibt es keine teleologische Entwicklung von Raum oder Landschaft, weder auf der Ebene 1 noch auf der Ebene 3 und auch nicht auf der Ebene 2. Die Konstruktion von utopistischen ‚idealen' Landschaften oder Städten bedeutet den Versuch der Kontingenzvernichtung und ist letztlich an Vorstellungen geschlossener Gesellschaften – vom Kommunismus über Nationalsozialismus bis hin zu religiösem Exklusivismus – gebunden und bedeutet den Verlust an Anpassungsfähigkeit an unvorhergesehene (kontingente) Prozesse. Dies betrifft die Welt 1 (Veränderungen durch außermenschliche Prozesse, etwa den Zeitpunkt des Eintreffens von Erdbeben, Sturmereignissen, Starkniederschlägen etc.), die Welt 2 (etwa durch eine innovative Verknüpfung bislang unverbundener c-modaler Perspektiven, ggf. sogar mit jenen des a- bzw. b-Modus), aber auch die Welt 3 (in der etwa sedimentiertes Wissen über Welt bei Herausforderungen aus Welt 1 aktualisiert und angepasst werden kann, in Verbindung mit Welt 2). Insofern sind offene Gesellschaften eher in der Lage, mit raumbezogenen Herausforderungen umzugehen als geschlossene, insbesondere utopistische. Aber auch nicht-utopistische geschlossene Gesellschaften weisen eine geringere Anpassungsfähigkeit an kontingente Raum- und Landschaftsentwicklungen auf, da ihr Fokus auf Erhaltung des eigenen Systems eine offene Wissenschaft (insbesondere mit den gesellschaftlichen Verhältnissen kritische Wissenschaft) einschränkt und somit Potenziale der Anpassung an Veränderungen (etwa in Raum 1) nicht entwickelt. Ein einfaches Beispiel: Wenn ein autokratisches System den anthropogenen Klimawandel leugnet, wird es wenig Mittel in die Erforschung nützlicher lokaler und regionaler Anpassungsmaßnahmen investieren und wird also von den Folgen ebendieses Klimawandels in einer Härte getroffen, die hätte abgemildert werden können. Da wiederum sozial geteilte Kenntnisse dieses Zusammenhangs das Überleben des Regimes (infolge geringer Anpassungsfähigkeit an einen sich verändernden Raum 1) infrage stellen, muss es zu (weiteren) Repressalien gegenüber Wissenschaft und Bildung schreiten. Was wiederum die Anpassungsfähigkeit an weitere Herausforderungen mindert (nicht zuletzt, weil gesellschaftliche Potenziale für den Aufbau und Erhalt eines Repressionsapparates genutzt werden müssen, anstelle sie gesellschaftlich produktiv, etwa in Wissenschaft und Bildung zu investieren). Aus diesem Beispiel wird deutlich, wie eine offene Gesellschaft und eine offene Wissenschaft in einem wechselseitig produktiven Verhältnis stehen, insbesondere dann, wenn Konflikte geregelt werden und nicht der Versuch unternommen wird, sie zu unterdrücken oder sie zu lösen (mehr dazu in Abschn. 8.5). Tendenzen, die offene Wissenschaft einzuschränken, bedeuten also auch eine Schwächung der offenen Gesellschaft (und umgekehrt).

Dewey, Rorty, Putnam, wie auch Popper und Dahrendorf formulieren für Wissenschaft im Besonderen wie auch Gesellschaft im Allgemeinen ähnliche Bedingungen zum Erzielen tauglicher Lösungen für Probleme, hier exemplarisch Putnam in Bezug auf Dewey: „Das Bedürfnis nach fundamentalen Einrichtungen wie Gedanken- und Redefreiheit ergibt sich nach Dewey aus den Erfordernissen des wissenschaftlichen Verfahrens generell: aus dem ungehinderten Informationsfluss und der Freiheit, Hypothesen vorzulegen und zu kritisieren“ (Putnam 1997, S. 237). Neopragmatistische Kritik ist auf Relationen ausgerichtet, sie zieht die Unhintergehbarkeit von Zeit (Berr 2022), also die zeitliche Kontextabhängigkeit von Vokabularen, ebenso ins Kalkül wie mögliche unintendierte Nebenfolgen von Kritik. Damit unterscheidet sie sich deutlich von dem, was sich als ‚kritische Wissenschaft‘ apostrophiert: „Unsere ‚Maßstäbe‘ verlangen nicht nur rationale Nachkonstruktion, sondern auch Kritik. Kritik bedarf jedoch auch der Argumente, nicht die Preisgabe der Argumente. Die Anschauung, die Linke brauche nichts weiter zu tun, als das Bestehende niederzureißen, ohne über die Frage zu diskutieren, was an seine Stelle treten könnte, ist die gefährlichste von allen politischen Vorschlägen – und überdies ein Vorschlag, den sich die Rechtsextremen ohne weiteres zu eigen machen könnten“ (Putnam 1997, S. 168). Kritik im Sinne des Neopragmatismus hat nicht das Ziel, Vokabulare (aber auch deren Materialisierungen) zu eliminieren, sondern das, was von ihnen nützlich ist, in neuen Vokabularen aufzuheben. Kriterium für die Bewertung von Nützlichkeit ist, zur Verbesserung des Lebens beizutragen. Im Sinne von Ralf Dahrendorf: Neopragmatismus ist ein Aufruf zur Maximierung von Lebenschancen. Lebenschancen äußern sich in der Schaffung von konkreten Optionen, also latenten Optionen, die individuell manifestiert werden können. In diesem Sinne richtet sich neopramatistische Kritik auch auf Ligaturen, die Optionen einschränken, also insbesondere implizite, außengerichtete und moralische Ligaturen. Ethische

Ligaturen, die Grundlage für die Reflexion und Abwägung von anderen Ligaturen wie Optionen darstellen, bilden hingegen ein Fundament für die Entwicklung von Lebenschancen (ausführlicher in Abschn. 8.4).

Eine Konsequenz, die aus der Verbindung von Neopragmatismus und Lebenschancenansatz für die geographische Forschung gezogen werden kann, ist die einer Besinnung auf die Befassung konkreter räumlicher Phänomene, unabhängig, ob sich diese in Raum 1, 2 oder 3 finden, unter Nutzung der Werkzeuge von Theorien und Methoden. Sie ist auch ein Aufruf, sich nicht auf die abstrakte Befassung mit geographischer Forschung zu beschränken, ohne dass daraus eine Konsequenz für die Befassung mit konkreten räumlichen Bezügen erwüchse. In diesem hat die hier vorgetragene neopragmatische Konzeption für die Beforschung ‚horizontaler Geographien' den Anspruch einer meta-theoretischen Leitung (als Ausdruck ethischer Ligaturen), in Verbindung mit Redeskriptionsangeboten zu konkreten Räumen (1, 2 und 3). Eine Redeskription, die auch b-modal anschlussfähig sein soll, um so kontingente Raumdeutungen zu entwickeln, die wiederum die Basis für die Bewältigung von konkreten (auch alltagsweltlichen) Problemen in Bezug auf Raum im Allgemeinen und Landschaft im Besonderen liefern sollen. Insgesamt lässt sich die Bedeutung von Alltagswelt für Wissenschaft als eine dreifache verstehen:

1. Wissenschaftliches Wissen auf ‚Vorverständnisse' von Welt zurück, die prototheoretisch angelegt sind, also alltagssprachlich gefasst sind.
2. Ermöglicht der Rückgriff auf Alltagssprache die Herstellung von Kommunizierbarkeit zwischen wissenschaftlichen Vokabularen (Putnam 1990a), indem von einem c-modalen Vokabular zunächst in die Alltagssprache übersetzt wird und von dort aus in ein anderes c-modales Vokabular übersetzt wird (was allerdings eine gewisse Toleranz gegenüber Uneindeutigkeiten voraussetzt).
3. Bedeutet ein Rückgriff auf Alltagssprache auch ein Erproben von Nützlichkeit, jenseits des eigenen c-modalen Vokabulars im Besonderen, des c-Modus im Allgemeinen.

Die Konsequenzen, die sich durch den Rückgriff auf einen neopragmatistischen Rahmen für die Beforschung von Räumen ergeben, lassen sich – in Anschluss von Barnes (2008) – und vor dem Hintergrund der Ansätze Karl Poppers im Sinne einer ‚Idee über Ideen' (Menand 2001) sowie der konzeptionellen Überlegungen von Kühne (2023) zu ‚foodscapes' folgendermaßen fassen:

1. Die Vorstellung, es gäbe ein ‚Wesen' von etwas, hier Raum, Region, Stadt, Landschaft oder dergleichen, wird abgelehnt. Wie in anderen more-than-representational Theorien wird also eine antiessentialistische Haltung eingenommen.
2. Es liegen unterschiedliche theoretische Konzepte in Bezug auf Raum, Landschaft etc. vor. Diese fokussieren auf unterschiedliche Weise die Ebenen des Materiellen, Individuellen und Sozialen und die Verhältnisse dazwischen und darin.
3. Theorien sind geeignet, Erkenntnis über Welt zu befördern. Diese prinzipielle Eignung besteht selbst dann, wenn sie verworfen werden. In dieser Weise erhöhen Sie das Wissen darüber, was nicht tauglich ist (bzw. nicht mehr tauglich ist, ggf. auch was noch nicht tauglich ist). Selbst, wenn sich Theorien in spezifischen Kontexten bewähren, bedeutet dies nicht, dass sie, erstens, dies auf Dauer tun, zweitens, in allen sozialen Kontexten, drittens in allen räumlichen Kontexten. Theorien stehen entsprechend unter dreifachem Druck, ihre Tauglichkeit zu beweisen: 1) Vor dem Hintergrund der Entwicklung neuer empirischer Methoden. 2) Vor dem Hintergrund alternativer theoretischer Ansätze, die sich als tauglicher erweisen, bestimmte Aspekte der Welt (hier insbesondere von Raum und Landschaft) zu deuten. 3) Vor dem Hintergrund gesellschaftlicher Entwicklungen (etwa Veränderungen gesellschaftlicher Strukturen).
4. Theoretische Konzepte haben nur so lange eine fachliche Bedeutung (c-Modus), solange es eine fachliche Gemeinschaft gibt, für die sie nützlich sind. Existiert diese Gemeinschaft nicht mehr, implodiert das Vokabular.
5. Theorien diffundieren in die b-modale Konstruktion von Welt (Raum, Landschaft etc.). Damit werden sie aus dem Kontext wissenschaftlicher Logik herausgelöst, d. h. ihre Beziehungen zu anderen wissenschaftlichen Aussagen gehen verloren, ihre diskursive Verhandlung wird aus dem Beziehungsgeflecht bestimmter Bedingungen herausgelöst (wie Entstehungskontext, Bewährungskriterien und Gültigkeitsüberlegungen) und instrumentell zum Zwecke (nichtwissenschaftlicher) Zielerreichung eingesetzt.
6. Nicht geschlossene Konzepte von Etwas, hier Raum, Ort, Landschaft, Region, Stadt etc. sind offen für Bedeutungserweiterungen oder Anpassungen an neue (theoretische oder empirische) Entwicklungen. Sie haben eine größere Chance, ihre Tauglichkeit für das Verständnis von Welt zu erhalten oder sogar auszubauen.
7. Die Befassung mit Räumen (Landschaften, Regionen etc.) ist konstitutiv an Sprache (in weitem Sinne: Kommunikation) gebunden. Ohne Sprache ist die

Erzeugung von Landschaft unmöglich, Raum 1 ohne Sprache verbleibt als sensorische Wahrnehmung im Bereich der proto-begrifflichen Erfahrung.

8. Die sprachliche Befassung mit Räumen und Landschaft (Region, Stadt in vergleichbarem Maße) hat sich ausdifferenziert. Dies co-evolutioniert mit der Differenzierung von Gesellschaft. Eine Differenzierung der Gesellschaft produziert neue Bezüge zu und Konstruktionen von Raum und Landschaft, sie reagiert aber ihrerseits auch auf eine sich differenzierende Sprache über Welt (hier insbesondere Raum und Landschaft) mit Differenzierung. Deutlich wird dies nicht zuletzt in der Entwicklung der Sprache der Kartographie von simplen symbolvermittelten Raum-1-Abstraktionen zu komplexen virtuellen und augmentierten Raumerzeugungen (sieh dazu ausführlich: Kühne 2021b; Kühne, Edler, und Jenal 2021a; Kühne und Edler 2022; Kühne, Edler, und Jenal 2022a).
9. Räume und mehr noch Landschaften werden – insbesondere in Abhängigkeit ihres Konstruktionsmodus (a, b oder c) – in unterschiedlicher Weise konstruiert und mit Bedeutung aufgeladen. Insofern ist es der Anspruch einer neopragmatistischen Raumforschung, dies auch durch Inter- und Transdisziplinarität zu integrieren.
10. Konstruktionen von Raum und Landschaft sind einerseits kontingent, sie dienen andererseits der Komplexitätsbewältigung.

Diese Operationalisierungen neopragmatistischer Philosophie (in Synchronisation mit den Ansätzen Poppers und Dahrendorfs) lassen sich allgemein für Raumforschung anstellen. Im Folgenden erfolgt eine Befassung mit den Spezifika einer neopragmatistischen horizontalen Geographie.

Der Neopragmatismus fungiert als Rahmen für die horizontalgeographische Forschung, die mit einem Forschungsgegenstand hoher Komplexität verbunden ist, die einen monotheoretischen Zugriff verbietet. Redeskriptionen bedeuten ein Umweben von (sich bewährenden Teilen) von bekannten Vokabularen (oder von ihnen in Gänze). Diese Vokabulare dürfen dem zentralen Argument des Neopragmatismus, der Kontingenz von Selbst, Gesellschaft (und Welt im Allgemeinen), nicht fundamental widersprechen. Dies schließt eine Rezyklierung essentialistischer Positionen aus, hier zu Landschaft und Raum (wie etwa die essentialistische Landschaftstheorie oder den Geodeterminismus). Diesen Gedanken folgend, bildet der Ansatz ‚neopragmatistischer horizontaler Geographien' ein meta-theoretisches Gewebe unter Rezyklierung von Theorien, die untereinander bis an Inkommensurabilität heranreichende Deutungshoheitskonkurrenzen aufweisen. Diese werden insofern durch eine neopragmatistische meta-theoretische Redeskription einer ‚integrativen Verwebung' zugeführt. Diesem Verständnis nach, beschränkt sich die redeskriptive Synthese nicht allein auf einen multitheoretischen Zugriff, sondern durch Triangulationen auf weitere fünf Ebenen, wie im folgenden Abschn. 8.2 genauer ausgeführt wird. Dabei handelt es sich um die Ebenen der Methoden, der verwendeten Daten, der fachlichen Disziplinen (c-modal), der a- und b-modalen Deutungen sowie der Präsentation von Ergebnissen. Hierbei wird einerseits deutlich, dass der hier vorgestellte ‚neopragmatistische Ansatz' weit über einen Mixed-Methods-Ansatz hinausgeht, andererseits wird damit sein Anspruch deutlich, sich nicht auf eine abstrakte Reflexion zu beschränken, sondern auch in der Praxis nützliche Ansätze zur Befassung mit Raum und Landschaft zu liefern.

Die hier konzeptionalisierte neopragmatische horizontalgeographische Redeskription ist kontingent angelegt, was bedeutet, keine abschließende Deutung von Räumen, Regionen oder Landschaften vornehmen zu wollen, sondern zu bestehenden Deutungen eine synthetische hinzuzufügen, also über ‚altehrwürdige' Erzählungen hinauszugehen, auch indem diese in Redeskriptionen eingewoben werden. Eine neopragmatistische horizontalgeographische Redeskription ist also darauf ausgerichtet, taugliche Aspekte von ‚altehrwürdigen' Deskriptionen nicht einfach als ‚überkommen' und damit ‚wertlos' oder als ‚zu tilgen' abzulehnen, sondern vielmehr zu prüfen, in welcher Weise sie in Gänze oder in Teilen tauglich sind, in das Gewebe der Redeskription eingewoben zu werden. Das Forschungsprogramm einer neopragmatistischen Redeskription horizontaler Geographien ist also nicht auf die Ablehnung und den verdrängenden Ersatz von Theorien, Forschungsprogrammen, Methoden oder Daten, aber auch nicht von a- und b-modalen Perspektiven oder Darstellungsformen ausgerichtet, sondern auf die Suche nach Komplementarität und Prüfung der Tauglichkeit zur Befassung mit bestimmten Fragestellungen. Abhängig für die Integration einer solchen Redeskription ist indes eine nicht kontingenzablehnende Grundausrichtung, was essentialistische und utopistische Positionen von der Einwebung ausschließt. Eine solchermaßen ausgerichtete neopragmatistische Redeskription horizontaler Geographien ist wiederum konstitutiv daran ausgerichtet, tauglich für eine Einwebung in künftige Vokabulare zu sein, sich also nicht durch Essentialisierungen oder Utopisierungen gegen erneute Deskriptionen zu immunisieren trachten. Forschungspraktisch bedeutet eine kontingenzbezogene Redeskription, dass in den seltensten Fällen a priori unrevidierbar festgelegt werden kann, welche Theorien sich im redeskriptiven Forschungsprozess als nützlich erweisen, welche nicht und welche teilweise. Gleiches gilt für Methoden, Daten, Forschendenperspektiven, aber auch a- und b-modale Perspektiven (zumindest ist dies möglich), aber auch Formen der

Präsentation von Ergebnissen. Diese konstitutive Kontingenz im Forschungsprozess erfordert eine ständige hermeneutische Rückbindung von Ergebnissen an zugrunde gelegte Theorien, Überprüfung, ob Methoden sinnvollerweise ergänzt werden sollten, welche Daten recherchiert oder erhoben werden sollen etc. (ausführlicher dazu: Abschn. 8.3). Diese rückgebundene Art der Erzeugung von Redeskriptionen bezieht sich auf „die Kohärenz und die Angemessenheit einer Aussage bzw. eines ganzen Systems von Aussagen (einer Theorie oder eines Begriffsschema), durch die diese relational akzeptabel werden, also die Kohärenz ‚theoretischer' bzw. nicht zu sehr erfahrungsgebundener Überzeugungen untereinander und in Bezug auf stärker erfahrungsgebundene Überzeugungen ebenso wie die Kohärenz erfahrungsgebundenen Überzeugungen mit theoretischen" (Putnam 1990b, S. 82). Vorausgesetzt wird in dem neopragmatistischen Verständnis von ‚Wahrheit' aber auch ein Konsens in Bezug auf eine spezifische Art der Konstruktion von ‚Wahrheit', die sich innerhalb einer Diskursgemeinschaft vollzieht (insofern lässt sich das neopramatistische Verständnis von ‚Wahrheit' auch den Konsenstheorien zuordnen). Kurz zusammengefasst, erfordert eine neopragmatische Befassung, die Theorie und Empirie kombiniert, eine theoretische Triangulation auch in Richtung von Theorien, die in die Redeskription verwoben wurden, wie auch eine Rückbindung empirischer Ergebnisse an theoretische Grundlagen.

Die sprachphilosophische Begründung des Neopragmatismus lenkt den Fokus ‚horizontalgeographischer' Untersuchungen auf dessen meta-theoretischer Grundlage, auf die sprachliche Gebundenheit der sozialen Konstruktion von Welt. Insofern wird – im Vergleich zu den ‚klassischen Kunden', aber auch der Regionalgeographie wie auch der new regional geography etc. – der sprachlichen Verhandlung über Räume eine besondere Aufmerksamkeit zuteil. Insofern bedeutet die neopragmatische Grundlage eine besondere Hinwendung zur Mediengeographie: Medien haben eine große Bedeutung für die Produktion von Welt und diese kann – Rorty (2023) zufolge – durchaus schöpferisch sein (Sandbothe 1999). Auch hierin unterscheidet sich der hier gewählte Ansatz von jenem der Kritischen Theorie (und der Kritischen Geographie). Angesichts des Bedeutungsgewinns des Internets und insbesondere Sozialer Medien weitet sich hier das Feld horizontalgeographischer Untersuchungen, jenseits der traditionellen unidirektionalen Massenmedien, wodurch nicht zuletzt die Geschwindigkeit von (sprachlich gefassten) Raum- und Landschaftskonstruktionsprozessen, aber auch die Zahl unterschiedlicher Konstruktionen ansteigt (siehe ausführlicher in Abschn. 8.6).

Mit den sich rasch entwickelnden technischen Möglichkeiten erfolgten neue Verfahren zur Erzeugung virtueller und augmentierter Räume bzw. Landschaften.

Mit diesen Möglichkeiten eröffnen sich auch Optionen der Weitung der Kontingenz von Raumkonstruktionen. Diese lassen sich in Form inverser Landschaften konkretisieren (mehr dazu in Abschn. 8.8) und darstellen. Solche Visualisierungen (wobei auch eine Kombination mit akustischen und taktilen Reizen möglich ist; unter vielen: Endreß 2023a, 2023b; Fischer und Mahler 2023; Kühne und Edler 2018; McLean 2020), ob nun graphisch, kartographisch oder in Hybridform, sollten dabei auf eine Darstellungssprache (etwa in Formen von Signaturen) zurückgreifen, die eine Ferne zu repräsentationalen Ansprüchen der klassischen positivistischen Kartographie verdeutlicht. In besonderer Weise eignet sich hier der Rückgriff auf eine ironische Haltung dafür (Abschn. 8.7).

8.2 Multiple Triangulationen

Diese Grundüberlegungen zu einem neopragmatistischen Forschungskonzept zu ‚horizontalen Geographien' lassen sich mittels der quasi-ontologischen Drei-Welten-Theorie, hier der Theorie der drei Räume bzw. der drei Landschaften, operationalisieren und systematisieren. Dabei werden nicht allein die drei Ebenen in die Überlegungen einbezogen, sondern auch die Relationen zwischen diesen. Aufgrund dieser quasi-ontologischen Basis werden an die unterschiedlichen Ebenen von Räumen und ihren Relationen unterschiedliche theoretische Ansätze angeschlossen, die wiederum – verbunden mit konkreten Forschungsfragen – bestimmte empirische Ansätze liefern.

Pragmatistisches Denken floss – ausgerichtet an der Handlungstheorie von George Herbert Mead und John Dewey – in die Sozialforschung insbesondere in der ‚Chicago School of Sociology' ein (Schubert et al. 2010). Vor dem Hintergrund der Ablehnung des Rückgriffs auf den Alltagsverstand, spekulativer Ansätze der älteren Soziologie wie auch der Übertragung hypothesenprüfender Verfahren der Naturwissenschaften, richtete sich die ‚Chicago School' schon früh auf die Kombination insbesondere qualitativer Verfahren aus. Verbunden wurde dieses Vorgehen mit einem sozial- und politisch-reformerischen Anspruch der weiteren Demokratisierung (Schubert et al. 2010; Wills und Lake 2020). Die Arbeiten orientierten sich stark an der ethnologischen Feldforschung und erfuhren „seit den 1950er-Jahren durch Arbeiten der sogenannten ‚interpretativen Soziologie', wozu vor allem der symbolische Interaktionismus, die soziologische Phänomenologie und der Sozialkonstruktivismus zählen" (Kelle et al. 2016, S. 6), eine methodologische Einbettung. Kritisiert wurde die ‚Chicago School' indes für eine weitgehende theoretische Abstinenz (Turner 1988). Der hier dargelegte

Ansatz erweitert die Tradition der ‚Chicago School' in mehrfacher Weise: Erstens, erfolgt mit dem Neopragmatismus die Integration verschiedener Theorien in einen metatheoretischen Rahmen. Zweitens, erfolgt eine Weitung der Perspektiven auf naturwissenschaftliche Zugriffe auf Raum (insbesondere 1). Drittens, erfolgt auch eine weitergehende Integration der Methoden der quantitativen Sozialforschung.

Klassischerweise ist es das Ziel wissenschaftlicher Methoden, Daten zu gewinnen, mit deren Hilfe repräsentative Darstellungen von ‚Etwas' gesammelt werden. Dieses universalistische Ziel ist in einer anti-repräsentationalistischen Theorie wie dem Rortyschen Neopragmatismus nicht zu halten. Empirische Forschung basiert stattdessen einerseits auf Redlichkeitsanforderungen (die sich in weiten Teilen auf das Prinzip zurückführen lassen, anderen keinen Schaden zuzufügen, etwa durch Erniedrigung), die verlangen, dass Wissenschaft Treibende (hier am Beispiel von Historikerinnen und Historikern) die relevanten Funde „genau wiedergeben, dass sie sich bei der Suche nach einschlägigen Dokumenten gründlich umsehen, dass sie keine Belege verwerfen, die geeignet sind, die von ihnen selbst vertretene historische These in Frage zu stellen, dass sie keine Zitate in irreführender Weise aus dem Zusammenhang reißen, dass sie im Kollegenkreis die gleiche historische Darstellung geben, wie uns gegenüber usw." (Rorty 2003, S. 107). Andererseits basiert sie auf c-modalen Konventionen. Diese sind wiederum kontingent und reversibel. Insofern folgt der Ansatz der multiplen Triangulationen insbesondere dem klassisch-pragmatistischen Verständnis, wie bei Charles Sanders Peirce (1905), ‚Vorspiegelungen der Wahrheit' zu verwerfen und sich stattdessen die Frage zu stellen, welches Wissen sich relevant und nützlich in den Kontext von Erfahrungen einfügen lässt (James 1907).

Eine Forschung über als Räume und Landschaften verstandene Relationen, die sich empirischer Methoden bedient, lässt sich unter vier Bedingungen durchführen:

1. Methoden: Die durch sie gewonnenen Daten sind nur in einem bestimmten Vokabular gültig (Rorty 1991b), hier eines Forschungsprogramms ‚neopragmatistischer horizontaler Geographien'.
2. Triangulationen, hier insbesondere methodische, werden weniger deswegen gewählt, um ein exakteres Verständnis eines Gegenstandes zu entwickeln, sondern eines umfassenderen. Der Unterschied liegt darin, das im ersten Falle versucht wird, Kontingenz zu minimieren, im zweiten Fall, nicht nur die Kontingenz des Gegenstandes zu verdeutlichen, sondern auch die von Perspektiven.

3. Der Einsatz von Methoden (der aus ihnen gewonnen Daten und Ergebnispräsentationen) erfolgt unter der Voraussetzung einer neopragmatistischen bzw. sozialkonstruktivistischen Weltsicht. Dies bedeutet: in dem Bewusstsein, dass Methode, Daten und Präsentationen sprachlich gebunden sind und damit grundsätzlich sozial konstruiert.
4. Die Darstellung der Ergebnisse neopragmatistischer Raumforschung erfolgt in einer Weise, mit der Kontingenz verdeutlicht wird.

Wissenschaft lässt sich als Teilbereich von Welt verstehen. Welt entsteht – in dem im vorhergehenden Abschn. 8.1 dargelegten Sinne – als Netzwerk aus Triangulationen. Insofern entsteht wissenschaftliche Weltdeutung relational zu anderen Weltdeutungen, aber auch relational zu anderen Knoten im Netz der Wissenschaften. Insofern stellen Theorien, Methoden, Daten, personengebundene Perspektiven, aber auch Darstellungsweisen Knoten in dem Netzwerk dar und sind miteinander relationiert, aber auch mit der nicht primär durch Wissenschaft geprägten Welt (hier insbesondere der a- und b-modalen Zugänge). Der hier verfolgte ‚neopragmatistische Ansatz horizontaler Geographien' geht also weit über einen Mixed-Methods-Ansatz hinaus: Es werden nicht allein verschiedene Methoden kombiniert, sondern auch Daten, Forschende und Theorien. Der Begriff der Triangulation wurde ursprünglich zur Einteilung einer Fläche in Dreiecke zum Zweck der Vermessung dieser Fläche verstanden. Seit den 1970er Jahren wird unter der Metapher ‚Triangulation' in der empirischen Sozialforschung die Kombination von qualitativen und quantitativen Erhebungs- oder Analysemethoden verstanden, deren Ziel darin besteht, Einseitigkeiten zu vermeiden. Wie angesprochen, ist mit dem neopragmatistischen Ansatz eine Triangulation auf sechs Ebenen verbunden, verbunden mit einer Kontextualisierung räumlicher Bezüge (insbesondere des Forschungsraumes), schließlich sind auch diese relational rechtfertigungsbedürftig (ausführlicher zu den unterschiedlichen Triangulationen: Denzin 2007; Flick 2007, 2011; Jick 1979; Kuckartz 2014; Kühne 2021a; Kühne et al. 2024; Kühne, Edler, und Jenal 2021a; Kühne und Jenal 2021a, 2021b; Morse 1991; Schründer-Lenzen 2013). Die hier vorgenommenen Triangulationen folgen entsprechend nicht allein dem oben formulierten Anspruch, ‚Vorspiegelungen der Wahrheit' durch Perspektivenvielfalt zu begegnen, sondern auch der relationalen Netzwerkstruktur von Wissenschaft im Besonderen und Welt im Allgemeinen theoretisch, methodologisch und empirisch gerecht zu werden.

Mit der Einbindung in einen (meta-)theoretischen Rahmen, hier des Neopragmatismus, wird der Kritik begegnet, triangulierende Verfahren würden zumeist ohne theoretische Rückbindung eingesetzt (Flick 2018a; Greene 2007).

8.2.1 Theorietriangulationen

Diese stellt den Kernaspekt des neopragmatischen Ansatzes zur Erforschung ‚horizontaler Geographien' dar. Dabei werden unterschiedliche theoretische Perspektiven auf einen komplexen Gegenstand begründet verwendet. Zurück geht diese plurale Weltsicht nicht zuletzt aus der Einsicht von Richard Rorty (1997) über die Kontingenz wissenschaftlicher Theorien und ihrer historischen Gebundenheit, aus denen sich das Fehlen einer „Supertheorie [ergibt], aus der sich auf gesichertem Wege wahre Aussagen über die Welt ableiten ließen" (Buschmeier 2023, S. 12). Die Rechtfertigung der Auswahl der Theorien erfolgt vor dem Hintergrund des Forschungsgegenstands wie auch der Fragestellung sowie der Nützlichkeit der zu erwartenden (kontingenten) Erkenntnisse. Ziel ist es dabei nicht zuletzt, „Theorien in produktiven Kontakt miteinander" (Kronenberg 2014, S. 13) treten zu lassen. Dieses produktive ‚Miteinander' bezieht sich auch auf das Verweben von älteren Theorien in redeskriptive Theorien, indem die Erzeugung neuartiger Theorien über Welt (in allen drei Dimensionen) „die Horizonte dieser neuen Diskurse mit denen des Common Sense und älterer wissenschaftlicher Theorien verschmelzen lässt" (Rorty 2001, S. 126). Die neopragmatische Konzeption horizontalgeographischer Arbeit erlaubt es, naturwissenschaftliche mit philosophischen Aspekten, kulturwissenschaftliche mit sozialwissenschaftlichen, planungswissenschaftliche mit politikwissenschaftlichen Fragestellungen, aber auch anderen Kombinationen, zu verbinden. Zur Einordnung und Auswahl von sich zur Verwendung anbietenden Theorien kann die Theorie der drei Welten/Räume/Landschaften herangezogen werden. Ihre Nutzung erleichtert neben der analytischen Gliederung der drei Ebenen (zur begrifflichen und konzeptionellen Rückbindung, was sprachlich konstruiert wird) auch eine Zuordnung von Theorien, Methoden, Forschendenperspektiven etc. Ihre Nutzung erleichtert aber auch eine Befassung mit der Frage, welche theoretischen Perspektiven und methodischen Herangehensweisen (c- und b.modalen Perspektiven sowie Daten) mit den Räumen und Landschaften 1, 2 und 3, sowie ihren Relationen, berücksichtigt werden sollten. Entsprechend wird bei der Befassung mit Raum/Landschaft 1 häufig auf Forschungsergebnisse zurückgegriffen, die explizit oder implizit einer positivistischen Tradition folgen. Diese Tradition ist mit dem Anspruch verbunden, eindeutige Repräsentationen von Welt 1 (bzw. Raum 1 oder Landschaft 1) zu produzieren, also einerseits Kontingenzen zu vernichten und andererseits einer eindeutigen Subjekt-Objekt-Trennung zu folgen, entsprechend ist hier eine Anpassung an den mehr-als-repräsentationalen metatheoretischen Rahmen erforderlich. Auch diese Forschungsergebnisse stellen das Ergebnis sozialer Konstruktions- und Konventionalisierungsprozesse dar, sind also konstitutiv sprachlich verfasst. Dies stellt die innere Seite der Anpassung an den neopragmatischen Rahmen dar. Die äußere Seite wird dadurch gebildet, dass sie durchaus ihre Nützlichkeit der Weltbeschreibung nachgewiesen haben (wenngleich sich ihr Ausschließlichkeitsanspruch als überzogen herausgestellt hat und sie lange eine gewisse Blindheit gegenüber ihrer sozialen Konstruiertheit pflegte und teilweise bis heute pflegt). Das Feld der Eignung sozialkonstruktivistischer Zugänge zu ‚horizontalen Geographien' ist weit, aber insbesondere auf die Ebenen 2 und 3, einschließlich ihrer Relationen, bezogen. Aus dieser Perspektive lassen sich insbesondere Fragen behandeln, wie Räume und Landschaften sozial konstruiert werden, wie diese Konstruktion individuelle Konstruktionen beeinflusst – und umgekehrt. Dies betrifft etwa die Erzeugung und Konventionalisierung ästhetischer Bewertungen. Gerade im Kontext der Ausweitung (massen)medialer Konstruktionen von Raum und Landschaft, hat sich hier ein neues Feld für die horizontalgeographische Forschung erschlossen. Soll neben ästhetischen Urteilen auch die Aisthesis von Raum bzw. Landschaft untersucht werden, gerät die sozialkonstruktivistische Perspektive an ihre Grenze, da Raum 1/Landschaft 1 nicht zum engeren Bezugskontext konstruktivistischer Theorien zählt. Hier erweist sich ein Rückgriff auf das phänomenologische Erleben als nützlich. Nicht zuletzt der gemeinsamen Wurzeln von Sozialkonstruktivismus und Phänomenologie in den Ansätzen der phänomenologischen Soziologie von Alfred Schütz (siehe Schütz 1960 [1932], 1971; auch Abschn. 4.4) ist die Kombination dieser beiden Theorien geeignet, die Relationen von Raum/Landschaft 2 zu Raum/Landschaft 1 (Phänomenologie) und Raum/Landschaft 3 (Sozialkonstruktivismus) recht umfänglich theoretisch zu begründen (siehe ausführlicher auch: Baert 2011). Dies wird besonders deutlich in der Relation des leiblichen Erlebens von Raum 1 (Aisthesis) und sozial präformierter Ästhetik (Landschaft 3). Eine solche Kombination aus Sozialkonstruktivismus und Phänomenologie löst durch das – auch leibliche – In-der-Welt-Sein die strikte Trennung zwischen forschender Person (Welt 2) und zu beforschendem Objekt (hier insbesondere Welt 1) auf (Baert 2009, 2011), auch kann damit deutlich werden, dass soziale Gehalte der Welt 3 in das individuelle Bewusstsein eingehen und auch die Welt 2 von Welt 3 durchsetzt wird. Noch deutlicher wird die Hybridisierung der drei Welten (entsprechend auch der drei Räume und Landschaften) in der Habitustheorie von Pierre Bourdieu, in der der Leib zum Gegenstand sozialer Formung wird. Das Denken Bourdieus erweitert nicht allein um diesen Aspekt die für neopragmatische Untersuchungen ‚horizontaler Geographien' charakteristische Kernkombination von Phänomenologie und Sozialkonstruktivismus, sondern auch in Bezug auf die Machtgebundenheit der Einschreibungen in Raum 1/Landschaft 1, aber auch deren in Vokabularen gebundene Legitimationslogiken in Bezug auf Raum/Landschaft 3 (siehe dazu auch Cutchin 2020; Schein 1997). Soll auch die Frage Befassung finden, wie sich spezifische systemische Logiken auf die Konstruktion von Raum/Landschaft 3 sowie die daraus resultierenden Einschreibungen in Welt 1 vollzieht, kann die autopoietische Systemtheorie hierzu eine lohnende Perspektive darstellen, sie erweitert etwa die sozialkonstruktivistische Perspektive in eine makrosoziologische Dimension und bietet so die Möglichkeiten, phänomenologisch individuell Erlebtes mittels der Reflexion sozialer Konstruktionsprozesse an systemische Logiken anzubinden. Inwiefern es nützlich ist, die anderen more-than-representational Theorien in einen neopragmatischen Rahmen zu integrieren, ist noch nicht abschließend geklärt, schließlich verfolgen sie – unter anderen Vorzeichen (siehe Abschn. 6.3.6) – ein ähnliches Forschungsprogramm und es könnte ein Ergebnis reiner Übersetzung vorliegen, das schlussendlich primär zeigt, dass ein Thema unterschiedlich untersucht werden kann.

Es ist noch einmal hervorzuheben, dass diese Theorietriangulationen nicht eklektizistisch erfolgen, sondern vor dem Hintergrund von Thema und Fragestellungen einerseits und der erwarteten Nützlichkeit andererseits. Ihr Einsatz ist für sich (Welcher Nutzen soll eine Theorie bringen?) sowie relational zu anderen Theorien (Worin liegt das ergänzende Potenzial in Bezug auf andere verwendete Theorien?) zu rechtfertigen.

8.2.2 Methodentriangulationen

Aus den Überlegungen zur theoretischen Fundierung erfolgt in Rückbindung mit dem Forschungsgegenstand und der Fragestellung/den Fragestellungen eine Methodentriangulation, und zwar vor dem Hintergrund der angestrebten Nützlichkeit der Ergebnisse (etwa in Bezug auf Praxis bzw. kontingente Redeskription von Raum/Landschaft). Ein solches Verfahren (wenn auch noch nicht begrifflich gefasst) hat in der pragmatistischen Sozialforschung der Chicagoer Schule lange Tradition, wie etwa die Untersuchungen ‚The Polish Peasant in Europe and America' (Thomas und Znaniecki 1919) oder ‚The Unadjusted Girl' (Thomas 1969) zeigt, in der auf biographische Dokumente und solche sozialer Institutionen zurückgegriffen wurde. In der empirischen Sozialforschung hat sich in den vergangenen Jahrzehnten eine Forschung etabliert, die die vormals errichteten Grenzen zwischen erklärender und verstehender Soziologie überwindend, qualitative und quantitative Methoden überwindet (Kelle 2008; Kelle und Erzberger 2007). In der Befassung mit ‚horizontalen Geographien' ist indes, davon ausgehend, auch die Integration naturwissenschaftlicher Methoden erforderlich (siehe in Grundzügen: Geiselhart und Steiner 2012; Steiner 2014). In Abhängigkeit von den theoretischen Grundlagen und dem Ziel der neopragmatischen Redeskription erfolgt der Einsatz unterschiedlicher methodischer Zugriffe. An dieser Stelle wird deutlich, dass der hier verfolgte Ansatz neopragmatischer horizontaler Geographien deutlich über den verbreiteten Anspruch ‚regionaler Geographien' hinausreicht, sich allein mit der synthetischen Darstellung von an anderer Stelle gewonnen Forschungsergebnissen zu befassen (siehe Abschn. 2.2).

In Abhängigkeit von Forschungsthema, Forschungsfragen sowie der erstrebten Nützlichkeit der Untersuchung erfolgt auf Basis des aktuellen Forschungsstandes die Ermittlung von Forschungslücken und die Prüfung, wie diese – unter Rückgriff auf die theoretischen Grundlagen der Arbeit – mit welchen Methoden behandelt werden können. Prinzipiell stehen hierbei sämtliche Methoden der Natur-, Kultur-, Sozial- und Geisteswissenschaften (und darüber hinaus) zur Verfügung. Hierzu einige (bewährte) Beispiele: Sind begriffliche Vorklärungen für die Redeskription erforderlich, kann auf die philosophische Methode der Begriffskritik zurückgegriffen werden (Kühne und Berr 2021; Pfister 2019; Poser 2012). Dabei lassen sich traditionelle Verständnisse von miteinander relationierten Begriffen miteinander in Beziehung setzten, aneinander konturieren und ihre Genese reflektieren. Daraus abgeleitet, lässt sich ein Vorschlag der Redeskription von Begriffen unterbreiten, die sich dann in der weiteren Untersuchung zu bewähren haben. Das Erfahren von Räumen 1 lässt sich etwa mittels phänomenologischer Spaziergänge methodisch umsetzen, die allmählichen Ortswechsel des Spaziergangs ermöglichen unterschiedliche visuelle, akustische, taktile, olfaktorische etc. Wahrnehmungen, die entsprechend zu protokollieren und auszuwerten sind (zu dieser Methode: Endreß 2021; Kühne und Jenal 2020b; Kühne, Jenal, und Berger 2023; Ljunge 2013; Wylie 2005). Die soziale Konstruktion von Räumen bzw. Landschaften 1 (insbesondere im b-Modus, teilweise aber auch im a-Modus) lassen sich durch medieninhaltsanalytische Auswertungen von Social Media-Inhalten, aber auch ‚klassischer' Medien, wie Spielfilmen, Dokumentarfilmen, Zeitungen, Fernsehsendungen etc., vornehmen (siehe insbesondere: Koegst und Baum 2022; Kühne 2020b; Kühne, Koegst et al. 2021; Loda et al. 2020). Die a- und b-modale Konstruktion von Raum und Landschaft werden durch qualitative Interviews oder eroepische Gespräche zugänglich, c-modale Sichtweisen lassen sich (ergänzend zur Auswertung des einschlägigen Schrifttums) mittels Experteninterviews verfügbar machen (Kühne et al. 2024; Kühne und Koegst 2023; Weber 2024). Auch wenn den sozialkonstruktivistischen und post-repräsentationalistischen Grundlagen des Neopragmatismus qualitative verstehende Methoden eher zuneigen, ist ein Rückgriff auf quantitative Methoden dadurch nicht ausgeschlossen – wenn auch bei diesen eine Rahmung der sozialen Konstruiertheit vollzogen wird. Schließlich haben sich quantitative Methoden in Verständnissen von Raum (insbesondere Raum 1) bewährt. Die bis dato erzielten Ergebnisse lassen sich als Teile von ‚altehrwürdigen' Vokabularen verstehen, die nun in die neopragmatische Redeskription umgewoben werden. Dies ermöglicht auch die Integration klassischer naturwissenschaftlicher Methoden, von der Stadt- und Geländeklimatologie über die Geomorphologie bis hin zur GIS-gestützten Modellierung – unter der Voraussetzung, das sei hier noch einmal hervorgehoben, der reflexiven Einordnung der Abhängigkeit von Konventionen und damit sozialen Konstruktionen. In diesem Sinne lassen sich auch Methoden (und die Auswertung von deren Ergebnissen) der quantitativen Sozialforschung sowie ‚klassischer' Erhebungen von Landnutzung integrieren. Auch wenn der Fokus der neopragmatisch orientierten Methodentriangulation auf der Anwendung bewährter Methoden liegt (allein aus heuristischen Gründen), ist die Entwicklung neuer Methoden auf Grundlage der Reflexion und Weiterentwicklung sowie fallbezogener Anpassung nicht ausgeschlossen (dazu an späterer Stelle mehr).

8.2.3 Quellentriangulationen

Nicht zuletzt aus der Methodentriangulation resultiert eine Quellentriangulation. Diese Tiangulation bedient sich unterschiedlicher Quellen, Umfang und Art (qualitativ oder quantitativ). Sie ist nicht zuletzt ein zentraler Bestandteil der Vermeidung einseitiger Interpretationen. Daten werden dabei nicht als ‚Abbilder' der ‚Wirklichkeit' verstanden, sondern als Werkzeuge, die auf Grundlage sozialer Konventionen (als eine Form sozialer Konstruktionen) dazu dienen, taugliche Redeskriptionen von Räumen oder Landschaften (1, 2, 3) zu erzeugen, im Bewusstsein der Kontingenz sowohl der Grundlagen, der (in einem bestimmten Zeitraum tauglichen) Ergebnisse wie auch des Forschungsprozesses (siehe ausführlicher: Flick 2018b).

Wie bei der Triangulation von Theorien und Darstellungsmethoden sind bei der relationierten Auswahl von Daten Überlegungen zur Angemessenheit von Art, Umfang und Aussagekraft von Daten (hinsichtlich auf Fragestellung und erwartetem Ergebnis) zentral. Dabei kann sowohl auf von Dritten erhobene Daten, aber auch eigens erhobene Daten zurückgegriffen werden. Bei umfangreich vorliegenden Datensätzen ist zu prüfen, ob alle zur Behandlung von Thema und Fragestellungen notwendigerweise herangezogen werden müssen. Bei Datenlücken ist zu prüfen, wie Daten eigens erhoben werden können. Wie die Auswahl der Theorien und Methoden ist auch die Auswahl von genutzten Daten rechtfertigungsbedürftig, wenngleich sich diese häufig aus verwendeten Theorien und Methoden ableiten lässt.

Eine zentrale Grundlage für neopragmatische horizontalgeographische Arbeiten ist die Auswertung und Aufbereitung wissenschaftlicher Literatur, aber auch von amtlichen Statistiken, je nach Fragestellung auch von Angaben von Verbänden, Unternehmen, zivilgesellschaftlichen Einrichtungen. Der Vergleich der Daten sowie die Prüfung von Plausibilitäten dient hier der Qualitätssicherung, wobei insbesondere die Interessengeleitetheit von Daten erhebenden Stellen bedacht werden muss. Im Sinne der Transparenz sind Widersprüche, Grade von Unsicherheiten etc. darzulegen. Angesichts der panrelationistischen Ausrichtung des neopragmatischen Ansatzes mit seiner sozialkonstruktivistischen Grundperspektive liegt ein besonderer Fokus der Befassung mit ‚horizontalen Geographien' in der Redeskription individueller und sozialer Deutungen, Bewertungen und Kategorisierungen von Raum und Landschaft, im Sinne einer verstehenden Sozialwissenschaft. In diesem Sinne haben die Erhebung und Auswertung qualitativer Daten eine besondere Bedeutung. Da quantitative Daten in der Regel in weit größerem Umfang und Detaillierungsgrad vorliegen, obliegt die Erhebung und Auswertung qualitativer Daten im Zuge von neopragmatischen Raumbefassungen den Forschenden zumeist in größerem Umfang als die Erhebung quantitativer Daten, die – wie bereits angesprochen – nicht nur einer inhaltlichen Relationierung bedürfen, sondern auch einer theoretischen Einordnung als ein Spezialfall sozialer Konstruktionsprozesse.

Vorgefundene wie erhobene Daten werden im Prozess der Auswertung miteinander relationiert. Nicht zuletzt vor dem Hintergrund, Kontingenzen in Bezug auf die Gegenstände der Forschungen zu verdeutlichen, sind dabei Uneindeutigkeiten und Widersprüche von Daten nicht im Sinne eines ‚runden' oder ‚stimmigen' Gesamtbildes' zu ‚glätten', sondern zu benennen und inhaltlich zu würdigen. Die zu berücksichtigen Daten entspringen unterschiedlichen Methoden der Erhebung und Auswertung. Gerade in Bezug auf die Auswertung ist zu prüfen, welche Auswertungsmethode vor dem Hintergrund von Thema, Fragestellung, theoretischen Hintergründen, Umfang und Qualität sowie insbesondere der Tauglichkeit der Ergebnisse angemessen erscheint. Aus forschungsheuristischen Überlegungen ist entsprechend zu prüfen, ob weniger aufwendige Auswertungsmethoden – auch vor dem Hintergrund umfangreicher Datentriangulationen – angemessener sein können als aufwendigere, die etwa geringfügig differenzierte Ergebnisse versprechen. Vor dem Hintergrund einer Vielzahl von Daten unterschiedlichen Themas, Umfangs und unterschiedlicher Qualität ist eine graphische Aufbereitung – nicht zuletzt als Unterstützung bei der Triangulation – hilfreich, nicht allein im Sinne einer Ergebnispräsentation (siehe Abschn. 8.2.6), sondern als Methode zum Umgang mit komplexen Informationen und kontingenten Interpretationen.

8.2.4 Forschendentriangulationen

Neopragmatisch orientierte empirische Forschung erfordert eine Vielfalt der Perspektiven. Diese wird durch Interdisziplinarität sichergestellt, was in den meisten Fällen eine *Forschendentriangulation* nahelegt. Darüber hinaus ist der Bedarf nach einer Forschendentriangulation auch als eine Konsequenz der fünf übrigen Triangulationen. Schließlich bedeuten diese Triangulationen einen hohen Grad an Kompetenzen im Umgang (von Kenntnis über Art und Inhalt, Vergleich bis zur Anwendung) mit Theorien, Methoden und Daten (wie bereits dargestellt). Er erfordert auch einen kenntnisreichen Umgang mit den Modi der Raumerzeugung, insbesondere deren Erforschung, wie auch Darstellung von Ergebnissen, aber auch der Auswahl, Abgrenzung oder Veränderung sowie skalenspezifischer Kontextualisierung eines Forschungsraumes, sowie der Rechtfertigung dieser Entscheidungen (worauf in den folgenden Abschn. 8.2.5, 8.2.6 und 8.2.7 einzugehen sein wird).

Als besonders hoch erweisen sich diese Anforderungen, wenn ein Rückgriff auf unterschiedliche disziplinäre Logiken erfolgt, der sich aus der Thematik entwickelt. So können thematische Ausrichtungen der Befassung mit komplexen ‚horizontalen Geographien' eine Interdisziplinarität philosophischer, humangeographischer und soziologischer Bezüge (etwa zur Landschaftsästhetik) erfordern, andere Themenstellungen eine Kombination von physisch-geographischen Bezügen, mit wirtschaftswissenschaftlichen und technischen Kompetenzen (wenn es etwa um die Bewirtschaftbarkeit von Rohstoffen geht).

Neben unterschiedlichen disziplinären Hintergründen kann die Perspektivenvielfalt eines Forschendenteams (in Abhängigkeit von Fragestellung und Thema), hinsichtlich der Aspekte Gender, räumliche Herkunft (a-Modus), kultureller und sozialer Hintergründe, Karrierestatus, aber auch der weltanschaulichen Orientierung erhöht werden. Eine solche Perspektivenvielfalt verspricht eine erhöhte Sensibilität in Bezug auf Kontingenzen von Forschungsgegenständen, thematischen und methodischen Kontingenzen, der Kontingenz der Deutung kontingenter Phänomene wie auch der Kontingenz von Darstellungsformen. Um dies zu illustrieren: Es ist anzunehmen, dass die Sichtweise eines arrivierten, wertkonservativen Philosophieprofessors (mit Spezialgebiet Kant), der in einer alten Universitätsstadt sozialisiert wurde eine andere ist, als die einer Soziologieprofessorin mittleren Alters (Schwerpunkt Geschlechterforschung), aufgewachsen in einer Altindustriestadt wie auch jene eines männlichen Doktoranden ohne größere politische Verortung der physisch-geographisch orientierten Fernerkundung aus einer Kreisstadt. Die neopragmatische Grundausrichtung der Arbeit wiederum erfordert, die Kontingenz der Perspektiven auszuloten, zu vergegenwärtigen und in die Untersuchung einfließen zu lassen – und nicht zuletzt, sie auch darzustellen.

8.2.5 Triangulationen der Modi

Zu der *Triangulation der Modi* der c-modalen Betrachtung, wie sie im Vorangegangenen dargestellt wurde, wird im Kontext einer neopragmatischen Befassung mit ‚horizontalen Geographien' um die Untersuchung b- bzw. a-modaler Zugänge erweitert. Im c-Modus erfolgt eine spezifische Konstruktion von Welt. Diese ist mit spezifischen Deutungs- und Kategorisierungsmustern wie häufig auch mit ebensolchen Bewertungsmustern verbunden. Auf diese Weise wird den Grundlagen der neopragmatischen panrelationalen Philosophie Rechnung getragen, die c-modalen Perspektiven keinen privilegierten Zugang zu Welt (Raum, Landschaft…) zugesteht. C-modale Forschung hat vielmehr die Funktion eine fachlich systematisierte kontingenzsensible Synthese zu ‚horizontalen Geographien' zu erzeugen. Insofern sind alltagsweltliche Zugänge zu Welt (Raum bzw. Landschaft) in horizontalgeographischen Untersuchungen in die Redeskription einzuweben. Hierbei wird nicht zuletzt auf die Konzeption des aus dem ‚Symbolischen Interaktionismus' emergierenden ‚Interpretativen Interaktionismus' (Denzin 1992, 1995, 1996) zurückgegriffen, der aus der Krise des Repräsentationalismus ein Forschungsdesign ableitet, das die Grenze zwischen forschendem Subjekt und beforschtem Objekt (Proband) überwinden will und sich Forschende ihrer entsprechenden Standortgebundenheit stets bewusst sind.

Methodisch kann der Zugriff auf a- und b-modale Perspektiven von der Medieninhaltsanalyse über qualitative Interviews (ggf. ergänzt durch quantitative Befragungen) bis hin zu einem in Teilen bis in Gänze gemeinsam gestalteten Forschungsprozess erfolgen. Entsprechend werden interdisziplinäre Bezugnahmen des c-Modus transdisziplinär durch die Integration a- und b-modaler Perspektiven erweitert.

8.2.6 Triangulation der Darstellungsformen

Auch hinsichtlich der Vorstellung der Ergebnisse der Forschung erfolgt eine Triangulation. Diese wiederum ist abhängig von thematischem Schwerpunkt, Fragestellung, von den Ergebnissen, wie auch von der Qualität der Datengrundlage (etwa qualitativer oder quantitativer Daten, von Skalenniveaus, räumlicher Differenziertheit oder auch Vollständigkeit von Datensätzen). Den pragmatischen Grundlagen des neopragmatischen Ansatzes der Regionalforschung folgend, wird der Nachvollziehbarkeit für potenzielle Nutzer dabei eine große Bedeutung zuteil. Die Darstellungsformen neopragmatischer Raumforschung können (und sollten es infolge des Kontingenzbezugs auch sein) vielfältig sein: Sie können entsprechend textlich verfasst sein, aber auch grafischer und kartographischer Art, ebenfalls bewegte Bilder (Videos) oder Podcasts sind möglich, aber auch Hybridformen dieser Präsentationen von Ergebnissen. Das Ziel, Kontingenz von Welt und Weltdeutungen zu verdeutlichen, lässt sich insbesondere durch die Einschreibung einer ironischen Haltung verdeutlichen (hierzu: siehe Abschn. 8.7; zum Thema (karto-) graphischer Ergebnispräsentationen: Abschn. 8.9).

8.2.7 Kontextualisierung räumlicher Bezüge

In neopragmatischer Perspektive ‚sind' Räume oder Landschaften nicht einfach, sondern sie entspringen relationalen und temporären Geflechten, was sowohl für alle Ebenen gilt als auch für die Bezüge zwischen den Ebenen. Dies wiederum hat zur Folge, dass auch die Wahl eines Untersuchungsraumes nicht einfach als selbstverständlich gegeben vorausgesetzt werden kann, im Sinne eines Raumcontainers. Aus diesem Bewusstsein heraus, ist es auch nicht hinreichend, die Relevanz eines Raumes (und seiner Abgrenzung) für eine Fragestellung zu begründen. Infolge der spezifischen Verdichtung raumerzeugender Relationen auf unterschiedlichen Maßstabsebenen (die wiederum ebenfalls soziale Konstruktionen darstellen, was an dieser Stelle einmal hervorgehoben werden soll), erscheint der Versuch einer klaren Abgrenzung eines spezifischen Raumes (auch nach bestimmten, festgelegten Kriterien und nicht nach einem inneren ‚Wesen') als wenig sinnvoll. Eher geeignet erscheint hingegen die Konstruktion eines ‚Randes' (hierzu etwa Ipsen 2006), die stärker auf die Hybridisierung von Räumen (und Landschaften) abhebt (wodurch die klare ‚Grenze' zu einem Sonderfall eines ‚Randes' wird). Dabei ist indes stets zur berücksichtigen, dass Raumkonstruktionen in einem subglobalen Maßstab stets Ausdruck von Geflechten sind, die auf unterschiedlichen Skalen differenziert sind. Sie sind also in Geflechte eingebunden, die über das betrachtete Geflecht hinausreichen, sie beinhalten Geflechte, die sie nicht ausfüllen, aber in Teilen auch über sie hinausreichen, aber auch Geflechten, die sich nicht ausfüllen, aber auch nicht über sie hinausreichen (aber in wechselseitiger Konkurrenz zueinander stehen).

8.2.8 Relationierung der Triangulationen

Diese vielfältigen Triangulationen lassen sich auch als neopragmatistisches Umgehen des Problems des Pragmatismus (Abschn. 5.1), dass Nützliches auch falsch sein kann, interpretieren. Dies betrifft einmal die Triangulationen von Daten, Methoden, Forschern und Theorien selbst, aber auch durch Rückgriff auf Daten, Methoden, Forschern und Theorien, die sich in Einzelfragestellungen bereits bewährt haben. Jedoch ist es nicht mehr der datenbezogene und methodische Anspruch einer ‚neopragmatistischen horizontalen Geographie', (allein) Bekanntes zu nutzen oder anzuwenden, sondern auch innovative Methoden der Erhebung, Auswertung, Kombination und der Darstellung von Daten im Besonderen und Aussagen über Welt im Allgemeinen zu entwickeln. Auch wenn – wie bereits in Abschn. 2.3 dargelegt wurde – der Auffassung nicht gefolgt wird, die Funktion ‚horizontaler Geographien' liege in der Darstellung ‚vertikalgeographischer' Erkenntnis, so hat (karto)graphische Darstellung doch eine herausgehobene Bedeutung für ‚horizontale Geographien': Mehr als bei ‚vertikalen Geographien' werden Informationen über komplizierte und komplexe Relationen und Zusammenhänge einer Synthese zugeführt, deren Nachvollzug durch (karto)graphische erleichtert oder sogar möglich wird. Die Komplexitäts- und Kontingenzreduktion mittels (karto)graphischer Synthesen ist darüber hinaus auch dem Anspruch des Neopragmatismus geschuldet, neben inter- auch transdisziplinäre Perspektiven zu entwickeln und zu nutzen. Perspektiven von Personen ohne ‚expertenhafte Sonderwissensbestände' fließen nicht allein in die Untersuchung ein, sondern eine ansprechende, dem Darstellungsgegenstand angemessene und nicht überkomplexe (karto)graphische Darstellung fördert den Nachvollzug der dargestellten Ergebnisse und erhöht die Anschlussfähigkeit. Gegenstand und Art der Präsentation sollten dabei auch den neopragmatistischen Geist der Ironie zum Ausdruck bringen (können), auch um darzustellen, dass aller horizontalgeographischen Kontingenzreduktion zum Trotz, kontingente Interpretationen nicht allein erhalten bleiben, sondern auch neu entwickelt werden (Kühne und Jenal 2020a). Im Bewusstsein der Kontingenz der Produktion von Wissen, die sich aus der Nutzung des neopragmatistischen Ansatzes ergibt, liegt auch eine ironische und selbstironische Darstellung von Ergebnissen von Forschungsprozessen nahe. Hierdurch wird die Ferne zu teleologischen bzw. fundamentalistischen Weltdeutungen zum Ausdruck gebracht (Kühne, Berr et al. 2021; Kühne und Jenal 2020b).

Diese Triangulationsebenen dienen dazu, sich zu vergegenwärtigen, auf welchen Ebenen ein neopragmatisches Forschungsprogramm ansetzt, als dass diese zwingend einzuhalten und abzuarbeiten sind. Ein solches Vorgehen eines ‚linearen Abarbeitens' würde dem Ziel (neo)pragmatischer Forschung zuwiderlaufen, schließlich geht es um die Erzielung nützlicher Ergebnisse, zu deren Erzielung der Forschungsaufwand angemessen gestaltet werden soll. Neben der Nützlichkeit ist auch die Angemessenheit der gewählten Triangulationen in Bezug auf Thema und Fragestellung das zentrale Kriterium der Entwicklung eines neopragmatisch orientierten Forschungsdesigns. Voraussetzung zu dessen Entwicklung ist zunächst einmal ein hoher Komplexitätsgrad, der einen monotheoretischen, monomethodischen etc. Zugriff als inopportun erscheinen lässt. Ist der Komplexitätsgrad von Thema und Fragestellung(en) hoch, fallen die Triangulationen umfangreicher aus, als wenn der Komplexitätsgrad geringer ist. Um dies für die horizontalgeographische Forschung zu verdeutlichen: Soll ein größerer Ausschnitt aus Raum 1 in seinen komplexen Relationen auf und zwischen Raum 1, 2 und 3, wie auch landschaftlichen Deutungen vor dem Hintergrund sozialer, politischer, ökonomischer, planerischer sowie kultureller Entwicklungen untersucht werden, werden die Triangulationen umfangreicher sein, als wenn der Ausschnitt kleiner und das Thema spezifischer, etwa Einflüsse industrieller Tätigkeiten auf Landschaft 1 in einer bestimmten Stadt.

Die Grenzen der Kontingenzen werden letztlich durch einen (c-modalen) fachlichen Konsens geprägt, der definiert, welche Theorien, Methoden, Daten und Forschendenqualifikationen für die Bearbeitung – hier horizontalgeographischer – Fragestellungen akzeptiert sind, welche aber auch nicht. Diese Grenzen können jedoch auch geweitet werden, durch Innovation von Welt 2 in Welt 3. Ein kreativer Umgang mit c-modalen Konventionen, nicht zuletzt durch Integration a- und b-modaler Perspektiven können hier – im Anschluss an Joas (1996) – neue Perspektiven schaffen, die sich wiederum an ihrem Nutzen messen lassen müssen.

8.3 Hermeneutische Rückbindungen und respektvolle Wissenschaft

Der Neopragmatismus ist sich der Unhintergehbarkeit lebensweltlicher Grundlagen von Wissenschaft (also auch seiner eigenen) bewusst (siehe Abschn. 5.4), eine Unhintergehbarkeit, die nicht allein inhaltlich begründet ist, denn jedes wissenschaftliche (c-modale) Wissen basiert mehr oder minder indirekt in lebensweltlichem Erleben, sondern auch sprachlich, denn keine Wissenschaft ist in der Lage, ohne normalsprachliche Bezüge auszukommen. Der Versuch des logischen Empirismus, eine formale Universalsprache zu schaffen, ist gescheitert und selbst wenn es gelingen sollte – die Zukunft ist offen – eine solche Sprache zu entwickeln, gründet sie weiterhin auf einer vor- und außerwissenschaftlichen Normalsprache (unter vielen: Kühne und Berr 2021; Putnam 1997; Seiffert 1996). Insofern erscheint es für ein neopragmatistisches Forschungsprogramm geboten, sich zum ersten dieser Gebundenheit bewusst zu sein, zum zweiten bedeutet dies ein Bewusstsein für die a- und insbesondere b-modale Gebundenheit c-modalen Wissens. Vor dem Hintergrund dieser Bindungen erhält ein auf Verstehen ausgerichteter Zugang zu a- und b-modalen Raum- und Landschaftskonstruktionen eine zentrale Bedeutung. In der anderen Richtung ist es Ziel neopragmatistischer Forschung zu ‚horizontalen Geographien', Ergebnisse zu liefern, die zur Bewältigung praktischer Probleme beitragen, also auch eine Überführung c-modaler Redeskriptionen in b-, in Teilen auch a-modale Vokabulare zu ermöglichen. Vorstellungen, wissenschaftliche Raumbeobachtung ließe sich ohne eine konstitutiv verstehende Komponente betreiben, werden nicht in das hier entwickelte neopragmatistische Forschungsprogramm zu ‚horizontalen Geographien' übernommen.

Der Prozess einer neopragmatistischen Raum- und Landschaftsforschung wird zudem nicht starr linear, sondern in weiten Teilen zirkulär vollzogen. Dabei wird einem hermeneutischen Verständnis gefolgt, Vorkenntnisse durch unterschiedliche theoretische Überlegungen und empirische Forschungen und die Nutzung unterschiedlicher Daten zu vertiefen, zu widerlegen bzw. zu kontextualisieren. Die Forschenden übernehmen so „die Rolle des informierten Dilettanten […], des Polypragmatikers, des sokratischen Vermittlers unterschiedlicher Diskurse" (Rorty 1981, S. 345). Der Unterschied zwischen Erkenntnistheorie und Hermeneutik wird – Rorty (1981) zufolge – dabei weniger in der Zuordnung zu Natur- und Geisteswissenschaften deutlich, sondern in Bezug auf die Vertrautheit des Terrains, auf das sich Forschende begeben: „Hermeneutisch muss man sich verhalten, wo man nicht versteht, was vorgeht, und ehrlich genug ist, es zuzugeben“ (Rorty 1981, S. 349). Um es in Bezug auf Wissenschaft zu formulieren: Diese beginnt dort, wo Bekanntes nur noch in einer Weise weiterhilft, dass sich daraus Lösungsstrategien für sich neu stellende Probleme ableiten lassen (nicht in der Sammlung von ‚Fakten‘). Je komplexer ein Gegenstand ist, desto holistischer (explorativer) also das Vorgehen, desto weniger können Forschende es sich leisten, theoretische Perspektiven, methodische Vorgehensweise, Forschendenperspektiven und Daten ex ante auszuschließen. Diese Art der auf einer hermeneutischen Herangehensweise fußenden neopragmatistischen Forschung schließt also ein – auch in der Wissenschaft verbreitetes – Vorgehen der Exklusion aus, das etwa auf einem vorgeblichen Mangel an Bildung, an Takt, an Geschmack, an der richtigen Gesinnung etc. fußt (Rorty 1981; zu diesen Praxen in den Sozial- und Raumwissenschaften post-kritisch: Kühne 2021a). Kurz, es geht darum, den Einsatz „all jener Begriffskeulen, mit denen man unerwünschte Eindringlinge aus dem feinen Gewebe der Zugehörigkeit zur Hochkultur wieder heraustreiben kann“ (Reese-Schäfer 2016, S. 63), erst gar nicht in Erwägung zu ziehen. Die in einem solchen Forschungsprozess erzielbaren Ergebnisse sind nicht beliebig (also folgt der hier verfolgte Ansatz keiner relativistischen Grundposition): „For pragmatism is not equivalent to crude epistemological relativism: every view is as good as every other, and so there is no point in believing anything. And neither is it equivalent to crude ontological relativism: we make the world as we see fit, defying gravity at whim and flouting the molecular structure of building materials at will“ (Barnes 2008, S. 1543). Der (Neo)Pragmatismus folgt – wie verschiedentlich deutlich wurde – aber auch nicht dem Anspruch, die ‚Realität objektiv widerzuspiegeln‘, er folgt vielmehr – im Bewusstsein der historischen Begründung von Wissen – dem Anspruch, die tauglichste Befassung mit Welt zu liefern, „die wir gegenwärtig zur Erklärung dessen haben, was um uns herum vorgeht“ (Rorty 1981, S. 417).

Das hier entwickelte neopragmatistische Forschungsprogramm zu ‚horizontalen Geographien‘ greift also auf eine doppelte Hermeneutik zurück: Zum einen folgt dieser Verstehende Ansatz der wechselseitigen Rückbindung von Theorien und Empirie, zum anderen vollzieht er eine Rückbindung zwischen wissenschaftlicher Redeskription und a- sowie insbesondere b-modalen Deutungsmustern, in der Hoffnung, dass mit der Einführung neopragmatistischer Sichtweisen auch die Erzeugung und Aktualisierung von Kategorien kontextualisiert sowie Wertungsmuster von essentialistischen Grundlagen befreit werden und sich zunehmend neopragmatistischer Rechtfertigungen bedienen. Diese zweite Hermeneutik wäre nicht vollständig, wenn ein neopragmatistisches Forschungsprogramm ‚horizontaler Geographien‘ nicht den Anspruch vertreten würde, nützliches Wissen zur Bewältigung praktischer Probleme bereitzustellen.

Entsprechend distanziert sich das neopragmatistische Denken von der „revolutionären Rhetorik der Emanzipation und Denunziation [...] und ersetzt sie durch eine reformistische Rhetorik, die mehr Toleranz und weniger Leiden bedeutet" (Rorty 1985, S. 471), eine Figur, die für Rortys Begründung seiner politischen Weltanschauung zentral ist (Rorty 1997). Diese Haltung der Toleranz und der Norm der Minimierung von Leid äußert sich auch in der Vermeidung von despektierlichen und herabwürdigen ‚Labelings' von Positionen, die nicht der eigenen entsprechen, was – Reese-Schäfer (2016) zufolge – zwei Gründe hat: Erstens wird damit versucht, die Unübersichtlichkeit von Theorie, Konzepten, Methoden etc. durch ein reduzierendes Raster zu vermindern und durch (moralische) Vorkategorisierungen sich der Notwendigkeit zu entledigen, diese selbst geistig durchdringen zu müssen. Zweitens liegt das Ziel „marxistischer oder sozial ausgerichteter Psychoanalyse darin, einen Gedanken oder Autor auf das zu reduzieren, was ‚hinter' dem [liegt, was er sagt" (Reese-Schäfer 2016, S. 127), das Labeling ist somit Ausdruck des Erkennens des ‚Wesenskerns' des Bezeichneten (hier wird deutlich, wie essentialistisches Denken aktualisiert wird). Wissenschaftlicher Fortschritt (wie auch Fortschritte in anderen gesellschaftlichen Zusammenhängen) resultiert nach Rorty (hier wird eine Nähe zu Poppers ‚kühnen Hypothesen' deutlich) „aus der innovativen und spekulativen Anwendung von Techniken und Erkenntnissen in einem undefinierbaren Zwischenbereich zwischen erlernbaren Fertigkeiten und einer Reihe förderlicher Gewohnheiten, die etablierte Überzeugungen in Frage stellen" (Baltzer 2001, S. 29). Doch auch Theorien, die sich – eine Mindestausstattung an Anschlussfähigkeit vorausgesetzt – nicht als nützlich erwiesen haben, werden – wie auch die sie vertretenen Autoren – mit Respekt behandelt. Dies hat mehrere Gründe:

- Sie können (potenziell) in anderen Kontexten wertvolle Dienste leisten.
- Sie haben dazu beigetragen, ein Verständnis zu entwickeln, was nicht nützlich erscheint.
- Sie können in Teilen oder Gänze in Redeskriptionen aufgehen.
- Sie können im Laufe des Fortgangs der Befassung mit einem Thema oder einem Themenkomplex Aktualität erfahren und im Zuge eines hermeneutischen Forschungsprozesses wieder aufgegriffen werden.

Was hier über Theorien (bzw. den damit verbundenen Autoren) gesagt wurde, gilt analog auch für Methoden, fachliche Perspektiven, Daten und Darstellungsformen.

Es geht bei einer neopragmatischen Befassung mit ‚horizontalen Geographien' nicht darum, ein ‚Totalverständnis' einer Region/Landschaft zu erzeugen, sondern Verständnisse für Komplementaritäten und Kontingenzen wie auch für die Verflechtungen zu anderen Maßstabsebenen zu entwickeln, ohne eine ironische Distanz zu verlieren. Diese Ironie richtet sich insbesondere auf den (eigenen) c-modalen Standpunkt, nicht despektierlich auf Bewohner des Untersuchungsraumes oder andere Perspektiven zu blicken. Schließlich ist mit der fallibilistischen Grundhaltung und dem hermeneutischen Suchprozess ein respektvoller Umgang mit anderen Personen, Theorien, Methoden etc. verbunden.

8.4 Die Maximierung von Lebenschancen als Norm neopragmatistischer horizontaler Geographien

Wie mehrfach deutlich wurde, ist neopragmatistische Forschung zu ‚horizontalen Geographien' auch normativ auf die Verteidigung und Weiterentwicklung der Offenen Gesellschaft ausgerichtet. Die Offene Gesellschaft wiederum ist rekursiv an die Entwicklung von Lebenschancen geknüpft. Die Steigerung von Lebenschancen ist – wie in Abschn. 7.3 verdeutlicht wurde – konstitutiv an die Schaffung von Optionen sowie deren Ergreifen ausgerichtet. Hierbei wird deutlich, dass die Schaffung latenter Optionen lediglich eine notwendige, keinesfalls hinreichende Bedingung für eine Erweiterung individueller Lebenschancen darstellt. Latente Optionen müssen individuell verfügbar werden und individuell manifestiert werden. Optionen ergeben sich aus der Verfügbarkeit sozialen, ökonomischen und kulturellen Kapitals (Bourdieu 1984, 1989, 1998), auch in Bezug auf Raum: Die Verfügbarkeit ökonomischen Kapitals verschafft die Möglichkeit, räumlich mobil zu sein oder ein Stück Raum 1 zur eigenen Verfügung zu bringen oder zu halten, es ermöglicht aber auch kulturelles Kapitel, etwa den Umgang mit Räumen zu erwerben. Soziales Kapital ermöglicht etwa den Zugang zu Räumen (hier insbesondere 1), die anderen verwehrt bleiben. Kulturelles Kapital ist insbesondere in Bezug auf seine inkorporierte und institutionalisierte Dimension zur Entwicklung raumbezogener Optionen wirksam. In inkorporierter Form, insbesondere durch Kenntnisse zur Konstruktion von Räumen, aber auch dem Umgang mit Räumen. In institutionalisierter Form, insbesondere durch die gesellschaftliche Privilegierung, Kraft des c-Modus legitimiert über Räume kommunizieren zu können, aber auch (in Vermittlung politischer Herrschaft) auf Räume 1 strukturierend eingreifen zu können (dies führt in den Bereich der sozial vermittelten leibgebundenen Ligaturen, mit dem wir uns weiter hinten in diesem Abschnitt befassen werden).

Die Mehrung von Optionen auf unterschiedlichen Ebenen von Welt 1, 2 und 3 (hier insbesondere Raum und Landschaft) bedeutet eine Kontingenzsteigerung b- und c-modaler Zugänge zu Welt. Die Weitung des Kontingenzrahmens ermöglicht zudem neue Optionen. Optionen und Kontingenz sind also rekursiv miteinander verbunden. Insofern bedeutet die b-modale Rückbindung c-modalen Wissens auch eine Optionserweiterung, aber sie kann auch innovativ auf die Erzeugung c-modalen Wissens wirken (gleiches gilt für a-modale Zugänge), wenn sich etwa alltagsweltliche Problemlösungen im Umgang mit Raum als nützlich herausgestellt haben, alltagsweltliche Perspektiven Praxen der Raumkonstruktion mit sich bringen, die sich dem fachlichen Mainstream entziehen.

Wie bereits angesprochen, ist der Raumzugang von Menschen nicht allein durch Optionen geprägt, sondern auch von Ligaturen. Während raumbezogene Optionen zunächst einmal Lebenschancen erweitern (außer sie schränken als Nebenfolge die Optionen anderer ein), ist das Verhältnis bei Ligaturen noch ambivalenter ausgeprägt: Ethische Ligaturen wirken auch in Bezug auf Raum lebenschancensteigernd, sind sie doch eine Basis zur Weitung räumlicher Kontingenz, bilden die Basis der Reglung raumbezogener Konflikte (siehe Abschn. 8.5), ermöglichen eine Abwägung unterschiedlicher, raumbezogener Optionen, aber auch ebensolcher moralischer Ligaturen. Insofern gründet in dem Vorhandensein ethischer Ligaturen und der Bereitschaft und Fähigkeit zu deren Anwendung die Möglichkeit der Infragestellung moralischer Ligaturen. Dies betrifft insbesondere c- und b-modale moralische Stereotypen. Besonders anfällig für diese moralischen Stereotype ist Landschaft, weil sie nicht allein stark ästhetisch, sondern insbesondere moralisch aufgeladen sind (was sie von weniger aufgeladenen Verständnissen von ‚Raum' unterscheidet). Das Hinterfragen außengerichteter moralischer Ligaturen hinsichtlich ‚Landschaft' bedeutet nicht zuletzt die Rücknahme verallgemeinerter Ansprüche (wie sie in allen drei Modi auftreten), um dies mit einem Beispiel zu illustrieren: Die auf Landschaft 1 gerichtete a-modale moralisch aufgeladene Norm, es dürfe sich nichts verändern, widerspricht (häufig) einer b-modalen Norm einer stereotyp schönen bzw. ökologischen Landschaft, was wiederum kaum einer, teilweise im c-Modus, vertretenen Norm der Expansion der Nutzung von Windkraft- und Photovoltaikanlagen entspricht (dazu mehr in Abschn. 8.5). Lebenschancen werden zudem durch Überführung impliziter in explizite Ligaturen erweitert. Explizite Zugänge und Konstruktionen von und zu Landschaft bzw. Raum sind verhandelbar, implizite entziehen sich dieser Verhandelbarkeit, sie können den Nimbus des ‚Selbstverständlichen' annehmen und ihre Thematisierung wird als Störung der gesellschaftlichen Ordnung verstanden, wobei diese ‚Ordnung' an diskursiv gefestigte Machtinteressen gekoppelt ist. Dies

Explizitmachung beschränkt sich nicht auf Raum und Landschaft 2 und 3, sondern auch auf leibliche Ligaturen. Auf diese Weise wird die Kontingenz leiblicher Möglichkeiten (und deren Einschränkung) deutlich und der Umgang damit explizit möglich. Gleiches gilt auch für den Umgang mit leibvermittelten moralischen Ligaturen, implizit werden sie als selbstverständliche soziale Norm verstanden, ohne dass sich zum Gegenstand der Reflexion auf Grundlager ethischer Ligaturen werden. Eine solche Verselbstverständlichung leibvermittelter moralischer Ligaturen schränkt Lebenschancen ein.

Werden diese Überlegungen auf die zwei Sphären Rortys bezogen, ist die private Selbsterschaffung insbesondere mit der Manifestation latenter individueller Optionen verbunden. Die Schaffung eines Feldes an latenten Optionen entspringt indes der Praxis öffentlicher Solidarität: Insbesondere durch den Rückgriff auf ethische Ligaturen, aber auch auf Mitgefühl, ist die Gesellschaft in der Lage, sich solidarisch zu verhalten und weder individuelle Optionen durch die Expansion moralischer außengerichteter impliziter Ligaturen einzuschränken noch durch ein Ausreizen von individuellen Optionen als Nebenfolge Ligaturen zu schaffen oder schlicht für andere individuell verfügbare Optionen zu minimieren. Die Offene Gesellschaft stellt bei dem Austarieren von Optionen und Ligaturen wie auch des Verhältnisses von öffentlicher Solidarität und individueller Selbsterschaffung einen Rahmen zur Verfügung, in dem neue Lösungen hinsichtlich ihrer Tauglichkeit erprobt – und revidiert werden können. Dies gelingt geschlossenen Gesellschaften mit ihrem häufig teleologischen Weltbild nicht, wie folgendes Beispiel verdeutlicht.

Der Versuch der Ausweitung individuell verfügbarer Optionen für einen Teil der Bevölkerung durch Verringerung der Optionen für andere Teile der Bevölkerung kann als Nebenfolge die Verringerung der latenten Optionen einer Gesellschaft aufweisen. Ein Beispiel hierfür ist die Enteignung von Produktionsmittelinhabern im Zuge ‚kommunistischer Revolutionen' oder der Einführung des Realsozialismus im Einflussbereich der ehemaligen Sowjetunion nach dem Zweiten Weltkrieg, die zwar die Verfügungsmöglichkeiten (individuell verfügbare latente Optionen) anderer Teile der Bevölkerung (Arbeiter bzw. unselbständige Bauern) kurzfristig anhob, durch den Ausbau einer ineffizienten Wirtschaftsweise (in Ermangelung von Personen mit technischer und organisationaler Perspektive), dann aber die Zahl der latenten Optionen drastisch verringerte (Mangelwirtschaft), sodass zwar formal ein größerer Anteil an individuell verfügbaren Optionen an den latenten Optionen zur Verfügung stand, diese indes so stark geschrumpft waren, dass die Zahl individuell verfügbarer latenter Optionen ebenfalls gering ausfiel (Brine 1992; Kornai 1992; Tsenkova 2007). Das Recht auf eine Wohnung bildet nur dann eine individuell verfügbare Option, wenn auch

Wohnungen (hier als latente Optionen verstanden) auch allgemein verfügbar sind und nicht allein selektiv für Arbeiter in staatlichen Industriekombinaten (Domański 1997; Smith 1996; Węcławowicz 2016). Eine andere, Optionen einschränkende Nebenfolge dieser Strategie der Ausweitung individuell verfügbarer latenter Optionen lag in einer erheblichen Beeinträchtigung der Funktionsfähigkeit natürlicher Prozesse in Raum 1. Die ineffiziente Wirtschaftsweise produzierte zahlreiche Umweltschäden, die jene der marktwirtschaftlich orientierten Staaten deutlich überstieg (Kühne 2001, 2003; Welfens 1993).

8.5 Raum- und Landschaftskonflikte als zentraler Gegenstand neopragmatistischer Forschung

Konflikte finden sich in jeder Gesellschaft und lassen sich – wie ausgeführt – als Ausdruck des Ringens um Lebenschancen verstehen und sind eingebunden in die Prozesse der privaten Selbsterschaffung und der öffentlichen Solidarität – und nicht zuletzt deren wechselseitige Rückbindungen. Soziale Konflikte sind häufig auch raumbezogene/raumrelevante Konflikte bzw. landschaftsbezogene/landschaftsrelevante Konflikte. Soziale Konflikte werden verlandschaftlicht oder gehen von Räumen aus. Dies bezieht sich auf alle drei Ebenen, wobei die Ebenen 2 und 3 konstitutiv beteiligt sind, die Ebene 1 zumindest mittelbar (dann als Projektionsfläche). Raum- bzw. Landschaftskonflikte entspinnen sich aus unterschiedlichen Kategorisierungen, Deutungen und insbesondere Bewertungen räumlicher Situationen, insbesondere dann, wenn diese mit Veränderungen verbunden sind. So können soziale Konflikte selbst auf Veränderungen in Raum 1 zurückgehen, wenn der Mensch an diesen Veränderungen nicht oder allein mittelbar beteiligt ist, etwa bei Erdbeben, Vulkanausbrüchen, Hangrutschungen oder Überflutungen. Hier entspinnen sich Konflikte etwa aus Fragen eines adäquaten Umgangs mit den Folgen, etwa ob es opportun erscheint, Sicherungsmaßnahmen zu vergrößern oder die Besiedlung des Gebietes aufzugeben. Raum- bzw. landschaftsbezogene Konflikte können aber auch aus der unterschiedlichen (individuellen) Aktualisierung (Raum 2/Landschaft 2) c-modaler Kategorisierungs-, Deutungs- und Bewertungsmuster (Raum 3/Landschaft 3) entstehen (die Ausführungen in diesem Abschnitt erfolgen auf Grundlage und Weiterentwicklung insbesondere folgender Untersuchungen, die infolge des hier hohen Synthetisierungsgrades der Darstellungen hier nicht mehr einzelnen Aussagen zuzuordnen sind: Kühne 2020a; Kühne, Berr, und Jenal 2022; Kühne und Leonardi 2022; Kühne, Leonardi, und Berr 2023; Leibenath und Otto 2014; Weber et al. 2017; Weber 2018).

Im Folgenden sollen auf Grundlage der in Abschn. 7.3.3 gemachten allgemeinen Ausführungen zu Konflikten, wie sie aus dem Umgang mit Ligaturen und Optionen entstehen, Überlegungen zu deren raum- und landschaftsbezogener Konkretisierung dargelegt werden:

a) Konflikte aus der Wahl einer Option mit der Nebenfolge der Entscheidung gegen andere latent verfügbare Optionen. Diese Konflikte sind in Bezug auf Raum 1/Landschaft 1 infolge dessen raumzeitlicher Exklusivität bei unterschiedlichen Ansprüchen an ein Stück Raum 1 (oder Landschaft 1) stets latent vorhanden, wobei sich diese auf unterschiedlichen Maßstabsebenen (und unterschiedlichem Grad an Intensität und Brutalität abspielen können), von der Frage, ob ein Küchenblock gebaut werden soll oder der Küchentisch bleibt, ob eine Straße gebaut wird oder Baum erhalten werden soll, ob an die Stelle eines Wohngebietes von Menschen mit Migrationshintergrund und einer geringen Ausstattung an symbolischem Kapitel Hafenanlagen errichtet werden sollen.
b) Konflikte aus der Wahl zwischen Ligaturen. Raumbezogene und insbesondere landschaftsbezogene Ligaturen neigen zur Außengerichtetheit, schließlich beziehen sie sich zum einen auf etwas, das sich außerhalb des eigenen Leibes vollzieht, zum anderen ist es – hier kommt die gemeinhin vollzogene Konstruktion von Landschaft auf einem mittleren Maßstabsniveau zum Tragen (im Gegensatz zum Raum, der multiskalarer konstruiert wird) – nur in Ausnahmefällen möglich, dass eine Person in der Lage ist, einen als ‚Landschaft' bezeichneten Raum 1 komplett nach eigenen Vorstellungen zu gestalten in der Lage ist. Vielmehr müssten Vorstellungen zur Gestaltung von Landschaft 1 – unter Heranziehung unterschiedlicher Modi – zwischen Landschaften 2 auf Grundlage unterschiedlicher (normativer) Vorstellungen in Landschaft 3 synchronisiert werden. Dies vollzieht sich infolge der Ligaturen, die sich aus den Kräften des Fortschritts und der Beharrung ergeben, häufig in der Manifestation von Landschaftskonflikten. Landschaftskonflikte weisen dabei gemeinhin eine höhere Intensität auf als Raumkonflikte, da sich Landschaft durch ihre ästhetische, ökologische bzw. moralische Aufladung stärker einer sachlichen Basis entzieht als dies bei der neutraleren Konstruktion von Raum (und damit auch raumbezogenen Konflikten) der Fall ist.
c) Konflikte aus der Wahrnehmung von Optionen vor dem Hintergrund von Ligaturen. Optionen erhalten durch Ligaturen einen Sinn, wie aus den Punkten a) und b) deutlich wurde, bestehen unterschiedliche räumliche Optionen, die miteinander konkurrieren (a) und die aus unterschiedlichen konkurrierenden Ligaturen (b) erwachsen, eingeschränkt werden oder ihren Sinn erhalten. Konflikte können aus der Konkurrenz zwischen Optionen, in Relation zu

einer Ligatur erwachsen (etwa der Ligatur zum Schutz der Lebensgrundlagen des Menschen, die einerseits den Artenschutz, andererseits den Klimaschutz fokussieren kann, sodass sich für oder gegen die Option der Raum-1-Manifestation von Windkraftanlegen entschieden werden kann). Eine andere Konfliktsituation entsteht durch die Wahrnehmung von Optionen, die auf Grundlage konkurrierender Ligaturen gewählt oder verweigert werden, etwa die Präferenz der Erhaltung des Status quo einer Landschaft 1 (a-Modus), da Erhaltung hier den Charakter einer Ligatur erhält oder aber die Errichtung eines Gewerbegebietes, um Menschen so die Optionen zu bieten, die sich mit einem höheren Einkommen verbinden.

d) Konflikte aus dem Ergreifen knapper latenter Optionen durch interpersonale Opportunitätskosten. Diese Konstellation ergibt sich nicht zuletzt aus der Exklusivität von Raum 1 (zu einem bestimmten Zeitpunkt). Wenn also Alter die Option nutzt, durch Erwerb eines Stückes Raum 1, seine Interessen dort zu manifestieren, wird Ego diese Option entzogen. Deutlich werden diese Konflikte insbesondere dann, wenn Räume 1, die bis dato (de jure oder auch nur de facto) einer geteilten Nutzung unterlagen, in eine individuelle Verfügung überführt werden.

e) Konflikte zu Ligaturen, die nicht für alle Bevölkerungsteile denselben Grad an Verbindlichkeit entfalten. Viele Ligaturen zum Umgang mit Räumen 1 (was nicht zuletzt durch dessen Exklusivität begründet ist und so einen hohen Grad an Regelung erfordert) sind rechtlich kodiert. Dies beginnt bei der überörtlichen Raumordnung, setzt sich in der kommunalen Flächennutzungsplanung fort und endet in rechtlichen Regelungen über die Nutzung von Bauten oder Regelungen zum Nachbarschaftsrecht, es bezieht sich aber auch darauf, wie gute landwirtschaftliche Praxis vollzogen werden muss, welche Regelungen zur Wasserreinhaltung bestehen und vieles mehr (hier einmal die europäische Perspektive). Konflikte ergeben sich dann, wenn diese Regelungen nicht eingehalten werden oder es unterschiedliche – moralisch aufgeladene – Interpretationen dieser Ligaturen gibt, alternative Ligaturen bestehen oder aber – schließlich gehen Ligaturen ihrer rechtlichen Kodifizierung voraus – es wird darum gerungen, ob und inwiefern rechtliche Kodifizierungen von Ligaturen nötig sind.

f) Konflikte aus der Hierarchisierung von Ligaturen. Bei rechtlich kodifizierten Ligaturen ist die Hierarchisierung eindeutig – absteigend von der Verfassung (raumrelevant: etwa das Recht auf Eigentum) hin zu kommunalen Reglungen (etwa einer Grünordnungssatzung). Konfliktträchtig gestaltet sich das Verhältnis konkurrierender Ligaturen indes, wenn sie sich außerhalb der rechtlichen

Kodifizierung befinden, sie nach rechtlicher Kodifizierung streben, in Konkurrenz zu den rechtlich kodifizierten Ligaturen stehen oder in Wettbewerb stehen, die rechtlich kodifizierten Ligaturen in unterschiedlicher Weise umzusetzen. Gerade, wenn moralische Ligaturen dazu herangezogen werden, sich über rechtlich kodifizierte Ligaturen zu stellen, können vielschichtige Konflikte entstehen, die mit großer Intensität und Brutalität ausgetragen werden (im Extremfall handelt es sich um Revolutionen, in weniger ausgeprägten Fällen um das, was als ‚ziviler Ungehorsam' bezeichnet wird). Die Hierarchisierung von Ligaturen ist stets komparativ und daher nahezu konstitutiv an eine Außenrichtung gebunden. Weisen die entstehenden Konflikte einen Bezug zu Raum 1 auf, neigen sie dazu, an Brutalität und Intensität zu gewinnen (infolge von dessen Exklusivität).

Im Vergleich zu der allgemeinen Differenzierung von sozialen Konflikten in Bezug auf Optionen und Ligaturen (Abschn. 7.3.3) wird ein besonderer Aspekt von Raum- bzw. Landschaftskonflikten hier deutlich: Da diese zumeist (von c- ggf. auch b-modalen Konflikten um Konzeptionen von Raum und Landschaft einmal abgesehen) eine materielle Dimension haben, in die der Mensch leiblich involviert ist, sind Raum- und Landschaftskonflikte auch aktuell oder potenziell auf leibvermittelte soziale Ligaturen bezogen, schließlich beziehen sich diese Konflikte häufig darauf, ob materielle Räume (ob als Landschaft gedeutet oder nicht) modifiziert werden oder ob bestimmte individuelle Bezugnahmen ermöglicht oder behindert werden. Dadurch wird der Mensch in seiner Körperlichkeit tangiert.

Aus dieser Übersicht wurde auch der Unterschied zwischen Raum- und Landschaftskonflikten deutlich, der an dieser Stelle zusammengefasst und ergänzt werden sollte: Während sich Landschaftskonflikte auf eher mikro- bis mesokaligem Maßstab vollziehen, können Raumkonflikte alle Maßstabsebenen betreffen. Raumkonflikte lassen sich eher auf sachlicher Ebene verhandeln, Landschaftskonflikte neigen dazu, stärker die Eskalationsstufen der Identitäts- und Wertekonflikte zu erreichen, schließlich ist Landschaft ein stark moralisch geprägtes soziales Konstrukt mit starkem Bezug zu ästhetischen und ökologischen Normen. Insofern ist es stärker mit außengerichteten moralischen Ligaturen aufgeladen, als dies der neutraler gefasste ‚Raum' ist. Zudem weisen Landschaftskonflikte häufig essentialistische Residuen in der Landschaftsbeschreibung auf. So wird aus einem Konflikt um Flächennutzung (Raumkonflikt) ein Konflikt um konkurrierende Konstruktionen eines ‚Wesens von Landschaft'. Dies erschwert die Regelung von Landschaftskonflikten. Dies soll im Folgenden einmal genauer ausgeführt werden. Diese Ausführung wird dabei (neopragmatistisch) ergänzt durch die Vorstellung der Potenziale unterschiedlicher theoretischer Zugänge zur Redeskription von Landschaftskonflikten:

Ausgangspunkt von Landschaftskonflikten sind in der Regel Veränderungen des als Landschaft 1 gedeuteten Raumes 1, entweder in Planung oder im beginnenden Vollzug. Hierbei werden die unterschiedlichen modalen Zugänge zu Landschaft aktualisiert: A-modal erfolgt in der Regel eine Ablehnung, b-modal dann, wenn die Veränderungen den stereotypen normativen ästhetischen bzw. ökologischen Verständnissen von Landschaft zuwiderlaufen, c-modal erfolgt die Reaktion in Abhängigkeit der jeweiligen disziplinären Logik, die wiederum in einem spezifischen Sprachspiel gebunden ist (siehe ausführlicher: Rorty 1993). Wie oben ausgeführt, neigt die latente Ausgangssituation des Konfliktes zur Manifestation, da die damit verbundenen Ligaturen in der Regel moralisch aufgeladen und außengerichtet sind (an dieser Stelle wird der Rückgriff auf die sozialkonstruktivistische Landschaftstheorie deutlich). Landschaftskonflikte neigen bei ihrer Manifestation zu einer raschen Dichotomisierung der Vokabulare: Ein Raum 1 wird beispielsweise entweder als ‚idyllische natürliche heimische Landschaft' (1), die es zu bewahren gilt, oder als ‚ökologisch und ästhetisch defizitäre Landschaft' (1) jeweils hegemonial diskursiv gefasst (hier zeigt sich das Potenzial der Diskurstheorie in der neopragmatischen Befassung mit Landschafskonflikten). Die Positionierung von Konfliktakteuren ist dabei durchaus von der spezifischen Systemlogik abhängig (hier kommt die Systemtheorie ins Spiel): Wird ein wirtschaftlicher Gewinn erwartet, werden Veränderungen befürwortet, wird der Verlust politischer Macht befürchtet, erfolgt eine Positionierung dagegen, wobei auch Rückgriffe auf Deutungsmuster aus vergangenen Landschaftskonflikten aktualisiert werden (können; womit die zeitliche Komponente von Landschaftskonflikten klar zutage tritt). In der Regel bemühen sich beide Konfliktparteien darum, alle potenziell wirksamen Argumente aufzubieten, um die eigene Position zu stärken, häufig in Rückgriff auf essentialistische Landschaftsdeutungen, aber auch unter Nutzung positivistischer Zuwendungen zu Landschaft 1. Die Argumentationsmuster der konkurrierenden Parteien sind dabei weniger auf Stringenz (unter Maßstäben jenseits des jeweils eigenen Diskurses) ausgelegt, sondern auf Erfolg. Dieser ist nicht zuletzt von der Mobilisierung unterschiedlicher Kapitalien abhängig, ökonomisch etwa der Finanzierung von Rechtsberatung), sozial (der Erzeugung und der Aktivierung von Netzwerken), kulturell (im Einsatz insbesondere unterschiedlicher c-modaler Kategorisierungs-Deutungs- und Bewertungsmuster; womit auch das Potenzial der Bourdieuschen Kapitaltheorie zur Analyse von Landschaftskonflikten deutlich wird).

Nicht allein die latenten Grundlagen erschweren eine Regelung des Konfliktes, sondern auch dessen Verlauf (zu den Grundlagen der Dahrendorfschen Konflikttheorie siehe: 7.3.3): Die Regelung von Landschaftskonflikten wird in der Regel dadurch erschwert, dass die Nutzung des Kommunikationscodes der Moral mit einer Verschärfung von Konflikten verbunden ist. Damit wird die Gruppe moralisch überhöht, die andere moralisch abgewertet (Luhmann 1993) – bis hin zur Pathologisierung (Grau 2017). Dies mindert die Chance auf eine erfolgreiche Konfliktregelung, da diese von der Bereitschaft der Konfliktgruppen abhängig ist, die jeweils andere Position als legitim und die andere Konfliktpartei als gleichwertigen Verhandlungspartner anzuerkennen (Dahrendorf 1972). Landschaftskonflikte (etwa in Bezug auf den Ausbau von Windkraftanlagen, Hochspannungsleitungen, Hochgeschwindigkeitstrassen der Bahn, der Errichtung von Flughäfen, Großschutzgebieten etc.) vollzieht sich raumzeitlich differenziert. Die Diskurskoalitionen entstehen so in spezifischen Räumen 1 und sind durchaus unterschiedlich zusammengesetzt (so können Lokalpolitiker einer Partei, die auf nationaler Ebene für den Vollzug der Energiewende eintritt, vor Ort gegen diese opponieren). Dadurch wird die Organisiertheit der Konfliktgruppen erschwert. Diese ist jedoch eine zentrale Grundlage zur Regelung von Konflikten (Berr et al. 2019; Bosch und Peyke 2011; Bosch und Schwarz 2019; Kamlage et al. 2020; Schweiger et al. 2018). Häufig ist der Staat, der ansonsten die Position einer dritten Partei, die Konflikte unter Einsatz von Machtmitteln lösen könnte (Dahrendorf 1991), innehat, selbst zur Konfliktpartei. Aus der Gegnerschaft zu einem konkreten Projekt kann so ein Widerstand gegen das System der liberalen Demokratie entstehen (Eichenauer et al. 2018; Kühne 2020a; Reusswig et al. 2016).

Deutlich wird hieraus zunächst die große Bedeutung moralischer Ligaturen, die nicht zuletzt mit der Transformation eines Raum- zu einem Landschaftskonflikt verbunden sind. Im Verein mit der starken Außenrichtung und Impliziertheit der Ligaturen (schließlich erscheint der Bezug auf das ‚Wesen der Landschaft', das schließlich als unverrückbar und eindeutig konstruiert ist, als selbstverständlich) wird deutlich, dass Landschaftskonflikte schwer regelbar sind. Eine Befassung mit Hilfe ethischer Ligaturen ist dadurch erheblich erschwert, weil das Implizite, Selbstverständliche und Außengerichtete erst einmal explizit gemacht werden müsste, sprich Selbstverständlichkeit hinterfragt wie auch die Frage gestellt wird, inwiefern eine verallgemeinerte Außenrichtung nicht die latent vorhandenen Optionen anderer einschränkt. An dieser Stelle wird auch deutlich: Landschaftskonflikte können eine Gefahr für die offene Gesellschaft darstellen, wenn sie eben nicht einer Regelung unterliegen, sondern in eine neue Latenzphase eintreten. Es wird aber auch deutlich, wie fragil die liberale Utopie Rortys in Bezug auf Raum, mehr noch auf Landschaft ist, den Umfang des ‚Wirs' zu vergrößern, schließlich bedeutet eine Verfestigung von Konfliktparteien (über den konkreten Konflikt hinaus) einen wechselseitigen Ausschluss – verbunden mit einer Reduzierung des Umfangs des ‚Wirs'.

Vor dem Hintergrund neopragmatischer Triangulationen wird das Potenzial konstruktivistischer Perspektiven deutlich. So lässt sich eine hohe Tauglichkeit der sozialkonstruktivistischen Landschaftstheorie zum Verständnis von Landschaftskonflikten attestieren, in Kombination mit Diskurstheorie, autopoietische Systemtheorie sowie der Klassentheorie von Pierre Bourdieu. Ungeeignet für eine Regelung von Landschaftskonflikten ist ein essentialistischer Zugang zu Landschaft, die Konstruktion von Eindeutigkeit bedingt eine fundamentalistische Position, die nur ‚Sieger' und ‚Verlierer' kennt und eine Regelung ausschließt. Ergebnisse der positivistischen Landschaftsforschung können als Werkzeuge im Prozess der Regelung von Landschaftskonflikten dienen, ansonsten hat der Positivismus wenig Potenzial bei der Regelung von Landschaftskonflikten.

Die Gestaltung von Raum 1 ist mit dessen Modifikation verbunden und solche Modifikationen sind – wie deutlich wurde – mit sozialen Konflikten verbunden, sie sind entsprechend auch das Ergebnis sozialer Konflikte. Auch die Veränderung sozialer Konstruktionen von Raum und Landschaft (jeweils 3) vollzieht sich nicht ohne Konflikte, auch hier stehen sich die Kräfte der Progression und der Beharrung gegenüber. Sowohl an den Konflikten in Bezug auf Raum/Landschaft 1 wie auch auf Raum/Landschaft 3 sind die Welten 2 (hier in Bezug auf Raum und Landschaft) konstitutiv. Aufgrund dieser prägenden Bedeutung von Konflikten für die Entwicklung von Räumen und Landschaften (auf allen Ebenen), erscheint es zentral, soziale Raum- und Landschaftskonflikte bei der neopragmatistischen Befassung mit ‚horizontalen Geographien' eine besondere Berücksichtigung beizumessen.

8.6 Die mediale Konstruktion von Räumen und Landschaften

Die Bedeutung der (massen)medialen Kommunikation für die neopragmatische Landschaftsforschung lässt sich an drei Aspekten festmachen:

Erstens, haben Massenmedien eine erhebliche Funktion der Erzeugung von Welt 3: „The mass media play a profoundly significant role in the appropriation and interpretation of the meanings of social reality. They have the capability to shape conceptions of our physical, economic, political and social environments" (Burgess 1985, S. 194). Niklas Luhmann geht sogar so weit festzustellen, dass wir alles, was wir wüssten, aus Massenmedien wüssten (Luhmann 2007[1995]).

Gemäß Fröhlich (2007, S. 98) stellen Medien „Wirklichkeitsapparate“ dar, und lassen sich auch als „Weltbildgeneratoren“ (Harendt 2019, S. 89) verstehen. Im Vergleich zu anderen gesellschaftlichen Teilsystemen weisen Massenmedien einen entscheidenden Unterschied auf (Luhmann 2007[1995]): Sie sind in der Lage, die Gesellschaft in Gänze anzusprechen, d. h. in Resonanz zu versetzen, was etwa weder die Wissenschaft mit ihren Fachpublikationen, die Politik mit ihrer parlamentarischen Arbeit, die Wirtschaft mit ihrer Produktion von Gütern und Dienstleistungen etc. erreichen kann. Massenmedien selektieren – ständig aktuell – Informationen und verbreiten diese in der Gesellschaft. Dadurch, dass sie in der Lage sind, die Gesellschaft insgesamt in Irritation zu versetzen, sind sie in der Lage, gesellschaftliche Teilsysteme zu zwingen, systemintern bestimmte Informationen zu prozessieren. So waren es nicht zuletzt Massenmedien, auf das System der Politik einzuwirken, sich mit Fragen des Klimawandels zu befassen, entweder durch Berichterstattung oder darüber, dass die Wahlbevölkerung für dieses Thema sensibilisiert wurde (Weingart 2002; Weingart et al. 2008). Dabei haben sich Massenmedien erheblich differenziert aus der weitgehend unidirektionalen Verbreitung von Information mittels der klassischen Massenmedien, Buch, Zeitung, Radio, Kino und Fernsehen, sind vielfältige Strukturen digital vernetzter Kommunikation geworden, die heterogene Anwendungen, wie Facebook, YouTube, Instagram und Twitter, aber auch Blogs, Podcasts, subsumiert. Gemeinsam ist ihnen, „dass sie es Menschen ermöglichen, Informationen aller Art mithilfe digital vernetzter Technologien anderen zugänglich zu machen“ (Taddicken und Schmidt 2022, S. 4). Die Heterogenität der Anwendungen wird auch darin deutlich, dass diese „unterschiedliche Nutzungsweisen unterstützen und unterschiedlich weit verbreitet sind“ (Schmidt und Taddicken 2022, S. 20). Damit ist die Differenzierung von einem Sender, der sich professionell mit Medieninhalten befasst, und einem Empfänger, der die Inhalte konsumiert, zu einem Netzwerk geworden, in dem alle Personen zu Sendern wie Empfängern, aber auch Transformierern von Inhalten werden können. Dies leitet zum zweiten Aspekt über, warum die Befassung mit Massenmedien für eine neopragmatische Befassung mit ‚horizontalen Geographien‘ bedeutsam ist.

Zweitens bilden sich in sozialen Massenmedien Diskursgemeinschaften heraus, die sich mit der Deutung, Kategorisierung und Bewertung von Welt im Allgemeinen, Raum und Landschaft im Besonderen befassen. In dieser Weise sind (Resonanz-)Vokabulare in unterschiedlichen Sozialen Medien (z. B. Twitter, Instagram, Facebook) entstanden, die sich – Rorty (1991b) folgend – in unterschiedlichen Rechtfertigungspraxen im Kontext der jeweiligen Sprachgemeinschaft ausprägen. Die Formierung und Wandlungsfähigkeit von Vokabularen – von mikro- bis makrosozialer Teilhaberschaft – hat dabei in Kontext der

Ausbreitung von social media drastisch zugenommen. Zugenommen haben in diesem Kontext auch die Möglichkeiten der distinktiven Abgrenzung, zu einem durch die Pluralisierung der (Mikro-)Vokabulare, zum anderen infolge der raschen Verbreitungsmöglichkeiten neuer Deutungen, Kategorisierungen und Wertungen, die den Anspruch haben, altehrwürdige Deutungen, Kategorisierungen und Wertungen abzulösen, wobei durchaus auch Tendenzen zu exklusivistischen Deutungshoheiten und Radikalisierungen von Weltdeutungen zu beobachten sind (unter vielen: Bruns et al. 2020; Nagle 2017; Wagner 2019a, 2019b). Nicht zuletzt Raum- und insbesondere Landschaftskonflikte (siehe Abschn. 8.5) werden so beschleunigt (etwa bei: Berr et al. 2022; Jenal et al. 2021; Kühne, Koegst et al. 2021; Kühne, Weber et al. 2022).

Drittens sind Massemedien – aus systemtheoretischer Perspektive – das soziale Teilsystem, das dem Code der Moral folgt. Moral war bis in die frühe Moderne zumeist religiös begründet. Die Produktion der Bestimmung von Normalität an Anormalität als „ein Schema der Generalisierung quer zu den Situations- und Verhaltenstypen" (Luhmann 2017, S. 126) ist allerdings im Zuge der Säkularisierung an Massenmedien übergegangen. Entsprechend ist dieses nun die Arena der Kommunikation moralischer Ligaturen, insbesondere solcher mit Außenrichtung. Aus den ersten beiden Punkten dieses Abschnittes ergibt sich entsprechend: Massenmedial kommunizierte außengerichtete moralische Ligaturen sind (prinzipiell) in der Lage, die Gesellschaft in Gänze in Resonanz zu versetzen, etwa in Bezug auf den Umgang mit Welt 1 (hier: Raum bzw. Landschaft 1; Punkt 1). In Bezug auf Punkt 2 ergibt sich indes eine rasch fortschreitende Differenzierung und Entwicklung von (Mikro-) Vokabularen in sozialen Medien, was auch mit der Differenzierung moralischer (in der Regel außengerichteter) Ligaturen verbunden ist. Diese Differenzierung betrifft auch auf Raum bzw. Landschaft (auf allen Ebenen) gerichtete moralische Ligaturen. Diese Pluralisierung moralischer Ligaturen (in der Regel mit Außenrichtung) wiederum hat Auswirkungen auf Landschaftskonflikte, deren Zahl zwar in Gänze durchaus zunimmt, da sie aber weniger Menschen betreffen, nimmt ihre Intensität ab (Kühne 2020a; Kühne, Parush et al. 2022; Shmueli et al. 2006; dies gilt insbesondere für demokratische Gesellschaften hinsichtlich ihres Binnenbezugs, raumbezogene Makrokonflikte, insbesondere zwischen Staaten, haben allerdings in letzter Zeit an Aktualität gewonnen, was nicht zuletzt auch der Wandlungsfähigkeit sozialer Gefüge wie ihrer Vokabulare geschuldet ist).

Aus dieser großen Bedeutung von (Massen)Medien für die soziale Konstruktion von Räumen und Landschaften, ihre Deutung, Kategorisierung und Bewertung, resultiert auch der Bedarf, sich bei der neopragmatischen Redeskription von ‚horizontalen Geographien' theoretisch wie empirisch damit zu befassen.

8.7 Ironie und neopragmatische Forschung

Ironie hat in der Rortyschen Konzeption des Neopragmatismus eine zentrale Bedeutung, die sie nicht zuletzt aus dem Bewusstsein der Kontingenz bezieht (siehe Abschn. 5.7). Ironie wiederum kann gesellschaftlich ambivalent wirken. Insofern erfolgt im Folgenden eine Relationierung von Ironie an Lebenschancen (siehe Abschn. 7.3), bevor Überlegungen angestellt werden, wie Ironie in einen neopragmatischen Forschungsprozess integriert werden kann – insbesondere in die Darstellung von Forschungsinhalten.

8.7.1 Ironie und Lebenschancen[1]

Das ‚Vermögen zur Ironie' bzw. der Ausprägung einer ‚ironischen Haltung' ist stark von der Verfügbarkeit symbolischen Kapitals abhängig (im Sinne von Bourdieu 2005 [1983], 2016). Sie basiert in besonderer Weise auf der Verfügbarkeit inkorporierten kulturellen Kapitals. So muss die liberale Ironikerin sowohl die ‚Mitte der Wahrheit' kennen, sie muss aber auch das Maß der sozial akzeptierten Abweichung zum ‚zu wenig' kennen. Sie vereint – so Weber (Weber 2023, S. 16) – „den Sinn für die konkreten Umstände", verliert zugleich „die eigene Unzulänglichkeit und das Leiden des Anderen nicht" aus dem Sinn, und verbindet „dennoch das scheinbar Unmögliche kontinuierlich weiter zu träumen". Die Anwendung von Ironie erfordert auch die Abschätzung in sozialen Situationen, ob und inwiefern Ironie als Zeichen der Selbstkontingenz verstanden werden kann und nicht etwa als Manifestation einer abwertenden Distinktion. Dies erfordert neben der Verfügbarkeit von kulturellem auch die Verfügbarkeit von sozialem Kapitel, soziale Kontexte also, in denen Ironie verstanden und geschätzt wird. Auch setzt Ironie eine ökonomische Mindestausstattung voraus. Personen, die sich von der Gesellschaft, der Sprache und dem Selbst in ironischer Wiese distanzieren können, sind der Notwendigkeit enthoben, alle Kräfte zur Sicherung der puren materiellen Lebensgrundlagen mobilisieren zu müssen, schließlich setzt eine ironische Distanzierung nicht zuletzt eine – nur mit großem Zeiteinsatz – zu erreichende Kenntnis der Spielregeln (und der Inhalte) der Vokabulare voraus, in denen Ironie angewandt werden soll. Ironie und Lebenschancen sind also eng miteinander verbunden, wie im Folgenden (in Bezug auf das erweiterte Konzept der Ligaturen und Optionen) dargelegt werden soll:

---

[1] Dieser Abschnitt basiert auf den Ergebnisse, die im Kontext der Untersuchung von Kühne et al. (2024) gewonnen wurden und wurde insbesondere in Bezug auf Optionen erweitert.

Neopragmatische Ironie ermöglicht ein Spiel mit Optionen, sie ermöglicht in uneigentlicher Weise latente Optionen zu erproben. Zunächst lässt sich mit ihr die Übernahme latenter Optionen in individuell verfügbare Optionen erproben, also im Sinne einer Prüfung, ob eine Überführung in den Zustand der individuellen Verfügbarkeit erstrebenswert ist. In ähnlicher Weise ermöglicht Ironie auch die Möglichkeit der Prüfung, in Bezug der Überführung von latenten individuell verfügbaren Optionen zu individuell manifesten Optionen. Eine aus dem Bewusstsein der Kontingenz von Selbst, Sprache und Gesellschaft erwachsende neopragmatische Ironie steht im Widerspruch zu moralischen Ligaturen (ob sie nun innen- oder außengerichtet sind). Moralischen Ligaturen mangelt es an Distanz zu Normen. Dieser ist indes das Bewusstsein für Kontingenz konstitutiv, das der Ironie zugrunde liegt. Aus ethischen Ligaturen hingegen kann neopragmatische Ironie erwachsen. Die mit ethischen Ligaturen verbundene Meta-Perspektive auf moralische Normen ist Voraussetzung für eine neopragmatisch-ironische Haltung. Ethische Ligaturen sind indes eine notwendige, keine hinreichende Bedingung für die Entwicklung einer ironischen Haltung, denn ethische Ligaturen können sich moralischen Ligaturen zuwenden, auch ohne den kreativen (bisweilen spielerischen) Zugang einer neopragmatischen Ironie zu entwickeln. Neopragmatische Ironie tritt dabei als Ausdruck sowohl innengerichteter ethischer Ligaturen wie außengeleiteter ethischer Ligaturen auf. Bei Innengerichtetheit leistet sie einen Beitrag individueller Selbst-, Sprach- und Gesellschaftsbewältigung. Dies gilt insbesondere hinsichtlich von Ligaturenansprüchen, die von außen an das Individuum herangetragen werden. Außengerichtet tritt neopragmatische Ironie dann auf, wenn sie sich der Funktion und Wirkung moralischer Ligaturen außerhalb von Welt 2 zuwendet. Die Anwendung von Ironie im Kontext außengerichteter ethischer Ligaturen wiederum vermag Konflikt zu erzeugen oder zu aktualisieren, etwa, wenn sie auf ironieinkompatible Vokabulare trifft oder als Werkzeug der Distinktion verstanden wird. Neopragmatische Ironie lässt sich auch auf implizite Ligaturen beziehen: Ironie ermöglicht, die nicht immer offen kommunizierten Grenzen von Sprachspielen zu ermitteln, sie infrage zu stellen. Ironie kann zudem dazu eingesetzt werden, zu ermitteln, ob ein Kommunikationsteilnehmer dem eigenen Sprachspiel angehört oder einem anderen. Neopragmatische Ironie ist indes auch dazu geeignet, spielerisch implizite Ligaturen zu explizieren.

Neopragmatische Ironie der Selbsterzeugung als Spiel zwischen Welt 2 und Welt 3 aber auch in Relationierung zu anderen Personen zwischen Welten 2 (in Relation zu den Konventionen der Welt 3) gerät an ihre Limits, wenn sich Welt 2 mit Welt 1 in Relation setzt, hier bei den leiblichen und den leiblich vermittelten sozialen Ligaturen. Leibliche Ligaturen bedeuten die bisweilen unerbittliche Erfahrung der Unhintergehbarkeit des In-der-Welt-1-Seins. Leibliche Ligaturen bedingen die Erfahrung der Verletzlichkeit und letztlich dem Verfall des Welt-1-Anteils des Menschen, einschließlich der eigenen Körperlichkeit. Zwar kann hierzu eine ironische Distanz aufgebaut werden, leibliche Ligaturen können diskursiv ausgeklammert werden, vorhanden und unhintergehbar bleiben sie dennoch. Auch wenn sich leiblich vermittelte soziale Ligaturen häufiger als weniger unerbittlich erweisen als leibliche Ligaturen, verdeutlichen sie die Relationiertheit und Bedingtheit der eigenen Existenz in sozialen Kontexten. Auch diesem lässt sich mit ironischer Distanz begegnen, sowohl in Bezug auf die Welt 3-Quellen, der Ausprägung der Manfestationen in Welt 1, aber auch hier bleibt – nicht zuletzt infolge des Ausschlussprinzips – Welt 1 kaum erbittlich.

Besonders deutlich wird das Gefangen-Sein in leiblich vermittelten und leiblichen Ligaturen. Bei Personen mit geringer Ausstattung an symbolischen Kapital wird dies besonders virulent: Eine geringe Befähigung zu ethischen Ligaturen (geringe Ausstattung an inkorporiertem kulturellen Kapitel) verbindet sich mit der vorenthaltenen Option, dieses zu erwerben. Der Druck, ökonomisches Kapital zur Sicherung des Daseins einzusetzen, lässt diesen Erwerb nicht zu. Das Verhältnis zur Ironie ist ein asymmetrisches: Die vorenthaltene Fähigkeit der Entwicklung einer eigenen ironischen Haltung steht der Verwundbarkeit gegenüber ironisch vorgetragener Verachtung infolge der Abweichung eines allgemeinverbindlich erachteten Vokabulars gegenüber (siehe Abschn. 5.9). Diese bittere Ironie lässt sich nicht allein als finstere Kehrseite der Kontingenzeröffnung der Ironie auf Optionenmaximierung ausgerichteten neopragmatischen Ironie verstehen, sondern auch als Unterminierung des Rortyschen Prinzips der Ausweitung des ‚Wirs'.

Um diese Überlegungen zum Zusammenhang von Ironie und Lebenschancen zusammenzufassen: Ethische Ligaturen bedeuten nicht nur die Befähigung zur Abwägung moralischer Ligaturen, sondern auch die Befähigung zur Gewinnung einer ironischen Haltung. Sie stellen eine notwendige, indes nicht hinreichende Bedingung eines ironischen Zugangs zu Selbst, Sprache und Welt dar. Ethische Ligaturen bilden auch die Grundlage zur Entwicklung eines verantwortungsvollen Umgangs mit Ironie. Eine neopragmatische Ironie ist auf sich selbst gerichtet und versteht Ironie nicht als Medium der distinktiven Abwertung anderer. Insbesondere jener, die ihr Leben im Vertrauen in die Eindeutigkeit und Konstanz von Selbst, Sprache und Gesellschaft nicht einfach deklassieren und dekonstruieren lassen möchten. Neopragmatische Ironie bildet neue Perspektiven und hat selbstermächtigende Wirkungen einer ironischen Sicht auf Selbst, Sprache und Gesellschaft, sie enthält sich aber einer zu Allgemeinverbindlichkeit auffordernden Außenrichtung. Sie macht vielmehr Angebote, somit wird

Ironiebildung Teil eines auf die Maximierung von Lebenschancen ausgerichteten Sozialisationsprozesses.

Insofern lässt sich für die neopragmatische Befassung mit ‚horizontalen Geographien' schließen: Ihre ironische Haltung zielt darauf, Kontingenz von Selbst, Gesellschaft und Sprache – sowie von Raum und Landschaft (die durch Sprache durch unterschiedliche Selbste gefasst werden und gesellschaftlich begründet sind und sich mit Gesellschaft befassen) zum Ausdruck zu bringen. Dabei ist zu vermeiden, Ironie als Mittel der Distinktion einzusetzen, insbesondere gegen jene, die nicht über das symbolische Kapital verfügen, eine ironische Haltung zu entwickeln. Vielmehr ist sie darauf ausgerichtet, einen Beitrag zur Steigerung von Lebenschancen zu leisten, indem Angebote zur kontingenten (auch ironischen) Deutung von Raum und Landschaft zu machen. Wie solche Angebote – hinsichtlich der Darstellung von Forschungsinhalten – gestaltet sein können, wird im Folgenden verdeutlicht.

8.7.2 Ironie und die Darstellung von Forschungsinhalten

Eine ironische Haltung lässt sich in unterschiedlicher sprachlicher Weise zum Ausdruck bringen, zu einem in textlichen Ausführungen, zum anderen auch in (karto)graphischen Ausarbeitungen. Sowohl im common sense als auch in der wissenschaftlichen Welt wird mit grafischen und kartographischen Zuwendungen ein Verständnis verbunden, diese ‚bildeten die Realität' ab oder seien zumindest ‚objektive Repräsentationen' derselben. Da die Ausführungen bis dato weitgehend textbasiert waren, erfolgt nun eine eingehendere Befassung mit (karto)graphischen Darstellungen von Welt (der unterschiedlichen Ebenen; ausführlicher dazu: Edler und Kühne 2022a, 2022b; Kühne et al. 2020; Kühne 2021a; Kühne et al. 2024; Kühne, Berr, und Koegst 2023; Kühne, Edler, und Jenal 2021b).

Die Anfänge der Kartographie gehen auf die Entwicklung einer Praxis zurück, die eine Bemühung um die Minderung alltagsweltlicher Komplexität darstellt. Kartographische Abstraktionen entstanden auf Grundlage des ‚gesunden Menschenverstandes' aus dem Wunsch sich in Raum 1 zu orientieren bzw. in intersubjektiver Weise Orientierung zu ermöglichen. Damit wies sie wenig Affinität zu ironischem Denken auf. Gerade der Wunsch nach intersubjektiver Verständlichkeit brachte eine zunehmende Ausprägung von Konventionen mit sich. Einen Gipfel erreichte dieses Bestreben in der Moderne zu Standardisierung und Vereinheitlichung. Dies lässt sich als Versuch der Vernichtung von Kontingenz verstehen (Edler und Kühne 2022a; Kent 2005, 2013). Die blieb nicht ohne Widerspruch: Die ‚Kritische Kartographie' interpretierte – hier in neopragmatischer, kontingenzorientierter Terminologie – den Drang zur Kontingenzvernichtung als Ausdruck des Willens zur Machtanwendung durch Experten, die nicht zuletzt ihr positivistisches Paradigma durchzusetzen trachteten (Counter Cartographies Collective et al. 2012; Crampton und Krygier 2005; Harley 1989; Kim 2015; Wood und Krygier 2009). Das Unterfangen der kritischen Kartographie stellte seinerseits eine Verminderung kontingenter Perspektiven dar. Die Ablehnung der ‚traditionellen positivistischen Kartographie', besonders prägnant bei Wood (2003), bedeutet nicht das Einweben eines ‚altehrwürdigen Vokabulars' in ein für die gegenwärtigen Verhältnisse tauglicheren Vokabulars. Vielmehr bedeutete der Ansatz der ‚kritischen Kartographie' den Versuch, das ‚altehrwürdige Vokabular' schlicht aus der Welt zu tilgen (vgl. hierzu: Edler und Kühne 2022b; Kühne 2021a).

Vor dem Hintergrund der weiter oben formulierten Norm der rekursiv miteinander verbundenen Steigerung der Lebenschancen und der Kontingenz erscheint ein solcher Rigorismus schwerlich mit einer neopragmatischen Weltsicht vereinbar. An die Stelle einer gesinnungsethischen ‚Totalbewertung' schlagen Edler und Kühne (2022a; Edler und Kühne 2022b) eine Evaluierung kartographischer Darstellungen, aber auch theoretischer Zugänge zu Kartographie in Rückgriff auf den soziologischen Begriff der Devianz vor (Goode 2019; Peuckert 2006; Stehr 2013). Dies vollzieht sich anhand von vier Typen devianter Kartographien (Edler und Kühne 2022b):

1. Funktionale Devianzen: Diese beschreiben solche Abweichungen vom normativ gesetzten Standard, insbesondere der c-modalen Kartographie, die durch einen Kenntnisgewinn (bezogen auf Form bzw. Inhalt) beitragen. Durch die Schaffung neuer Optionen sind sie geeignet, eine Steigerung von Lebenschancen zu erzeugen. Dies vollzieht sich insbesondere durch Steigerung von Kontingenz von Darstellungen in dreierlei Weisen: Erstens bezieht sich dies auf Sachverhalte, die bis dato nicht dargestellt wurden, d. h. es werden neue Themen für die kartographische (aber auch rein graphische) Darstellung erzeugt. Zweitens bezieht sich dies auf Sachverhalte, die bis dato anders dargestellt wurden, d. h. es werden etwa neue Signaturen entwickelt. Drittens bezieht sich dies auf Sachverhalte, die nun mit anderen Techniken in anderer Weise dargestellt werden bzw. durch die Nutzung neuer Technologien überhaupt in den Bereich des Darstellbaren gehoben werden. Dies betrifft insbesondere die Möglichkeiten, die durch virtuelle und augmentierte Möglichkeiten gegeben werden, aber auch Möglichkeiten der Integration nicht-visueller (in der Regel olfaktorischer und akustischer) Reize (Bischoff

2007; Edler und Kühne 2024, im Erscheinen; Kühne, Koegst, und Edler 2023; Meenar und Kitson 2020; Palat Narayanan 2023).
2. Dysfunktionale Devianzen: Diese beschreiben Abweichungen von einem normativ gesetzten kartographischen Standard, die zu einer intendierten oder unintendierten Einschränkung von Lebenschancen führt. Dabei handelt es sich um die Formulierung und Anwendung moralischer Ligaturen, etwas Darstellbares nicht darstellen zu dürfen. Es handelt sich dabei aber auch darum, manipulativ darzustellen (verbunden mit dem Ziel der Verringerung von Lebenschancen anderer) oder auch, bestimmte Techniken der Darstellung nicht zu nutzen, ob aus dem Kalkül heraus, Macht zu erhalten oder zu generieren oder infolge der Anwendung moralischer Ligaturen.
3. Afunktionale Devianzen: Diese beziehen sich auf solche Abweichungen von der kartographischen Normalität, die in unterschiedlicher Intensität (in Bezug auf Form und Inhalt) weder in Bezug auf den c- noch den b-Modus eine Resonanz erfahren. Afunktionale Devianzen bleiben also ohne Wirkung auf Welt 3.
4. Metafunktionale Devianzen: Diese lassen sich als Spezialfall der funktionalen Devianzen verstehen. Bei metafunktionalen Devianzen handelt sich um solche Abweichungen von kartographischen Konventionen, die zu einer kritischen Reflexion von Theorie und Praxis der Erzeugung von Karten (und Grafiken) veranlassen. In dieser Weise wird die Kontingenz der Übersetzung von einer außerkartographischen Welt in eine kartographische Sprache deutlich oder sogar geweitet. Besonders deutlich lässt sich dies mittels ironischer Distanzierungen machen. Metafunktionale Devianzen lassen sich als Ausdruck einer „kritischen Distanz von den Selbstverständlichkeiten der eigenen Gesellschaft" (Dahrendorf 1968, S. 63) verstehen. In diesem Fall jenen, die in Normen der Kartographie zum Ausdruck kommen.

Vor diesem Hintergrund erfolgt nun der Übergang zu der Frage, welchen Grundzügen eine neopragmatische Kartographie folgen soll (siehe dazu auch: Edler und Kühne 2022b; Kühne et al. 2024; Kühne, Edler, und Jenal 2021b, 2022b; Kühne und Jenal 2020a; Kühne, Jenal, und Sedelmeier 2022). Bei der Frage der Entwicklung dieser Grundzüge einer neopragmatischen Kartographie (die von großer Relevanz für die Befassung mit ‚horizontalen Geographien' sind, aber zugleich auch weit über diese hinausreichen) sind zunächst auch Fragen nach der Relevanz pragmatischer Überlegungen zu beantworten, also solchen, die nicht sprach- und kontingenztheoretisch motiviert sind. Aus pragmatischer Perspektive sind kartographische Darstellungen (wie auch graphische im Allgemeinen) auf Gegenstand und Zweck ausgerichtet. Die Darstellung orientiert sich daran, was für wen dargestellt werden soll. Die Ausrichtung auf Gegenstand und Zweck führt zu einer reduzierten Darstellungsweise. Dies bedeutet: Informationen, die nicht zum Erschließen der Aussage benötigt werden, können weggelassen werden, Informationen, die hilfreich sind, aber nicht in jedem Detail zum Verständnis der Darstellung beitragen, können einer Generalisierung unterzogen werden, die simple Übernahme von kartographischen Grundlagen, ob topographischen Karten, google maps oder open street map, für die Gestaltung kartographischer Darstellungen erscheint für die überwiegende Zahl der kartographischen Darstellungen nicht adäquat, da diese zumeist eine Vielzahl an Informationen enthalten, die für die Aussage der Darstellung unerheblich ist. Aus der Ausrichtung auf die Nützlichkeit für Lesende ergibt sich eine Präferenz pragmatischer Kartographie für elementaranalytische und synthetische Karten in einschichtiger Darstellung, die auch dem Wunsch nach einer raschen Erfassbarkeit der Inhalte zugutekommt. Damit wird die Verwendung mehrschichtiger, insbesondere komplexanalytischer sowie synthetischer kartographischer Darstellungen nicht ausgeschlossen, sie obliegen aber einem besonderen Rechtfertigungsbedarf (d. h. konsequenterweise, dass kartographische Darstellungen nicht dem primären Zweck dienen sollen, die Fähigkeiten des Kartographen zum Ausdruck zu bringen, pro Flächeneinheit ein Maximum an Informationen unterzubringen). Auf der Objektebene bedeutet diese pragmatistische Form der Darstellung zwar ein Management von Kontingenz in Form deren Reduzierung, auf Meta-Ebene indes wird aus der Reduzierung deutlich, dass es sich um eine (mögliche) Interpretation von Welt unter vielen handelt, sprich, es wird Kontingenz dadurch verdeutlicht.

Über dieses pragmatische Ziel hinaus, wird – wie oben ausgeführt – mit neopragmatistischen kartographischen Darstellungen das Ziel verfolgt, Kontingenz in Bezug auf Raum, mehr noch für Landschaft, 1, 2 und 3 zu verdeutlichen bzw. zu entwickeln. Neopragmatische kartographische Darstellungen sind darum bemüht, geschlossene Narrative zu vermeiden (d. h. dazu anzuregen, den behandelten Inhalt weiterzuverfolgen, sie will schließlich funktional bzw. meta-funktional deviant wirken), sie sind auch darum bemüht, ein Erleben kartographischer Darstellung zu ermöglichen. Auch vermag eine ungewöhnliche thematische Ausrichtung bekannte Deutungs- und Bewertungsmuster aufbrechen (was funktional oder sogar meta-funktional wirken kann). Die Gestaltung sollte aber auch – in meta-funktional-devianter Weise – darauf ausgerichtet sein, die Frage auf die Arten kartographischer Darstellungen zu richten. Um dies zu erreichen, bedient sich neopragmatische Kartographie der Ironie. Schließlich ist diese – wie gezeigt – in besonderer Weise geeignet, Kontingenz, Vorläufigkeit und Revidierbarkeit von Redeskriptionen zu verdeutlichen. Ironie kann sich dabei in dreierlei Weise zum Ausdruck bringen (es handelt sich nicht um eine abschließende Aufzählung): Erstens, in einer Selbstironisierung des Kartographen, etwa in Form von Plagiaten mit dem eigenen Werk. Zweitens, in dem Spiel mit den konventionalisierten Gestaltungsprinzipien. Drittens, in einer ungewöhnlichen Themenwahl (insbesondere in Kombination mit einer wenig konventionellen Darstellung). Die Fähigkeit, ironisch gemeinte Abweichungen von Konventionen zu erkennen, ist wiederum von dem Grad der Inkorporierung expertenhafter Sonderwissensbestände abhängig (Daum 2012; Griffin und Fabrikant 2012). Ironische Kartographie kann hier auch so wirken, als sei sie ein Ausdruck von c-modalem Distinktionsgebaren gegenüber dem a- und insbesondere b-Modus. Dies kann einerseits für die syntaktische Abweichung von kartographischen Standards gelten, dies kann aber auch im Sinn der Ironie gelten, wenn das Zielpublikum infolge einer geringen Ausstattung an symbolischem Kapital nicht in der Lage ist, die Ironie zu erkennen, oder – noch weiter gehend – in der Verwendung eines ironischen Codes distinktives Gebaren erkennt (siehe zur Kartographiesemiotik: Arnberger 1993; Dickmann 2018; Freitag 1971; Jaworski und Thurlow 2010). Ironie ist im neopragmatischen Sinne ein Werkzeug der Selbsterzeugung, nicht der Distinktion, insofern ist ein distinktiver Einsatz von kartographischen Darstellungen nicht mit ihr vereinbar. Diese Überlegungen fußen nicht zuletzt in der Hybridität kartographischer Darstellungen, schließlich sind sie nicht allein der privaten Sphäre zuzuordnen, sondern entfalten auch in der Sphäre des Öffentlichen Wirkung. Insofern obliegt ihnen (vielmehr ihren Autoren) die Aufgabe neben der ironischen Kontingenzerzeugung der Verringerung von Grausamkeit. Das Ziel der Verringerung von Grausamkeit betrifft (erstens) den Inhalt, so gilt es etwa Inhalte, die Ressentiments befördern können, in geeigneter Weise zu kontextualisieren, dass bei angemessenem Gebrauch der Darstellung eine solche Wirkung unwahrscheinlich wird. Die betrifft (zweitens) auch Art von kartographischen Darstellungen, hier ist etwa auf die Verwendung einer despektierlichen Signaturensprache zu vermeiden. Dies betrifft (drittens) auch die – oben bereits ausführlicher thematisierte – Gefahr der distinktiven Abwertung anderer durch Nutzung von Codes, die allein in speziellen Vokabularen (die nicht mit den Zielvokabularen der Darstellungen übereinstimmen) verstanden werden.

Über die bereits thematisierte Tauglichkeit neopragmatischer kartographischer Darstellungen, Kontingenz zu verdeutlichen und Kontingenz zu erzeugen (Meta-Devianz), gelten auch die anderen beiden Ansprüche neopragmatischer Wissenschaft für die Kartographie in analoger Weise: So ist der Anspruch an neopragmatische kartographische Darstellungen, zum Zeitpunkt ihrer Erzeugung (!) zum einen relevant und zum anderen tauglicher zu sein, ‚Welt' zu deuten als dies bis dato erzeugte kartographische Darstellungen getan haben (funktionale Devianz). Auch haben neopragmatische kartographische Darstellungen den

Anspruch, Inhalte, Darstellungsformen bzw. Perspektiven zu liefern, die in künftigen kartographischen Redeskriptionen aufgegriffen und weiterentwickelt werden können (Rorty 1997; Topper 1995).

Abstrakt formuliert: Das zentrale Ziel neopragmatischer Kartographie besteht darin, ethische Ligaturen zu stärken und metadeviant zu wirken, um so Lebenschancen zu erweitern und Kontingenz darzustellen oder sogar zu erzeugen.

8.8 Das Konzept inverser Landschaften (und auch Räume)

Ein Konzept, das zum Ziel hat, im Sinne des ‚ironischen Theoretisierens', das Bewusstsein um die Kontingenz von Landschaft, aber auch Raum, auf allen drei Ebenen zu weiten, ist das Konzept der inversen Landschaften. Entwickelt wurde es im Kontext der Befassung mit den komplexen Verhältnissen von Landschaft und Macht (Kühne 2013b, 2013c) und wurde auch für die wissenschaftliche Befassung mit (nicht allein machtgebundenen) Kontingenzen von Landschaft 1, 2 und 3 erweitert (Kühne et al. 2024; Kühne, Berr, und Koegst 2023). Ausgangspunkt für das Konzept der inversen Landschaft waren Überlegungen des deutschen Geographen Gerhard Hard (2008, S. 268), der sich mit Manifestationen und Nicht-Manifestationen insbesondere des Sozialen in Raum bzw. Landschaft 1 beschäftigte: In „jeder halbwegs guten, d. h. auch: methodisch reflektierten (sozial) geographischen Exkursion […] (heute hoffentlich standardmäßig) nicht nur gefragt, was von Gesellschaft, Wirtschaft, Ökologie und Geschichte man im Raum, in der Landschaft, im Gelände sehen oder erschließen kann, sondern auch, was man weshalb nicht sieht (obwohl gerade das fürs gegebene Thema vielleicht weit wichtiger wäre) – und was man vielleicht nur zu sehen glaubt, weil man sein möglicherweise sogar falsches Vorwissen auf etwas projiziert hat, was vielleicht etwas ganz anderes bedeutet". Inverse Landschaften lassen sich in der hier ausgeführten Konzeption in raumbezogener Übersetzung an das Rortysche Konzept der „historischen Rekonstruktionen" (Rorty 2003, S. 362) anschließen, was „nicht umerzogene, verstorbene Denker zu ihren Zeitgenossen gesagt hätten" (Rorty 2003, S. 362). Es geht in beiden Fällen darum, sich Kontingenz in Form möglicher, so aber nicht eingetretener Ereignisse, zu vergegenwärtigen. Der äußere Rand der Kontingenz wiederum wird von der Phantasie bestimmt, denn „die Vernunft kann den letzten Kreis, den die Phantasie gezeichnet hat, nicht verlassen. In diesem Sinne hat die Phantasie Vorrang vor der Vernunft" (Rorty 2019, S. 204).

Hiervon ausgehend lassen sich als inverse Landschaften (auf allen drei Ebenen) kontingente Landschaften verstehen, also jene Landschaften, die in dieser Form nicht zu finden sind, die aber nicht unmöglich wären. Inverse Landschaften lassen sich in das Konzept Rortys der ‚therapeutischen Redeskriptionen' einordnen. Dabei handelt es sich um „eine Methode, um die Idee der Entontologisierung von Realität zu veranschaulichen und die Einsicht der Leserinnen und Leser in ihr konstruktives Können bei der diskursiven Formung der ontischen Realität zu stärken" (Merlingen 1999, S. 98).

Entsprechend des Verständnisses der Kontingenz auf allen drei Ebenen von Landschaft umfasst die inverse Landschaft 1 jene möglichen Objekte, die sich physisch nicht manifestieren konnten, die aber in dem jeweilig raumzeitlichen Rahmen hätten manifestiert werden können. Die Nicht-Manifestation kann auf unterschiedlichen Gründen basieren: Etwa, dass sich eine bestimmte Landnutzung infolge sich wandelnder ökologischer Bedingungen oder sich verändernder ökonomischer Rahmenbedingungen (ein Produkt wird an anderen Orten kostengünstiger hergestellt) nicht mehr rentabel ist und aufgegeben wird. Auch können sich die panrelationalen Machtverhältnisse verschieben, dass etwa das Interesse größer wird, eine Fläche etwa mit Naturschutzauflagen zu versehen und so bestimmte landwirtschaftliche Praktiken nicht mehr zuzulassen, wobei diese Machtverhältnisse reversibel und omnipräsent sind. Reversibel sind diese Machtverhältnisse nicht zuletzt deswegen, weil Macht allein erduldet, sondern das Erfahren von Macht durchdacht werden und kreativ zur Selbstermächtigung genutzt werden kann (Allen 2008; Dewey 1958; Rorty 1991a), was wiederum neue inverse Landschaften (3) hervorbringen kann, die – wenn sie sich im relationalen Machtgefüge durchsetzen können – auch in Landschaft 1 konkretisiert werden – wodurch aus inverser Landschaft 1 wiederum eine manifeste Landschaft 1 wird. Zurück zur Landschaft 3: Ihre Inversität bezieht sich darauf, was in den unterschiedlichen Vokabularen des b- und insbesondere des c-Modus (in geringem Umfange des a-Modus, hier als erinnerte, verlorene Landschaft) im Raum der kontingenten Vorstellungen zu einer alternativen Landschaft synthetisiert wird. Die Grenzen inverser Landschaften entstehen dort, wo alternative Deutungen von Landschaft als nicht fassbar ausgeschlossen werden.

Wie Landschaft im Allgemeinen, ist auch inverse Landschaft auf allen drei Ebenen in dreifachem Sinne zeitlich bedingt: Erstens, dokumentieren sie gesellschaftliche Verhältnisse, in denen sie entstanden sind, die heute aber in dieser Form nicht mehr zu finden sind, dies gilt insbesondere für materielle Manifestationen, die sich gegenüber einer Revision widerständig gestalten, etwa Bunkeranlagen, Altindustrieanlagen usw. (z. B. Fehn 1976; Schenk 2011). Sie verdeutlichen die historische Kontingenz von Landschaft. Inverse Landschaft findet sich aber auch für viele Gehalte der Landschaft 3. Romantische Landschaftsvorstellungen weisen erhebliche Persistenten auf, die einer Gestaltung von Landschaft gemäß aktuellen ‚Erfordernissen' (etwa ökonomischer Art) nicht mehr entsprechen (dazu etwa: Kirchhoff 2011, 2017; Kirchhoff und Trepl 2009; Kühne 2013a; Kühne und Berr 2024, im Erscheinen). Zweitens lassen sich Landschaften als Reaktionen auf gesellschaftliche Strukturen und Prozesse verstehen, die in der jeweiligen (!) Vergangenheit angemessen erschien. Landschaften – und auch inverse Landschaften – dokumentieren also stets eine zeitabhängige spezifische Konstruktion von Raum, unter der Syntheseanleitung ‚Landschaft'. Drittens, verweisen Landschaften 3 und inverse Landschaften 3 auch in die Zukunft, in Form der Planung eines kontingenten Zustandes, schließlich basiert Planung – als Governance-Praxis – nicht allein auf der Befassung mit dem Vorhandenen, sondern hat sich künftigen (und gegenwärtigen) Herausforderungen zu stellen (Healey 2009), also mit Kontingenz umzugehen. Diese Planung vollzieht sich auf unterschiedlichen Maßstabsebenen, unterschiedlichen Verbindlichkeiten und Zeiträumen (die kann von der Ergänzung des Vorgartens durch ein Stiefmütterchen nach dem morgendlichen Einkauf im Baumarkt, über die Landschaftsplanung einer Kommune für die nächsten zehn Jahre bis hin zu einer Neugestaltung der Nutzung neu eingepolderter Gebiete reichen – und darüber hinaus, wenn wir uns die Pläne der Nazis der landschaftlichen Überformung Ostmitteleuropas vor Augen führen). In Form solcher Planungen entfalten gegenwärtige Machtverteilungen (oder auch kontingente Machtverteilungen) eine potenziell künftige Wirkung. Da (deviante) Landschaften 1 und 3 letztlich Ergebnis von devianten Landschafts-, allgemeiner Raumkonstruktionen von Individuen (Landschaft 2 oder Raum 2, ausführlicher zum Thema Kartographie: Edler und Kühne 2022b; Kühne und Koegst 2022) sind, zeigt sich auch hinsichtlich der Konstruktion von inversen Landschaften (allgemeiner: Räumen) die konstitutive Bedeutung von Welt 2. Inverse Landschaften basieren auf Annahmen, diesseits des Unmöglichen und jenseits des Eingetretenen.

Die zeitliche Gebundenheit des Konzeptes von inversen Landschaften lässt sich knapp folgendermaßen fassen: Im Raum landschaftlicher Kontingenzen finden sich alle jene Landschaften die aktuell nicht ausgeprägt sind: Inverse Landschaften lassen sich als gewesene wie auch als noch nicht gewordene Landschaften verstehen. Da dies für alle drei Ebenen gilt, also auch vergangene Vorstellungen von Landschaft, die nicht in der Lage waren, sich durchzusetzen, aber auch für künftige Vorstellungen von Landschaft, die gegenwärtig noch nicht absehbar sind, ist der Kontingenzraum, in dem sich inverse Landschaften bilden können sehr groß (angesichts der Tendenzen der Differenzierung von Landschaftsverständnissen im Kontext sozialer Differenzierungsprozesse wird er – von dem aktuellen Kenntnisstand ausgehend – auch eher größer). Hier wird auch das – im Neopragmatismus vertretene – Verständnis von Macht deutlich: Das aktive und ermächtigende Potenzial von Macht äußert sich in der Konstruktion inverser Landschaften. Diese Landschaftsalternativen stellen sich dem Wettbewerb um Tauglichkeit, wobei sich dieser Wettbewerb im Spannungsfeld der Kräfte des Beharrens und der Veränderung vollzieht (Dahrendorf 1957). Die hierbei entstehenden Konflikte haben das Potenzial gesellschaftlich produktiv zu wirken. Gerade unter der Haltung der Ironie kann der Wettbewerb inverser Landschaften um Manifestation produktiv gehalten werden, da hier stets eine Distanz des Uneigentlichen gebildet wird.

Um das hier dargelegte Verständnis von inversen Landschaften auf den Punkt zu bringen: Als inverse Landschaften, lassen sich solche Landschaften fassen, die zwar nicht unmöglich sind, aber dennoch so nicht zu finden sind oder -von einem bestimmten Zeitpunkt aus betrachtet – waren. Inverse Landschaften sind also – knapp gesprochen – konkretisierte Projektionen raum-zeitlicher Kontingenz, womit sie aus dem Bewusstsein der Kontingenz von Selbst, Sprache und Gesellschaft erwachsen. Die (karto)graphische Umsetzung von inversen Landschaft basiert auf einer Gestaltung, die sich von einem repräsentationalen Verständnis von erkennenden Subjekt und erkanntem Objekt abwendet – nicht zuletzt, weil sich das ‚zu erkennende Objekt' im Kontingenzraum aufgelöst hat. Ein Bewusstsein, das sich einer ironischen Haltung – und einer ebensolchen Gestaltung – ausdrückt. Dies wiederum ist Thema des nächsten Abschnittes.

8.9 Die (karto-)graphische Darstellung der Ergebnisse neopragmatischer raumbezogener Forschung[2]

Kartographische Darstellungen sind in besonderer Weise für Geographinnen und Geographen Sprache, Unterhaltung und Konversation (Barnes 2020; Bunge 1966, 1989). Sie sind dabei weder objektive Abbildung eines räumlichen Sachverhaltes, „nor rooted in any essential cartographic Truth" (Barnes 2020, S. 105). Vielmehr sollten die impliziten Annahmen, die Karten innewohnen, explizit gemacht werden oder – in einem weiteren Schritt – sollten Karten experimentell sein, soziale Bezüge Darstellungsformen bestimmen, nicht diese in einen abstrakten

[2] Bei den Ausführungen dieses Abschnitts handelt es sich um überarbeitete, ergänzte und erweiterte Ausführungen eines Textes, der bereits in Kühne et al. (2024) erschienen ist.

euklidischen Raum einfügen (Barnes 2023; Bunge 1966, 1989). Diese Grundüberlegungen sollen im Folgenden zur Verwendung im Kontext der Befassung mit ‚horizontalen Geographien' weiterentwickelt werden.

Wie im vorangegangenen Abschnitt herausgearbeitet wurde, können funktional-deviante und insbesondere meta-funktional-deviante (karto-) graphische Darstellungen zur Verdeutlichung und Erzeugung von Kontingenz beitragen. Die funktionale und meta-funktionale Devianz von Darstellungen bezieht sich auf die Auswahl von Themen, Daten oder Darstellungsmethoden, oder aber die Kombination davon (ausführlicher: Edler und Kühne 2022b; Kühne und Jenal 2020a; Kühne und Koegst 2022). Damit dienen sie der Maximierung von Lebenschancen als normative Grundlage des hier vorgestellten Verständnisses von neopragmatistischer Raumforschung. Das Ziel Lebenschancen zu schaffen, gründet einerseits auf der Schaffung latenter Optionen, insbesondere individuell verfügbarer latenter Optionen, andererseits in einem differenzierten Umgang mit Ligaturen. Ligaturen, die eine bedachte Auswahl an Optionen ermöglichen, aber auch moralische Ligaturen einordnen, sind in Bezug auf eine innengerichtete Gültigkeit zu überprüfen, sprich ethische Ligaturen, ist in diesem Sinne zu folgen. Ligaturen, die lediglich in moralischen, häufig impliziten Konventionen verharren, sind zurückzuweisen.

Wie bereits an früherer Stelle ausgeführt (grundlegend: Abschn. 5.7; in Bezug auf ein neopragmatisches Forschungsprogramm: Abschn. 8.7), ist ein zentrales Element einer meta-funktional-devianten Darstellung die Ironie. Ironie erwächst, wie bereits angesprochen, zu einem aus dem Bewusstsein der Kontingenz, zum anderen erwächst sie aus dem Bewusstsein der Hinfälligkeit abschließender Vokabulare (Rorty 1997). Kein Vokabular kann für sich in Anspruch nehmen, in allen Kontexten und zu allen Zeiten Gültigkeit zu haben. Vokabulare stehen vielmehr vor der Herausforderung, sich der Dynamik gesellschaftlicher Entwicklungen anpassen zu müssen, oder in redeskriptiven Vokabularen verwoben zu werden. Auch die Kartographie und ihre Präsentationsformen stehen unter dem Druck, ihre Nützlichkeit unter Beweis stellen zu müssen. Aus dieser Perspektive formuliert, lässt sich das Aufkommen der kritischen Kartographie als ein Versuch rekonstruieren, die ‚klassische Kartographie' als abzulösendes Vokabular zu rekonstruieren. Das damit einhergehende Bestreben, c-modale positivistisch orientierte Kartographie durch ein b-modales ‚mapping' zu ersetzen, hat sich angesichts der komplexer werdenden Herausforderungen der Orientierung in Räumen (einschließlich virtuellen und augmentierten) als nur in Teilen (nämlich der Feststellung der Konstruiertheit kartographischer Darstellungen) als nützlich erwiesen. Insofern stellt das hier dargelegte Konzept einer neopragmatischen Kartographie einen Redeskriptionsvorschlag dar, der einerseits die nützlichen

Teile der ‚klassischen Kartographie' (jenseits Distinktionsgebaren und einem ausschließlich positivistischen Weltverständnis) und andererseits jene der ‚kritischen Kartographie' (hier insbesondere konstruktivistische Grundhaltung und die Integration a- und b-modaler Perspektiven) miteinander verwebt und so eine Redeskription formuliert, die auf ihre Nützlichkeit zu untersuchen ist.

Die ‚klassische' Kartographie war und ist (das macht ihre gegenwärtige Relevanz deutlich) an das gesellschaftliche Bedürfnis gebunden, sich intersubjektiv im Raum 1 orientieren zu können – später kam mit der thematischen Kartographie auch das Bedürfnis hinzu, sich in nicht-materiellen räumlichen Kontexten zu orientieren (wobei das positivistische Raumverständnis erhalten blieb). Die ‚klassische Kartographie' hat entsprechend Darstellungsformen hervorgebracht, die (hier insbesondere in der topographischen Kartographie) ein hohes Maß an Standardisierung in Bezug auf Erhebung, der Transformation des Erhobenen in vergleichbare Daten und der Präsentation der Ergebnisse in zwei Dimensionen hervorgebracht hat. Dieses repräsentationalistische Vorgehen erwies sich für gesellschaftliche Kontexte als nützlich, die nach der Domestizierung der Welt trachteten (Stichweh 2003). Mittels binärer Codes wurde sie vereindeutigt und so begrifflich verfügbar gemacht. Mit der Bewusstwerdung, dass diese binären Codes nicht ‚die Welt abbilden', sondern, dass unter den binären begrifflichen Codes noch immer das Hybride verborgen ist (Kraidy 2005; Latour 1993; Nederveen Pieterse 2005; Zierhofer 1999), sowie der zunehmenden Bewusstwerdung der Kontingenz von Welt, die nur scheinbar mittels der Konstruktion von Eindeutigkeiten – hier kartographischer Codes – gebändigt wurde (Kühne, Edler, und Jenal 2022a; Raaphorst 2018; Reckwitz 2011), wurde die Unzulänglichkeit solcher Strategien des Zugriffes auf Welt deutlich. Doch anstelle der Strategie, diese Formen der Entkomplexisierung von Welt einfach als unangemessen zu den Akten zu legen (die Strategie der kritischen Kartographie), werden unter reflexiver Nutzung dieser Darstellungen neue Formen (karto)graphischer kontextsensibler Weltbewältigung nötig, die solche Hybriditäten verdeutlichen und Kontingenzen gegenüber sensibel sind und neue erzeugen. Eine Möglichkeit in dieser Form tätig zu werden, ist die Übersetzung inverser Landschaften in (karto)graphische Darstellungen. Diese Übersetzung folgt der Aufforderung Richard Rortys (2019, S. 220) „das Schlagwort ‚Wir wollen es richtig darstellen' [...] durch eine Devise wie ‚Wir wollen es mal anders versuchen!'" zu ersetzen im Sinne des ‚ironistischen Theoretisierens'.

Die (karto)graphische Übersetzung von Landschaft bedeutet die Notwendigkeit eines Umgangs mit einer vierfachen Kontingenz:

1) Das generelle (b-modale) Verständnis von Landschaft ist kontingent, es variiert in kulturellen, sozialen, generationellen etc. Kontexten, hinsichtlich der Ausprägung und Gewichtung von Deutungs-, Kategorisierungs- und Bewertungsmustern, hier insbesondere hinsichtlich ästhetischer und ökologischer Normvorstellungen.
2) Bei der Übersetzung von ‚Landschaft' in eine (karto)graphische Darstellung werden in der Regel c-modale Muster aktiviert, die sich auch in Hinblick auf die kartographische Darstellbarkeit unterscheiden (von einem positivistischen Verständnis einer Repräsentation von Landschaft 1 bis hin zu kreativ-künstlerischen landschaftlichen Interpretationen).
3) Die Zugänge zu einem konkreten als ‚Landschaft' gedeutetem Raum sind kontingent. Hier sind b- wie c-modale Zugriffe für einen konkreten als Landschaft gedeuteten Raum aktualisiert. Dies betrifft nicht zuletzt die Nutzung unterschiedlicher Methoden der Datenerhebung.
4) Die Formen der Darstellung von dem, was nun unter ‚Landschaft' gefasst wird, sind kontingent. Dieser Kontingenzgewinn erfolgt einerseits infolge immer umfangreicher werdender technischer Möglichkeiten der Präsentation von Ergebnissen (die häufig ebenfalls zeitlicher Variation unterliegen), andererseits auch infolge eines sich verstärkenden Bewusstseins von Uneindeutigkeiten.

Bei der (karto)graphischen Darstellung inverser Landschaft wird – im Sinne der Konzeption inverser Landschaften – die Kontingenz insofern zusätzlich vergrößert, hier die oben aufgeführten Punkte aufgreifend, weil (1) im b-Modus individuelle Erfahrungen, Präferenzen, Fantasien etc. (Landschaft 2) in die Konstruktion inverser Landschaften – und letztlich ihrer Darstellung – einfließen. In unterschiedlichen c-modalen Konstruktionen von inversen Landschaften können (2) fachlich erzeugte Utopien, Dystopien, Interferenzen zu anderen fachlichen Kontexten, Idealtypenbildungen (im Sinne Max Webers), Prognosen und Szenarien erprobt und für unterschiedliche zeitliche und soziale Kontexte erzeugt werden. Auch können die Ausgangssubstrate von als Landschaft gedeuteten Räumen variieren (3): Sie können von konkreten als Landschaft 1 gedeuteten Räumen ausgehen, sie können einer künstlerischen Gestaltung ebenso entspringen, wie einer algorithmenbasierten Konstruktion im Virtuellen Raum. Dies leitet zu (4) über: Zum einen erweitern sich die Methoden der Darstellung, insbesondere in Bezug auf zweidimensionaler wie dreidimensionaler Computerkartographie, aber auch auf augmentierte und virtuelle Räume, aber auch die Kreativität der Erzeugung, Kontextualisierung und Verbreitung von Signaturen nimmt zu.

Eine kontingenzsensible Form der (karto)graphischen Präsentation inverser Landschaften bedeutet (in Rückgriff auf die oben ausgeführten Überlegungen): Eine Fokussierung der Darstellung auf den eigentlichen Zweck der Darstellung (a), eine Auswahl von Themen, die zumindest randlich zu dem Üblichen liegen (b). Eine Auswahl methodischer Zugänge, die randlich von Konventionen liegen (c). Die Herausarbeitung von Darstellungsformen, die jenseits der Konventionen angesiedelt sind (d). Diese Möglichkeiten stellen nicht die Formulierung einer allgemeinverbindlichen Norm dar, sie bieten lediglich Anregungen, wie sich eine kontingenzsensible (karto)graphische Übersetzung horizontalgeographischer Forschung gestalten lässt. In Abhängigkeit von Fragestellung, Aussagezweck und avisierte Nutzerschaft kann eine Übersetzung durchaus variieren, ob nun alle diese Aspekte aufgegriffen werden, Kombinationen davon oder keines. Wobei die Entscheidungen der Rechtfertigung bedürfen.

Mehr noch als kartographischen Darstellungen wird Fotographien die ‚Eigenschaft' zugesprochen, die ‚Realität abzubilden'. Mit der Wahl von Bildausschnitt und Tiefenschärfe, Möglichkeiten der ‚Optimierung' der Farbsättigung und anderer Formen der Bildnachbearbeitung bis hin zur Entfernung oder Hinzufügung von Objekten kann ein solches Verständnis kaum aufrecht erhalten werden (siehe in diesem Kontext: Breckner 2010; Schlottmann und Miggelbrink 2015). Dies gilt umso mehr für die Möglichkeiten der Erzeugung KI-gestützter Photographie-ähnlicher Bilder, wie sie sich in der letzten Zeit rasant entwickelt hat. Wie Karten sind auch Fotos Ausdruck von Asymmetrien in Machtgeflechten, hier Fotoproduzent (Fotograf und Bearbeiter oder gleich der Künstlichen Intelligenz) und Fotorezipienten (die lediglich das fertige Produkt kennen). Eine Konsequenz wäre, auf fotobasierte Darstellungen zu verzichten oder allein auf Fotos von Personen mit alltagweltlichen Zugängen zum Feld zurückzugreifen. Dieser Konsequenz sollte aus neopragmatischer Perspektive nicht gefolgt werden. Dies liegt zum ersten in der Möglichkeit von fotobasierten Darstellungen, komplexe Zusammenhänge an konkreten Beispielen zu verdeutlichen, zum zweiten daran, dass ein Verzicht auf fotobasierte Darstellungen ein Verzicht wäre, die Vielschichtigkeit der (visuell wahrnehmbaren) Welt darzustellen. Zum dritten, bedeutete er auch eine Abkehr von der Möglichkeit, c-modale Perspektiven, die für die Lösung von Problemen Nützliches beizutragen haben, auszuschließen (wenngleich sie sich – wie verschiedentlich ausgeführt – dem Drang verschließen sollten, sich distinktiv abzugrenzen).

Ausgehend von diesen Überlegungen sowie im Bewusstsein des Ziels neopragmatischer raumbezogener Forschung, die Kontingenz räumlicher Konstruktionen zu verdeutlichen wie auch neue Kontingenzen zu erzeugen, wird auch der

Umgang mit fotobasierten Darstellungen angepasst. Hierzu eignen sich unterschiedliche Vorgehensweisen, etwa um die Perspektivabhängigkeit der Betrachtung komplexer Objekte (wie Räumen und insbesondere Landschaften; siehe dazu grundsätzlich: Papadimitriou 2010, 2020, 2021) zu verdeutlichen, eignen sich Kollagen. Infolge der Vielzahl der Fotos wird Lesenden die Möglichkeit eröffnet, sich ein mehrschichtiges (visuell gebundenes) Verständnis von dem vorgestellten Raum zu machen. Auch ist die Kombination von fotographischen Darstellungen von einer Weitwinkelaufnahme bis hin zu Makroaufnahmen von Details möglich, um die Kontextgebundenheit zu präsentieren. Eine andere Möglichkeit ist die Nutzung offenkundiger Bildbearbeitung, dies reicht von offenkundigen Überzeichnungen, über Überblendungen bis hin zu einer Umsetzung von Fotos in andere Bildgenres, etwa Gemälden oder Comics. Um Multiperspektivität darzustellen – und dabei ironische Zugänge zu ermöglichen – lassen sich diese unterschiedlichen Darstellungsformen auch kombinieren (mehr dazu fallbeispielhaft in Kap. 9).

8.10 Abläufe neopragmatistischer Raumforschung

Aus dem im Vorangegangenen Dargestellten wird deutlich, dass auch die Ergebnisse eines solchen Forschungsvorhabens zu neopragmatischen horizontalen Geographien die Kontingenz des Gegenstandes verdeutlichen und ihrerseits kontingent sind. Dies bezieht sich nicht allein auf die Kontingenz zu den sechs Triangulationen, die miteinander interferieren:

- Die Auswahl an Theorien ist kontingent. Zu einem komplexen Themenfeld (hier horizontalen Geographien) existiert eine Vielzahl von Theorien, die abgewogen, miteinander in Beziehung gesetzt werden müssen, ihre Nützlichkeit abgeschätzt und gerechtfertigt werden. Diese Auswahl ist entsprechend kontingent (schließlich können nicht alle zur Verfügung stehenden Theorien herangezogen werden, schon aus Gründen der Forschungspraktikabilität, denn Zeit, Mittel und intellektuelle Kapazitäten sind schließlich begrenzt). Auch soll Folgendes nicht verschwiegen werden (schließlich bedeutet die Zuwendung von der Vorstellung des allwissenden Gottvaterforschers auch die Limitiertheit von Forschenden zu akzeptieren): Zwar wird vorausgesetzt, dass zentrale Theorien zum Gegenstand (hier der regionalen Raum- und insbesondere Landschaftsforschung) bekannt sind, dennoch ist es möglich, dass bestimmte, Tauglichkeit versprechende Theorien nicht zuhanden sind (sei es, dass sie sehr aktuell sind, lange Zeit in Vergessenheit geraten sind, nicht ich einer Sprache veröffentlicht sind, die die Forschenden beherrschen, sie in Nachbardisziplinen verwendet werden und den Forschenden nicht bekannt wurden etc.). Auch ist es möglich, dass bestimmte (liebgewonnene) Theorien zum Verständnis des Themas bevorzugt behandelt werden.

- Analoges gilt auch für die Auswahl von Methoden wie auch deren Umsetzung: Auch diese gestaltet sich kontingent, dies in vierfacher Weise: Zunächst, erstens, in Bezug auf die Ableitung methodischer Zugriffe aus den verwendeten Theorien, schließlich legt eine Theorie in der Regel nicht zwangsläufig die Nutzung einer Theorie nahe, sondern eröffnet die Möglichkeit, unterschiedliche Theorien zu nutzen. Zweitens heißt die Auswahl von Methoden, sich (gerechtfertigt) gegen andere Methoden zu entscheiden. Drittens bedeutet die Anwendung von Methoden – gerade bei horizontalgeographischer Forschung, die unterschiedlichste Ergebnisse synthetisiert – eine Beschränkung der Forschungstiefe (etwa durch eine geringere Anzahl von Interviewten, als dies bei ‚vertikalgeographischer Forschung' nötig wäre). Viertens bei der Auswertung nicht allein der einzelnen empirisch, sondern auch der aus anderen Quellen stammenden Daten, jeweils nicht allein in Bezug auf die jeweilige Detailfrage, sondern auch im wechselseitigen Kontext.
- Kontingenz entsteht auch aus den unterschiedlichen c-modalen Perspektiven, die sich aus der jeweiligen disziplinären Herkunft der Forschenden ergibt, aber auch aus der Interferenz dieser Perspektiven. Haben die unterschiedlichen Forschenden unterschiedliche kulturelle und regionale Herkünfte, sind unterschiedlichen Genders und Alters, befinden sie sich in unterschiedlichen Phasen wissenschaftlicher Karriere etc. erfolgt – einen wertschätzenden und Argumente würdigenden Austausch vorausgesetzt – eine Kontingenzsteigerung. Gleiches gilt auch für die Integration a- und b-modaler Perspektiven, insbesondere durch Menschen, die mit dem betreffenden Forschungsraum auf irgendeine Weise in Beziehung stehen, aber auch der Zulassung und Reflexion eigener a- und b-modaler Perspektiven seitens der Forschenden. Diese Offenheit gegenüber unterschiedlichen a- und b- und c-modalen Perspektiven, bedeutet, dass bestimmte Aspekte auffallen und (häufig multiperspektivisch) in den Forschungsprozess integriert werden. Sie bedeutet aber auch, dass andere Aspekte nicht oder anders kontextualisiert integriert werden. Dies bedeutet auch, dass aus unterschiedlichen Personenkonstellationen völlig andere Forschungsergebnisse erwachsen können – was wiederum die Kontingenz von Raumkonstruktionen und Forschung verdeutlicht. Doch Kontingenz ist nicht allein hieran geknüpft: Auch Zufälle im Forschungsprozess (von ungeplanten Begegnungen mit Personen im Forschungsprozess, zufällig an Forschende

herangetragene Informationen bis hin zu unkalkulierbaren Witterungsbedingungen) können die Ergebnisse beeinflussen.
- Die Kontingenz von komplexen Gegenständen (hier ‚horizontaler Geographien'), der Auswahlen und Zufälle im Forschungsprozess, der Interferenzen zwischen empirischen Ergebnissen und herangezogenen Daten, zwischen Methoden, Ergebnissen und Theorien, der a-, b- und c-modalen Perspektiven, schlägt sich in Formen der Vorstellung nieder, die Kontingenz deutlich machen, ihrerseits Raum für kontingente Deutungen liefern.

Spätestens an dieser Stelle wird deutlich, dass neopragmatische raum- und landschaftsbezogene Forschung nicht in Form eines linearen Forschungsprozesses organisiert werden kann, der sich quasi allein aus c-modaler Logik speist. So ist sich neopragmatische Forschung stets der Unhintergehbarkeit a- und b-modaler lebensweltlicher Perspektiven bewusst, die die sprachgebundene Basis einer jeden c-modalen Perspektive auf Welt bilden (Abb. 8.1). Auf Grundlage eines – sich aus unterschiedlichen in verschiedener Intensität speisenden a-, b- und c-modalen Quellen – thematischen und raum- bzw. landschaftsbezogenen Rahmens der Untersuchung wird deren Relevanz – insbesondere vor dem Hintergrund ihrer (abgeschätzten) Nützlichkeit – ermittelt, ein Literaturüberblick verschafft und Theorien, Methoden, Daten und Forschendenperspektiven bestimmt, wie auch die Integration von a- und b-modalen Perspektiven. Dies bedeutet indes keine Festlegung, sondern eher eine Leitvorstellung, um Abweichungen und Innovationen abschätzen zu können, schließlich ist der Forschungsprozess durch rhizomatische Kontextualisierungen (eine Entlehnung aus der Assemblage-Theorie) und hermeneutische Rückbindungen gekennzeichnet. Diese Rückbindungen dienen auch dazu, theoretische Grundlagen, wie auch Methoden, Perspektiven, Daten etc. anzupassen, sprich aufzunehmen, zu erweitern oder auch als (vorläufig) nicht weiter nützlich aufzubewahren. Auch diese Entscheidungen sind rechtfertigungs- und damit darstellungsbedürftig. Letztlich handelt es sich bei einem solchen Vorgehen um einen von bestimmten Vorannahmen geleiteten iterativen Suchprozess, der sich jederzeit (sollten sich neue Perspektiven auftun) in eine andere Richtung bewegen kann, theoretisch, methodisch, in Bezug auf Perspektiven, Daten und auch Darstellungen – aber auch thematisch.

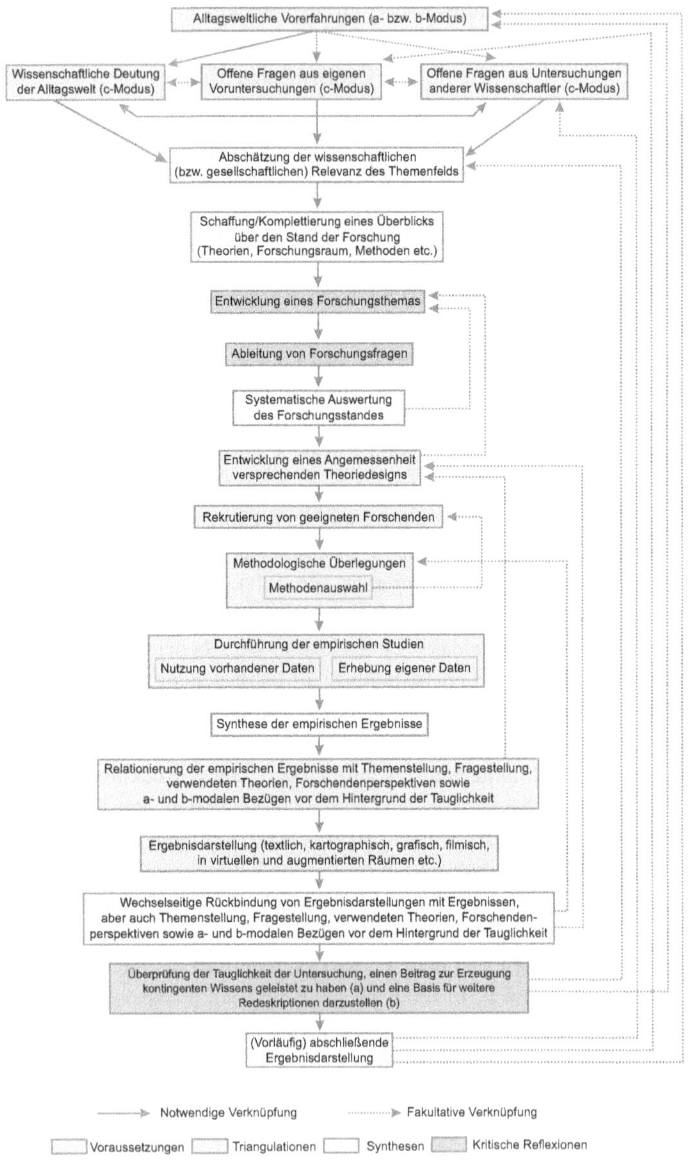

Abb. 8.1 Generalisiertes Schema eines neopragmatistischen Forschungsprozesses mit ihren Voraussetzungen, Triangulationen, Synthesen und kritischen Reflexionen sowie hermeneutischen Rückbindungen. (Eigene Darstellung).

Eine solchermaßen verstandene Forschung weist ein erhebliches Innovationspotenzial auf: Neopragmatische horizontale Geographien beschränken sich nicht auf eine Anwendung bewährter Ergebnisse ‚vertikaler Geographien', gegebenenfalls unter Nutzung von deren ebenso bewährter Theorien, sondern sie haben den Anspruch, nicht allein eigenständige empirische Forschung zu leisten, nicht allein dort, wo Lücken in der ‚vertikalgeographischen Forschung' bestehen, sondern auch dort, wo originär horizontalgeographische, synthesebezogene Fragen bestehen, etwa in der Interferenz spezifischer Systemlogiken in Bezug auf die Konstruktion und die Einschreibung in Raum 1, um an dieser Stelle einmal die Luhmannsche Systemtheorie zu bemühen. Eine solche Art des Betreibens von horizontalgeographischer Forschung hat auch den Anspruch, die Theorieneuentwicklung in der Raumforschung (insbesondere der sozial- und kulturwissenschaftlichen) voranzutreiben. Dies einerseits im Bewusstsein, dass eine synthetische Untersuchung von etwas (hier Raum bzw. Landschaft) einen spezifischen Gegenstand hat, der insbesondere dort Erkenntnisgewinne verspricht, wo zum einen Lücken zwischen ‚vertikalgeographischen Forschungsprogrammen bestehen, zum anderen die wechselseitige Bezugnahme von Systemlogiken von Interesse sind. Andererseits hat sie den Anspruch, auch Angebote an diese ‚vertikalgeographische Forschungsprogramme' zu machen, wenn es um die Kontextualisierung von theoretischen Zugriffen (aber auch Ergebnissen gilt). Vergleichbares gilt auch für die Nutzung, Entwicklung und Erprobung von Methoden. Auch hier geht mit dem neopragmatistischen Ansatz einher, dass sich ‚horizontalgeographische Forschung' ihrer spezifischen Perspektive bewusst werden und sich nicht als Summe ‚vertikalgeographischer Forschung' versteht. Der spezifische Anspruch, Kontingenz des Gegenstandes zu verdeutlichen, kommt nicht zuletzt auch in der Integration unterschiedlicher a-, b- und c-modaler Perspektiven zum Ausdruck, die in einer ‚vertikalgeographischen Forschung', die sich eher mit Kontingenzmanagement, denn mit Kontingenzerweiterung befasst, weit weniger zum Ausdruck. Besonders deutlich wird der Aspekt der Erweiterung von Kontingenz im Kontext der (karto)graphischen Vorstellung von Ergebnissen, die darauf zielen, nicht den Eindruck einer ‚eindeutigen und objektiven Darstellung der Realität' erzeugen zu sollen, sondern – häufig durch Rückgriff auf eine ironischen Haltung – zu verdeutlichen, dass sie eine Möglichkeit der Auswahl und Interpretation von Daten sind.

Dabei lassen sich insbesondere zwei taugliche Wege ausmachen, sich Kontingenz zu nähern: Erstens, Befassung mit dem Offensichtlichen, dessen kontextgebundene Kontingenz herausgearbeitet wird, etwa mittels des Konzeptes inverser Landschaften. Zweitens, Befassung mit dem nicht gemeinhin Erwarteten. Hierbei gehen Forschende insbesondere jenem nach, was sich bei Untersuchungen vor Ort auftut, was etwa in der einschlägigen Literatur oder Datenbanken un- oder kaum beachtet blieb, aber dennoch für die (insbesondere a- und b-modale) Konstruktion des Gegenstandes von Bedeutung ist.

Wie mehrfach angesprochen, ist die Darstellung von Kontingenz und die Erzeugung kontingenten Wissens ein zentrales Ziel neopragmatistischer Raumforschung. Ein anderes Ziel besteht – den pragmatistischen Wurzeln folgend – in einer Ausrichtung auf Nützlichkeit. Die Befassung mit und Erzeugung von Kontingenz hat also zum Ziel, nützliche Verständnisse von Welt, hier insbesondere Raum bzw. Landschaft zu erzeugen. Kontingente Redeskriptionen sind zunächst einmal deviant (dazu grundlegend: Edler und Kühne 2022a, 2022b; Kühne, Berr, und Koegst 2023; Kühne und Koegst 2022). Sie weichen von den üblichen Mustern der Welt-, Raum- und Landschaftsdeskription ab. Inwiefern sich Redeskriptionen als funktional (also für die Praxis anwendbar, die Wissenschaft redeskribierbar), meta-funktional (also bislang nicht vorhandene oder nicht in dieser Form elaborierte Formen der Beschreibung der Konstruktion von Welt, Raum bzw. Landschaft liefern) oder a-funktional (also nicht weiter in Wissenschaft und praktischer Bezugnahme zu Welten, Räumen und Landschaften) erweisen, liegt (jenseits der Herstellung von Anschlussmöglichkeiten) weniger bei den Produzenten neopragmatischer Forschungsergebnisse als der Rezeption dieser Ergebnisse. Was in der neopragmatischen Forschung Tätige in Konzeption und Umsetzung ihrer Forschungen vermeiden sollten, ist die Produktion dysfunktionaler Devianzen. Die Gefahr dysfunktionaler Devianzen findet sich – vor dem Hintergrund der Ausrichtung von Forschung auf die Darstellung und Produktion von Kontingenz (in Bezug auf Wissenschaft) und darüber hinaus auf die gesellschaftliche Ausweitung des ‚Wirs' – in unterschiedlichen Aspekten:

- Den Ausschluss von Theorien bzw. Methoden (jenseits des Essentialismus, siehe oben) aufgrund außengerichtet-moralischer Ligaturen, die nicht mittels ethischer Ligaturen hinterfragt wurden.
- Den Ausschluss von Ergebnissen infolge der Unliebsamkeit (wiederum auf Grundlage moralischer Ligaturen) oder infolge der Nicht-Deutbarkeit im Rahmen einer präferierten Theorie.
- Die moralische Abwertung von Personen, die anderen Moralen folgen, sowie des Ausschlusses von Äußerungen der abgewerteten Personen aus dem Kontext der eigenen Untersuchungen.
- Das Betreiben von Wortklauberei. Neopragmatische Forschung zu ‚horizontalen Geographien' ist themen- und nützlichkeitsorientiert, insofern sollte eine terminologische Schärfe insofern hergestellt werden, dass Ergebnisse intersubjektiv nachvollziehbar vorgestellt werden können. Die Entwicklung von

Terminologie sei entsprechend weder Selbstzweck oder Mittel der Distinktion noch soll sie den Nachvollzug unnötig einschränken.

Das Ergebnis dieses Umrisses des Vorgehens bei neopragmatischen Forschungen zu ‚horizontalen Geographien' lässt sich in folgender Form knapp zusammenfassen: Es gibt kein ‚objektives' und standardisierbares Ergebnis zu einem bestimmten Raum, sondern eine kontingente, theoretisch rückgebundene, methodisch nachvollziehbar und begründete, auf Daten unterschiedlicher Herkunft und Ausrichtung basierende, a- und b-modale Perspektiven integrierende (Transdisziplinarität) und verschiedene c-Modi berücksichtigende (Interdisziplinarität) mit Darstellungsformen versehene Untersuchung, die Kontingenz verdeutlichen.

Literatur

Allen, J. (2008). Pragmatism and power, or the power to make a difference in a radically contingent world. *Geoforum, 39,* (*4,* 1613–1624). https://doi.org/10.1016/j.geoforum.2007.06.004

Allen, B. (2011). Die Kulturpolitik nichtmenschlicher Dinge. In A. Gröschner, M. Sandbothe, & R. Rorty (Eds.), *Pragmatismus als Kulturpolitik. Beiträge zum Werk Richard Rortys* (Suhrkamp Taschenbuch Wissenschaft, vol. 1981, 1st ed., S. 144–169). Berlin: Suhrkamp.

Arnberger, E. (1993). *Thematische Kartographie* (3rd ed.). Braunschweig: Westermann.

Baert, P. (2009). A neopragmatist agenda for social research: Integrating Levinas, Gadamer and Mead. In H. Bauer, & E. Brighi (Eds.), *Pragmatism in International Relations* (S. 44–62). London: Routledge.

Baert, P. (2011). Neo-Pragmatism and Phenomenology. *European Journal of Pragmatism and American Philosophy, III,* (*2*). https://doi.org/10.4000/ejpap.816

Baltzer, U. (2001). Rorty und die Erneuerung des Pragmatismus. In T. Tietz, U. Schäfer, & R. Zill (Eds.), *Hinter den Spiegeln. Beiträge zur Philosophie Richard Rortys mit Erwiderungen von Richard Rorty* (S. 21–48). Frankfurt am Main: Suhrkamp.

Barnes, T. J. (2008). American pragmatism: Towards a geographical introduction. *Geoforum, 39,* (*4,* 1542–1554). https://doi.org/10.1016/j.geoforum.2007.02.013

Barnes, T. J. (2020). Rorty, conversation and the power of maps. In L. W. Robert, & J. Wills (Eds.), *The power of pragmatism. Knowledge production and social inquiry* (S. 102–116). Manchester: Manchester University Press.

Barnes, T. J. (2023). Towards a pragmatist economic geography. *Environment and Planning A.* https://doi.org/10.1177/0308518X231203087

Berr, K. (2022). Zur (Un)Hintergehbarkeit der Gegenwart. Eine geschichtsphilosophische Einordnung im Hinblick auf Raumverständnisse. *Berichte. Geographie und Landeskunde, 96,* (in Veröffentlichung). Themenheft 'Unhintergehbarkeit der Gegenwart'.

Berr, K., Jenal, C., Kühne, O., & Weber, F. (2019). *Landschaftsgovernance. Ein Überblick zu Theorie und Praxis.* Wiesbaden: Springer VS.

Berr, K., Jenal, C., Koegst, L., & Kühne, O. (2022). *Noch mehr Sand im Getriebe? Kommunikations- und Interaktionsprozesse zwischen Landes- und Regionalplanung, Politik und Unternehmen der Gesteinsindustrie* (RaumFragen – Stadt – Region – Landschaft). Wiesbaden: VS Springer.

Bischoff, W. (2007). *Nicht-visuelle Dimensionen des Städtischen. Olfaktorische Wahrnehmung in Frankfurt am Main, dargestellt an zwei Einzelstudien zum Frankfurter Westend und Ostend* (Wahrnehmungsgeographische Studien, vol. 23). Oldenburg: BIS-Verlag.

Bosch, S., & Peyke, G. (2011). Gegenwind für die Erneuerbaren–Räumliche Neuorientierung der Wind-, Solar-und Bioenergie vor dem Hintergrund einer verringerten Akzeptanz sowie zunehmender Flächennutzungskonflikte im ländlichen Raum. *Raumforschung und Raumordnung – Spatial Research and Planning, 69,* (2, 105–118).

Bosch, S., & Schwarz, L. (2019). The Energy Transition from Plant Operators' Perspective – A Behaviorist Approach. *Sustainability: Science, Practice and Policy, 11,* (*6*, 1621). https://doi.org/10.3390/su11061621

Bosco, F. J. (2014). Actor-Network Theory, Networks, and Relational Geographies. In S. C. Aitken, & G. Valentine (Eds.), *Approaches to Human Geography. Philosophies, Theories, People and Practices* (2nd ed., S. 150–162). Los Angeles: SAGE Publications.

Bouma-Prediger, S. (1989). Rorty's Pragmatism and Gadamer's Hermeneutics. *Journal of the American Academy of Religion, LVII,* (2, 313–324). https://doi.org/10.1093/jaarel/lvii.2.313

Bourdieu, P. (1984). *Distinction. A Social Critique of the Judgement of Taste.* Cambridge MA: Harvard University Press.

Bourdieu, P. (1989). Social space and symbolic power. *Sociological theory, 7,* (*1*, 14–25).

Bourdieu, P. (1998). *Der Einzige und sein Eigenheim.* Hamburg: VSA.

Bourdieu, P. (2005 [1983]). Ökonomisches Kapital – Kulturelles Kapital – Soziales Kapital. In P. Bourdieu (Ed.), *Die verborgenen Mechanismen der Macht* (S. 49–80). Hamburg: VSA.

Bourdieu, P. (2016). *La distinction: Critique sociale du jugement* (Le Sens commun). Paris: Editions de Minuit.

Breckner, R. (2010). *Sozialtheorie des Bildes. Zur interpretativen Analyse von Bildern und Fotografien.* Bielefeld: transcript.

Brine, J. J. (1992). *COMECON. The Rise and Fall of an International Socialist Organization* (International organizations series, vol. 3). New Brunswick, NJ: Transaction Publishers.

Bruns, A., Harrington, S., & Hurcombe, E. (2020). 'Corona? 5G? or both?': the dynamics of COVID-19/5G conspiracy theories on Facebook. *Media International Australia, 177,* (*1*, 12–29). https://doi.org/10.1177/1329878X20946113

Bunge, W. (1966). *Theoretical geography* (Lund studies in geography Ser. C, General and mathematical geography, vol. 1, 2. rev. and enl. ed.). Lund: Gleerup.

Bunge, W. (1989). *Nuclear war atlas* (Reprinted.). Oxford: Blackwell.

Burgess, J. A. (1985). News from Nowhere: The Press, the Riots and the Myth of the Inner City. In J. Burgess, & J. R. Gold (Eds.), *Geography The Media & Popular Culture* (S. 192–228). New York: St. Martin's Press.

Buschmeier, M. (2023). Sprachphilosophie: Sprachspielpragmatismus und -historismus. In M. Müller (Ed.), *Handbuch Richard Rorty* (1st ed., S. 597–614). Wiesbaden: Springer Fachmedien Wiesbaden GmbH.

Counter Cartographies Collective, Craig Dalton, & Liz Mason-Deese. (2012). Counter (Mapping) Actions: Mapping as Militant Research. *ACME: An International Journal for Critical Geographies, 11,* (*3*, 439–466).
Crampton, J., & Krygier, J. (2005). An Introduction to Critical Cartography. *ACME: An International Journal for Critical Geographies, 4,* (*1*, 11–33).
Cutchin, M. P. (2020). Habits of social inquiry and reconstruction. A Deweyan vision of democracy an social research. In L. W. Robert, & J. Wills (Eds.), *The power of pragmatism. Knowledge production and social inquiry* (S. 55–68). Manchester: Manchester University Press.
Dahrendorf, R. (1957). *Soziale Klassen und Klassenkonflikt in der industriellen Gesellschaft.* Stuttgart: Enke.
Dahrendorf, R. (1968). *Pfade aus Utopia. Arbeiten zur Theorie und Methode der Soziologie.* München: Piper.
Dahrendorf, R. (1972). *Konflikt und Freiheit. Auf dem Weg zur Dienstklassengesellschaft.* München: Piper.
Dahrendorf, R. (1991). Liberalism. In J. Eatwell (Ed.), *The New Palgrave Dictionary of Economics* (S. 385–389). London: Macmillan.
Daum, E. (2012). Subjektive Kartographien – Dekonstruktion und Konstruktion. *KN – Journal of Cartography and Geographic Information, 62,* (*3*, 120–126). https://doi.org/10.1007/BF03544485
Denzin, N. K. (1992). *Symbolic interactionism and cultural studies. The politics of interpretation* (Twentieth-century social theory). Oxford: Blackwell.
Denzin, N. K. (1995). Symbolic interactionism. In J. A. Smith, R. Harré, & L. van Langenhove (Eds.), *Rethinking psychology* (S. 43–58). London: SAGE Publications.
Denzin, N. K. (1996). *Interpretive interactionism* (Applied social research methods series, vol. 16, 8. [print.]. Newbury Park, Calif.: Sage.
Denzin, N. K. (2007). Triangulation. In G. Ritzer (Ed.), *The Blackwell Encyclopedia of Sociology.* Oxford, UK: John Wiley & Sons.
Dewey, J. (1958). *Art as experience* (Capricorn books, vol. 1, 12. impr). New York, NY: Putnam.
Dickmann, F. (2018). *Kartographie* (Das Geographische Seminar). Braunschweig: Westermann.
Domański, B. (1997). *Industrial control over the socialist town: Benevolence or exploitation?* Westport, London: Praeger Publishers.
Edler, D., & Kühne, O. (2022a). Aesthetics and Cartography: Post-Critical Reflections on Deviance in and of Representations. *ISPRS International Journal of Geo-Information, 11,* (*10*). https://doi.org/10.3390/ijgi11100526
Edler, D., & Kühne, O. (2022b). Deviant Cartographies: A Contribution to Post-critical Cartography. *KN – Journal of Cartography and Geographic Information,* (1–14). https://doi.org/10.1007/s42489-022-00110-w
Edler, D., & Kühne, O. (2024, im Erscheinen). Nicht-visuelle Landschaften. In O. Kühne, F. Weber, K. Berr, & C. Jenal (Eds.), *Handbuch Landschaft* (2nd ed., in diesem Handbuch). Wiesbaden: Springer VS.
Eichenauer, E., Reusswig, F., Meyer-Ohlendorf, L., & Lass, W. (2018). Bürgerinitiativen gegen Windkraftanlagen und der Aufschwung rechtspopulistischer Bewegungen. In O.

Kühne, & F. Weber (Eds.), *Bausteine der Energiewende* (S. 633–651). Wiesbaden: Springer VS.
Endreß, S. (2021). Beton, Parfüm, Fastfood – Geruchslandschaften. Phänomenologische Forschungsergebnisse eines Smellwalkes. *Stadt+Grün,* (*6*, 25–31).
Endreß, S. (2023a). A Novel Approach to Visualizing Olfactory Landscapes. *KN – Journal of Cartography and Geographic Information,* (1–12). https://doi.org/10.1007/s42489-023-00144-8
Endreß, S. (2023b). Multisensory Landscapes – Smellscapes. In L. Koegst, O. Kühne, & D. Edler (Eds.), *Multisensory Landscapes. Theories, Research fields, Methods – an Introduction* (171–185). Wiesbaden: Springer Fachmedien.
Fehn, K. (1976). Historische Geographie. Eigenständige Wissenschaft und Teilwissenschaft der Geographie. *Mitteilungen der Geographischen Gesellschaft München,* (*61*, 35–51).
Fischer, J., & Mahler, M. (2023). Multisensory Approaches to a Disaster Place? – A Phenomenological Walk Through Altenahr After the Flood Disaster. In L. Koegst, O. Kühne, & D. Edler (Eds.), *Multisensory Landscapes. Theories, Research fields, Methods – an Introduction* (207–226). Wiesbaden: Springer Fachmedien.
Flick, U. (2007). Triangulation in der qualitativen Forschung. In U. Flick, E. v. Kardorff, & I. Steinke (Eds.), *Qualitative Forschung. Ein Handbuch* (S. 309–318). Reinbek bei Hamburg: Rowohlt.
Flick, U. (2011). *Triangulation.* Wiesbaden: Springer Fachmedien.
Flick, U. (2018a). Triangulation. State of the Art in der deutschen und der internationalen Diskussion. In J. Ecarius, & I. Miethe (Eds.), *Methodentriangulation in der qualitativen Bildungsforschung* (2nd ed., S. 21–44). Leverkusen: Verlag Barbara Budrich.
Flick, U. (2018b). Triangulation in Data Collection. In U. Flick (Ed.), *The SAGE Handbook of Qualitative Data Collection* (S. 527–544). London: SAGE Publications.
Freitag, U. (1971). Semiotik und Kartographie. Über die Anwendung kybernetischer Disziplinen in der theoretischen Kartographie. *Kartographische Nachrichten, 21,* (171–182).
Fröhlich, H. (2007). *Das neue Bild der Stadt. Filmische Stadtbilder und alltägliche Raumvorstellungen im Dialog* (Erdkundliches Wissen, vol. 142). Stuttgart: Franz Steiner Verlag.
Geiselhart, K., & Steiner, C. (2012). Pragmatische Gedanken für die Geographie. *Berichte zur deutschen Landeskunde, 86,* (*1*, 5–16).
Goode, E. (2019). *Deviant Behavior* (12. Auflage). New York, London: Routledge.
Grau, A. (2017). *Hypermoral. Die neue Lust an der Empörung* (2. Auflage). München: Claudius.
Greene, J. C. (2007). *Mixed methods in social inquiry* (1. ed.). San Francisco, CA: Jossey-Bass.
Griffin, A. L., & Fabrikant, S. I. (2012). More Maps, More Users, More Devices Means More Cartographic Challenges. *The Cartographic Journal, 49,* (*4*, 298–301). https://doi.org/10.1179/0008704112Z.00000000049
Hard, G. (2008). Der Spatial Turn, von der Geographie her beobachtet. In J. Döring, & T. Thielmann (Eds.), *Spatial Turn. Das Raumparadigma in den Kultur- und Sozialwissenschaften* (S. 263–316). Bielefeld: transcript.
Harendt, A. (2019). *Gesellschaft. Raum. Narration. Geographische Weltbilder im Medienalltag.* Stuttgart: Franz Steiner Verlag.

Harley, J. B. (1989). Deconstructing The Map. *Cartographica: The International Journal for Geographic Information and Geovisualization, 26,* (*2,* 1–20). https://doi.org/10.3138/E635-7827-1757-9T53

Healey, P. (2009). The Pragmatic Tradition in Planning Thought. *American Journal of Agricultural Economics, 28,* (*3,* 277–292). https://doi.org/10.1177/0739456X08325175

Ipsen, D. (2006). *Ort und Landschaft.* Wiesbaden: VS Verlag für Sozialwissenschaften.

James, W. (1907). *Pragmatism. An Old Way for Some New Ways of Thinking.* New York: Longmans, Green and Co.

Jaworski, A., & Thurlow, C. (Eds.). (2010). *Semiotic Landscapes. Language, Image, Space.* London: Continuum International Publishing Group.

Jenal, C., Endreß, S., Kühne, O., & Zylka, C. (2021). Technological Transformation Processes and Resistance – On the Conflict Potential of 5G Using the Example of 5G Network Expansion in Germany. *Sustainability, 13,* (*24,* 1–21). https://doi.org/10.3390/su132413550

Jick, T. D. (1979). Mixing Qualitative and Quantitative Methods: Triangulation in Action. *Administrative Science Quarterly, 24,* (*4,* 602). https://doi.org/10.2307/2392366

Joas, H. (1996). *Die Kreativität des Handelns* (Suhrkamp-Taschenbuch Wissenschaft, vol. 1248, 1. Aufl.). Frankfurt am Main: Suhrkamp.

Jones, O. (2008). Stepping from the wreckage: Geography, pragmatism and anti-representational theory. *Geoforum, 39,* (*4,* 1600–1612). https://doi.org/10.1016/j.geoforum.2007.10.003

Kamlage, J.-H., Warode, J., Reinermann, J., Vries, N. de, & Trost, E. (2020). Von Konflikt und Dialog: Manifestationen der Energiewende in den Transformationsfeldern Netzausbau, Biogas und Windkraft. In R. Duttmann, O. Kühne, & F. Weber (Eds.), *Landschaft als Prozess* (S. 603–633). Wiesbaden: Springer VS.

Kelle, U. (2008). *Die Integration qualitativer und quantitativer Methoden in der empirischen Sozialforschung. Theoretische Grundlagen und methodologische Konzepte* (2. Auflage). Wiesbaden: VS Verlag für Sozialwissenschaften.

Kelle, U., & Erzberger, C. (2007). Qualitative und quantitative Methoden: kein Gegensatz. In U. Flick, E. v. Kardorff, & I. Steinke (Eds.), *Qualitative Forschung. Ein Handbuch.* Reinbek bei Hamburg: Rowohlt.

Kelle, U., Langfeld, B., & Reith, F. (2016). Mixed Methods in der Organisationsforschung. In S. Liebig, W. Matiaske, & S. Rosenbohm (Eds.), *Handbuch Empirische Organisationsforschung* (Springer eBook Collection, S. 1–16). Wiesbaden: Springer Fachmedien. https://link.springer.com/referenceworkentry/10.1007/978-3-658-08580-3_14-1.

Kent, A. J. (2005). Aesthetics: A Lost Cause in Cartographic Theory? *The Cartographic Journal, 42,* (*2,* 182–188). https://doi.org/10.1179/000870405X61487

Kent, A. J. (2013). From a dry statement of facts to a thing of beauty. Understanding aesthetics in the mappingand counter-mapping of place. *Cartographic Perspectives, 73,* (39–60). https://repository.canterbury.ac.uk/item/87062/from-a-dry-statement-of-facts-to-a-thing-of-beauty-understanding-aesthetics-in-the-mapping-and-counter-mapping-of-place.

Kim, A. M. (2015). Critical cartography 2.0: From "participatory mapping" to authored visualizations of power and people. *Landscape and Urban Planning, 142,* (215–225). https://doi.org/10.1016/j.landurbplan.2015.07.012

Kirchhoff, T. (2011). ‚Natur‘ als kulturelles Konzept. *Zeitschrift für Kulturphilosophie, 5,* (*1,* 69–96).

Kirchhoff, T. (2017). Landschaft. In T. Kirchhoff, N. C. Karafyllis, D. Evers, B. Falkenburg, M. Gerhard, G. Hartung, et al. (Eds.), *Naturphilosophie. Ein Lehr- und Studienbuch* (S. 152–158). Tübingen: Mohr Siebeck; UTB.

Kirchhoff, T., & Trepl, L. (2009). Landschaft, Wildnis, Ökosystem: zur kulturbedingten Vieldeutigkeit ästhetischer, moralischer und theoretischer Naturauffassungen. Einleitender Überblick. In T. Kirchhoff, & L. Trepl (Eds.), *Vieldeutige Natur. Landschaft, Wildnis und Ökosystem als kulturgeschichtliche Phänomene* (Sozialtheorie, S. 13–68). Bielefeld: transcript.

Koegst, L., & Baum, L. (2022). Die beliebtesten Fotomotive Tübingens. In O. Kühne, C. Jenal, & T. Sedelmeier (Eds.), *Cultural Atlas of TÜbingenness. Kleine Karten aus dem großen TÜbiversum* (S. 49–52). Wiesbaden: Springer Fachmedien Wiesbaden GmbH; Springer VS.

Kornai, J. (1992). *The Socialist System. The Political Economy of Communism.* Oxford: Oxford University Press.

Kraidy, M. M. (2005). *Hybridity, or the cultural logic of globalization.* Philadelphia: Temple University Press.

Kronenberg, B. (2014). *Die Zerbrechlichkeit des Wahren. Richard Rortys Neopragmatismus und Adornos Negative Dialektik* (Edition Moderne Postmoderne, 1st ed.). Bielefeld: transcript Verlag.

Kuckartz, U. (2014). *Mixed Methods. Methodologie, Forschungsdesigns und Analyseverfahren.* Wiesbaden: Springer VS.

Kühne, O. (2001). Umwelt in Ostmitteleuropa – ein internationaler Vergleich. Der Einfluss der Systemtransformation auf den Zustand der Umwelt. *Europa Regional, 9,* (*1,* 2–15).

Kühne, O. (2003). *Umwelt und Transformation in Polen. Eine kybernetisch-systemtheoretische Analyse* (Mainzer Geographische Studien, vol. 51). Mainz: Geographisches Institut der Johannes Gutenberg-Universität Mainz.

Kühne, O. (2013a). Alte Träume, neue Fluchten? Romantische Rezepte für die Gegenwart? Impulse zur Wiederentdeckung der Romantik in der Landschafts- und Siedlungsgestaltung zwischen Main und Rhein: ein Ausblick. In Verwaltung der staatlichen Schlösser und Gärten Hessen (Ed.), *RheinMainRomantik. Gartenkunst* (S. 291–300). Regensburg: Schnell & Steiner.

Kühne, O. (2013b). Landschaft zwischen Objekthaftigkeit und Konstruktion – Überlegungen zur inversen Landschaft. In D. Bruns, & O. Kühne (Eds.), *Landschaften: Theorie, Praxis und internationale Bezüge. Impulse zum Landschaftsbegriff mit seinen ästhetischen, ökonomischen, sozialen und philosophischen Bezügen mit dem Ziel, die Verbindung von Theorie und Planungspraxis zu stärken* (S. 181–193). Schwerin: Oceano Verlag.

Kühne, O. (2013c). Landschaftsästhetik und regenerative Energien – Grundüberlegungen zu De- und Re-Sensualisierungen und inversen Landschaften. In L. Gailing, & M. Leibenath (Eds.), *Neue Energielandschaften – Neue Perspektiven der Landschaftsforschung* (S. 101–120). Wiesbaden: Springer VS.

Kühne, O. (2020a). Landscape Conflicts. A Theoretical Approach Based on the Three Worlds Theory of Karl Popper and the Conflict Theory of Ralf Dahrendorf, Illustrated by the Example of the Energy System Transformation in Germany. *Sustainability: Science, Practice and Policy, 12,* (*17,* 1–20). https://doi.org/10.3390/su12176772

Kühne, O. (2020b). The Social Construction of Space and Landscape in Internet Videos. In D. Edler, C. Jenal, & O. Kühne (Eds.), *Modern Approaches to the Visualization of Landscapes* (S. 121–137). Wiesbaden: Springer VS.

Kühne, O. (2021a). Contours of a 'Post-Critical' Cartography – A Contribution to the Dissemination of Sociological Cartographic Research. *KN – Journal of Cartography and Geographic Information,* (1–9). https://doi.org/10.1007/s42489-021-00080-5

Kühne, O. (2021b). Potentials of the Three Spaces Theory for Understandings of Cartography, Virtual Realities, and Augmented Spaces. *KN – Journal of Cartography and Geographic Information, 71,* (*4*, 297–305). https://doi.org/10.1007/s42489-021-00089-w

Kühne, O. (2023). Foodscapes – a Neopragmatic Redescription. *Berichte. Geographie und Landeskunde, 96,* (*1*, 5–25). https://doi.org/10.25162/bgl-2022-0016

Kühne, O., & Berr, K. (2021). *Wissenschaft, Raum, Gesellschaft. Eine Einführung zur sozialen Erzeugung von Wissen.* Wiesbaden: Springer VS.

Kühne, O., & Berr, K. (2024, im Erscheinen). Romantik und Landschaft. In O. Kühne, F. Weber, K. Berr, & C. Jenal (Eds.), *Handbuch Landschaft* (2nd ed., in diesem Handbuch). Wiesbaden: Springer VS.

Kühne, O., & Edler, D. (2018). Multisensorische Landschaften – die Bedeutung des Nicht-Visuellen bei der sozialen und individuellen Konstruktion von Landschaft und Herausforderungen für ihre Erfassung und Wiedergabe. *Berichte. Geographie und Landeskunde, 92,* (*1*, 27–45).

Kühne, O., & Edler, D. (2022). Georg Simmel Goes Virtual. From 'Philosophy of Landscape' to the Possibilities of Virtual Reality in Landscape Research. *Societies, 12,* (*5*, 122). https://doi.org/10.3390/soc12050122

Kühne, O., & Jenal, C. (2020a). Baton Rouge (Louisiana): On the Importance of Thematic Cartography for 'Neopragmatic Horizontal Geography'. *KN – Journal of Cartography and Geographic Information, 71,* (*1*, 23–31). https://doi.org/10.1007/s42489-020-00054-z

Kühne, O., & Jenal, C. (2020b). *The Multivillage-Metropolis Baton Rouge. A Neopragmatic Landscape Biographical Approach on Spatial Pastiches, Hybridization, and Differentiation.* Wiesbaden: Springer VS.

Kühne, O., & Jenal, C. (2021a). Baton Rouge – A Neopragmatic Regional Geographic Approach. *Urban Science, 5,* (*1*, 1–17). https://doi.org/10.3390/urbansci5010017

Kühne, O., & Jenal, C. (2021b). Neopragmatische Regionale Geographien – eine Annäherung. In O. Kühne, T. Sedelmeier, & C. Jenal (Eds.), *Louisiana – mediengeographische Beiträge zu einer neopragmatischen Regionalen Geographie* (S. 13–23). Wiesbaden: Springer.

Kühne, O., & Koegst, L. (2022). Cartographic Representations of Coastal Land Loss in Louisiana. An Investigation Based on Deviant Cartographies. *KN – Journal of Cartography and Geographic Information, 2022,* (*4*, 1–12). https://doi.org/10.1007/s42489-022-00120-8

Kühne, O., & Koegst, L. (2023). *Land Loss in Louisiana. A Neopragmatic Redescription.* Wiesbaden: Springer VS.

Kühne, O., & Leonardi, L. (2022). Approcci teorici allo studio delle nuove forme di conflitto: i conflitti paesaggistici a partire dalla teoria dei tre mondi di Karl Popper e dalla teoria del conflitto di Ralf Dahrendorf. In F. Antonelli, R. Iannone, M. Pendenza, & G. Ricotta (Eds.), *Riassemblare la società. Crisi, solidarietà e conflitti sociali: prospettive di teoria sociologica sul mondo contemporaneo* (S. 425–440). Perugia: Morlacchi Editore.

Kühne, O., Jenal, C., & Edler, D. (2020). Functions of Landscape in Games – A Theoretical Approach with Case Examples. *Arts, 9, (4)*. https://doi.org/10.3390/arts9040123

Kühne, O., Koegst, L., Zimmer, M.-L., & Schäffauer, G. (2021). "... Inconceivable, Unrealistic and Inhumane". Internet Communication on the Flood Disaster in West Germany of July 2021 between Conspiracy Theories and Moralization – A Neopragmatic Explorative Study. *Sustainability, 13, (20*, 1–23). https://doi.org/10.3390/su132011427

Kühne, O., Edler, D., & Jenal, C. (2021a). A Multi-Perspective View on Immersive Virtual Environments (IVEs). *ISPRS – International Journal of Geo-Information, 10, (8*, 1–22). https://doi.org/10.3390/ijgi10080518

Kühne, O., Berr, K., Jenal, C., & Schuster, K. (2021). *Liberty and Landscape. In Search of Life-chances with Ralf Dahrendorf*. Basingstoke: Palgrave Macmillan.

Kühne, O., Edler, D., & Jenal, C. (2021b). The Abstraction of an Idealization: Cartographic Representations of Model Railroads. Die Abstraktion der Idealisierung – über kartographische Repräsentationen von Modellbahnlandschaften. *KN – Journal of Cartography and Geographic Information, 71, (2*, 207–217). https://doi.org/10.1007/s42489-020-00064-x

Kühne, O., Parush, D., Shmueli, D., & Jenal, C. (2022). Conflicted Energy Transition – Conception of a Theoretical Framework for Its Investigation. *Land, 11, (1*, 116). https://doi.org/10.3390/land11010116

Kühne, O., Berr, K., & Jenal, C. (2022). *Die geschlossene Gesellschaft und ihre Ligaturen. Eine Kritik am Beispiel 'Landschaft'*. Wiesbaden: Springer VS.

Kühne, O., Edler, D., & Jenal, C. (2022a). Landschaften und Spiele. Von Virtualisierungen, Hybridisierungen und der Steigerung von Kontingenz. *Berichte. Geographie und Landeskunde, 96, (3*, 1–22). https://doi.org/10.25162/bgl-2022-0011

Kühne, O., Edler, D., & Jenal, C. (2022b). The cartographic representation of model railroad landscapes – theoretical considerations and empirical results from model railroad-related literature. In D. Edler, O. Kühne, & C. Jenal (Eds.), *The Social Construction of Landscapes in Games* (S. 127–148). Wiesbaden: Springer.

Kühne, O., Jenal, C., & Sedelmeier, T. (2022). Zur Einführung: Warum ein Atlas zu Tübingen? Was lässt sich unter ‚neopragmatischer Kartographie' verstehen? Was erwartet mich? In O. Kühne, C. Jenal, & T. Sedelmeier (Eds.), *Cultural Atlas of TÜbingenness. Kleine Karten aus dem großen TÜbiversum* (S. 3–10). Wiesbaden: Springer Fachmedien Wiesbaden GmbH; Springer VS.

Kühne, O., Weber, F., Berr, K., Dittel, J., Endreß, S., Holderbaum, M., et al. (2022, 06 September). *Mobilfunkkonflikte aus der Vergangenheit als Lehrbeispiel für die Kommunikation über 5G – Vorhaben 3620S82476* (Bundesamt für Strahlenschutz, Ed.) (Ressortforschungsberichte zum Strahlenschutz ; 200/22 BfS-RESFOR-200/22). http://doris.bfs.de/jspui/handle/urn:nbn:de:0221-2022090534028. Accessed: 7 September 2022.

Kühne, O., Berr, K., & Koegst, L. (2023). Contingency and Landscape. Basic Considerations on Graphic and Cartographic Representations in Recourse to the Concept of Inverse Landscapes as a Contribution to Deviant Cartographies with Examples on Louisiana. *KN – Journal of Cartography and Geographic Information,* (1–12). https://doi.org/10.1007/s42489-023-00145-7

Kühne, O., Jenal, C., & Berger, S. (2023). Saarbrücken-Brebach – phänomenologische Zugänge zu einem touristisch kaum präsenten, altindustriell geprägten Ort. In O. Kühne,

T. Freytag, T. Sedelmeier, & C. Jenal (Eds.), *Landschaft und Tourismus* (RaumFragen, 613–639). Wiesbaden: Springer.

Kühne, O., Leonardi, L., & Berr, K. (2023). The open society and its life chances – from Karl Popper via Ralf Dahrendorf to a human geography of options and ligatures. *Geographica Helvetica, 78,* (*3,* 341–354). https://doi.org/10.5194/gh-78-341-2023

Kühne, O., Koegst, L., & Edler, D. (2023). Theory and Meaning of Multisensory Landscapes. In L. Koegst, O. Kühne, & D. Edler (Eds.), *Multisensory Landscapes. Theories, Research fields, Methods – an Introduction* (13–29). Wiesbaden: Springer Fachmedien.

Kühne, O., Koegst, L., & Berr, K. (2024). *Oilscapes of Louisiana – Neopragmatic Reflections on the Ambivalent Aesthetics of Landscape Constructions.* Wiesbaden: Springer Fachmedien.

Latour, B. (1993). *We Have Never Been Modern (New York: Harvester Wheatsheaf).*

Law, J. (2004). *After method. Mess in social science research* (International library of sociology). London: Routledge.

Leibenath, M., & Otto, A. (2014). Competing Wind Energy Discourses, Contested Landscapes. *Landscape Online, 8,* (*38,* 1–18). https://doi.org/10.3097/LO.201438

Ljunge, M. (2013). Beyond 'the Phenomenological Walk': Perspectives on the Experience of Images. *Norwegian Archaeological Review, 46,* (*2,* 139–158). https://doi.org/10.1080/00293652.2013.821160

Loda, M., Kühne, O., & Puttilli, M. (2020). The Social Construction of Tuscany in the German and English Speaking World – Presented by the Analysis of Internet Images. In D. Edler, C. Jenal, & O. Kühne (Eds.), *Modern Approaches to the Visualization of Landscapes* (S. 157–171). Wiesbaden: Springer VS.

Luhmann, N. (1993). Die Moral des Risikos und das Risiko der Moral. In G. Bechmann (Ed.), *Risiko und Gesellschaft. Grundlagen und Ergebnisse interdisziplinärer Risikoforschung* (S. 327–338). Opladen: Westdeutscher Verlag.

Luhmann, N. (2007[1995]). *The reality of the mass media.* Cambridge: Polity Press.

Luhmann, N. (2017). *Systemtheorie der Gesellschaft.* Berlin: Suhrkamp.

McLean, K. (2020). Temporalities of the Smellscape: Creative Mapping as Visual Representation. In D. Edler, C. Jenal, & O. Kühne (Eds.), *Modern Approaches to the Visualization of Landscapes* (S. 27–245). Wiesbaden: Springer VS.

Meenar, M., & Kitson, J. (2020). Using Multi-Sensory and Multi-Dimensional Immersive Virtual Reality in Participatory Planning. *Urban Science, 4,* (*3,* 34). https://doi.org/10.3390/urbansci4030034

Menand, L. (2001). *The Metaphysical Club. A story of ideas in America* (1.th ed.). New York, NY: Farrar Straus and Giroux.

Merlingen, M. (1999). Die Relativität von Wahrheit dargestellt am Beispiel der Entstehungsgeschichte der Wirtschafts-und Währungsunion. Ein Beitrag zur Integrationsforschung aus der Sicht des epistemolögischen Konstruktivismus. *Zeitschrift für Internationale Beziehungen, 6,* (*1,* 93–128). https://www.jstor.org/stable/40843843?casa_token=r0yb2oryx8uaaaaa:skdrzv4h20s_xejc6fwnpvpjqo-cirazlchcsnfako1wm_dq4ab0ezhzppzrrpkbii07z3fqs5oge7pmkccdjwayoau--8fs6hbpjwdcucvws6scssaj. Accessed: 13 November 2023.

Morse, J. M. (1991). Approaches to Qualitative-Quantitative Methodological Triangulation. *Nursing Research, 40,* (*2,* 120–123). https://doi.org/10.1097/00006199-199103000-00014

Müller, M. (2015). Assemblages and Actor-networks: Rethinking Socio-material Power, Politics and Space. *Geography Compass, 9,* (*1,* 27–41). https://doi.org/10.1111/gec3.12192

Nagle, A. (2017). *Kill all normies. The online culture wars from Tumblr and 4chan to the alt-right and Trump.* Winchester, UK: Zero Books.

Nederveen Pieterse, J. (2005). Hybridität, na und? In L. Allolio-Näcke, B. Kalscheuer, & A. Manzeschke (Eds.), *Differenzen anders denken. Bausteine zu einer Kulturtheorie der Transdifferenz* (S. 396–430). Frankfurt (Main): Campus-Verlag.

Palat Narayanan, N. (2023). Street-Food and Multisensorial Construction of Cityscapes. In L. Koegst, O. Kühne, & D. Edler (Eds.), *Multisensory Landscapes. Theories, Research fields, Methods – an Introduction* (241–254). Wiesbaden: Springer Fachmedien.

Papadimitriou, F. (2010). Conceptual Modelling of Landscape Complexity. *Landscape Research, 35,* (*5,* 563–570).

Papadimitriou, F. (2020). Modelling and Visualization of Landscape Complexity with Braid Topology. In D. Edler, C. Jenal, & O. Kühne (Eds.), *Modern Approaches to the Visualization of Landscapes* (S. 79–101). Wiesbaden: Springer VS.

Papadimitriou, F. (2021). *Spatial Complexity. Theory, mathematical methods and applications.* Cham: Springer Nature.

Peirce, C. S. (1905). What Pragmatism Is. *The Monist, 15,* (*2,* 161–181). https://doi.org/10.5840/monist190515230

Peuckert, R. (2006). Abweichendes Verhalten und soziale Kontrolle. In H. Korte, & B. Schaefers (Eds.), *Einführung in Hauptbegriffe der Soziologie* (6th ed., S. 105–125). Wiesbaden: VS Verlag für Sozialwissenschaften.

Pfister, J. (2019). *Werkzeuge des Philosophierens.* Stuttgart: Reclam.

Poser, H. (2012). *Wissenschaftstheorie. Eine philosophische Einführung* (2., überarbeitete und erweiterte Auflage). Stuttgart: Philipp Reclam jun.

Putnam, H. (1990a). *Die Bedeutung von "Bedeutung"* (Klostermann-Texte : Philosophie, 2., durchges. Aufl.). Frankfurt am Main: Klostermann.

Putnam, H. (1990b). *Vernunft, Wahrheit und Geschichte* (Suhrkamp-Taschenbuch Wissenschaft, vol. 853, 1. Aufl.). Frankfurt am Main: Suhrkamp.

Putnam, H. (1991). *Repräsentation und Realität* (1. Aufl.). Frankfurt am Main: Suhrkamp.

Putnam, H. (1997). *Für eine Erneuerung der Philosophie* (Universal-Bibliothek, vol. 9660). Stuttgart: Reclam.

Raaphorst, K. (2018). Knowing your audience: the contingency of landscape design interpretations. *Journal of Urban Design, 23,* (*5,* 654–673). https://doi.org/10.1080/13574809.2018.1426986

Reckwitz, A. (2011). Die Kontingenzperspektive der ‚Kultur'. Kulturbegriffe, Kulturtheorien und das kulturwissenschaftliche Forschungsprogramm. In F. Jäger, & B. Liebsch (Eds.), *Handbuch der Kulturwissenschaften I* (S. 1–20). Wiesbaden: Springer VS.

Reese-Schäfer, W. (2016). *Richard Rorty zur Einführung.* Hamburg: Junius Verlag.

Reusswig, F., Braun, F., Heger, I., Ludewig, T., Eichenauer, E., & Lass, W. (2016). Against the wind: Local opposition to the German Energiewende. *Utilities Policy, 41,* (214–227). https://doi.org/10.1016/j.jup.2016.02.006

Rorty, R. (1981). *Der Spiegel der Natur: Eine Kritik der Philosophie.* Frankfurt am Main: Suhrkamp.

Rorty, R. (1985). Le cosmopolisme sans emancipation. En reponse à Jean Froncois Lyotard. *Critique, (456*, 569–580).

Rorty, R. (1991a). *Essays on Heidegger and others* (Philosophical papers, v. 2). Cambridge: Cambridge University Press.

Rorty, R. (1991b). *Objectivity, Relativism, and Truth*. Cambridge: Cambridge University Press.

Rorty, R. (1993). *Eine Kultur ohne Zentrum. Vier philosophische Essays und ein Vorwort* (Reclams Universal-Bibliothek, vol. 8936, Lizenzausg). Stuttgart: Reclam.

Rorty, R. (1997). *Contingency, irony, and solidarity* (Reprint). Cambridge: Cambridge University Press.

Rorty, R. (2001). *Philosophie & die Zukunft. Essays* (Fischer Forum Wissenschaft Philosophie, vol. 14762, Orig.-Ausgabe, 2. Aufl.). Frankfurt am Main: Fischer-Taschenbuch-Verl.

Rorty, R. (2003). *Wahrheit und Fortschritt*. Frankfurt am Main: Suhrkamp.

Rorty, R. (2005). Davidson zwischen Wittgenstein und Tarski. In M. Sandbothe (Ed.), *Wozu Wahrheit? Eine Debatte* (Suhrkamp-Taschenbuch Wissenschaft, vol. 1691, 1st ed., S. 268–289). Frankfurt am Main: Suhrkamp.

Rorty, R. (2009). *Philosophy and the mirror of nature* (30. anniversary ed.). Princeton, NJ: Princeton University Press.

Rorty, R. (2018[1994]). *Hoffnung statt Erkenntnis. Eine Einführung in die pragmatische Philosophie* (3.th ed.). Wien: Passagen-Verlag.

Rorty, R. (2019). *Philosophie als Kulturpolitik* (Suhrkamp Taschenbuch Wissenschaft, vol. 2289, Erste Auflage). Berlin: Suhrkamp.

Rorty, R. (2023). *Pragmatismus als Antiautoritarismus* (Erste Auflage, deutsche Erstausgabe). Berlin: Suhrkamp.

Ruming, K. (2009). Following the Actors: mobilising an actor-network theory methodology in geography. *Australian Geographer, 40, (4*, 451–469). https://doi.org/10.1080/00049180903312653

Sandbothe, M. (1999). Media temporalities of the internet: Philosophies of time and media in Derrida and Rorty. *AI & Society, 13,* (421–434).

Schein, R. H. (1997). The Place of Landscape. A Conceptual Framework for Interpreting an American Scene. *Annals of the Association of American Geographers, 87, (4*, 660–680). https://doi.org/10.1111/1467-8306.00072

Schenk, W. (2011). *Historische Geographie* (Geowissen kompakt). Darmstadt: WBG.

Schlottmann, A., & Miggelbrink, J. (Eds.). (2015). *Visuelle Geographien. Zur Produktion, Aneignung und Vermittlung von RaumBildern*. Bielefeld: transcript.

Schmidt, J.-H., & Taddicken, M. (2022). Soziale Medien: Funktionen, Praktiken, Formationen. In J.-H. Schmidt, & M. Taddicken (Eds.), *Handbuch Soziale Medien* (S. 19–34). Wiesbaden: Springer Fachmedien.

Schründer-Lenzen, A. (2013). Triangulation – ein Konzept zur Qualitätssicherung von Forschung. In B. Friebertshäuser, A. Langer, & A. Prengel (Eds.), *Handbuch. Qualitative Forschungsmethoden in der Erziehungswissenschaft* (S. 149–158). Weinheim: Beltz Juventa-Verlag.

Schubert, H.-J., Joas, H., & Wenzel, H. (2010). *Pragmatismus zur Einführung. Kreativität, Handlung, Deduktion, Induktion, Abduktion, Chicago School, Sozialreform, symbolische Interaktion* (Zur Einführung, vol. 382). Hamburg: Junius Verlag.

Schütz, A. (1960 [1932]). *Der sinnhafte Aufbau der sozialen Welt. Eine Einleitung in die Verstehende Soziologie* (2. Auflage). Wien: Julius Springer.

Schütz, A. (1971). *Gesammelte Aufsätze 3. Studien zur phänomenologischen Philosophie.* Den Haag: Martinus Nijhoff.

Schweiger, S., Kamlage, J.-H., & Engler, S. (2018). Ästhetik und Akzeptanz. Welche Geschichten könnten Energielandschaften erzählen? In O. Kühne, & F. Weber (Eds.), *Bausteine der Energiewende* (S. 431–445). Wiesbaden: Springer VS.

Seiffert, H. (1996). *Einführung in die Wissenschaftstheorie 1. Sprachanalyse – Deduktion – Induktion in Natur- und Sozialwissenschaften.* München: C.H. Beck.

Shmueli, D. F., Elliott, M., & Kaufman, S. (2006). Frame changes and the management of intractable conflicts. *Conflict Resolution Quarterly, 24,* (2, 207–218). https://doi.org/10.1002/crq.169

Smith, D. M. (1996). The Socialist City. In G. D. Andrusz, I. Szelényi, & M. Harloe (Eds.), *Cities after Socialism. Urban and Regional Change and Conflict in Post-Socialist Societies* (S. 286–317). Oxford: Blackwell Publishers.

Stehr, J. (2013). Normalität und Abweichung. In A. Scherr (Ed.), *Soziologische Basics. Soziologische Basics: Eine Einführung für Pädagogen und Pädagoginnen* (S. 191–197). Wiesbaden: VS Verlag für Sozialwissenschaften, Wiesbaden. https://link.springer.com/chapter/10.1007/978-3-531-19879-8_22.

Steiner, C. (2009). Materie oder Geist? Überlegungen zur Überwindung dualistischer Erkenntniskonzepte aus der Perspektive einer Pragmatischen Geographie. *Berichte zur deutschen Landeskunde, 83,* (2, 129–142).

Steiner, C. (2014). *Pragmatismus – Umwelt – Raum. Potenziale des Pragmatismus für eine transdisziplinäre Geographie der Mitwelt* (Erdkundliches Wissen, vol. 155). Stuttgart: Franz Steiner Verlag.

Stichweh, R. (2003). Raum und moderne Gesellschaft. Aspekte der sozialen Kontrolle des Raumes. In T. Krämer-Badoni (Ed.), *Die Gesellschaft und ihr Raum. Raum als Gegenstand der Soziologie* (Stadt, Raum und Gesellschaft, vol. 21, S. 93–102). Opladen: Leske+Budrich.

Taddicken, M., & Schmidt, J.-H. (2022). Entwicklung und Verbreitung sozialer Medien. In J.-H. Schmidt, & M. Taddicken (Eds.), *Handbuch Soziale Medien* (S. 3–17). Wiesbaden: Springer Fachmedien.

Tartaglia, J. (2007). *Routledge philosophy guidebook to Rorty and the mirror of nature* (Routledge Philosophy Guidebooks, 1. publ). London: Routledge.

Thomas, W. I. (1969). *The unadjusted girl. With cases and standpoint for behavior analysis* (Patterson Smith reprint series in criminology, law enforcement, and social problems, vol. 26, Repr). Montclair, N.J.: Patterson Smith.

Thomas, W. I., & Znaniecki, F. (1919). *The Polish Peasant in Europe and America.* Boston: Badger.

Topper, K. (1995). Richard Rorty, Liberalism and the Politics of Redescription. *American Political Science Review, 89,* (*4,* 954–965). https://doi.org/10.2307/2082520

Tsenkova, S. (2007). Reinventing strategic planning in post-socialist cities: Experiences from Sofia. *European Planning Studies, 15,* (*3,* 295–317).

Turner, J. H. (1988). The Mixed Legacy of the Chicago School of Sociology. *Sociological Perspectives, 31,* (*3,* 325–338). https://doi.org/10.2307/1389202

Wagner, E. (2019a). Intimisierte Öffenlichkeiten. Zur Erzeugung von Publika auf Facebook. In M. Stempfhuber, & E. Wagner (Eds.), *Praktiken der Überwachten. Öffentlichkeit und Privatheit im Web 2.0* (S. 243–266). Wiesbaden: Springer Fachmedien.

Wagner, E. (2019b). *Intimisierte Öffentlichkeiten. Pöbeleien, Shitstorms und Emotionen auf Facebook*. Bielefeld: transcript.

Weber, F. (2018). *Konflikte um die Energiewende. Vom Diskurs zur Praxis*. Wiesbaden: Springer VS.

Weber, F., Jenal, C., Roßmeier, A., & Kühne, O. (2017). Conflicts around Germany's *Energiewende*: Discourse patterns of citizens' initiatives. *Quaestiones Geographicae, 36*, (*4*, 117–130). https://doi.org/10.1515/quageo-2017-0040

Weber, B. (2023). Die liberale Ironikerin: Von der politischen Intellektuellen zur realistischen Träumerin. In M. Müller (Ed.), *Handbuch Richard Rorty* (1st ed., S. 883–899). Wiesbaden: Springer Fachmedien Wiesbaden GmbH.

Weber, A.-M. (2024). The Social Construction of Land Loss in Louisiana. In O. Kühne, K. Berr, & L. Koegst (Eds.), *Landscape Conflicts* (in this volume). Wiesbaden: Springer VS.

Węcławowicz, G. (2016). Urban Development in Poland, from the Socialist City to the Post-Socialist and Neoliberal City. In V. Szirmai (Ed.), *"Artifical Towns" in the 21st Century. Social Polarisation in the New Town Regions of East-Central Europe* (S. 65–82). Budapest: Centre for Social Sciences Hungarian Academy of Sciences.

Weingart, P. (2002). Kassandrarufe und Klimawandel. *Gegenworte*, (*10*, 20–25).

Weingart, P., Engels, A., & Pansegrau, P. (2008). *Von der Hypothese zur Katastrophe. Der anthropogene Klimawandel im Diskurs zwischen Wissenschaft, Politik und Massenmedien* (2., leicht veränderte Auflage). Opladen & Farmington Hills: Barbara Budrich.

Welfens, M. J. (1993). *Umweltprobleme und Umweltpolitik in Mittel- und Osteuropa. Ökonomie, Ökologie und Systemwandel* (Umwelt und Ökonomie, vol. 7). Heidelberg: Physica-Verlag.

Wills, J., & Lake, R. W. (2020). Introduction. The power of pramatism. In L. W. Robert, & J. Wills (Eds.), *The power of pragmatism. Knowledge production and social inquiry* (S. 3–52). Manchester: Manchester University Press.

Wood, D. (2003). Cartography is Dead (Thank God!). *Cartographic Perspectives*, (*45*, 4–7). https://doi.org/10.14714/cp45.497

Wood, D., & Krygier, J. (2009). Cartography. Critical Cartography. http://makingmaps.owu.edu/elsevier_geog_criticalcartography.pdf. Accessed: 21 October 2022.

Wylie, J. (2005). A single day's walking: narrating self and landscape on the South West Coast Path. *Transactions of the Institute of British Geographers, 30*, (2, 234–247). https://doi.org/10.1111/j.1475-5661.2005.00163.x

Zierhofer, W. (1999). Geographie der Hybriden. *Erdkunde, 53*, (*1*, 1–13).

9 Das neopragmatistische Forschungsprogramm zu ,horizontalen Geographien' in der Anwendung – Beispiele zu Louisiana (Vereinigte Staaten)

Die im Folgenden dargestellten Fallbeispiele neopragmatistischer Untersuchungen sollen verdeutlichen, wie solche praktisch ablaufen können. Dabei werden stärker das Vorgehen und die Rechtfertigungen fokussiert als die Inhalte der Untersuchungen, da diese bereits einschlägig publiziert sind. Dabei wird dem zeitlichen Ablauf der drei bis dato umfangreichsten Studien zur Entwicklung des neopragmatistischen Ansatzes zum Umgang mit ,horizontalen Geographien' gefolgt. Die Entwicklung zwischen Konzeption und Empirie erfolgte dabei co-evolutionär, in hermeneutischer wechselseitiger Rückbindung. Den Anfang machte die Befassung mit Baton Rouge (synthetisch: Kühne und Jenal 2020b; in Bezug auf Spezialfragen u. a. auch: Kühne und Jenal 2020a, 2021a; Weber et al. 2023). Hier wurde das Konzept in Grundzügen entwickelt und anhand der Hauptstadt Louisianas erstmals erprobt. Anschließend wurde mit der Befassung mit dem Thema ,Land Loss' eine thematische Fokussierung vorgenommen, zugleich aber eine stärkere Integration naturwissenschaftlicher Aspekte in die neopragmatistische Forschung integriert (Gesamtüberblick: Kühne und Koegst 2023a; Spezialfragen: Kühne und Koegst 2022, 2023b). Sowohl in der zeitlichen Abfolge der bis dato vollzogenen konzeptionellen Entwicklung als auch in diesem Kapitel bildet die Untersuchung zu ,Oilscapes' einen Abschluss, in der insbesondere das Thema Landschaftsästhetik und Darstellungsformen (bei besonderer Berücksichtigung inverser Landschaften) thematisiert wurde (Kühne et al. 2023; Kühne et al. 2024). Diese Untersuchungen wurden systematisch konzeptionell und empirisch angelegt und werden daher im Folgenden besprochen (die Ergebnisse weniger umfangreicher Untersuchungen bilden dabei eher den Hintergrund, wie etwa: Kühne und Jenal 2021c; Kühne, Koegst et al. 2021; Kühne, Parush et al. 2022; Stemmer et al. 2023; Zepp 2020).

O. Kühne, *Redeskriptionen horizontaler Geographien*, Regionale Geographien | Regional Geographies, https://doi.org/10.1007/978-3-031-66780-0_9

9.1 Erste Annäherungen der Operationalisierung einer horizontalgeographischen Interpretation des Neopragmatismus – Baton Rouge

Ausgangspunkt zu den Untersuchungen zu Louisiana waren grundsätzliche Überlegungen zu einer neuen theoretischen Bestimmung ‚horizontaler Geographien'. Die Begründung dieser Bedarfe sind in diesem Buch in Kap. 2 dargelegt und beziehen sich zentral darauf, dass es ‚horizontalen' Geographien im Vergleich zu ‚vertikalen Geographien' an einem theoretischen Fundament mangelt, insbesondere einem, dem es gelingt, die materielle Welt in die Überlegungen einzubeziehen. Diese Grundüberlegungen habe ich in zwei Artikeln, zum einen in Bezug auf die Ableitung der Theorie der drei Landschaften aus Poppers Theorie der drei Welten (Kühne 2018a) und in grundsätzlichen Überlegungen zu einer neopragmatischen Konzeption ‚horizontaler Geographien' vorgestellt (Kühne 2018b). Erste neopragmatische Überlegungen, die sich insbesondere auf das Thema Transdisziplinarität richteten, waren bereits einige Jahre zuvor mit Kollegen entstanden, hatten aber nur einen ungefähren Bezug zum philosophischen Neopragmatismus (Chilla et al. 2015). Die theoretischen Überlegungen wurden in zahlreichen Arbeiten (mit unterschiedlichen thematischen Schwerpunkten) weiter ausdifferenziert (Kühne 2022, 2023a, 2023b, 2024). Da es (zumindest meinem Verständnis nach) der grundsätzlichen Ausrichtung des Pragmatismus und damit auch dem Neopragmatismus zuwiderläuft, ihn nicht in die Praxis zu überführen, entwickelten sich früh Überlegungen, das bis dato ausgearbeitete Konzept in der praktischen Forschung zu erproben. Die erste systematische Anwendung bezog sich auf Baton Rouge, Louisiana, das zunächst gemeinsam mit Corinna Jenal auf Grundlagen dieser Überlegungen untersucht wurde, später schlossen sich andere Wissenschaftlerinnen diesem Projekt an. Die Wahl fiel auf Baton Rouge, da es zum ersten eine Größe (in Bezug auf Fläche, Einwohnerzahl, ökonomische Leistung etc.) aufwies, die in einer explorativen Studie handhabbar war, zum zweiten, eine stark differenzierte innere räumliche Struktur aufweist, zum dritten eine landeskundliche Aufnahme (in deutscher Sprache und in Baton Rouge kaum bekannt) vorlag (Brill 1963), aufgrund derer ein inhaltlicher Vergleich einerseits und eine theoretische Konturierung andererseits vorgenommen werden konnte (die Arbeit hatte eine seinerzeit typische implizit positivistisch-essentialistische Grundhaltung). Zudem hat, zum vierten, die Geographie an der Louisiana State University am Standort Baton Rouge eine große Tradition in der Erforschung regionaler Geographien, insbesondere der Louisianas (die Ergebnisse dieser Befassung finden sich unter anderem in: Koegst und Kühne 2023; Kühne und Jenal 2020a, 2021a, 2021b; Kühne und Weber 2019;

Weber et al. 2023). Parallel zu der Befassung mit Baton Rouge, wurden auch weitere Untersuchungen von unterschiedlichen Wissenschaftlern an neopragmatistischen Überlegungen zu ‚horizontalen Geographien' ausgerichtet (etwa: Kühne und Weber 2022; Sedelmeier et al. 2022; Stemmer et al. 2023; Zepp 2020). Auf Grundlage der Erfahrungen der neopragmatischen Befassung mit Baton Rouge einerseits, sowie jenen aus den anderen Anwendungsbereichen wurde dann das Forschungsprojekt einer ‚neopragmatischen horizontalen Geographie Louisianas' entwickelt, mit dem das Konzept am Beispiel eines größeren Raumes systematisch erprobt werden sollte (was Dank der Förderung durch die Deutsche Forschungsgemeinschaft möglich wurde).

9.2 Die weitere Operationalisierung und Ausweitung des Forschungsraumes – Landloss in Louisiana

Die Wahl auf Louisiana fiel aus allen (basierend auf den jeder Wissenschaft zugrunde liegenden a- und b-modalen Vorerfahrungen) in Abb. 8.1 genannten Ausgangspunkten einer neopragmatistischen horizontalgeographischen Forschung, d. h. infolge von Forschungsaufenthalten in Baton Rouge (bei denen sich auch Erkundungen anderer Teile Louisianas ergaben) wurde die Relevanz einer synthetischen Untersuchung deutlich, was auch durch eigene Untersuchungen zu Baton Rouge (insbesondere aus dessen regionaler Kontextualisierung), aber auch dem Schrifttum zu Louisiana, aber auch Gesprächen mit Kollegen, unterstrichen wurde. Infolge theoretischer Überlegungen sowie einschlägiger Voruntersuchungen (Kühne, Sedelmeier, und Jenal 2021), erhielt die Untersuchung einen Schwerpunkt auf Mediengeographie. Wie in Kap. 6 und Abschn. 8.10 ausgeführt, ist das neopragmatistische Forschungsprogramm nicht allein durch seine hermeneutischen Rückbezüge gekennzeichnet, sondern auch durch seine Offenheit gegenüber sich im Forschungsprozess auftuenden ergänzenden Forschungsfragen oder auch Einflüssen, die das ursprüngliche Thema modifizieren. Dies können Ergebnisse sein, die sich aus dem Forschungsprozess ergeben, oder aber, wie in diesem Falle, äußere Einflüsse. Mit Beginn des Forschungsprojektes zog mit Ida Anfang September 2021 der nach Katrina 2005 zerstörerischste und intensivste Hurricane seit Beginn der Aufzeichnungen über Louisiana. Aus diesem Anlass erhielt der Themenkomplex ‚Küstenverlust' eine besondere Aktualität und rückte in der Forschungspriorisierung nach vorne. Zunächst erfolgte eine Sammlung, Sichtung und Klassifizierung der Einflüsse nach natürlichen, menschlichen oder hybriden Ursachen auf den Küstenverlust (die von glazialisostatischem Ausgleich über die Errichtung von künstlichen Wasserstraßen, die

Entnahme von Erdöl und -gas bis hin zu verstärkten atmosphärischen Aktivitäten im Kontext des anthropogenen Klimawandels reichen). In Rückgriff auf den panrelationistischen Ansatz des Neopragmatismus erfolgte eine kritische Auseinandersetzung mit der positivistischen repräsentationalistischen kartographischen Aufbereitung des Hybridraumes von Meer und Land der Marschen. Diese wurden unter Nutzung Eindeutigkeit suggerierender Signaturen als ‚Land' klassifiziert. Stattdessen wäre eine hybriditätssensible Darstellung sinnvoll, die nicht die Erwartung von festem Land erweckt. Um die a- und b-modale Perspektive zu integrieren, wurden neben der inhaltsanalytischen Auswertung von Kommentaren zu einem auf YouTube hochgeladenen Video, das die Zerstörungen nach Ida zeigt, auch qualitative Interviews zum Thema an der Küste durchgeführt und (inhaltsanalytisch) ausgewertet. Diese eigenen empirischen Arbeiten waren nicht zuletzt aufgrund des während des Forschungsprozesses deutlich gewordenen Bedarfes nötig geworden. Zudem wurde deutlich, dass die theoretischen Grundlagen ergänzungswürdig waren. Den Ausgangspunkt bildeten der neopragmatische meta-theoretische Rahmen sowie die ebenfalls in diesem Buch ausgeführten ‚Kerntheorien' der Theorie der drei Landschaften, der Konflikttheorie nach Dahrendorf sowie der Sozialkonstruktivismus und auch phänomenologische Zugänge wie auch die Integration von Ergebnissen, die aus positivistischer Perspektive gewonnen wurden. Im Forschungsprozess wurde indes die Nützlichkeit der Bourdieuschen Kapitaltheorie deutlich, die entsprechend ergänzt wurde, um deutlich zu machen, dass neopragmatistische Forschung in weiten Teilen ein iterativer Prozess ist, der sich abhebt von der Vorstellung einer ‚veni-vedi-vici-Wissenschaft'. Bei der Interpretation der empirischen Ergebnisse wurde indes auch die Notwendigkeit einer weiteren Differenzierung der Bourdieuschen Kapitaltheorie deutlich, da Kapitalien quasi universalistisch angenommen werden, in dem hybriden Küstenraum indes die Kapitalien an die spezifischen Bedingungen von Raum 1 angepasst wurden. Dies betrifft insbesondere spezifische Ausprägungen inkorporierten kulturellen, aber auch sozialen Kapitals, die ortsgebunden, in anderen Raum-1-Kontexten entwertet sind. Zum anderen wurde in diesem Kontext auch der Dahrendorfsche Begriff der Ligaturen weiter differenziert, indem die Verständnisse der leibgebundenen und leibvermittelten sozialen Ligaturen entwickelt wurden – begründet in den empirischen Ergebnissen zu individuellen und sozialen Reaktionen auf den Küstenverlust bzw. Hurricaneereignisse (siehe ausführlich hierzu: Kühne, Berr, und Jenal 2022; Kühne und Koegst 2022, 2023a, b). Die (karto)graphischen Darstellungen erfolgen hier eher pragmatistischen, denn neopragmatistischen Überlegungen, diese wurden erst im nächsten Teilprojekt zu Oilscapes, das im Folgenden vorgestellt wird, vollzogen.

9.3 Die Ausrichtung des Fokus auf Fragen der ästhetischen Konstruktion von Welt – Oilscapes in Louisiana

Die Förderung, der Transport, die Verarbeitung, aber auch der Verbrauch von Erdöl- und Erdgas hat einen – in Teilen dominanten – Einfluss auf die Landschaft 1. Diese Dominanz ist aber auch in der sozialen Konstruktion von Louisiana (einschließlich seiner Landschaften) anzutreffen, aber auch auf individueller Ebene. Insofern bestand das Ziel der Arbeit, diese differenzierten Bezüge zu berücksichtigen – nicht zuletzt aus Perspektive der philosophischen Ästhetik. Insofern wurde auch der Theoriekanon hierum erweitert, die Begriffe der Ästhetik und Aisthesis sowie ihrer Relationen einer Kritik unterzogen. Ein Ziel der Arbeit war dabei, den Begriff der Oilscapes, der bis dato stark auf Erhabenheit bezogen war (so bei Löschnigg 2017), weiter zu differenzieren. Im Vergleich zu dem Schwerpunkt Küstenverlust, wurden hier – ausgehend von dem meta-theoretischen Rahmen des Neopragmatismus, der Theorie der Drei Landschaften und der sozialkonstruktivistischen Landschaftstheorie – stark philosophische Praktiken, insbesondere der kontextualisierenden Begriffsreflexion eingeführt. Ein besonderes Augenmerk wurde dabei auf die Aspekte Ironie und Komik, Romantik und Neoromantik sowie Aisthesis und Ästhetik gelegt. Dabei wurde ein Verständnis von Aisthesis und Ästhetik entwickelt, das zum einen keine Trennung und zum anderen keine Hierarchisierung von sinnengebundener Aisthesis zu reflexionsgebundener Ästhetik vorsieht, sondern einerseits die Hybridität beider Zugänge zu Welt (im Allgemeinen), zum anderen die wechselseitige Bedingtheit hervorhebt: Ohne Aisthesis werden der reflexiven Ästhetik keine Zugänge zur Welt geliefert, ohne ästhetische Reflexion stehen der Aisthesis keine sprachlichen Fassungen der Sinneseindrücke zur Verfügung. Auf konzeptioneller Ebene findet sich diese wechselseitige Bedingtheit in der Nutzung von Sozialkonstruktivismus (zirkuläre Welt 2-Welt 3-Bezüge) sowie Phänomenologie (Welt 2-Welt 1-Bezüge). Auch bei der Befassung mit Oilscapes finden Ergebnisse von Forschungen Verwendung, die positivistisch begründet sind. Auch in der Oilscapes-Untersuchung wurde auf den normativen Rahmen der Lebenschancen zurückgegriffen, der auf einem analytischen Fundament ruhte, das zudem durch die Bourdieusche Kapitaltheorie geprägt war. Ein besonderer Fokus wurde auf die Ambivalenz der Förderung, Verteilung, Lagerung, Verarbeitung und Verbrauch von Erdöl und Erdgas gelegt. Um diese Ambivalenzen zu verdeutlichen, bildete das Konzept der inversen Landschaften einen zentralen Bezugspunkt. Deutlich mehr als in den Untersuchungen zu Landverlust, wurden in der Oilscapes-Untersuchung innovative Formen der (karto)graphischen Darstellung entwickelt.

Neben pragmatisch inhaltlich auf Nützlichkeit fokussierten und somit hinsichtlich der Darstellung reduzierten Karten, wurden in dem Bewusstsein, dass es sich bei fotobasierten Darstellungen um Ausdrücke als sozialer und individuell aktualisierter Konstruktionen von Welt handelt, diese in Comic-hafte Darstellungen übersetzt. Diese waren an den Stil der Ligne Claire angelehnt, die durch den Zeichner Georges Prosper Remi (alias Hergé) geprägt ist. Dieser Stil ist durch klare Kanten, den Verzicht auf Schraffuren, Schummerungen, Schattierungen und Farbverläufen geprägt. Die solchermaßen übersetzten Fotos werden durch Flächen einheitlicher Farbgebung geprägt. Mit dieser Darstellungsform lässt sich erstens verdeutlichen, dass es sich keinesfalls um die eine einfache ‚Abbildung objektiver Realität' handelt, wie dies bei der Verwendung von Fotos nahegelegt wird. Zweitens rückt diese Art der Präsentation visueller Informationen von wissenschaftlichen Konventionen deutlich ab, was nicht zuletzt einen (selbst)ironischen Blick auf die eigene Position in der Welt und auf die Welt verdeutlicht, wodurch Kontingenz nachvollziehbar wird. Diese ironische Perspektive wiederum verdeutlicht, drittens, die Distanz zur Ästhetik der Erhabenheit mit ihrem Hang zur essentialistischen Exklusivität, die – wie oben angesprochen – die in Darstellungen petrochemischer Anlagen durchaus präsent sind. Viertens erlaubt diese comichafte Art der Vorstellung in pragmatischer Tradition eine Fokussierung auf das, was dargestellt werden soll, indem auch hier eine deutliche Generalisierung erfolgt. Fünftens lassen sich auch unterschiedliche Objekte und Objektkonstellationen mit dem Ziel der Verdeutlichung (und Erzeugung von) Kontingenz kombinieren. Dies geht nicht zuletzt auf die Wahl des Comic-Stils zurück, der klarstellt, keine Abbildung, sondern eine bewusste Konstruktion von Welt zu sein. Die den Abbildungen zugrunde gelegten Überlegungen wurden gegenüber den Lesenden gerechtfertigt (siehe dazu das Beispiel in Abb. 9.1). Neben diesen Comic-Darstellungen fanden auch Kollagen Verwendung, wobei diese (zumindest in Teilen) ebenfalls auf den Stil der Ligne Claire zurückgriffen (siehe zum Thema Oilscapes: Kühne et al. 2023; Kühne et al. 2024).

Abb. 9.1 Eine Abbildung aus der erwähnten Untersuchung zu ‚Oilscapes' (Kühne et al. 2023; Kühne et al. 2024). Diese Abbildung zielt auf eine Auseinandersetzung mit gesellschaftlichen Deutungs-, Wertungs- und Kategorisierungsmustern von Landschaft. Die Abbildung zielt auf das Spannungsverhältnis landschaftlicher Synthese zwischen ästhetischer Zuwendung und ökologischen Bewertungsnormen. Infolge der erheblichen Umweltauswirkungen widersprechen sie einem normativ-ökologischen Landschaftsverständnis, sie gelten ebenfalls nicht als ‚schön'. Insbesondere medial (etwa in Spielfilmen) erfolgt eine Präsentation, die eine Ästhetisierung im Modus der Erhabenheit nahelegt (Kühne et al. 2024; Loveland 2018; Welling 2020). Vor dem Hintergrund einer Dekonstruktion des Erhabenen mit seiner Verbindung zum Essentiellen (Rorty 2001, 2023) wird sich um eine Transformation zum Kitschigen bemüht. Diese basiert nicht zuletzt auf der Nutzung des Zitats des romantischen Motives einer Person, die dem Betrachter den Rücken zuwendet und sich mit diesem die Szenerie betrachtet. Die comic-hafte Darstellung einer im Lichtkegel sitzenden und kontemplativ versunken erscheinenden Person steht wiederum im Widerspruch zu einer Farbwahl der Abbildung, die eine schadstoffbelastete Atmosphäre assoziiert und hinsichtlich der überzogenen Farbsättigung der abendlichen Atmosphäre an die popularisierten Ästhetik des ‚Besonderen' erinnert. Der in die Szenerie einmontierte Helikopter unterstreicht die Technikgeprägtheit der hier konstruierten Landschaft und bildet einen Widerspruch seiner assoziierten akustischen Präsenz zur Kontemplation der Betrachtenden Person. Das Ausgangsfoto wird zum linken Bildrand eingeblendet (ohne Ufer mit Bank, Person, Lampe etc.), womit die Kontingenz von Landschaftskonstruktionen verdeutlicht werden soll. (Foto und Bildbearbeitung: Olaf Kühne; aus: Kühne et al. 2023)

9.4 Neopragmatistisches Forschungsprogramm zu ‚horizontalen Geographien' in der Anwendung – ein vorläufiges Fazit

Bei den bis dato durchgeführten, auf der neopragmatischen Meta-Theorie basierenden Untersuchungen, hier insbesondere die beiden ausführlicher dargestellten Untersuchungen zu Louisiana, aber auch zu Baton Rouge, haben die Potenziale des iterativen und hermeneutischen Vorgehens deutlich gemacht. Insbesondere die Rekursion von empirischen Ergebnissen zu theoretischen Grundlagen, deren Erweiterung und weitere Differenzierung, die erneute empirische Zuwendung zu neu aufkommenden Fragen, ist geeignet, ein holistisches und kontingenzgeprägtes Verständnis einer Verdichtung von raumbezogenen Relationen zu liefern. Die Integration unterschiedlicher c-, aber auch b- und a-modaler Perspektiven ermöglicht so, die Vielfalt der Perspektiven, Interpretationen, Deutungen, Kategorisierungen und Wertungen nachzuvollziehen. Die Kontingenzsensibilität wird dabei insbesondere mittels (karto)graphischen Darstellungen, aber auch textlichen Ausführungen, verdeutlicht. Aus den hier vorgestellten Untersuchungen wird deutlich, dass die Befassung mit horizontalen Geographien nicht allein ein Werkzeug der zusammenfassenden Darstellung vertikalgeographischer Inhalte sein muss, sondern durch ein durch eigene Empirie und Theorie geprägtes Forschungsprogramm, das – mehr noch – eigenständig Methoden und Theorien weiterentwickelt. Was allerdings in Bezug auf die Befassung mit horizontalen Geographien aus neopragmatischer Perspektive deutlich wurde, sie ist im Vergleich mit ‚klassischen Landeskunden' aufwendiger: Dies betrifft nicht allein die Befassung und Entwicklung mit den theoretischen Bezügen, sondern auch die hermeneutischen Rückbindungen, die eigenständigen empirischen Erhebungen, sondern auch die Differenzierungen von theoretischen Bezügen. Auf der anderen Seite erfolgt so eine theoretisch fundierte, empirisch differenzierte und hinsichtlich der Erzeugung kontingenter Raumverständnisse taugliche Redeskription.

Literatur

Brill, D. (1963). *Baton Rouge, LA. Aufstieg, Funktionen und Gestalt einer jungen Großstadt des neuen Industriegebietes am unteren Mississippi* (Schriften des Geographischen Instituts der Universität Kiel, vol. 21,2). Kiel: Selbstverlag des Geographischen Instituts der Universität Kiel.

Chilla, T., Kühne, O., Weber, F., & Weber, F. (2015). „Neopragmatische" Argumente zur Vereinbarkeit von konzeptioneller Diskussion und Praxis der Regionalentwicklung. In O. Kühne, & F. Weber (Eds.), *Bausteine der Regionalentwicklung* (S. 13–24). Wiesbaden: Springer VS.

Koegst, L., & Kühne, O. (2023). Moving Baton Rouge – From Cinematic Representations, Phenomenological Approaches and Historical Developments of the 'Multivillage Metropolis'. In L. Koegst, O. Kühne, & D. Edler (Eds.), *Multisensory Landscapes. Theories, Research fields, Methods – an Introduction* (91–127). Wiesbaden: Springer Fachmedien.

Kühne, O. (2018a). Die Landschaften 1, 2 und 3 und ihr Wandel. Perspektiven für die Landschaftsforschung in der Geographie – 50 Jahre nach Kiel. *Berichte. Geographie und Landeskunde, 92,* (*3–4*, 217 – 231).

Kühne, O. (2018b). Reboot „Regionale Geographie" – Ansätze einer neopragmatischen Rekonfiguration „horizontaler Geographien". *Berichte. Geographie und Landeskunde, 92,* (2, 101–121).

Kühne, O. (2022). ‚Neopragmatische' thematische Kartographie – Grundzüge ihrer Theorie, Begründung und Anwendung. In O. Kühne, C. Jenal, & T. Sedelmeier (Eds.), *Cultural Atlas of TÜbingenness. Kleine Karten aus dem großen TÜbiversum* (S. 11–21). Wiesbaden: Springer Fachmedien Wiesbaden GmbH; Springer VS.

Kühne, O. (2023a). Foodscapes – a Neopragmatic Redescription. *Berichte. Geographie und Landeskunde, 96,* (*1*, 5–25). https://doi.org/10.25162/bgl-2022-0016

Kühne, O. (2023b). Landscape theorerical approaches to the study of foodscapes – a neopragmatic proposal. In O. Kühne, L. Dumitrache, J. D. Fischer, V. Hochschild, C. Manetti, A. de Marcos, et al. (Eds.), *Foodscapes. Theory, History and Current European Examples* (in this anthology). Wiesbaden: Springer VS.

Kühne, O. (2024, im Erscheinen). Neopragmatische Landschaftsforschung. In O. Kühne, F. Weber, K. Berr, & C. Jenal (Eds.), *Handbuch Landschaft* (2nd ed., in diesem Handbuch). Wiesbaden: Springer VS.

Kühne, O., & Jenal, C. (2020a). Baton Rouge (Louisiana): On the Importance of Thematic Cartography for 'Neopragmatic Horizontal Geography'. *KN – Journal of Cartography and Geographic Information, 71,* (*1*, 23–31). https://doi.org/10.1007/s42489-020-00054-z

Kühne, O., & Jenal, C. (2020b). *The Multivillage-Metropolis Baton Rouge. A Neopragmatic Landscape Biographical Approach on Spatial Pastiches, Hybridization, and Differentiation.* Wiesbaden: Springer VS.

Kühne, O., & Jenal, C. (2021a). Baton Rouge – A Neopragmatic Regional Geographic Approach. *Urban Science, 5,* (*1*, 1–17). https://doi.org/10.3390/urbansci5010017

Kühne, O., & Jenal, C. (2021b). Baton Rouge in neopragmatischer Perspektive – mediale Repräsentanzen und ihre materiellen Rückbindungen. In O. Kühne, T. Sedelmeier, & C. Jenal (Eds.), *Louisiana – mediengeographische Beiträge zu einer neopragmatischen Regionalen Geographie* (S. 89–106). Wiesbaden: Springer.

Kühne, O., & Jenal, C. (2021c). Neopragmatische Regionale Geographien – eine Annäherung. In O. Kühne, T. Sedelmeier, & C. Jenal (Eds.), *Louisiana – mediengeographische Beiträge zu einer neopragmatischen Regionalen Geographie* (S. 13–23). Wiesbaden: Springer.

Kühne, O., & Koegst, L. (2022). Cartographic Representations of Coastal Land Loss in Louisiana. An Investigation Based on Deviant Cartographies. *KN – Journal of Cartography and Geographic Information, 2022,* (*4,* 1–12). https://doi.org/10.1007/s42489-022-00120-8

Kühne, O., & Koegst, L. (2023a). *Land Loss in Louisiana. A Neopragmatic Redescription.* Wiesbaden: Springer VS.

Kühne, O., & Koegst, L. (2023b). Neopragmatic Reflections on Coastal Land Loss and Climate Change in Louisiana in Light of Popper's Theory of Three Worlds. *Land, 12,* (*2,* 1–17). https://doi.org/10.3390/land12020348

Kühne, O., & Weber, F. (2019). *Hybrid California. Annäherungen an den Golden State, seine Entwicklungen, Ästhetisierungen und Inszenierungen.* Wiesbaden: Springer VS.

Kühne, O., & Weber, F. (2022). *Germany. Geographies of Complexity* (World Regional Geography Book Series). Cham: Springer International Publishing.

Kühne, O., Koegst, L., Zimmer, M.-L., & Schäffauer, G. (2021). "… Inconceivable, Unrealistic and Inhumane". Internet Communication on the Flood Disaster in West Germany of July 2021 between Conspiracy Theories and Moralization – A Neopragmatic Explorative Study. *Sustainability, 13,* (*20,* 1–23). https://doi.org/10.3390/su132011427

Kühne, O., Sedelmeier, T., & Jenal, C. (Eds.). (2021). *Louisiana – mediengeographische Beiträge zu einer neopragmatischen Regionalen Geographie.* Wiesbaden: Springer.

Kühne, O., Parush, D., Shmueli, D., & Jenal, C. (2022). Conflicted Energy Transition – Conception of a Theoretical Framework for Its Investigation. *Land, 11,* (*1,* 116). https://doi.org/10.3390/land11010116

Kühne, O., Berr, K., & Jenal, C. (2022). *Die geschlossene Gesellschaft und ihre Ligaturen. Eine Kritik am Beispiel 'Landschaft'.* Wiesbaden: Springer VS.

Kühne, O., Berr, K., & Koegst, L. (2023). Contingency and Landscape. Basic Considerations on Graphic and Cartographic Representations in Recourse to the Concept of Inverse Landscapes as a Contribution to Deviant Cartographies with Examples on Louisiana. *KN – Journal of Cartography and Geographic Information,* (1–12). https://doi.org/10.1007/s42489-023-00145-7

Kühne, O., Koegst, L., & Berr, K. (2024). *Oilscapes of Louisiana – Neopragmatic Reflections on the Ambivalent Aesthetics of Landscape Constructions.* Wiesbaden: Springer Fachmedien.

Löschnigg, M. (2017). 'Sublime Oilscapes': Literary Depictions of Landscapes Transformed by the Oil Industry. *Anglia, 135,* (*3,* 543–560). https://doi.org/10.1515/ang-2017-0049

Loveland, M. (2018). An American Oilscape. The Affective Emotionalism of Petroleum in There Will Be Blood. *Cinesthesia:, 9,* (*1,* 1–17). https://scholarworks.gvsu.edu/cine/vol9/iss1/4/.

Rorty, R. (2001). *Die Schönheit, die Erhabenheit und die Gemeinschaft der Philosophen* (Erbschaft unserer Zeit, Bd. 5, Erstausg., 1. Aufl., [Nachdr.]. Frankfurt am Main: Suhrkamp.

Rorty, R. (2023). *Pragmatismus als Antiautoritarismus* (Erste Auflage, deutsche Erstausgabe). Berlin: Suhrkamp.

Sedelmeier, T., Kühne, O., & Jenal, C. (2022). *Foodscapes* (Essentials). Wiesbaden: Springer VS.

Stemmer, B., Bernstein, F., Behre, E., & Kaußen, L. (2023). Naherholung als Teil der grünen Infrastruktur – ein neopragmatischer Ansatz. In O. Kühne, T. Freytag, T. Sedelmeier, & C. Jenal (Eds.), *Landschaft und Tourismus* (RaumFragen, 253–275). Wiesbaden: Springer.

Weber, A.-M., Kühne, O., Koegst, L., Fischer, J. D., & Jenal, C. (2023). Die internetmassenmediale touristische Konstruktion von Baton Rouge – ein neopragmatischer Zugriff. In O. Kühne, T. Freytag, T. Sedelmeier, & C. Jenal (Eds.), *Landschaft und Tourismus* (RaumFragen, 485–513). Wiesbaden: Springer.

Welling, B. (2020). Beyond Doom and Gloom in Petroaesthetics: Facing Oil, Making Energy Matter. *MediaTropes, 7,* (2, 138–174). https://doi.org/10.33137/mt.v7i2.33675

Zepp, H. (2020). Das Neue Emschertal. Transformation von Freiräumen und Veränderung von Ökosystemleistungen während der letzten 200 Jahre. In R. Duttmann, O. Kühne, & F. Weber (Eds.), *Landschaft als Prozess* (S. 327–360). Wiesbaden: Springer VS.

10 Fazit und Ausblick

Das Programm der Befassung mit ‚horizontalen Geographien' auf Grundlage einer neopragmatistischen Meta-Theorie, wie ich es in diesem Buch entworfen habe, ist Ausdruck eines antiautoritären Denkens. Der Fortschritt, der mit diesem Programm erstrebt wird, ist auf das Bestreben zurückzuführen, „Institutionen, Traditionen und Praktiken nicht nach den zu ihrer Rechtfertigung beschworenen philosophischen und theologischen Überzeugungen zu beurteilen" (Rorty 2003, S. 96 f.), wobei – wie verschiedentlich gezeigt – auch die theoretische Begründung wissenschaftlicher Befassung mit Welt religiöse Züge annehmen kann, „sondern danach, wieviel Gutes sie leisten" (Rorty 2003, S. 97). Anstelle Theorien, Methoden, Begriffen etc. einen quasi-religiösen Status zu verleihen, sich mit der Frage zu befassen, ob wir mit ‚bewusstseinsunabhängigen Gegenständen' in Beziehung stehen, sollten wir uns die Frage stellen, wozu uns diese Ideen dienlich sein können – und wozu auch wiederum nicht (Rorty 2019). Und wenn das Reden über Raum, Zeit und Kausalität, aber auch Landschaft, sich als nützlich erweist, dann sollten wir damit fortfahren (Brandom 2001). Dass das Reden über Raum und Landschaft nützlich ist, wurde in diesem Buch deutlich. Beides hilft uns, Probleme zu bewältigen. Das Reden über Landschaft ist – mehr noch als das Reden über Raum – auch deshalb nützlich, weil es tief in a- und b-modale Zugänge zu Welt (im Allgemeinen) eingegangen ist, als ge- und erlebter wie auch als erfahrener Raum.

Die vorliegende Arbeit hatte zum Ziel, ein Forschungsprogramm, im Sinne einer Ansammlung aufeinander bezogener Theorien (Lakatos 1974), zu entwerfen. Ein Forschungsprogramm stellt kein Darstellungsprogramm dar (wohl aber die Errichtung eines Komposthaufens; siehe Abschn. 5.4 und 8.1). Insofern beinhaltete die Zielsetzung auch den Anspruch, ein Programm zu entwickeln, das über die eine zusammenfassende Darstellung vertikalgeographischer Ergebnisse

O. Kühne, *Redeskriptionen horizontaler Geographien*, Regionale Geographien | Regional Geographies, https://doi.org/10.1007/978-3-031-66780-0_10

hinausreicht und den Anspruch hat, nicht allein in Bezug auf Darstellungsformen, sondern auch neue theoretische Perspektiven wie auch eigene methodische Zugänge zu ‚horizontalen Geographien' zu entwickeln. Diesem Anspruch stellte sich die vorliegende Arbeit mit der Entwicklung eines ‚neopragmatistischen Forschungsprogramms zur Erforschung horizontaler Geographien'. Der damit aufgespannte metatheoretische Rahmen bezieht sich auf den philosophischen Neopragmatismus, insbesondere in der Konzeption von Rorty. In dieser Konzeption vollzieht sich Welt (und damit auch Raum und Landschaft) allein durch und in Sprache, dem Aufkommen, der Wandlung, der Ablösung von Vokabularen sowie der rezyklierenden Verwebung von Vokabularen in Redeskriptionen. Menschen sind zwar kausal in die materielle Welt eingewoben, sie sind indes nicht in der Lage, diese in ihren Vokabularen zu repräsentieren, sondern lediglich Beschreibungen zu erstellen, die sich als mehr oder minder nützlich erweisen können. Um es noch deutlicher zu machen: In dem hier entwickelten Forschungsprogramm geht es nicht darum, ‚die Wahrheit' über Raum 1 zu erzeugen, sondern einen Beitrag zu leisten, sich darin zurechtzufinden (was vergleichbar auch für die anderen Ebenen gilt, insbesondere in Bezug auf alternative Vokabulare). Dies ist der philosophische Rahmen der Entwicklung eines neopragmatistischen Forschungsprogramms zu ‚horizontalen Geographien'. Insofern stellt das vorliegende Programm nicht den (genialen) Entwurf eines neuen Vokabulars dar (ist aber auch weit entfernt von der technokratischen Ausbuchstabierung eines bestehenden Vokabulars und insbesondere dessen Absicherung gegen Redeskriptionen), es stellt vielmehr die redeskriptive Kombination zweier Vokabulare dar, die bis dato nicht oder nur ansatzweise (bzw. mittelbar) aufeinander bezogen waren, hier der Neopragmatismus und die Forschung zu ‚horizontalen Geographien'. Dieses neue Vokabular hat nun in einigen explorativen Studien seine Nützlichkeit erwiesen, kontingente Weltbeschreibungen zu liefern. Nun ist es an der Zeit, zu untersuchen, ob es auch in anderen thematischen, gesellschaftlichen, räumlichen und zeitlichen Kontexten, in der Lage ist, nützliche Ergebnisse zu liefern.

In einem panrelationistischen sprachlichen Gewebe, wie es das neopragmatistische Verständnis ‚horizontaler Geographien' liefert, entfällt entsprechend die Rückfallsicherheit einer Ontologie, deren Vorstellung auf einer repräsentationalen Abbildung einer ‚realen' Welt basiert. Da zum ersten Sprache mit repräsentationalen Metaphern gefüllt ist, zum zweiten die Befassung mit Räumen eine lange Tradition ontologischer Vorstellungen aufweist und zum dritten sich eine Kategorienbildung beim Umgang mit komplexen Phänomenen (wie Raum oder Landschaft) insbesondere analytisch als nützlich erwiesen hat, wird im Rahmen des hier entwickelten Forschungsprogramms auf eine auf der Drei Welten Theorie

Karl Poppers basierende Theorie der drei Räume und Landschaften, als quasiontologischer Rahmen zurückgegriffen. Diese als Alternative zu dualistischen Weltbildern entworfene Kategorisierung dient nicht zuletzt einer sprachlichen Adressierung, ob auf der Ebene des Materiellen, des Individuellen oder der sozialen und kulturellen Gehalte gesprochen wird, insbesondere aber der Zuordnung von Theorien mit dem Ziel, für Fragestellungen solche Theorien auszuwählen, deren Anwendung nützliche Ergebnisse verspricht.

Sein ‚gesunder' oder ‚gemäßigter' Nominalismus in der ‚horizontalgeographischen' Forschung bedeutet, nicht allein Einzeldinge sind von Bedeutung, etwa einzelne Felsen oder Bäume, sondern auch (sprachlich vollzogene) Synthesen, wie ‚Region' oder ‚Landschaft'. Dies verleiht dem neopragmatistischen Ansatz eine hohe Tauglichkeit zur Erforschung komplexer Synthesen, die schließlich den Gegenstand horizontalgeographischer Untersuchungen bilden. Zusätzlich versetzt diese Haltung den Neopragmatismus in die Lage, Ergebnisse, die auf Grundlage eines positivistischen Forschungsprogramms gewonnen wurden, in die eigenen Forschungen einzuweben. Es geht dem Neopragmatismus also nicht darum, alternative Forschungsprogramme rückstandsfrei zu ersetzen, sondern in das eigene Forschungsprogramm einzuweben. Eine Ausnahme bilden essentialistische Zugänge zur inneren und äußeren Welt, da diese auf Kontingenzvernichtung ausgerichtet sind, während ein neopragmatistisches Forschungsprogramm auf die Verdeutlichung von Kontingenz und auf die Weitung des Kontingenzrahmens, im Sinne des ‚ironistischen Theoretisierens', ausgerichtet ist. Neopragmatistische Forschung ist nicht allein an dem Kriterium der Kontingenzverdeutlichung und -erzeugung, sondern auch der Nützlichkeit ausgerichtet, wodurch die Kriterien der inneren Kohärenz und der Widerspruchsfreiheit an Bedeutung verlieren. Insofern setzt sich der Neopragmatismus auch von anderen more-than-representational-theories ab, indem er einerseits akzeptiert, dass unsere Sprache weitgehend repräsentational strukturiert ist, insofern es ein evolutionärer Weg ist, diese Sprache zu verändern (und nicht versucht, diese ad hoc zu reformieren, wie es im Kontext der Akteurs-Netzwerk-Theorie häufig vollzogen wird), da ansonsten Anschlussfähigkeit für jene verloren geht, die die Forschungsergebnisse horizontaler Geographien nutzen können oder wollen. Andererseits ermöglicht das Prinzip der Redeskription auch die Integration von Ergebnissen, die durch quantitative Methoden aus positivistischem Weltverständnis heraus entwickelt wurden, eine Integration, mit der sich etwa assemblagetheoretische Forschung (infolge ihrer Ablehnung des Positivismus) schwertut (Gentzel et al. 2021). Der Neopragmatismus bietet also durch seine Meta-Perspektive, die ihm ermöglicht, unterschiedliche Theorien und Methoden zu kombinieren, die Möglichkeit der Integration, unter der Bedingung, dass sich die Auswahl als nützlich erweist.

Insofern lässt er sich als ein inklusivistisches Forschungsprogramm verstehen. Er umgeht so (teilweise moralbasierte) Diskussionen, ob und inwiefern welche Theorie sich gegenüber welcher als inkommensurabel verhält und alleinige Deutungsansprüche formuliert. Er umgeht auch die (wiederum teilweise moralisch diskutierte) Frage, welche Methode zu welcher Theorie passt und somit verwendet werden darf oder soll, welche dies nicht darf. Alle nicht-essentialistischen Theorien zu Räumen und Landschaften lassen sich aus Perspektive einer neopragmatischen Befassung mit horizontalen Geographien (zumindest in Teilen oder hinsichtlich der auf ihnen beruhenden Ergebnisse) in Redeskriptionen verweben. Der Essentialismus in seinem exklusivistischen Streben nach der Erkenntnis ‚des wahren Wesens' von etwas (hier Raum, Region, Landschaft, Stadt etc.) ist konzeptionell auf Kontingenzvernichtung ausgerichtet und eignet sich insofern nicht zur Integration in eine Redeskription, die konstitutiv auf Kontingenzsensibilität und -steigerung ausgerichtet ist.

Diese Ausrichtung auf Kontingenz findet auch ihren Ausdruck in der normativen Ausrichtung auf die Maximierung von Lebenschancen. Diese bezieht sich im Bereich der privaten Selbsterschaffung insbesondere auf die Ausweitung der Zahl der Optionen, insbesondere aber die Zahl der individuell verfügbaren latenten Optionen, denen von (innengerichteten) ethischen Ligaturen ein Sinn gegeben wird. Dies bezieht sich aber auch auf die öffentliche Solidarität, die in Ausrichtung an ethischen Ligaturen geeignet ist, Leid zu verringern und einen Beitrag zu leisten, die Demütigung von Menschen durch Menschen zu beenden. Gerade ethischen Ligaturen kommt ein zentraler Beitrag zu, moralische Ligaturen zu hinterfragen, implizite Ligaturen in explizite Ligaturen zu verwandeln und die Außenrichtung von Ligaturen einer Kritik zu unterziehen. Denn diese Ligaturen sind weniger darauf ausgerichtet, Optionen einen Sinn zu verleihen, als sie einzuschränken und aus dem Bereich des Gestatteten auszuschließen. Ein solcher Zugang befasst sich nicht mit einer Bewältigung von grundsätzlichen Fragen (insbesondere nicht nach einem Wesen von etwas), sondern ist auf die Zukunft ausgerichtet: „Mit der Verbindung von Kontingenz, Ironie und Solidarität plädiert Rorty für einen neuen Pragmatismus, der mit der Befreiung vom Ballast alter Begründungsprojekte den Blick frei gibt auf eine hoffnungsfrohe Gestaltung der menschlichen Zukunft" (Schwaabe 2023, S. 2). Ein Ausweg aus der ‚Moralfalle' könnte in der Anwendung des Rortyschen Moralitätsbegriffs führen, der Moral nicht an ein kognitives Sollen, sondern an das Gefühl der Rechtfertigungsbedürftigkeit eigener Handlungen vor einer bestimmten Gemeinschaft (Rorty 1995) bindet. Ein solches Verständnis kombiniert Innengerichtetheit, die sich aus der Teilhabe und der Verantwortlichkeit gegenüber einer spezifischen, durch ein Vokabular gefassten Gemeinschaft ergibt. Hier wird der Widerspruch zu allgemein verbindlich formulierten außengerichteten Moralen sehr deutlich, denn diese Moralität beschränkt sich auf Mitglieder einer Diskursgemeinschaft und trägt dazu bei, ihr Verhältnis untereinander zu regeln.

Dies schließt auch an die praktische Bedeutung der Befassung mit ‚horizontalen Geographien' an: Insbesondere in ihrer panrelationistischen neopragmatistischen Ausrichtung sind sie geeignet, stereotypes und moralisierendes Denken zu hinterfragen (Berr 2017). Kontextualisierungen (und auch Relativierungen) von als ‚zwingend' konstruierten gesellschaftlichen Entwicklungen und den aus diesen ebenso ‚zwingend' abgeleiteten räumlichen und landschaftlichen Entwicklungen sind geeignet, ‚intellektuelle Abkürzungen' (Korf 2022) zu vermeiden, die als intendierte Folge oder unintendierte Nebenfolge menschliches Leid produzieren (können). Räumliche Kontextualisierungen sind aber auch in der Lage, zu einer „Entmystifizierung" (Lonergan und Andresen 1988, S. 65) der ‚vertikalen geographischen' Abstraktionen beizutragen, wenn etwa auf Grenzen von Gültigkeit und Nützlichkeit solcher Abstraktionen hingewiesen wird, aber auch auf die Relationierung zwischen unterschiedlichen ‚vertikalen Geographien'. Eine solche Kontextualisierung, die in vertikalgeographischen Abstraktionen (und darüber hinaus noch mehr in sozialwissenschaftlichen Nachbardisziplinen der Geographie) häufig einer Vernachlässigung unterliegt, ist die der Materialität (also Welt 1, Raum 1 und Landschaft 1). Die Befassung mit Materialitäten wiederum erscheint infolge der konstitutiven Leibgebundenheit des Menschen – und damit leiblichen Ligaturen – nicht allein in der normalisierenden Macht leibvermittelter sozialer Ligaturen von großer Bedeutung. Sie prägt vielmehr das alltagsweltliche Raumerleben von Menschen und bedarf insofern auch einer wissenschaftlichen Zuwendung. Nicht allein das Bewusstsein der Raum-1-Gebundenheit menschlichen Lebens, in seiner Bezogenheit auf Raum 2 und Raum 3, legt eine ‚horizontalgeographische' Perspektive nahe: Sie hat auch eine praktische (transdisziplinäre) Bedeutung: So bildet „Territoriales Wissen die Grundlage für regionales Handeln" (Wolf 1995, S. 18). Ein Verständnis für Regionen und ihre Kontingenzen erleichtert deren Entwicklung unter Vermeidung unregelbarer Konflikte und unter Bewältigung regelbarer Konflikte. Ein solches Verständnis lässt sich auch als Basis für „Veränderung und Schaffung eines spezifischen regionalen Bewusstseins" (Stiens 1996, S. 101) nutzen. Wobei ein solches regionales Bewusstsein – wenn es einer neopragmatischen Befassung mit ‚horizontalen Geographien' gestützt ist – den Verlockungen eines essentialistischen Exklusivismus widerstehen solle, das eine eigene kollektive Überhöhung durch Abwertung anderer erkauft – und so der Erweiterung des ‚Wirs' in eklatanter Weise entgegensteht.

Deutlich werden hierbei die Machtverwobenheiten räumlicher Relationen (die sich nicht zuletzt aus der raumzeitlichen Exklusivität der Welt 1 ergibt). Mehr noch als Räume entwickeln Landschaften sich – infolge ihrer konstitutiv sozialen Erzeugung (auf der Ebene 3) – in relationalen Machtfeldern bzw. werden darin aktualisiert. Diese relationalen Machtprozesse finden auf allen drei Ebenen von Landschaft ihren Niederschlag. Innerhalb solcher Machtfelder entwickelt sich Landschaft etwa im Spannungsfeld unterschiedlicher normativer c-modaler Vorstellungen, die sich auch in rechtlichen Regelungen niederschlagen, unterschiedlich aktualisierten b-modalen Deutungs-, Kategorisierungs- und insbesondere Wertungsmustern (die nicht zuletzt häufig aus dem c-Modus in den b-Modus diffundierten), aber auch a-modalen Zuwendungen. Diese gewichten, deuten, kategorisieren und laden das materielle Grundsubstrat von Landschaft unterschiedlich auf. Landschaft (auf allen drei Ebenen) wird somit der konkretisierte Sonderfall der in einem Kontingenzraum erzeugten inversen Landschaften. Dabei sind Räume – wie Landschaften – weder als Cartesianische Container noch als stabile Relationen zwischen Objekten zu verstehen, sie entstehen vielmehr durch situative – und somit stets revidierbare – Bezugnahmen zwischen materiellen und nicht-materiellen Objekten zwischen den drei Welten (Bridge 2020; Werlen 1997). Landschaft (wenn sie räumlich und nicht (nur) metaphorisch verstanden wird) bildet hier einen Spezialfall von Raum, da sie konstitutiv an Welt 3 (hier als Landschaft 3) in Form spezieller Muster der Kategorisierung (untere bis mittlere Maßstabsebene), Deutung (Syntheseanleitung, was zu einer Landschaft gehört und was nicht) sowie Wertung (insbesondere ästhetisch und ökologisch) gebunden ist.

An unterschiedlichen Stationen des Buches (wie in Abschn. 5.6 und 6.2) wurden drei Kriterien der Tauglichkeit von neopragmatistischen Redeskriptionen entwickelt. Diese werden hinsichtlich eines neopragmatistischen Forschungsprogramms hier weiter spezifiziert:

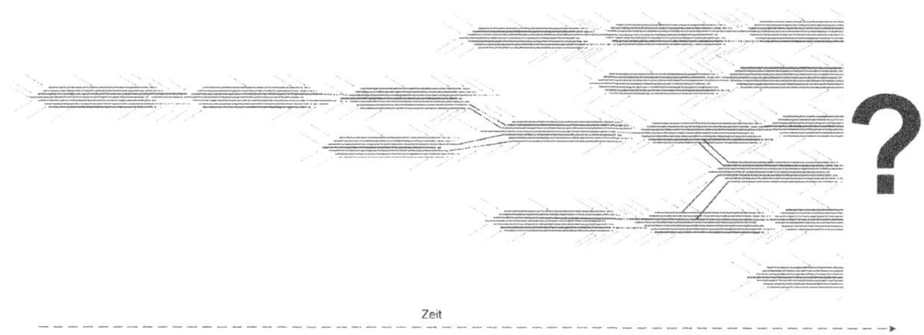

Abb. 10.1 Die Geschichte der Weltbefassung als Geschichte von Vokabularen. Mit der Pluralisierung der Gesellschaft nimmt auch die Differenzierung der Vokabulare zu. Vokabulare können dabei ineinander übergehen und Reste von ihnen können verwoben werden. Um Redeskriptionen zu ermöglichen, sollten Vokabulare nicht geschlossen und final konstruiert werden, denn die Zukunft ist offen. (Eigene Darstellung)

1. Zum Zeitpunkt ihrer Erzeugung (!) müssen neopragmatistische Redeskriptionen zum einen relevant sein und zum anderen eine höhere Tauglichkeit aufweisen, ‚Welt' zu deuten, als ‚altehrwürdige' Vokabulare dazu in der Lage waren. Neopragmatistische Forschungsprogramme müssen im Prozess der Redeskription in der Lage sein, die ‚altehrwürdigen' Vokabulare bzw. Teile davon in das neu erzeugte Vokabular zu übersetzen. Letztlich hat dies zur Folge, dass einerseits kein neues Wissen ohne Rückbezug auf altes Wissen möglich ist, es also konstitutiv an einen hermeneutischen Rückbezug gebunden ist. Andererseits bedeutet dies, dass die Tauglichkeit eines Vokabulars kontextualisiert ist, nicht allein in der wissenschaftlichen, sondern auch in der außerwissenschaftlichen Welt.
2. Neopragmatistische Redeskriptionen müssen so gestaltet sein, dass sie in das Gewebe künftiger Redeskriptionen integriert werden können. Sie müssen konstitutiv die Anlage aufweisen, in andere Vokabulare übersetzbar zu sein. Hier wird die Kontextualisierung des ersten Punktes in Richtung vergangener ‚altehrwürdiger' und in Richtung inter- und transdisziplinärer Nützlichkeit in Richtung Zukunft erweitert (Abb. 10.1).

3. Sie müssen zum einen die Kontingenz von Welt verdeutlichen, zum anderen eine kontingente Weltdeutung ermöglichen. Kontingenz sollte also durch Übersetzungen nicht gemindert werden. Deutung von Welt durch ein Vokabular sollte dabei der Logik eines anderen Vokabulars nicht untergeordnet werden. Vielmehr sollte durch Übersetzung die Kontingenz der beteiligten Vokabulare deutlich zutage treten. Dem neopragmatistischen Forschungsprogramm gelingt dies, weil dieses eine meta-theoretische Position einnimmt und somit in der Lage ist, die Nützlichkeit der verwendeten Werkzeuge (Theorien, Methoden etc.) für Thema und Fragestellung(en) abzuwägen. Diese pragmatistische Abwägung bezieht sich auf Tauglichkeit, nicht auf etwaige Deutungskonkurrenzen.

Diese Kriterien werden von den in Abschn. 6.3 angesprochenen Forschungsprogrammen auch (in Teilen) erfüllt, in anderen Teilen indes nicht:

a) Die klassische ‚kundliche Forschung‘ ist in hohem Maße an inter- und transdisziplinäre Diskurse anschlussfähig, da sie konzeptionell stark an b-modales Wissen angelehnt und stark ontologisch ausgerichtet ist. Ihre positivistisch begleitete essentialistische Grundhaltung ist indes kaum offen, in Redeskriptionen eingewoben zu werden, erhebt der essentialistische Zugang zu Welt (insbesondere Welt 1) doch den Anspruch, eine einzige gültige Abbildung des ‚Wesens‘ von etwas zu erzeugen. Damit bemüht sie sich um Vernichtung von Kontingenz, was neopragmatistischem Denken fundamental entgegensteht. In neopragmatistische Redeskriptionen können die Ergebnisse durchaus – nach der Entfernung der essentialistischen und vielfach normativen Komponenten – eingewoben werden.
b) Die poststrukturalistische Raumforschung ist darauf ausgerichtet, die Konstruiertheit von Welt und die diskursive Abhängigkeit von Welt herauszustellen. Mit dieser sprachtheoretischen Ausrichtung ist sie mit dem Neopragmatismus verwandt, insofern besteht eine konzeptionelle Eignung zur Integration in eine neopragmatistische Redeskription. Dass diese nicht vollständig sein kann, hat mehrere Gründe: Ihre Vokabulare sind schwer inter- und transdisziplinär anschlussfähig und wenig darauf ausgerichtet, Nützliches zu produzieren (ihr Fokus liegt schließlich auf der Dekonstruktion dessen, was als überkommen gilt).
c) Noch deutlicher gilt dies für die kritische Geographie, die in Teilen ein historisch-materialistisches, also essentialistisches Erbe trägt, darum bemüht ist, sich gegen Kritik durch Verweis auf das persönliche ‚Klasseninteresse‘ von Kritikern zu immunisieren und somit den Versuch zu unterbinden, in ein

neues Vokabular integriert zu werden (zudem ist die Auffassung verbreitet, das eigene, kritische Vokabular, sei das ‚finale' Vokabular). Unabhängig von normativen Weltdeutungen und dem Finalitätsanspruch, lassen sich Teile kritischer Forschung in Redeskriptionen integrieren, aber auch als theoretische Kontrapunkte zur Entwicklung des neopragmatistischen Ansatzes nutzen.

d) Die sozialkonstruktivistische Landschaftsforschung lässt sich – wie verschiedentlich herausgearbeitet – als eine konstitutive Basis für die Entwicklung eines Ansatzes ‚neopragmatistischer horizontaler Geographien' beschreiben, nicht zuletzt, weil der Neopragmatismus Richard Rortys (wie andere more-than-representational theories auch) eine sozialkonstruktivistische Fundierung aufweist. Insofern sind zahlreiche Aspekte sozialkonstruktivistischer Landschaftsforschung in das hier entwickelte Forschungsprogramm ‚neopragmatistischer horizontaler Geographien' umgewoben worden (zugleich lässt sich der Sozialkonstruktivismus von Thomas Luckmann und Peter Berger als eine Redeskription der Phänomenologischen Soziologie von Alfred Schütz interpretieren). Insofern hat die sozialkonstruktivistische Landschaftstheorie ihre Tauglichkeit zum Redeskripiert-Werden unter Beweis gestellt, auch ist sie (was ihr ihre Kritiker als mangelnd ‚theorierein' vorwerfen; Leibenath 2014), infolge ihres wenig c-modal elaborierten Vokabulars inter- und transdisziplinär anschlussfähig. Dies macht sie auch offen, in andere Vokabulare übersetzt zu werden, so greifen alle hier vorgestellten Programme (bis aus die ‚kundliche' Forschung) mehr oder minder explizit auf sozialkonstruktivistische Perspektiven zurück. In drei zentralen Punkten unterscheidet sie sich von einer neopragmatistischen Sichtweise: Sie ist, erstens, nicht metatheoretisch konzipiert, da sie sich konstitutiv auf das Verhältnis von Welt 2 (hier: Landschaft 2) und Welt 3 (hier Landschaft 3) fokussiert und Welt/Landschaft 1 kaum berücksichtigt. Drittens ist sie im Vergleich zum Neopragmatismus normativ weniger explizit ausgerichtet, dessen Ziel in der Erweiterung des gesellschaftlichen ‚Wirs' steht.

e) Die Unterschiede der new regional geography zum Neopragmatismus ergeben sich insbesondere aus jenen des Sozialkonstruktivismus wie der Kritischen Theorie/Geographie. Der Rückgriff auf die humanistische Geographie kongruiert indes deutlich mit der normativen Grundhaltung des Neopragmatismus.

f) Die Akteurs-Netzwerk-Theorie und Assemblage-Theorie verbinden mit dem Neopragmatismus die sozialkonstruktivistischen Wurzeln wie auch die Ablehnung des Repräsentationalismus. Mit ihrer more-than-representational Grundausrichtung liefern sie eine kontingente Deutung von Welt und schaffen im Zuge dieser Deutung wiederum Kontingenz. Als herausfordernd für Übersetzungen, auch die Einwebung in Redeskriptionen, erweist sich indes eine eigene Terminologie, in der Akteurs-Netzwerk-Theorie mehr noch als in der Assemblage-Theorie. Dies erschwert insbesondere die trans- (aber auch die inter-) disziplinäre Anschlussfähigkeit. Hier unterscheiden sich Akteurs-Netzwerk-Theorie und Assemblage-Theorie deutlich vom Neopragmatismus, der akzeptiert, dass Sprache stark in repräsentationalem Denken verhaftet ist und sich bemüh, durch Infragestellung des Repräsentationalismus innerhalb der sprachlichen Gepflogenheiten, diese evolutionär und von innen heraus zur reformulieren, anstatt einen neuen Begriffsapparat zu entwickeln.

Eine neopragmatistische Sozial- und Raumforschung vermag in die Leerstelle zu treten, die poststrukturalistische und kritische Geographie hinterlassen haben, indem sie sich auf die Dekonstruktion von Gesellschaft, traditionellen Weltsichten im allgemeinen und ‚traditioneller Wissenschaft' im Besonderen fokussiert haben, dabei aber verabsäumt haben, ein konstruktives Programm zu entwickeln, nachdem sich die Erzählungen einer sich quasi-naturgesetzlich vollziehenden Entwicklung der Teleologie einer klassen- und konfliktlosen Gesellschaft als historisch unhaltbar erwiesen hatten (Dahrendorf 1952; Edler und Kühne 2022; Korf 2022; Kühne 2021; Putnam 1997; Rorty 2023). Auch der Neopragmatismus versteht die Welt konstitutiv als sozial konstruiert und bietet „alle dialektischen Vorteile der Postmoderne, während er die selbstwidersprüchliche Entlarvungsrhetorik der Postmoderne vermeidet" (Rorty 2003, S. 304).

Ein neopragmatisches Forschungsprogramm zur Befassung mit ‚horizontalen Geographien' basiert – wie verschiedentlich ausgeführt – auf dem Anspruch, Kontingenzen von Welt, hier insbesondere Räumen und Landschaften, zu verdeutlichen und Vorschläge zu einer kontingenten Weltdeutung (Raum- und Landschaftsdeutung) zu machen. Allgemein erfolgt in der Befassung mit ‚horizontalen Geographien' die Tendenz, Kontingenz und Komplexität zu reduzieren, etwa durch Transformation in Kompliziertheit. Auch in einem neopragmatischen Forschungsprogramm erfolgt ein Kontingenzmanagement, in dem Kontingenzen auf Objektebene reduziert werden (etwa in der Erzeugung von elementaranalytischen Karten in stark reduzierter Darstellungsweise); in dieser Reduktion wird indes – auf Meta-Ebene – deutlich, dass es sich um eine kontingente Interpretation unter vielen handelt. Neopragmatische Befassungen mit ‚horizontalen Geographien' müssen selbst nicht alle kontingenten Relationen von Räumen und Landschaften in sich vereinen – was schon aus Gründen von begrenzten Forschungskapazitäten kaum möglich und auch der transdisziplinären Nützlichkeit der neopragmatischen Redeskriptionen kaum zuträglich wäre. Eine neopragmatische Befassung mit Räumen und Landschaften verdeutlicht stattdessen, erstens, dass raumzeitliche Relationen kontingent sind und zweitens, dass eine Befassung damit ebenfalls kontingent ist. Ihre Befassung stellt drittens eine kontingente Redeskription dar, die offen ist für weitere Redeskriptionen. Ein zentraler Aspekt des Neopragmatismus ist sein ironisches Kontingenzbewusstsein. Für ein neopragmatisches Forschungsprogramm zum Umgang mit Räumen und Landschaften bedeutet dies: Um Kontingenz zu verdeutlichen und zu erproben, bedient es sich dieser ironischen Haltung.

Wozu und zu wem passt also ein neopragmatistisches Raumforschungsprogramm? Es passt insbesondere zur Befassung mit komplexen Fragen, wenn also eine Theorie und eine Methode zur Bearbeitung der Fragestellung nicht ausreicht (a). Es passt dann, (b) wenn der Fokus auf die Erzeugung nützlicher Ergebnisse der Untersuchung ausgerichtet ist. Es passt, (c) wenn Kontingenz nicht als Gefahr, sondern als Bereicherung verstanden wird. Es passt also, (d) wenn Widersprüche nicht als normwidriger Zustand einer möglichst auf exklusivistischer Reinheit ausgerichteten Forschung angesehen werden. Es passt, (e) wenn Forschende nicht einen linearen Forschungsprozess als Norm verstehen, sondern bereit sind, die eigene Theoriewahl, Methodenwahl, eigene Interpretationen, selbst Fragestellungen, immer wieder hermeneutisch zu hinterfragen und anzupassen. Es passt also, (f) wenn Wissenschaft als kreativer Prozess verstanden wird, dessen Ausgang sich kontingent darstellt. Auch passt es (g), wenn Kontingenz nicht als Beliebigkeit verstanden wird, Neopragmatismus nicht als Relativismus missgedeutet wird, sondern jede Entscheidung im Forschungsprozess (dies betrifft insbesondere die Triangulationen) einer relational rückgebundenen Rechtfertigung bedarf. Es passt, (h) wenn die Bereitschaft vorhanden ist, den Geist der Ironie – als Ausdruck von Kontingenzbewusstsein – auch in die Darstellung der Ergebnisse einfließen zu lassen. Es passt, (i) wenn die Ergebnisse nicht allein auf Dekonstruktion von Welt im Allgemeinen und ‚traditioneller Wissenschaft' im Besonderen ausgerichtet sind, sondern nützliche Ergebnisse liefern, konkrete Lebenschancen zu verbessen.

Die Relationen des bis dato einwickelten Ansatzes zur neopragmatistischen Befassung mit ‚horizontalen Geographien' sind in Abb. 10.2 veranschaulicht. Dabei werden die in Abb. 8.1 abgebildeten Relationen von Triangulationen des engeren Forschungsprozesses hier nur kursorisch (in einem Fünfeck) dargestellt. Der Neopragmatismus bildet einen Schirm, unter dessen Einfluss sich die Befassung mit ‚horizontalen Geographien' vollzieht. Die Drei-Welten-Theorie bildet den quasi-ontologischen Rahmen, aus dem die Theorie der Drei Räume/Landschaften abgeleitet ist. Diese dienen zur Einordnung der bis dato gewonnenen Forschungsergebnisse, aber auch der Auswahl Nützlichkeit versprechender Theorien, Methoden, Daten, Forschendenperspektiven, der Integration von a- und b-modalen Perspektiven, beeinflussen aber auch die Methoden der Darstellung der

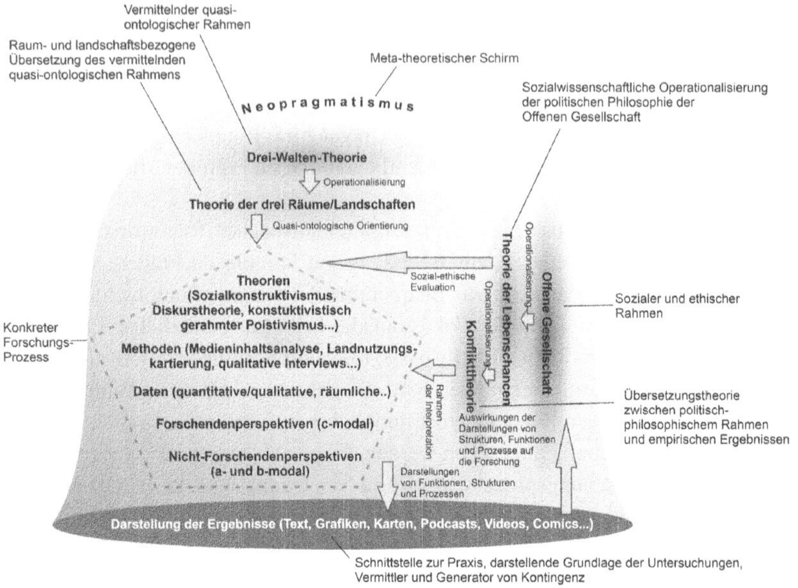

Abb. 10.2 Zusammenfassende Darstellung der Relationen des bis dato einwickelten Ansatzes zur neopragmatistischen Befassung mit ‚horizontalen Geographien'. (Eigene Darstellung, zugegebenermaßen grafisch etwas eigenwillig, da aufgrund der Vielzahl darzustellender Elemente wie auch des Formats der zur Verfügung stehenden Fläche im Format des Publikationsmediums auf der Druckseite die intendierte Darstellung eines ‚Regenschirms' die Form einer ‚Käseglocke' oder bestenfalls einer ‚Glocke' annahm. Da dies aber nun gerechtfertigt wurde, hoffe ich auf Nachsehen bei Lesenden)

Ergebnisse. Die Rechtfertigungsbedürftigkeit von Forschendem, ihre Entscheidungen für die zu triangulierenden Theorien, Methoden, Daten, disziplinären Forschendenperspektiven, Einbindung von alltagsweltlichen Perspektiven aber auch Darstellungsformen, wie auch deren Art der Relationierung ist nicht allein das Ergebnis, der Überlegungen, die Kontingenz herauszustellen, sie obliegt auch dem Druck des Erzielens eines Konsenses über das Einfügen der Aussage in einen gemeinschaftliche geteilten Kontingenzrahmen. Der wiederum nicht überzeitlich Bestand hat, sondern auch redeskribiert werden kann.

Der soziale und ethische Rahmen wird aus der ‚Offenen Gesellschaft' abgeleitet. Zu deren Operationalisierung wiederum wird die Theorie der Lebenschancen von Ralf Dahrendorf herangezogen, da diese auch in konkreten sozialen Situationen einen evaluativen Zugriff erleichtert – auch in sozialen Konfliktsituationen. Infolge der Ausschließlichkeit von Raum 1 zur selben Zeit sind Raum- und Landschaftskonflikte ein stets vorkommendes Phänomen. Sie können auch – sofern sie geregelt werden – zur produktiven Entwicklung beitragen. Aber auch infolge unterschiedlicher Normvorstellungen in Raum 2/Landschaft 2 sind diese (in Rückgriff auf unterschiedliche Kategorisierungen, Deutungen und Wertungen der Ebene 3) gesellschaftlich präsent – und somit für eine ‚horizontalgeographische' Forschung relevant. Die Präsentation der Ergebnisse ist wiederum nicht allein auf deren Vermittlung beschränkt, sondern stellt eine wichtige mit der Forschung rückgekoppelte Grundlage des (auf Kontingenz ausgerichteten) Wissensgewinns dar.

Die bis dato stattgefunden-habenden Operationalisierungen der neopragmatischen Philosophie für raumwissenschaftliche Fragestellungen haben ihre prinzipielle Eignung zur Befassung mit ‚horizontalen Geographien' gezeigt. Ihre Potenziale wurden aber bei weitem noch nicht ausgelotet, wie auch die theoretische Basis der Übersetzung für raumwissenschaftliche Fragen noch weitere Forschungsbedarfe ausweist. Um hiermit zu beginnen: Die hier dargestellte Konzeption basiert stark auf der Philosophie Richard Rortys, in Teilen auch Hilary Putnams. Hier ließe sich die Breite philosophischer Ansätze (etwa von Shusterman oder Brandom, wie auch einer Vertiefung der Philosophie Putnams) erweitern und präzisieren, so wäre etwa die Frage nach landschaftsästhetischen Konsequenzen der Somästhetik von Richard Shusterman (1992; Shusterman 2011) sicherlich lohnend zu beantworten. Eine lohnende Vertiefung des hier entwickelten Forschungsprogramms lässt auch eine verstärkte Ausrichtung auf kreatives Handeln im Sinne von Joas (1996) erwarten, insbesondere in Bezug auf die Behebung der bis dato kaum vollzogenen konzeptionellen Ausrichtung der Landschaftsforschung auf die Landschaft 2 (Kühne et al. 2023). Eine konzeptionelle Frage ergibt sich auch, ob die in den bisherigen Arbeiten vollzogene Operationalisierung des neopragmatischen Ansatzes mittels der Theorie der drei Räume und Landschaften (allgemein der Popperschen Theorie der drei Welten; dargestellt in Abb. 10.2) zwar pragmatisch zu nützlichen Ergebnissen geführt hat, oder aber, ob sie – angesichts der panrelationalistischen und postrepräsentationalistischen Grundausrichtung des Neopragmatismus – nicht durch eine weniger kategoriale Konzeption weiterentwickelt werden könnte. Ähnliches gilt für den Rückgriff auf das Lebenschancen-Konzept von Ralf Dahrendorf (und seine Weiterentwicklung), das zur Operationalisierung des neopragmatischen Verständnisses von privater Selbsterschaffung und öffentlicher Solidarität zur Verringerung von Leid herangezogen wurde. Hier stellt sich die Frage, ob ein solcher normativer Rahmen nicht auch durch die Weiterentwicklung eines rein neopragmatischen Zugangs denkbar wäre. Auch ist die Kombination mit der Konflikttheorie Dahrendorfs nicht zwingend (wenngleich sie sich als nützlich erwiesen hat); hier ließe sich prüfen, ob andere konflikttheoretische Zugänge nicht auch zu (anderen) tauglichen Ergebnissen führen, was wiederum Kontingenz verdeutlichte (dies betrifft etwa die Konflikttheorie von Coser 2012). Vergleichbares gilt für die Heranziehung des Konzeptes der ‚offenen Gesellschaft' von Karl Popper; hier wäre zu prüfen, ob diese für die Konzeption einer neopragmatischen Grundlage ‚horizontaler Geographien' einen Bestandteil liefern muss oder ob die Rückführung des Forschungsprogramms sich nicht auf die Rortysche ‚Erweiterung des Wirs' beschränken lässt (selbstkritisch lässt sich feststellen, dass dies wohl durchaus möglich ist, weil die Poppersche Traditionsline in diesem Buch eher eine Verstärkung der grundlegenden Position darstellt, an einer Stelle, an der das ‚Theoriegebäude' möglicherweise überhaupt keine Verstärkung nötig hatte). Auch lässt sich innerhalb des meta-theoretischen Rahmens des Neopragmatismus auch die Erprobung anderer Kombinationen von Theorien, Methoden, Daten, disziplinären, wie auch a- und b-modalen Perspektiven sowie Darstellungsformen entwickeln, wie auch die (Weiter-)Entwicklung von Theorien und Methoden möglich ist. Auch lässt sich untersuchen, ob der neopragmatische Ansatz auf ‚horizontalgeographische' Fragestellungen beschränkt bleiben muss, oder ober er nicht auf ‚vertikalgeographische' Fragestellungen ausgeweitet werden kann. Ähnliches gilt auch für Nachbardisziplinen (von Soziologie, Politikwissenschaften, Planungswissenschaften bis hin zu historischen Wissenschaften). Metaphorisch gesprochen: Der in dem hier präsentierten Entwurf eines Forschungsprogramms angesetzte Kompost kann noch in großem Umfang mit zu kompostierenden Material versehen werden.

Das im Vorangegangenen Gesagte zusammenfassend, lassen sich zwei zentrale Stoßrichtungen der neopragmatistischen Raumforschung umreißen: Erstens, die weitere Differenzierung des Neopragmatismus als Meta-Theorie, d. h. der weiteren Differenzierung von Theorien, Methoden etc. auf Grundlage neopragmatistischer Einordnung, zweitens, die Anwendung des Neopragmatismus nicht nur als Meta-Theorie, sondern auch als Theorie, hier insbesondere der Redeskription horizontaler Geographien in Rückgriff auf den Panrelationalismus, also in nicht-repräsentationaler Weise.

Nehmen wir die (explizit gemachten) normativen Grundlagen der Rortyschen Erweiterung des Wirs wie auch der Ausdehnung der Lebenschancen im Sinne Dahrendorfs – im Kontext einer Offenen Gesellschaft, die hierfür den geeignetsten Rahmen bildet – ernst, gelangen wir auch zu der Frage, ob eine große Zahl von Raum- und Landschaftskonflikten (mit dem Hang einer moralisierten und nicht produktiven Austragung) durch eine Redeskription obsolet werden könnte. Im Rückgriff auf ethische Ligaturen könnte in einer Redeskription die Verbindung von ästhetischen und ökologischen Fragen zu Moral hinterfragt werden. So ließe sich die ontologisierende Konstruktion von Landschaft 1 aus den diversen a-, b- und c-modalen Perspektiven (und deren Kombinationen) mit jeweiligem moralisch-außengerichteten Anspruch auf Allgemeingültigkeit hinterfragen. Dieses Hinterfragen beinhaltet nicht zuletzt die Vergegenwärtigung der zeitlich-kulturellen Gebundenheit von Norm- und Wertvorstellungen (hier in Bezug auf Landschaft). Eine – das ‚Wir' erweiternde und moralische Exklusion einschränkende – Redeskription von ‚Landschaft' fokussiert auf dessen Panrelationalität. Diese bezieht sich nicht zuletzt auf die kontingente Kontextualisierung sprachlich gebundener Konstruktion von Landschaft. Ein solches Verständnis widerspricht dem Versuch, ‚finale Vokabulare' über Landschaft herzustellen. Landschaftlichen Verlusterfahrungen wird nicht mit moralischer Abwertung begegnet, sondern im Sinne einer Rortyschen Moralität, die auf Mitgefühl basiert, wie auch dem Willen, Leiden zu mildern. Ein solches Landschaftsverständnis vorausgesetzt, lassen sich Konflikte um die Gestaltung von Räumen in produktiver Weise regeln (sofern sie entstehen).

Um das Gesagte kurz zusammenzufassen: Ein neopragmatisches Programm zur Befassung mit ‚horizontalen Geographien' liefert nützliche Redeskriptionen von Raum und Landschaft 1, 2 und 3, wobei sich die Nützlichkeit nicht zuletzt auf die Erzeugung von Grundlagen für praktische Raumentwicklung, insbesondere aber auf kontingentes Wissen bezieht (das einem exklusivistischen Essentialismus vorbeugt). Ein neopragmatisches Programm zur Befassung mit ‚horizontalen Geographien' stellt einen eigenständigen raumbezogener Forschungsansatz, der sich nicht auf die Zusammentragung und Darstellung vertikalgeographischer Ergebnisse, sondern eine eigenständige Weiterentwicklung von Theorien, Methoden und Darstellungsformen betreibt. Ein neopragmatisches Programm zur Befassung mit ‚horizontale Geographien' bedeutet einen theoriegeleiteten Zugang zu Welt 1, 2 und 3, der sich infolge seines Potenzials zur Weiterentwicklung von Theorien, Methoden und Darstellungsformen als interdisziplinär verankerter ‚Begegnungsort' der unterschiedlichen vertikalen Geographien eignet. Als eine Redeskription bleibt er sich seiner Kontextabhängigkeit bewusst, denn: „There is no answer to a redescription save a re-re-description" (Rorty 1997, S. 80).

Literatur

Berr, K. (2017). Zur Moral des Bauens, Wohnens und Gebauten. In K. Berr (Ed.), *Architektur- und Planungsethik. Zugänge, Perspektiven, Standpunkte* (S. 111–138). Wiesbaden: Springer VS.

Brandom, R. B. (2001). *Making it explicit. Reasoning, representing, and discursive commitment* (4. print). Cambridge, Mass: Harvard Univ. Press.

Bridge, G. (2020). Appreciating the situation. Dewey's pragmatism and its implications for spatialisation of social science. In L. W. Robert, & J. Wills (Eds.), *The power of pragmatism. Knowledge production and social inquiry* (S. 69–85). Manchester: Manchester University Press.

Coser, L. A. (2012). *The Functions of Social Conflict* (International library of sociology). Hoboken: Taylor and Francis.

Dahrendorf, R. (1952). *Marx in Perspektive. Die Idee des Gerechten im Denken von Karl Marx.* Hannover: Dietz.

Edler, D., & Kühne, O. (2022). Deviant Cartographies: A Contribution to Post-critical Cartography. *KN – Journal of Cartography and Geographic Information,* (1–14). https://doi.org/10.1007/s42489-022-00110-w

Gentzel, P., Kannengießer, S., Wallner, C., & Wimmer, J. (2021). Kritik an, in und durch Kommunikations- und Medienwissenschaft. Editorial zum Sonderheft. *SCM Studies in Communication and Media, 10,* (*2*, 131–145). https://doi.org/10.5771/2192-4007-2021-2-131

Joas, H. (1996). *Die Kreativität des Handelns* (Suhrkamp-Taschenbuch Wissenschaft, vol. 1248, 1. Aufl.). Frankfurt am Main: Suhrkamp.

Korf, B. (2022). *Schwierigkeiten mit der kritischen Geographie. Studien zu einer reflexiven Theorie der Gesellschaft* (Sozial- und Kulturgeographie, Band 57). Bielefeld: transcript.

Kühne, O. (2021). Contours of a 'Post-Critical' Cartography – A Contribution to the Dissemination of Sociological Cartographic Research. *KN – Journal of Cartography and Geographic Information,* (1–9). https://doi.org/10.1007/s42489-021-00080-5

Kühne, O., Berr, K., & Lohmann, P. (2023). *Landschaft zwischen Philosophie und Sozialwissenschaften. Eine Kritik.* Wiesbaden: Springer Fachmedien Wiesbaden GmbH; Springer VS.

Lakatos, I. (1974). Falsifikation und die Methodologie wissenschaftlicher Forschungsprogramme. In I. Lakatos, & A. Musgrave (Eds.), *Kritik und Erkenntnisfortschritt* (Abhandlungen des Internationalen Kolloquiums über die Philosophie der Wissenschaft, vol. 4, S. 89–189). Braunschweig: Vieweg.

Leibenath, M. (2014). Landschaft im Diskurs: Welche Landschaft? Welcher Diskurs? Praktische Implikationen eines alternativen Entwurfs konstruktivistischer Landschaftsforschung. *Naturschutz und Landschaftsplanung, 46,* (*4*, 124–129).

Lonergan, N., & Andresen, L. W. (1988). Field-Based Education: Some Theoretical Considerations. *Higher Education Research & Development, 7,* (*1*, 63–77). https://doi.org/10.1080/0729436880070106

Putnam, H. (1997). *Für eine Erneuerung der Philosophie* (Universal-Bibliothek, vol. 9660). Stuttgart: Reclam.

Rorty, R. (1995). Der bürgerliche Liberalismus postmoderner Prägung. In B. den van Brink (Ed.), *Bürgergesellschaft, Recht und Demokratie* (Edition Suhrkamp, 1805 = N.F., 805, 1st ed., S. 141–151). Frankfurt am Main: Suhrkamp.

Rorty, R. (1997). *Contingency, irony, and solidarity* (Reprint). Cambridge: Cambridge University Press.

Rorty, R. (2003). *Wahrheit und Fortschritt*. Frankfurt am Main: Suhrkamp.

Rorty, R. (2019). *Philosophie als Kulturpolitik* (Suhrkamp Taschenbuch Wissenschaft, vol. 2289, Erste Auflage). Berlin: Suhrkamp.

Rorty, R. (2023). *Pragmatismus als Antiautoritarismus* (Erste Auflage, deutsche Erstausgabe). Berlin: Suhrkamp.

Schwaabe, C. (2023). Zwischen Ironie und Ernsthaftigkeit: Rortys bewusst „leichtfertige" Aneignung eines heroischen Motivs im Denken Max Webers. In M. Müller (Ed.), *Handbuch Richard Rorty* (1st ed., S. 547–562). Wiesbaden: Springer Fachmedien Wiesbaden GmbH.

Shusterman, R. (1992). *Pragmatist aesthetics. Living beauty, rethinking art*. Oxford: Blackwell Publishers.

Shusterman, R. (2011). *Body consciousness. A philosophy of mindfulness and somaesthetics* (Repr). Cambridge: Cambridge Univ. Press.

Stiens, G. (1996). Die deutsche Landeskunde nach Emil Meynen und Versuch eines Ausblicks auf deren Zukunft. *Berichte zur deutschen Landeskunde, 70,* (*1*, 93–113).

Werlen, B. (1997). *Gesellschaft, Handlung und Raum. Grundlagen handlungstheoretischer Sozialgeographie* (Erdkundliches Wissen, vol. 89). Stuttgart: Steiner.

Wolf, K. (1995). Ziel und Aufgaben der geographischen Landeskunde. *Hallesches Jahrbuch für Geowissenschaften. Reihe A: Geographie und Geoökologie, 17,* (18–20).

SPRINGER NATURE

GPSR Compliance

The European Union's (EU) General Product Safety Regulation (GPSR) is a set of rules that requires consumer products to be safe and our obligations to ensure this.

If you have any concerns about our products, you can contact us on ProductSafety@springernature.com

In case Publisher is established outside the EU, the EU authorized representative is:

Springer Nature Customer Service Center GmbH
Europaplatz 3
69115 Heidelberg, Germany

The manufacturer's authorised representative in the EU is Springer Nature Customer Service Centre GmbH, Europaplatz 3, 69115 Heidelberg, Germany. If you have any concerns regarding our products, please contact ProductSafety@springernature.com

Printed and bound by CPI Group (UK) Ltd, Croydon, CR0 4YY
21/10/2026
02237164-0005